2008年9月5日，研究所成立五十周年庆祝大会在兰西铁路文化宫举行

2008年9月5日，翟虎渠院长和甘肃省副省长泽巴足为盛彤笙院士铜像揭幕

2008年9月5日，表彰科技功臣赵荣才（右2）、陆仲麟（左2）、王利智（左1）和陈哲忠（右1）

2008年9月5日，盛彤笙先生学术思想研讨会

2011年9月20日，农业部部长韩长赋（右3）在甘肃省副省长李建华（右1）、中国农业科学院党组书记薛亮（右4）和杨志强所长（右2）、刘永明书记（左2）、张继瑜副所长（左1）的陪同下在研究所调研

2011年9月20日，中共甘肃省委副书记、省长刘伟平与研究所领导座谈

2013年5月21日，甘肃省委副书记欧阳坚（左4）在甘肃省农牧厅副厅长姜良（右4）和杨志强所长（右1）、刘永明书记（左1）、阎萍副所长（右2）陪同下研究所调研

2011年11月30日，农业部副部长、中国农业科学院院长李家洋院士（右2）在甘肃省农牧厅副厅长姜良（右1）和杨志强所长（左1）、刘永明书记（左3）陪同下在研究所调研

2012年11月6日，中国农业科学院党组书记陈萌山（左4）在院党组成员人事局局长魏琦（右3）、院直属机关党委副书记林定根（左1）和杨志强所长（右2）、刘永明书记（左2）、张继瑜副所长（右4）、杨耀光副所长（左3）陪同下在研究所调研

2005年—2013年所领导班子——所长杨志强（左2）、党委书记刘永明（右2）、副所长张继瑜（右1）和副所长杨耀光（左1）

2013年—2017年所领导班子——所长杨志强（右2）、党委书记刘永明（左2）、副所长张继瑜（右1）和副所长阎萍（左1）

现任所领导班子——所长杨志强（左3）、党委书记孙研（右3）、副所长张继瑜（左2）、副所长阎萍（右2）、党委副书记杨振刚（左1）、副所长李建喜（右1）

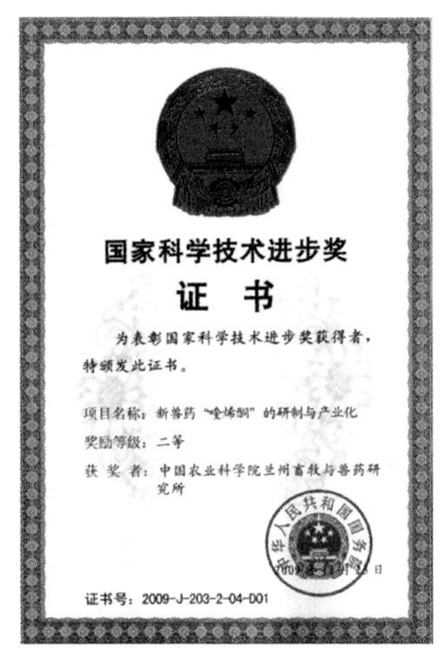

国家科学技术进步奖

证 书

为表彰国家科学技术进步奖获得者，特颁发此证书。

项目名称：新兽药"喹烯酮"的研制与产业化

奖励等级：二等

获 奖 者：中国农业科学院兰州畜牧与兽药研究所

证书号：2009-J-203-2-04-D01

“新兽药‘喹烯酮’的研制与产业化”获2009年国家科技进步二等奖

甘肃省科学技术进步奖

证 书

为表彰甘肃省科学技术进步奖获得者，特颁发此证书。

项目名称：农牧区动物寄生虫病药物防控技术研究与应用

奖励等级：一等

获 奖 者：中国农业科学院兰州畜牧与兽药研究所

证书号：2013-J1-004-D1

“农牧区动物寄生虫病药物防控技术研究与应用”获2013年甘肃省科技进步一等奖

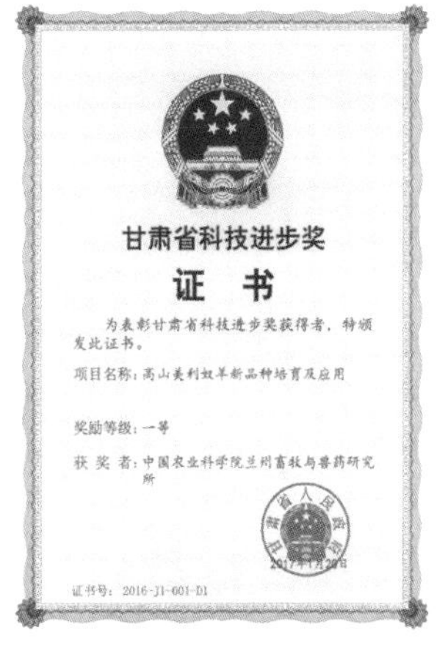

甘肃省科技进步奖

证 书

为表彰甘肃省科技进步奖获得者，特颁发此证书。

项目名称：高山美利奴羊新品种培育及应用

奖励等级：一等

获 奖 者：中国农业科学院兰州畜牧与兽药研究所

“高山美利奴羊新品种培育与应用”获2016年甘肃省科技进步一等奖

神农中华农业科技奖

证 书

为表彰在我国农业科学技术进步工作中做出突出贡献的获奖者，特颁发此证书，以资鼓励。

成果名称：牦牛良种繁育及高效生产关键技术集成与应用

奖励等级：一等奖

获 奖 者：中国农业科学院兰州畜牧与兽药研究所（第1完成单位）

证书编号：KJ2017-D1-039-01

2017年11月17日

“牦牛良种繁育及高效生产关键技术集成与应用”获2017年神农中华农业科技奖科研成果一等奖

畜禽新品种（配套系）

证 书

新品种（配套系）名称 高山美利奴羊

培 育 单 位 中国农业科学院兰州畜牧与兽药研究所 甘肃省绵羊繁育技术推广站

该品种业经审定，根据《中华人民共和国畜牧法》和《畜禽新品种配套系审定和畜禽遗传资源鉴定办法》，特发此证。

发证机关

“高山美利奴羊”国家畜禽新品种证书

中华人民共和国
新兽药注册证书
证号：（2016）新兽药证字2号
新兽药名称：赛拉菌素
注册分类：二类
研制单位：浙江海正药业有限公司、东北农业大学、中国农业科学院兰州畜牧与兽药研究所
根据《兽药管理条例》，该兽药符合规定，准予注册，特发此证。
发证日期：

“赛拉菌素”和“赛拉菌素滴剂”国家二类新兽药证书

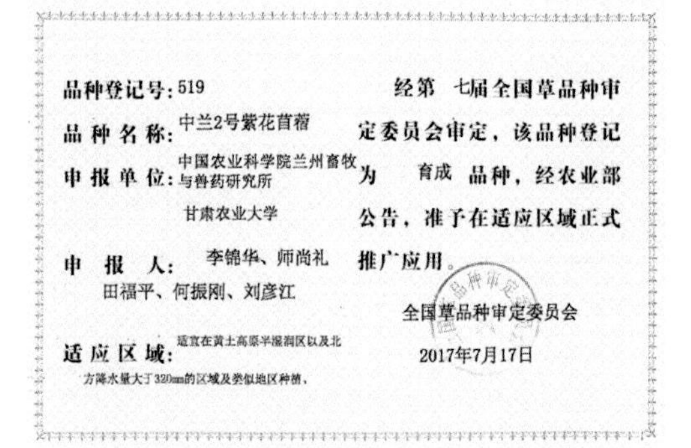
品种登记号：519
品种名称：中兰2号紫花苜蓿
申报单位：中国农业科学院兰州畜牧与兽药研究所
甘肃农业大学
申报人：李锦华、师尚礼
田福平、何振刚、刘彦江
适应区域：适宜在黄土高原半湿润区以及北方降水量大于320mm的区域及类似地区种植。

经第七届全国草品种审定委员会审定，该品种登记为育成品种，经农业部公告，准予在适应区域正式推广应用。

全国草品种审定委员会
2017年7月17日

“中兰2号紫花苜蓿”国家牧草新品种证书

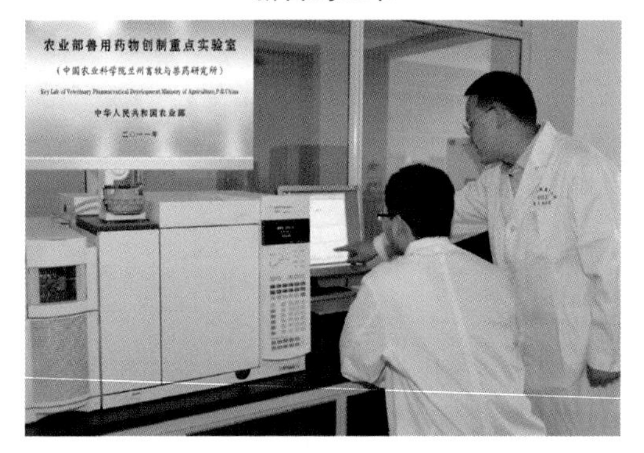

农业部兽用药物创制重点实验室

甘肃省牦牛繁育工程重点实验室

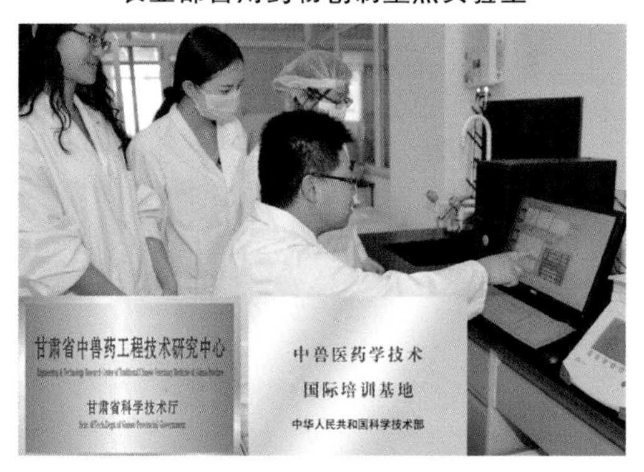

甘肃省中兽药工程技术研究中心

农业部畜产品质量安全风险评估实验室（兰州）

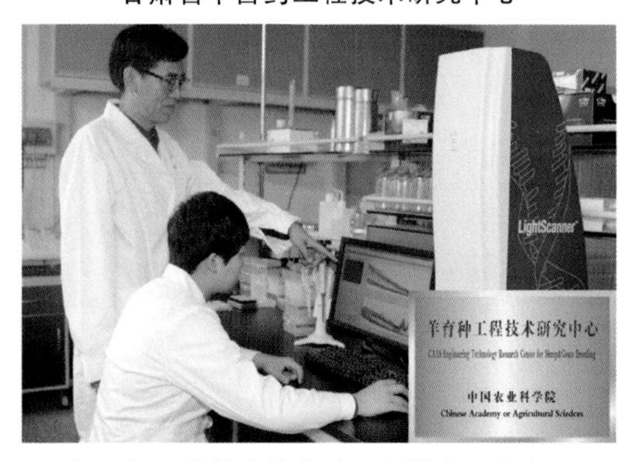

中国农业科学院羊育种工程技术研究中心

国家农业科技创新与集成示范基地（张掖）科研楼

研究所大门

科苑东楼

科苑西楼

大洼山综合试验基地科研楼

张掖综合试验基地

研究所所区环境

伏羲宾馆

燃气锅炉

2010年9月，首届中兽医药学国际学术研讨会

2014年8月，第五届国际牦牛大会合影

2017年7月，中泰传统兽医药技术交流与共建联合实验室双边会议

发展中国家中兽医药学技术国际培训班

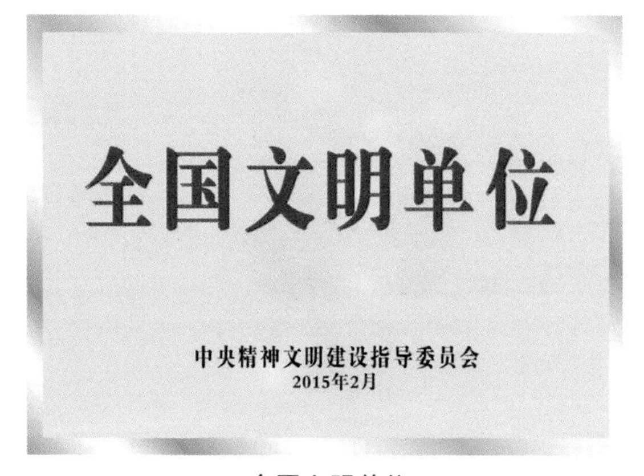

全国文明单位

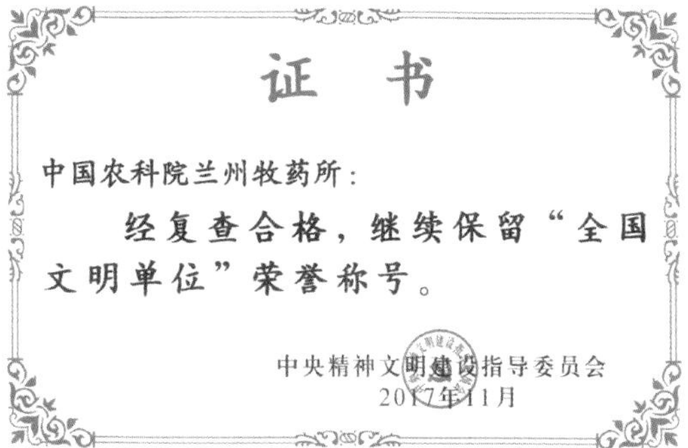
证　书

中国农科院兰州牧药所：

经复查合格，继续保留“全国文明单位”荣誉称号。

中央精神文明建设指导委员会
2017年11月

全国文明单位复查合格证书

中国农业科学院先进基层党组织

中国农业科学院文明单位

建所50周年职工合影

建所60周年所庆职工合影

中国农业科学院
兰州畜牧与兽药研究所所志

2008—2018

《所志》编纂委员会 编

中国农业科学技术出版社

图书在版编目（CIP）数据

中国农业科学院兰州畜牧与兽药研究所所志（2008—2018）/《所志》编纂委员会编．—北京：中国农业科学技术出版社，2018.8

ISBN 978-7-5116-3751-2

Ⅰ．①中… Ⅱ．①中… Ⅲ．①中国农业科学院－畜牧－研究所－概况 ②中国农业科学院－兽医学－药物－研究所－概况 Ⅳ．①S8-24

中国版本图书馆 CIP 数据核字（2018）第 132653 号

责任编辑 闫庆健
责任校对 李向荣
出 版 者 中国农业科学技术出版社
北京市中关村南大街12号 邮编：100081
电　　话 （010）82106632（编辑室）（010）82109702（发行部）
（010）82109709（读者服务部）
传　　真 （010）82106625
网　　址 http: // www.castp.cn
经 销 者 全国各地新华书店
印 刷 者 北京建宏印刷有限公司
开　　本 787mm×1 092mm 1/16
印　　张 19.75 彩插8面
字　　数 500千字
版　　次 2018年8月第1版 2018年8月第1次印刷
定　　价 168.00元

版权所有・翻印必究

《中国农业科学院兰州畜牧与兽药研究所所志（2008—2018）》

编纂委员会

主任委员　杨志强　孙　研

副主任委员　张继瑜　阎　萍　杨振刚　李建喜

委　　员　（以姓氏笔画为序）

王　瑜　王学智　巩亚东　严作廷　苏　鹏　李剑勇
李锦华　杨世柱　肖　堃　时永杰　张继勤　陈化琦
赵朝忠　荔　霞　高雅琴　梁春年　梁剑平　董鹏程
曾玉峰　潘　虎

*　　*　　*

主　　编　杨志强　孙　研

副 主 编　张继瑜　阎　萍　杨振刚　李建喜　赵朝忠

撰 稿 人　（以姓氏笔画为序）

王　瑜　王华东　王学智　牛晓荣　邓海平　巩亚东
吕嘉文　刘丽娟　孙　研　苏　鹏　李建喜　李润林
杨　晓　杨志强　杨振刚　肖　堃　肖玉萍　吴晓睿
张小甫　张玉刚　张怀山　张继瑜　张继勤　陈化琦
周　磊　赵　博　赵朝忠　荔　霞　符金钟　阎　萍
董鹏程　曾玉峰　魏云霞

*　　*　　*

编　　纂　赵朝忠　赵四喜　魏云霞　张遵道　李东海　肖玉萍
王华东　符金钟　张小甫

编　　务　符金钟　张小甫　杨文兵

前　言

时光荏苒，岁月如歌。2018年，中国农业科学院兰州畜牧与兽药研究所已走过60年的光辉历程。60年来，在农业农村部、中国农业科学院的领导和关怀下，在地方政府和兄弟单位的支持下，经过几代牧药人的辛勤耕耘和不懈努力，中国农业科学院兰州畜牧与兽药研究所已发展成为涵盖畜牧、兽药、兽医、草业4大学科，创新能力持续提升，综合实力不断提升的国家级畜牧兽医科研机构。先后承担各级各类科研项目1 336项，获各级科技成果奖励250项，其中国家级奖12项，省部级奖138项；取得国家一类新兽药4个、二类新兽药2个、三类新兽药26个，培育畜禽新品种5个和牧草新品种7个；出版专著236部，发表论文5 673篇，其中SCI、EI收录期刊及一级学报416篇；授权专利982件，其中发明专利174件。2007年，研究所进入全国农业科研机构综合科研能力百强行列。2011年，研究所排名全国农业科研机构科研综合能力第44名，中国农业科学院第11名，甘肃省第1名。先后荣获“全国文明单位”“全国精神文明建设工作先进单位”“甘肃省绿化模范单位”“兰州市花园式单位”等荣誉称号。

10年来，研究所不忘初心，牢记使命，立足西北，扎根陇原，以服务“三农”为己任，坚持创新驱动发展战略和乡村振兴战略，坚持面向世界农业科技前沿、面向国家重大需求、面向现代农业建设主战场，加快建设世界一流学科和一流科研院所，励精图治，开拓进取，全面实施农业科技创新工程，积极参加国家农业科技创新联盟建设，不断提升科技创新能力和综合发展实力，成为研究所历史上发展最好最快的时期之一。

10年来，研究所共承担了科研项目571项，其中畜牧学科134项，兽用药物学科163项，中兽医（兽医）学科187项，草业饲料学科87项。获科技成果奖励77项，其中国家级奖励1项，省部级奖励38项。取得授权专利977件，其中发明专利169件。取得新兽药证书10个，畜禽新品种1个，牧草新品种5个。出版著作110部，发表学术论文1 673篇，其中SCI、EI收录期刊和一级学报318篇。获得软件著作权21个，制订国家及行业标准14项。推广了“大通牦牛”“高山美利奴羊”“痢菌净”“喹烯酮”“中兰1号紫花苜蓿”“中兰2号紫花苜蓿”等新品种、新产品、新技术，为我国畜牧业健康、快速发展和乡村振兴提供了有力的科技支撑，为我国畜牧兽医科学事业和现代畜牧业发展作出了重要贡献。

10年来，研究所积极拓展国际科技合作空间，与20多个国家（地区）的相关高校、科研机构和企业建立了长期的科技合作和交流关系，与德国、澳大利亚、泰国、美国、加拿大、英国、瑞士、匈牙利等国家的高校、科研机构和企业开展了牦牛、细毛羊、中兽医药学、奶牛犊牛疾病防控、营养与饲料、动物福利与保护及兽医药理学合作研究，联合建立“中泰中兽医药学技术联合实验室”“中澳细毛羊育种实验室”“中西动物疫病无抗防治技术研究与应用实验室”和“中国科协‘海智计划’甘肃工作站”等合作平台。成功举办了“首届中兽医药学国际学术研讨会”“第五届国际牦牛大会”。承办了4期科技部“发展中国家中兽医药学技术国际培训班”。国外专家来访117人次，研究所专家出国（境）学习交流150人次。

10年来，研究所实施人才强所战略，引育并举。创新人才激励机制，营造人才成长环境。1个团队入选农业农村部“第二批农业科研杰出人才及其创新团队”，8个团队成为中国农业科学院科技创新团队。涌现出一批杰出人才，2人次入选国家“百千万人才工程”并获“国家有突出贡献中青年专家”称号、3人先后获得国务院政府特殊津贴、1人被评为农业农村部“农业科研杰出人才”，1人分别荣获第十二届中国青年科技奖和第八届甘肃省青年科技奖，1人被评为“全国优秀科技工作者”，2人被评为“全国农业先进个人”，1人入选“甘肃省优秀专家”，3人入选甘肃省领军人才，23人入选中国农业科学院农业英才。

10年来，研究所将基础设施与条件建设放在能力建设的重要位置。实施基建项目4项、修缮购置项目17项，购置仪器设备151台（套），为研究所发展提供了良好的条件保障。先后建成农业部兽用药物创制重点实验室、农业部兰州畜产品质量安全风险评估实验室、甘肃省牦牛繁育工程重点实验室、甘肃省中兽药工程技术研究中心、国家农业科技创新与集成示范基地、中国农业科学院羊育种工程技术研究中心等18个科技平台。

10年来，研究所坚持从严治党，不断加强党的建设和精神文明建设。2009年，研究所被中央文明委授予“全国精神文明建设工作先进单位”称号，2015年，荣获“全国文明单位”称号，是农业农村部系统首批荣获该称号的两家单位之一。研究所党委先后4次被中共中国农业科学院党组和中共兰州市委员会授予“先进基层党组织”称号。研究所工会被评为兰州市先进工会、模范职工之家、全国会员评议职工之家示范单位。

扎根西北六十载，砥砺筑梦路犹长。迈入新时代，面对新形势，对标新要求，展现新作为。牧药人将以习近平新时代中国特色社会主义思想为指导，团结奋进，开拓创新，不断提升创新能力和综合实力，为加快研究所“两个一流”建设步伐、支撑乡村振兴战略、实现“两个一百年”奋斗目标、实现中华民族伟大复兴的中国梦再立新功！

2008年，在建所50周年时研究所编纂了首部《所志》。在研究所60华诞之际，为记录近10年的发展历程，研究所组织编纂《中国农业科学院兰州畜牧与兽药研究所所志（2008—2018）》。以史为镜，以志为励，继往开来，再创辉煌。

杨志强

2018年7月6日

编写说明

2018年是中国农业科学院兰州畜牧与兽药研究所（以下简称“研究所”）60华诞。为了全面、客观、系统地记载研究所的发展历程，传承和弘扬优良传统，激发全所干部职工奋发向上、勇于进取的主人翁精神，激励引导干部职工不忘初心，砥砺前行，继往开来，再创辉煌，研究所决定在2008年《中国农业科学院兰州畜牧与兽药研究所所志（1958—2008）》的基础上，编纂《中国农业科学院兰州畜牧与兽药研究所所志（2008—2018）》（以下简称《所志（2008—2018）》）。

一是此次编纂的《所志（2008—2018）》作为续志，体例等基本遵循《中国农业科学院兰州畜牧与兽药研究所所志（1958—2008）》。由部门变化，管理工作，科学研究，成果转化、精准扶贫与开发，科技合作与学术交流，人才队伍建设，基础设施条件与试验基地建设，中国共产党和民主党派、群众团体共8章和附录组成。

二是《所志（2008—2018）》的编纂经历资料收集、整理和编纂3个阶段。由办公室、科技管理处、党办人事处、条件建设与财务处、基地管理处、后勤服务中心等部门，按照各自的工作职责负责资料收集和整理工作，资料来源于档案、年报、工作简报和《足印》等资料汇编；初稿完成后，由办公室汇总、调整、编辑后分送所领导和编纂人员修改，期间得到各部门和创新团队的大力支持，核实数据，查漏补缺，四易其稿，形成修改稿；修改稿由杨志强所长、杨振刚副书记、李建喜副所长、办公室赵朝忠主任统稿；最后，经所领导和部分编纂人员修改定稿，历时11个月，终得完稿。

三是《所志（2008—2018）》记录了2008年5月至2018年4月研究所的各项事业的发展，并注意与《中国农业科学院兰州畜牧与兽药研究所所志（1958—2008）》内容的衔接，删繁就简，重在记实。

在《所志（2008—2018）》付梓之际，对编纂期间各位领导、各部门和职工们的大力支持，表示衷心感谢！因编写内容多、时间短以及编纂人员水平所限，《所志（2008—2018）》中错漏之处在所难免，敬请批评指正。

《中国农业科学院兰州畜牧与
兽药研究所所志（2008—2018）》
《所志》编纂委员会
2018年7月6日

目 录

第一章　部门变化

中国农业科学院兰州畜牧与兽药研究所于1996年由中国农业科学院中兽医研究所（1958年建所）与中国农业科学院兰州畜牧研究所（1978年建所）合并组建，是一个涵盖畜牧、兽药、兽医和草业四大学科的综合性非营利性农业科研机构，主要从事草食动物育种繁殖、兽用药物、中兽医、草地草坪等应用基础研究和应用研究，开展国际科技合作交流，编辑出版专业学术著作和期刊。党组织关系隶属中国共产党兰州市委员会，由兰州市委宣传部代管。

2008年4月，研究所全体党员大会选举产生了新一届党的委员会和纪律检查委员会。5月16日，经中国共产党兰州市委宣传部批准，中国共产党中国农业科学院兰州畜牧与兽药研究所委员会由刘永明、杨志强、张继瑜、杨耀光、杨振刚5人组成，刘永明任党委书记，杨志强任党委副书记；中国共产党中国农业科学院兰州畜牧与兽药研究所纪律检查委员会由张继瑜、张凌、苏鹏3人组成，张继瑜任纪委书记。6月，研究所党委研究决定对所属党的支部委员会设置进行调整，设第一党支部（机关支部）、第二党支部（房产后勤支部）、第三党支部（草业畜牧支部）、第四党支部（兽医兽药支部）、第五党支部（离退休党支部）和兰州倍乐畜牧与兽药科技有限公司党支部。各党支部先后进行了换届。

2008年6月至2010年4月，研究所内设机构无变化。2010年5月，研究所与四川倍乐实业集团有限公司解除合作协议，注销“兰州倍乐畜牧与兽药科技有限公司”，重新组建“中国农业科学院中兽医研究所药厂”。研究所党委将兰州倍乐畜牧与兽药科技有限公司党支部调整为药厂党支部。

2011年4月，为了进一步加强研究所科技创新，建设一支高质量、高水平的科学研究和管理服务队伍，优化学科设置，合理配置人力资源，建立“开放、流动、竞争、协作”的新机制，开展了自1999年以来的第四次全员聘用工作，对内设机构、中层干部、工作人员均进行了调整。经中国农业科学院人事局批准，将办公室分设为办公室和党办人事处，计划财务处更名为条件建设与财务处，设基地管理处，农业部兰州黄土高原生态环境重点野外科学观测试验站归并到基地管理处，房产部更名为房产管理处，农业部动物毛皮及制品质量监督检验测试中心并入畜牧研究室，实行一套人马，两块牌子；新兽药工程研究室更名为兽药研究室。调整后的职能部门及开发服务部门8个：办公室、科技管理处、党办人事处、条件建设与财务处、基地管理处、房产管理处、后勤服务中心和药厂。调整后的研究部门4个：畜牧研究室（含农业部动物毛皮及制品质量监督检验测试中心）、兽药研究室（含农业部新兽药创制重点实验室及甘肃省新兽药工程重点实验室）、中兽医（兽医）研究室（含甘肃省中兽药工程技术研究中心）和草业饲料研究室。通过岗位竞聘，聘任24人为各部门负责人。

2011年4月，研究所实施第四次全员聘用工作后，所党委按照工作职能和业务性质将所属党支部由6个调整为7个，调整后的党支部设置为：机关第一党支部、机关第二党支部、畜牧草业党支部、兽医兽药党支部、后勤房产党支部、基地药厂党支部和离退休党支部。2011年5月经所党委会议研究同意各党支部换届选举结果。

2012年12月，中国农业科学院兰州畜牧与兽药研究所换届产生了新一届行政班子，农业部任命杨志强为所长，农业部党组任命刘永明为党委书记；2013年1月4日，中国农业科学院任命刘永明、张继瑜、阎萍为副所长，免去杨耀光副所长职务（退休）；中国农业科学院党组任命杨志强为党委副书记、张继瑜为纪委书记。

2013年9月，研究所全体党员大会选举产生了兰州畜牧与兽药研究所新一届党的委员会和纪律检查委员会，并报中国农业科学院党组和中国共产党兰州市委批准。新一届中国共产党中国农业科学院兰州畜牧与兽药研究所委员会由刘永明、杨志强、张继瑜、阎萍、杨振刚5人组成，刘永明任党委书记，杨志强任党委副书记；张继瑜、巩亚东、荔霞当选为新一届中国共产党中国农业科学院兰州畜牧与兽药研究所纪律检查委员会委员，张继瑜任纪委书记。12月，所党委决定对所属党的支部委员会进行调整换届，将7个支部调整为8个支部，调整后的支部设置为：机关第一党支部、机关第二党支部、畜牧党支部、兽医党支部、兽药党支部、草业基地党支部、后勤房产药厂党支部和离退休党支部。2014年3月经所党委会议研究同意各党支部换届选举结果。

2014年12月，研究所对内设机构进行调整，撤销房产管理处，将房屋出租业务划归条件建设与财务处，将伏羲宾馆经营业务划归后勤服务中心；撤销药厂，将药厂GMP车间划归基地管理处，作为内部实体管理。调整后的职能部门及开发服务部门6个：办公室、科技管理处、党办人事处、条件建设与财务处、基地管理处和后勤服务中心。研究室各部门不变。

2016年12月，研究所党委决定对所属各党支部设置进行调整换届，党支部由原来的8个调整为9个。调整后的党支部设置为：机关第一党支部、机关第二党支部、机关第三党支部、畜牧党支部、兽医党支部、兽药党支部、草业党支部、基地党支部和离退休党支部。

2017年6月，农业部党组决定免去刘永明研究所党委书记职务。

2017年9月，中国农业科学院党组任命杨振刚为兰州畜牧与兽药研究所党委副书记，中国农业科学院任命李建喜为兰州畜牧与兽药研究所副所长。

2017年12月，农业部党组决定孙研任中国农业科学院兰州畜牧与兽药研究所党委书记。中国农业科学院任命孙研为中国农业科学院兰州畜牧与兽药研究所副所长，免去刘永明副所长职务（退休）。2018年1月宣布孙研和刘永明党政职务任免决定。

截至2018年4月，研究所设有4个研究部门、5个职能部门和1个服务部门。全所共有职工357人，其中在职职工178人，离退休职工179人（离休人员5人）。共有中国共产党党员176人，其中在职党员101人，离退休党员61人，在读研究生党员14人。

第二章　管理工作

第一节　综合政务

综合政务工作涉及的内容多，范围广，发挥着承上启下、联系左右、协调各方的作用，是研究所日常工作运行的重要环节。办公室是研究所综合政务管理职能部门。2002年11月至2003年9月，研究所实施非营利性科研机构管理体制改革时，将人事处（党委办公室）和行政办公室合并组建为办公室。2011年4月，研究所根据工作需要，将办公室分设为办公室和党办人事处，综合政务管理工作由办公室负责，主要职能是研究所行政会议的组织，全所规划、总结、规章制度的起草，重大活动的策划、协调与实施，公文的承办与管理，印章管理，接待和文秘工作，保密工作，档案管理，计划生育，网络管理，对外宣传，安全生产。赵朝忠任主任，高雅琴任副主任。2013年1月，高雅琴调任畜牧研究室副主任、农业部动物毛皮及制品质量监督检验测试中心副主任。2014年3月至2014年12月，陆金萍任副主任。2014年12月，陈化琦调任办公室副主任。

一、建所50周年系列庆祝活动

2008年，研究所建所50周年。为了展示研究所风采、回顾50年的光辉历程、总结科技发展经验、凝聚职工创新力量，经中国农业科学院批准，本着热烈、节俭的原则，举办了庆祝建所50周年系列活动，包括公开征集确定所训、所徽、所歌、所旗，编撰出版《中国农业科学院兰州畜牧与兽药研究所所志（1958—2008）》，建设所史陈列室——铭苑，制作安放盛彤笙先生铜像，拍摄制作宣传片——《我们》，举办建所50周年庆祝大会、“盛彤笙先生学术思想研讨会”、所庆焰火晚会、第二届中青年科技论文暨盛彤笙杯论文演讲比赛和“庆七一，迎所庆”职工演唱会等活动。

2008年3月，对征集到的50件所训、所徽、所歌作品，经过公示、遴选和会议推选，确定由老职工石育渊作词、甘肃省歌舞团王建声作曲的“让祖国牧业鲜花灿烂”为所歌，老领导田多华推荐的源自《周易》的“探赜索隐，钩深致远”为所训，由科技管理处和办公室共同创作的以牛头和苯环为背景、标有研究所全称和1958字样的圆形标识为所徽，以红色为底色、左上角印有白色中国农业科学院兰州畜牧与兽药研究所所徽、正中印有黄色研究所名称的旗帜为所旗。

6月24—25日，举办了第二届中青年科技论文暨盛彤笙杯论文演讲比赛，征集论文38篇，31名中青年科技人员参加演讲。比赛分预赛和决赛两个阶段进行，由专家组现场评分，评选表彰了一等奖1名、二等奖2名、三等奖3名、优秀奖5名。

6月27日，举办“庆七一，迎所庆”职工演唱会。演唱会以部门为单位，以歌颂党、歌颂祖国、歌颂社会主义为主题，采取合唱、朗诵等形式庆祝党的87岁生日，庆祝建所50周年。

所史陈列室——铭苑建筑面积528m^2，始建于民国初期，青砖木结构，古建筑风格，青筒瓦屋面，被兰州市文物局列为兰州市重要工业遗产。2007年维护修缮后将其作为所史陈列室使用，历经筹备、策划、设计、施工，2008年7月建成。展示内容包括序言、历史沿革、领导关怀、领导和院士题词、科学研究、重大成果、新兽药新品种、出版的著作、获得的荣誉、合作与交流、科学家与专家队伍、科技平台、展望。以实物、图片和文字相结合，充分利用建筑物空间，全面地展现了研究所50年的发展历程，体现了“抚今追昔、继往开来、开拓奋进、续写新篇”的宗旨。

为传承研究所文化，缅怀老一辈科学家，弘扬严谨、求实、忘我的科学精神，2008年年初，研究所决定制作畜牧兽医界第一位中国科学院学部委员、我国兽医学科的奠基人、为研究所做出突出贡献的盛彤笙先生铜像，经公开征集、设计论证后，决定制作仿真半身铜塑，以泥塑模型仿照盛先生的一张1寸免冠黑白照片制作，在修正定型后制作为圆雕铜像，安放在长90cm、宽81cm、高114.5cm的基座上，基座选用陕西汉中河道黑色积石，并雕刻了盛彤笙先生生平事迹。铜像坐落在研究所所史陈列室——铭苑的正前方。

2007年6月，为记录研究所50年发展历程，研究所决定编撰《中国农业科学院兰州畜牧与兽药研究所所志（1958—2008）》，编写工作于2007年7月正式开始，2008年7月定稿，由历史沿革，管理工作，科学研究，开发工作、成果推广与技术服务，学术组织与学术交流，人才队伍建设，基础设施与条件建设，中国共产党、民主党派和群众团体共8章和附录、插图组成，共50万字。2008年8月由中国农业科学技术出版社出版发行。

9月5日，研究所举办“盛彤笙先生学术思想研讨会暨建所50周年庆典活动”。中国共产党第十七届中央委员会候补委员、中国农业科学院院长翟虎渠，甘肃省副省长泽巴足，甘肃省政协副主席张世珍、原农业部国家首席兽医师贾幼陵，原农业部副部长路明，甘肃省省长助理夏红民，科技部条财司副司长宋德正，原农业部科教司副司长方向东，中国工程院院士任继周、夏咸柱，以及来自全国各省市畜牧兽医科研、教学、管理单位和企业的领导、专家，中国农业科学院院属各单位负责人和研究所职工等共700余人出席了庆典活动。

上午八时半，在研究所举行盛彤笙先生铜像、所史陈列室——铭苑揭幕仪式。翟虎渠院长和泽巴足副省长为盛彤笙先生铜像揭幕。已故盛彤笙先生是我国首位畜牧兽医方面的中国科学院学部委员，著名的兽医学家、教育家，在研究所工作了20年。随后，国家首席兽医师贾幼陵和甘肃省政协副主席张世珍为所史陈列室——铭苑揭幕。

上午十时，建所50周年庆祝大会在兰西铁路文化宫隆重举行。庆祝大会上，中国农业科学院院长翟虎渠，甘肃省政府省长助理夏红民，科技部条财司副司长宋德正，原农业部国家首席兽医师贾幼陵，中国工程院院士夏咸柱等发表了热情洋溢的讲话。会上，向建所以来荣获国家科技奖的5名项目第一完成人颁发了科技功臣奖杯，还表彰了研究所具有50年所龄的22名老职工。杨志强所长致辞并回顾了研究所50年来的发展历程和取得的成绩。庆祝大会由刘永明书记主持。

下午三时，在研究所学术报告厅举行了“盛彤笙先生学术思想研讨会”。中国畜牧兽医学会阎汉平秘书长主持会议，原农业部副部长路明，中国工程院夏咸柱院士、任继周院士，甘肃农业大学动物医学院余四九院长，研究所杨志强所长、刘永明书记、张继瑜副所长以及盛彤笙先生子女、生前好友、同事和全国畜牧兽医界知名专家150余人参加了研讨会。研讨会上，任继周院士、南京农业大学陆承平教授、盛彤笙先生之子盛天舒等专家、同仁、亲属从盛先生的生平事迹、杰出贡献、品德情操等方面做了追忆，表达了大家对盛先生的深切缅怀和崇敬之情。

当晚九时，在所区大院举行了盛大的焰火晚会，持续12分钟的烟花燃放并打出了“牧药所欢迎您！热烈庆祝研究所建所50周年！”等字幕，共有800余人观看了焰火晚会。

二、文秘工作

2006年和2011年，在研究所实施的第三次和第四次全员聘用工作中，均在办公室设有文秘岗位，配置专职文秘人员，负责研究所会议的筹备、记录及会议决定与决议的催办、落实，起草工作计划、总结、情况汇报、规章制度，编辑工作简报、大事记、年报等，有关活动的准备及接待和内勤工作。按照职责，2008—2010年每年起草研究所年度目标任务书报中国农业科学院，并作为中国农业科学院考核研究所和所领导的依据。2011年起制定年度《研究所工作指南（目标任务）》，以此为据，研究所考核所属各部门目标任务完成情况。起草2008—2017年研究所工作总结，并上报中国农业科学院。编辑2008—2017年《大事记》，编印2008年6月—2018年4月《工作简报》119期。编印2009—2013年《工作年报》，编辑的2014—2016年《中国农业科学院兰州畜牧与兽药研究所年报》，由中国农业科学技术出版社出版。按照党政机关公文处理有关规定，起草、审核、制发公文，举办公文写作知识培训班。研究所先后获得2010年中国农业科学院“好公文综合奖”，2011—2012年度中国农业科学院办公室“好公文”优秀奖，中国农业科学院2015—2016年度“好公文”奖。赵朝忠获中国农业科学院“2015—2016年优秀核稿员”称号。2016年10月27—28日，研究所承办了“中国农业科学院2016年综合政务会议”。

三、制度建设

为保障各项工作的顺利开展，研究所贯彻落实国家和上级部门的决策部署，与时俱进，不断完善各项规章制度，保障各项工作制度化、规范化，有章可依，科学治理。

（一）科技创新

2008年4月28日，研究所所务会讨论通过了《中国农业科学院兰州畜牧与兽药研究所实验动物房管理办法》。

2009年3月17日，所务会讨论通过了《中国农业科学院兰州畜牧与兽药研究所科技创新团队管理办法（试行）》。

2013年 5 月15日，所务会议讨论通过了《中国农业科学院兰州畜牧与兽药研究所科技创新工程实施方案》《中国农业科学院兰州畜牧与兽药研究所科技创新工程人才团队建设方案》和《中国农业科学院兰州畜牧与兽药研究所科技创新工程岗位暨薪酬管理办法和辅助服务岗位暨薪酬管理办法》。 5 月16日，所务会讨论通过了《中国农业科学院兰州畜牧与兽药研究所创新工程科研项目管理办法》《中国农业科学院兰州畜牧与兽药研究所研究生及导师管理暂行办法》和《中国农业科学院兰州畜牧与兽药研究所创新工程财务管理办法和差旅费管理办法》。

2015年12月29日，研究所制定了《中国农业科学院兰州畜牧与兽药研究所动物房实验动物应急预案》。

2016年7月4日，所务会讨论通过制修订的《中国农业科学院兰州畜牧与兽药研究所科研项目（课题）管理办法》《中国农业科学院兰州畜牧与兽药研究所硕博连读研究生选拔办法》和《中国农业科学院兰州畜牧与兽药研究所试验基地管理办法》。

2017年1月5日，所务会讨论通过了《中国农业科学院兰州畜牧与兽药研究所因公临时出国（境）经费管理实施细则》。8月10日，所务会讨论通过了《中国农业科学院兰州畜牧与兽药研究所科研项目绩效考核办法》《中国农业科学院兰州畜牧与兽药研究所实验动物管理及伦理委员会章程》《中国农业科学院兰州畜牧与兽药研究所实验动物伦理审查管理办法》和《中国农业科学院兰州畜牧与兽药研究所实验动物伦理审查程序》。9月11日，研究所制定了《中国农业科学院兰州畜牧与兽药研究所突发实验动物生物安全事件应急预案》。

（二）综合政务

2009年3月17日，所务会讨论通过了《中国农业科学院兰州畜牧与兽药研究所科研楼管理暂行规定》。

2010年7月8日，所长办公会议讨论通过了《中国农业科学院兰州畜牧与兽药研究所公用住房管理和费用收取暂行办法》的补充规定。

2012年2月8日，研究所制定了《中国农业科学院兰州畜牧与兽药研究所公共场所控烟管理规定》。2月29日，所务会讨论通过了制修订的《中国农业科学院兰州畜牧与兽药研究所计算机信息系统安全保密管理暂行办法》和《中国农业科学院兰州畜牧与兽药研究所公文处理实施细则》。

2013年8月15日，研究所所务会讨论通过了制修订的《中国农业科学院兰州畜牧与兽药研究所居民水电供用管理办法》《中国农业科学院兰州畜牧与兽药研究所居民供用热管理办法》和《中国农业科学院兰州畜牧与兽药研究所公用设施、环境卫生管理办法》。10月22日，所务会讨论通过了制修订的《中国农业科学院兰州畜牧与兽药研究所大院机动车辆出入和停放管理办法》《中国农业科学院兰州畜牧与兽药研究所大院及住户房屋管理规定》和《中国农业科学院兰州畜牧与兽药研究所公有住房管理和费用收取暂行办法》。12月10日，所务会讨论通过了制修订的《中国农业科学院兰州畜牧与兽药研究所文书档案管理办法》《中国农业科学院兰州畜牧与兽药研究所科学技术档案管理办法》《中国农业科学院兰州畜牧与兽药研究所会计档案管理办法》《中国农业科学院兰州畜牧与兽药研究所基建档案管理办法》《中国农业科学院兰州畜牧与兽药研究所仪器设备档案管理办法》《中国农业科学院兰州畜牧与兽药研究所声像和照片档案管理办法》和《中国农业科学院兰州畜牧与兽药研究所人事档案管理办法》。

2014年6月25日，所务会讨论通过了《中国农业科学院兰州畜牧与兽药研究所“三重一大”决策制度实施细则》。11月25日，所务会讨论通过了《中国农业科学院兰州畜牧与兽药研究所信息传播工作管理办法》。

2016年7月4日，所务会讨论通过了《中国农业科学院兰州畜牧与兽药研究所公务用车管理办法》和《中国农业科学院兰州畜牧与兽药研究所档案查询借阅规定》。

2017年1月5日，所务会讨论通过了制修订的《中国农业科学院兰州畜牧与兽药研究所安全生产管理办法》《中国农业科学院兰州畜牧与兽药研究所突发公共事件应急预案》《中国农业科学院兰州畜牧与兽药研究所大院机动车辆出入和停放管理办法》和《中国农业科学院兰州畜牧与兽药研究所公用设施和环境卫生管理办法》。

（三）人事劳资

2008年4月28日，所务会讨论通过了《中国农业科学院兰州畜牧与兽药研究所奖励办法》。之后，为调动职工的工作积极性，分别于2010年12月1日、2012年 2 月29日、2013年3月28日、2014年3月10日、2014年11月13日、2015年12月3日、2016年7月4日、2016年12月29日和2017年12月11日召开所务会修订完善该办法。

2009年9月24日，所务会讨论通过了《中国农业科学院兰州畜牧与兽药研究所工作人员工资分配暂行办法（修订）》和《中国农业科学院兰州畜牧与兽药研究所科研人员业绩考核办法》。并分别于2010年12月3日、2013年3月28日、2014年3月10日、2014年11月13日、2015年12月3日、2016年9月13日和2017年12月11日召开所务会修订了《中国农业科学院兰州畜牧与兽药研究所科研人员业绩考核办法》。

2010年12月3日，所务会讨论通过了《中国农业科学院兰州畜牧与兽药研究所管理开发服务人员业绩考核办法》。并分别于2013年3月28日、2014年3月10日召开所务会修订该办法。

2011年3月23日，研究所第三届职工代表大会第九次会议讨论通过了修订的《中国农业科学院兰州畜牧与兽药研究所全员聘用合同制管理办法》《中国农业科学院兰州畜牧与兽药研究所机构设置、部门职能与工作人员岗位职责编制方案》《中国农业科学院兰州畜牧与兽药研究所工作人员工资分配暂行办法》《中国农业科学院兰州畜牧与兽药研究所工作人员内部退养及工资福利待遇管理办法》和《中国农业科学院兰州畜牧与兽药研究所未聘待岗人员管理办法》。

2012年 2 月29日，所务会讨论通过了修订的《中国农业科学院兰州畜牧与兽药研究所工作人员年度考核实施办法》。并于2014年11月13日召开所务会议进行了修订。

2014年6月25日，所务会讨论通过了《中国农业科学院兰州畜牧与兽药研究所博士后工作管理办法》。9月4日，所务会讨论通过了《中国农业科学院兰州畜牧与兽药研究所编外用工管理办法》。

2016年9月13日，所务会讨论通过了《中国农业科学院兰州畜牧与兽药研究所“科研英才培育工程”管理办法》。12月29日，由所务会修订了《中国农业科学院兰州畜牧与兽药研究所职工请（休）假规定》。

2017年1月5日，所务会讨论通过了《中国农业科学院兰州畜牧与兽药研究所工作人员因私出国（境）管理办法》。12月18日，研究所制定《中国农业科学院兰州畜牧与兽药研究所人才引进管理办法》《中国农业科学院兰州畜牧与兽药研究所人才队伍建设计划》和《中国农业科学院兰州畜牧与兽药研究所中层干部队伍建设规划》。12月19日，所务会讨论通过了《中国农业科学院兰州畜牧与兽药研究所农科英才管理办法（试行）》。

（四）财务与资产

2008年4月28日，所务会讨论通过了《中国农业科学院兰州畜牧与兽药研究所科研实验材料用品采购管理暂行规定》。

2010年12月3日，所务会讨论通过了《中国农业科学院兰州畜牧与兽药研究所政府采购制度暂行规定》。

2013年12月10日，所务会讨论通过了《中国农业科学院兰州畜牧与兽药研究所招待费管理办法（试行）》。

2014年11月25日，所务会讨论通过了《中国农业科学院兰州畜牧与兽药研究所科研经费信息公开实施细则》。

2015年12月3日，所务会讨论通过了《中国农业科学院兰州畜牧与兽药研究所科研副产品管理暂行办法》。并于2016年7月4日召开的所务会上进行了修订。

2016年7月4日，所务会讨论通过了《中国农业科学院兰州畜牧与兽药研究所公务接待管理办法》和《中国农业科学院兰州畜牧与兽药研究所差旅费管理办法》。12月29日，所务会通过制修订的《中国农业科学院兰州畜牧与兽药研究所横向经费使用管理办法》《中国农业科学院兰州畜牧与兽药研究所专家咨询费等报酬费用管理办法》《中国农业科学院兰州畜牧与兽药研究所科研项目间接经费管理办法》和《中国农业科学院兰州畜牧与兽药研究所差旅费管理办法》。

2017年1月5日，所务会讨论通过修订的《中国农业科学院兰州畜牧与兽药研究所会议费管理办法》。8月10日，所务会讨论通过了《中国农业科学院兰州畜牧与兽药研究所科研项目经费预算调剂管理办法》《中国农业科学院兰州畜牧与兽药研究所科研项目结转和结余资金管理办法》和《中国农业科学院兰州畜牧与兽药研究所科研财务助理管理办法》。

（五）党建与文明建设

2008年5月29日，所党委会讨论通过了《中国农业科学院兰州畜牧与兽药研究所调整党费收缴标准》。

2009年9月24日，所务会通过了《中国农业科学院兰州畜牧与兽药研究所职工守则》和《中国农业科学院兰州畜牧与兽药研究所科技人员行为准则》。

2010年8月27日，研究所印发《中共中国农业科学院兰州畜牧与兽药研究所关于推进学习型党组织建设实施方案》。

2012年 2 月29日，所务会讨论通过了《中国农业科学院兰州畜牧与兽药研究所文明处室、文明班组、文明职工评选办法》和《中国农业科学院兰州畜牧与兽药研究所党务公开实施方案》。

2013年2月1日，研究所制定了《中国农业科学院兰州畜牧与兽药研究所关于改进工作作风的规定》。

2015年3月30日，研究所制定了《中国农业科学院兰州畜牧与兽药研究所关于落实党风廉政建设主体责任监督责任实施细则》。

2016年7月4日，所党委会会议讨论通过了《中国农业科学院兰州畜牧与兽药研究所关于领导班子成员落实“一岗双责”的实施意见》《中国农业科学院兰州畜牧与兽药研究所关于党支部“三会一课”管理办法》和《中国农业科学院兰州畜牧与兽药研究所关于党费收缴使用管理的规定》。

2017年3月13日，所党委会会议讨论通过了《中国农业科学院兰州畜牧与兽药研究所关于进一步加强和改进新形势下思想政治工作的意见》《中共中国农业科学院兰州畜牧与兽药研究所委员会工作规则》《中国农业科学院兰州畜牧与兽药研究所“三重一大”决策制度监督办法》《中国农业科学院兰州畜牧与兽药研究所党风廉政约谈暂行规定》和《中国农业科学院兰州畜牧与兽药研究所关于加强和改进研究生党员教育管理暂行规定》。

为使全所职工更好地学习、宣传、贯彻、执行各项规章制度，办公室分别于2008年12月、2015年12月、2017年6月和2017年11月编印了《中国农业科学院兰州畜牧与兽药研究所规章制度汇编》，其中2015年12月和2017年11月编辑的规章制度汇编由中国农业科学技术出版社出版。2013年4月编印了《中国农业科学院科技创新工程和现代农业科研院所建设行动规章制度》。为进一步做好全所综合政务管理，不断推进科技创新工程的实施和世界一流农业科研院所的建设步伐，由办公室牵头，组织相关部门对近年来国家有关部委和中国农业科学院制定的目前仍在使用的法规、制度和办法进行了收集整理，编辑成《农业科研单位常用文件摘编》，于2015年12月由中国农业科学技术出版社出版。

四、宣传与信息化建设

（一）宣传工作

科技宣传是营造农业科技创新发展软环境的助推器，对提升研究所影响力、营造良好的科技创新氛围、加速科研成果转化有着重要作用。研究所宣传工作与时俱进，制定了《中国农业科学院兰州畜牧与兽药研究所信息传播工作管理办法》，2012年1月，组建了宣传信息员队伍。2015年10月，调整组建通讯员队伍，各职能部门和支撑部门各设1名兼职通讯员，8个科技创新团队各设1名兼职通讯员，负责本部门和团队的宣传工作。2015年10月27日，研究所举办了信息宣传专题培训会，以提高全所通讯员的综合素质和业务水平，加大研究所信息宣传力度。

宣传载体和形式不断丰富，对内宣传方面每月编发一期研究所《工作简报》，主办宣传栏134期，向职工通报研究所工作动态。对外宣传方面，在报刊杂志、电视台和门户网站等新媒体宣传研究所取得的科技成就。2008年5月至2018年4月，《人民日报》《光明日报》《科技日报》《中国科学报》《农民日报》《甘肃日报》《中国农村科技》《中国畜牧兽医报》《人民网》《新华网》《中国共产党新闻网》《光明网》《科技部网》《农业农村部网》《甘肃新闻网》《中国农业信息网》《凤凰网》《东南网》《和讯网》《中国科学院网》《中国食品科技网》《中国甘肃网》和《每日甘肃网》等国家和省部级传统媒体及门户网站报道了研究所创新成果和科技专家139次。2011年，甘肃电视台采访并播放了“陇人骄子”候选人阎萍研究员的先进事迹。2012年10月19日，CCTV-7频道播出专题片《为什么要养野牦牛》。2014年，CCTV-7《科技苑》栏目播出专题片《一群在春天吃肥的牦牛》。2016年，CCTV-7播出《穿罩衣的高山美利奴羊》。2008年5月至2018年4月，《中国农业科学院网》《中国农业科学院报》《中国农业科学院简讯》和兰州牧药所网报道研究所工作动态1140篇。2012年研究所获“中国农业科学院2011年度信息宣传工作先进单位”，2015年研究所获“中国农业科学院2013—2014年度科技传播工作先进单位”和中国农业科学院直属机关党委“2014年度中国农业科学院党建宣传信息工作先进单位”。符金钟获“中国农业科学院2011年度优秀通讯员”和“中国农业科学院2013—2014年度优秀通讯员”称号。每年更新所史陈列室内容和宣传画册，用于国内外宣传交流。

（二）信息化建设

2006年3月，研究所中文网站正式建成并上线，网址为：http：//www.lzmys.cn/。该网站设置了首页、研究所简介、科学研究、科研成果、产业开发、人才建设、质检中心、野外台站、期刊编辑、最新动态等10个栏目，之后分别于2009年、2013年升级改版，宣传展示信息量不断扩大。目前研究所中文网站设置有首页、研究所概况、机构设置、科学研究、科研成果、人才队伍、创新团队、科技平台、研究生教育、党群动态、科研动态、成果展示、合作交流、发表论文、媒体资讯、科普宣传、视频中心、通知公告、下载中心等19个一级栏目。

2013年，按照中国农业科学院院属单位统一建设网站群的要求，研究所与中科软科技股份有限公司合作制作了研究所网站，但因中国农业科学院工作调整，未正式开通上线。2014年11月，研究所英文网站正式建成并上线。2018年3月，研究所中英文网站合并迁入中国农业科学院网站群并正式上线运行，网址为：http：//lzihps.caas.cn/，原网站同时运行。

为宣传展示和共享研究所科技成就，2014年8月，建成“传统中兽医药资源共享平台”和“中国藏兽医药数据库”。2015年1月，建成“国家奶牛产业技术体系疾病防控技术资源共享数据库”。2015年5月，建成“畜产品质量安全与评价信息系统”。4个数据共享平台均在研究所中文网站上线共享。2017年，经农业部和中国农业科学院筛选，将上述4个数据共享平台纳入农业部政务信息共享平台，完成目录编制和数据对接等工作。

2009年，建成了研究所大院局域网，网络建成后工作区覆盖面达100%，家属区用户达240户，在职职工家庭覆盖面达100%，离退休职工家庭覆盖面达到30%以上，极大地方便了职工的工作及生活。2016年，为保证用户快速、稳定上网，对局域网进行了改造升级，带宽由10M增加到50M，并对原344户局域网用户进行重新登记，实行一户一码，由中国联通兰州市分公司进行后台管理。2009年，研究所被中国农业科学院确定为信息化建设试点单位，4月14日中国农业科学院农业信息研究所4位技术人员来所，就信息化系统建设方案与有关人员进行了交流，开始进行研究所信息化系统建设。2010年5月25—28日，中国农业科学院农业信息研究所王文生副所长等到所开展信息化系统建设工作，进行了远程视频会议系统等设备调试并试运行。2014年，建成新的远程视频教育和会议系统及逻辑内网安装调试，用于中国农业科学院召开视频会议和研究生远程教育。2015年，根据中国农业科学院信息化建设要求，完成了研究所建设内容，职称评审系统、基建管理系统、科研管理系统、出国审批系统与中国农业科学院本部顺利对接运行。

五、安全生产工作

安全生产是保障生命财产的大事。研究所始终坚持"安全第一、预防为主、综合治理"的方针，以建章立制、安全设施、队伍建设、建立和健全安全生产责任制、安全生产知识教育培训、应急逃生技能提升为抓手，保证了安全稳定发展。为做好安全生产工作，研究所设有安全生产领导小组，并根据所领导工作分工和人员变动情况及时调整。2009年6月8日，成立了研究所车辆交通安全管理领导小组，杨耀光副所长任组长，后勤服务中心负责人任副组长。2011年6月3日，调整研究所安全生产领导小组成员，杨志强所长任组长，刘永明书记任副组长，其他所领导和各部门第一责任人为成员。2015年6月10日，再次调整研究所安全生产领导小组成员。2017年12月7日，将研究所安全生产领导小组调整为安全卫生工作委员会，由李建喜副所长任主任、办公室主任赵朝忠任副主任，各部门负责人为成员，负责研究所安全生产和卫生工作。2015年10月，研究所建立健全了安全员队伍，每个职能和支撑部门确定1名安全员，各研究室每个楼层和每间实验室确定1名安全员，协助部门负责人做好安全生产工作和卫生工作。

2008年以来，研究所制订了《中国农业科学院兰州畜牧与兽药研究所安全生产管理办法》《中国农业科学院兰州畜牧与兽药研究所突发公共事件应急预案》《中国农业科学院兰州畜牧与兽药研究所动物房实验动物应急预案》《中国农业科学院兰州畜牧与兽药研究所科研楼管理暂行规定》《中国农业科学院兰州畜牧与兽药研究所公共场所控烟管理规定》和《中国农业科学院兰州畜牧与兽药研究所机动车辆出入和停放管理办法》

等规章制度。建立健全安全生产责任制，所长或分管安全生产工作的所领导每年与所属各部门第一责任人签订《中国农业科学院兰州畜牧与兽药研究所安全生产责任书》，与相关课题负责人签订车辆使用安全责任书，强化督导，明确责任，传导压力。

10年中，研究所共召开安全生产专题会议65次，研究部署安全生产工作、节假日值班和安全隐患排查整改工作。组织开展安全生产法规文件学习，进行防火、避震、危险化学品保存使用、实验室安全防护等安全生产知识培训、安全知识竞赛和警示教育18次，组织开展突发事件逃生演练10次，利用宣传栏和电子显示屏不定期传播防灾应急知识，开展安全生产月系列活动等，不断增强全所职工的安全意识。2017年2月，结合研究所实际情况，编印了《中国农业科学院兰州畜牧与兽药研究所安全手册》，分发给全所职工学习。2008年5月至2015年9月，研究所先后组织开展安全生产专题检查43次。2015年10月，研究所制定了安全生产和卫生清洁月检查评比奖励制度，每月由所领导带领办公室、党办人事处负责人和各部门安全员，对全所进行安全生产隐患排查和卫生检查，检查结果在所内通报，年终予以考核奖励；对安全生产工作落实不力的部门和个人进行约谈，取消当年评先选优的资格，对造成重大安全事故者给予相应的党纪政纪处分。

2009年4月至2010年7月，研究所实施了“消防设施配套”项目，修建了消防控制中心和500m^{3}蓄水池一座，完善了科苑西楼和科苑东楼的消防功能。10年中，新购置各类规格灭火器265具，在实验室配备了灭火毯，并定期更换灭火器。2010年10月，研究所建成大院监控系统，安装16个监控摄像头。2013年9月，安装车辆出入智能化管理系统，办理了大院停车许可证和收费许可证，大院车辆出入和停放整齐有序。2014年，将大院监控系统的模拟摄像头全部更换为高清摄像头。2017年4月，将原大院车辆智能管理系统更新为车牌自动识别系统，实现大院车辆出入管理科学化。

2018年1月，研究所被中国农业科学院评为“2017年度平安建设优秀单位”，赵朝忠被评为中国农业科学院“2017年度平安建设先进个人”。

六、档案管理与保密工作

（一）档案管理

2008年至今，在办公室设置档案管理岗位，负责记载研究所史实的各类档案资料的管理工作。按照国家和中国农业科学院档案管理规定，2013年12月10日，所务会讨论通过了修订的研究所科技、文书、基建、会计、仪器设备、声像照片和干部人事等7个档案管理办法。2016年7月4日，所务会讨论通过了《中国农业科学院兰州畜牧与兽药研究所档案查询借阅规定》。2011年开始进行档案信息化管理建设工作，完成了1997—2011年度全部文书档案和基建档案目录信息的录入工作，提高了文件查询效率。截至2018年4月，拥有档案库房40m²，现存文书档案、科技档案、基建档案、财务档案等案卷7 331卷。

（二）保密工作

按照国家和中国农业科学院保密法律法规要求，研究所不断加强保密工作。

1.机构建设

根据研究所内部机构调整及人员变化情况，不断调整保密委员会组成人员。2006年5月，由研究所党委书记刘永明担任保密委员会主任，分管科技工作的副所长张继瑜担任副主任；2011年7月14日，保密委员会主任改由所长杨志强担任，分管科技工作的副所长张继瑜和办公室主任赵朝忠任副主任。2017年4月13日，研究所国家安全小组成立，由党委书记刘永明任组长，所长杨志强任副组长，其他所领导和办公室、党办人事处第一责任人为成员。

2.制度建设

研究所制定了《中国农业科学院兰州畜牧与兽药研究所信息传播工作管理办法》，修订了《中国农业科学院兰州畜牧与兽药研究所保密工作制度》《中国农业科学院兰州畜牧与兽药研究所公文处理实施细则》和《中国农业科学院兰州畜牧与兽药研究所档案管理办法》。2012年2月29日，经所务会讨论通过了《中国农业科学院兰州畜牧与兽药研究所计算机信息系统安全保密管理暂行办法》，对计算机网络信息安全保密管理、涉密计算机和存储介质保密管理、涉密计算机和存储介质维修维护管理做出了明确规定。

3.保密教育

通过不定期召开专题会议、购买分发《党政干部和涉密人员保密常识必知必读》、利用宣传栏和电子屏宣讲，组织开展《领导干部保密守则》《科学技术保密规定》《中国农业科学院计算机信息网络安全规定》等保密法规和计算机、网络、通信及办公自动化设备保密常识学习等进行保密教育。传达学习农业部保密安全工作抽查情况通报等文件，观看保密教育片，邀请专家作计算机管理与网络信息安全专题报告等，开展保密警示教育。

4.保密管理

研究所按有关法规明确涉密岗位和人员，并根据岗位和人员变动随时调整，填报《涉密人员审查备案表》，签订《保密承诺书》；对离岗、离职涉密人员及时清退个人持有和使用的涉密载体及涉密信息设备，签订保密承诺书，执行脱密期管理。认真执行涉密公文处理规定，对接收的涉密文件使用专用登记本登记，传阅处理严格控制在知悉范围内，在保密文件柜中单独存放、单独归档。在技术防护方面，2008年，为所领导、中层干部和职能部门每间办公室配备了碎纸机。2015年10月，购置更新涉密计算机、打印机、存储介质和保密文件柜。在网络保密管理方面，办公室负责研究所网站的日常运行、维护及安全，并与网站托管公司签订了《信息安全保密协议》。后勤服务中心负责研究所办公区及家属区局域网的日常运行、维护及安全。研究所对外发布的各类信息，必须经过各部门负责人和所领导审批签发，涉密信息严禁发布在互联网上。研究所每年都按照保密普查工作要求，开展保密和网络保密工作自查自评，并上报中国农业科学院。2011年11月8日，受农业部委托，中国农业科学院办公室汪飞杰副主任一行 3 人来研究所检查信息保密工作，检查组利用专用检测设备实地抽查了部分专用计算机。2015年 9 月22日，农业部办公厅刘剑夕副主任一行4人对研究所保密工作进行检查。2016年10月26日，中国农业科学院办公室汪飞杰主任一行3人对研究所保密工作进行抽查。

第二节　科研管理

研究所科研管理工作由科技管理处承担，主要职能是起草科技发展规划、计划、总结、科技管理制度，创新工程管理，科研项目管理，科技成果管理，科技平台管理，国内外科技合作与学术交流，研究生培养，成果转化与科技兴农工作；协助有关部门做好科研仪器设备的采购和管理。2007年9月至2011年4月，王学智任科技管理处副处长，主持工作。2011年4月至今，王学智任科技管理处处长；2011年4月至2014年3月，董鹏程任副处长；2014年5月至今，曾玉峰任副处长。

一、学科建设

作为从事畜牧、兽药、兽医（中兽医）及草业研究的综合性国家级农业科研机构，研究所根据国家畜牧业发展战略和自身科研工作需要，坚持创新，突出特色，以学科调整为重点，优化学科配置，集成科技力量，形成了畜牧学科、兽用药物学科、兽医中兽医学科及草业学科4个互为促进、互相渗透的独具特色的一级学科，并确定了草食家畜种质资源保护与利用、草食动物遗传育种与繁殖、牧草种质资源保护与利用、牧草育种与草地生态学、临床兽医学、兽医药理毒理学、兽药学和中兽医学8个重点学科，在此基础上大力培育新兴学科，合理组织学科群，形成学科建设可持续发展的机制。

2009年，围绕8个重点学科建设，整合确定了“药物筛选与评价”“中国牦牛种质创新与资源利用”“中兽医药学现代化研究”和“旱生牧草种质资源与牧草新品种选育”4个中国农业科学院科技创新团队，在此基础上又确立了“创新兽药的研制与开发”“药物筛选与评价”“中国牦牛种质创新与资源利用”“奶牛疾病诊断和防治创新”“中兽医药现代化研究”“细毛羊分子育种技术研究”和“旱生牧草种质资源与牧草新品种选育”等7个所级创新团队，科技创新团队的建设为学科的发展和人才的培养搭建了良好的平台条件。同时，对创新团队给予稳定的科研经费支持。

2012年，为了进一步适应学科建设呈现出的“大学科、广兼融”的发展趋势和研究所科研工作的新要求，根据《中国农业科学院关于开展学科调整与建设方案编制工作的通知》精神，研究所组织学术委员会对畜、药、病、草4大学科的创新建设提出指导意见，对学科调整与建设方案进行研讨，在充分考虑研究所工作基础、优势和特色的前提下，形成草食动物遗传育种与繁殖、草食动物营养、兽用化学药物、兽用天然药物、兽用生物药物、宠物与经济动物药物、中兽医学、临床兽医学、牧草资源与遗传育种、草地利用与监测等10个优势学科领域和21个研究方向。

2013年，根据中国农业科学院学科设置方案，研究所确立动物资源与遗传育种、牧草资源与育种、动物营养、兽药学、中兽医与临床兽医学5个学科领域，包含牦牛资源与育种、细毛羊资源与育种、草食动物营养、兽用化学药物、兽用天然药物、兽用生物药物、中兽医理论与临床、奶牛疾病和旱生牧草资源与育种等9个重点学科方向。

2016年，研究所对现有学科领域和研究方向进行了优化调整，增加了质量安全与加工、资源与环境2个学科集群，增加了动物生物技术与繁殖、畜产品质量安全、农业生态3个学科领域，增加了牧草航天育种、牛羊基因工程与繁殖、草食家畜畜产品质量与安全评价、荒漠草原生态保护与修复、兽药残留与微生物耐药性、中兽药创制与应用、针灸与免疫、畜禽普通病诊断与防控、畜禽营养代谢与中毒病等9个重点研究方向。

（一）畜牧学科

以我国西北地区特有而丰富的牛羊遗传资源为基础，以科研创新团队、重点实验室和试验基地为支撑，以草食家畜遗传改良为目标，围绕我国草食畜牧业发展中的重大科学技术问题与需求，紧跟世界畜禽资源与遗传育种科技发展趋势，瞄准学科前沿，现代分子育种技术与传统育种技术相结合，开展基础、应用基础和应用研究，为畜牧产业化发展提供产品、技术和理论支撑。以现有科研创新团队、技术和科技平台为支撑，着力发掘我国西北地区牛羊遗传资源，加强草食家畜优良品种的选育和遗传改良，创制育种新素材，开展分子遗传学技术理论研究，探究草食动物主要经济性状遗传规律和分子机理，种质资源生物学特性，牛羊繁殖育种新理论、新方法和新技术研究。改良牛羊品质，提高生产性能，培育牛羊新品种（系），为我国牛羊产业的发展提供理论支持和技术支撑。

（二）兽药学科

围绕国家食品安全与畜牧养殖业可持续健康发展的重大需求，开展创新兽药的基础、应用基础和应用研究。重点开展新药筛选技术理论和方法学研究、药物作用机理研究、新兽药安全评价和新兽药创制。加强兽药学科建设，建立国内先进的兽药筛选技术平台，创制新型兽用药物，并在兽药基础研究理论和技术方法上取得突破，提升兽药创新水平。

（三）中兽医与临床兽医学科

围绕国家食品安全与养殖业可持续发展的重大需求，开展中兽医学、临床兽医学领域的基础研究、应用基础研究和应用研究。重点研究方向有中兽医针灸效应物质基础、中兽医理论与方法、中兽医群体辩证施治、传统兽医药资源整理与利用、中兽医分子生物学、中兽医药现代化与新产品创制、中兽药安全评价体系、中西兽医结合防治畜禽疾病新技术等。开展奶牛疾病诊断与防治新技术、新方法研究；开展动物临床研究、疾病发病机理研究，研制新型高效安全防治药物，建立健康养殖综合防控关键技术。

（四）草业饲料学科

立足黄土高原和青藏高原，开展草业及草畜结合产业技术的基础、应用基础和应用研究，主攻西部优势牧草品种选育和抗逆品种引进驯化，开展牧草种质资源、草地生态、饲草饲料研究，兼顾新技术、新品种推广及产业化开发，为国家和地方草产业的健康、持续发展和生态环境建设提供技术支撑。

二、科研项目管理

10年来，随着国家对农业科技投入的逐年加大，研究所承担的科技项目，无论是项目数量还是科研经费都呈现快速增长的势头。

（一）科研立项

研究所历来重视科研立项申请。在掌握国家、部级、省级等各部委和地方政府科技政策与科研管理政策的基础上，科技管理处及时与创新团队首席或研究室主任沟通，鼓励科研人员针对当前畜牧兽医面临的主要科学问题和产业需求，组织提出重要选题并撰写项目建议书，及时向相关主管部门汇报，并将相关信息反馈给科研人员。在重大科研项目的组织中，充分调动研究所各方面的力量，在整合单位内部优势力量的同时，积极鼓励项目负责人联合相关科研单位进行共同申报，并组织所学术委员会对科研人员编写的项目申报书进行指导，邀请所外专家对项目申报书进行充分论证，以提高申请项目的竞争力，在国家自然科学基金、国家科技支撑计划、公益性行业科研专项、科技基础性工作专项、现代农业产业技术体系、甘肃省科技重大专项、国际科技合作与交流项目等方面取得了历史性突破。2008年5月至2018年4月，研究所共承担了科研项目571

项，其中畜牧学科134项，兽用药物学科163项，中兽医（兽医）学科187项，草业饲料学科87项。“十二五”期间，共获得资助科研项目331项，经费达到18 657.42万元，留所经费超过1亿元。科研立项和经费分别是“十一五”的1.75倍和1.84倍，科研人员每人年均经费达到40万元。2016年1月至2018年4月，共获得资助科研项目126项，经费达到9 697.06万元，留所经费9 507.06万元。

（二）科研项目管理

研究所科研项目实行项目主持人负责制。科技管理处在项目执行过程中主要负责督促科研项目按目标任务执行、科研经费预算安排、科技成果登记，并为项目主持人在所内科技资源的使用、调配等方面给予支持。同时，组织专家对在研项目的试验基地、合作单位、实验记录等情况进行抽查，并对检查中发现的问题，督促项目组及时纠正。每年年终组织召开科研项目总结汇报会，要求项目组提交纸质版总结材料，并以多媒体形式进行汇报，将成果、论文、专利、著作、产品等科研产出以实物形式进行展示，由考核小组和学术委员会根据项目年度工作计划、任务指标、完成情况、取得进展等进行综合打分，评选出优秀项目组，并对项目下年度计划提出意见与建议。

（三）科研管理制度

10年来，研究所先后制定和修订了《中国农业科学院兰州畜牧与兽药研究所科研计划管理暂行办法》《中国农业科学院兰州畜牧与兽药研究所科研经费暂行管理办法》《中国农业科学院兰州畜牧与兽药研究所科研仪器设备管理办法》《中国农业科学院兰州畜牧与兽药研究所科研项目管理办法》《中国农业科学院兰州畜牧与兽药研究所科研项目间接经费管理办法》《中国农业科学院兰州畜牧与兽药研究所科研项目绩效考核办法》《中国农业科学院兰州畜牧与兽药研究所科研项目经费预算调剂管理办法》《中国农业科学院兰州畜牧与兽药研究所科研项目结转和结余资金管理办法》《中国农业科学院兰州畜牧与兽药研究所横向经费使用管理办法》和《中国农业科学院兰州畜牧与兽药研究所基本科研业务费专项资金实施细则》等科研管理制度，细化办事流程，提高了科研项目管理的制度化、规范化水平。同时，研究所还制定了《中国农业科学院兰州畜牧与兽药研究所科研人员岗位业绩考核办法》和《中国农业科学院兰州畜牧与兽药研究所奖励办法》等，以激发科研人员科技创新的积极性。

科技管理处每年按照科研信息公开要求，对当年全所在研项目、新上项目及结题项目进行公示，公示范围包括项目名称、项目编号、项目类别、项目经费、执行期限、主持人、参加人等信息，以便全所科技人员了解科研项目概况，并以此督促在研项目主持人认真完成项目、提醒结题项目主持人做好结题验收工作。对于结题项目，科技管理处及时将实验记录、技术资料、成果论文等整理归档，进行成果登记，并组织申报各级科技奖励。

三、创新工程管理

为加大科技创新力度，稳定支持农业科学研究，国家继中国科学院知识创新工程、中国社会科学院哲学社会科学创新工程之后，于2013年设立中国农业科学院科技创新工程。

按中国农业科学院科技创新工程方案，研究所凝练学科、组建创新团队、构建创新管理模式，先后于2013年5月、9月和10月3次组织撰写了《中国农业科学院兰州畜牧与兽药研究所科技创新工程申报书》。2014年2月，研究所入选中国农业科学院科技创新工程第二批试点研究所，牦牛资源与育种、奶牛疾病、兽用化学药物和兽用天然药物4个创新团队进入创新工程。2014年12月，兽药创新与安全评价、细毛羊资源与育种、中兽医与临床、寒生旱生灌草新品种选育4个创新团队入选中国农业科学院第三批创新工程，为推动研究所科新工程建设奠定了坚实的基础。近5年来，通过实施中国农业科学院科技创新工程，研究所不断在机制创新、学科发展、人才培育、条件建设、科技创新、国际合作等方面加强管理，积极探索，取得了良好进展。先后制定或修订了《中国农业科学院兰州畜牧与兽药研究所科技创新工程实施方案》《中国农业科学院兰州畜牧与兽药研究所创新工程岗位暨薪酬管理办法》《中国农业科学院兰州畜牧与兽药研究所人才团队建设方案》《中国农业科学院兰州畜牧与兽药研究所创新工程科研项目管理办法》和《中国农业科学院兰州畜牧与兽药研究所创新工程财务管理办法》等规章制度，完善了科技创新工程制度体系，明确了促进科技创新工程建设的运行机制，建立了竞争流动的用人机制和定量考核的评价激励机制，进一步凝练、优化、完善了学科领域和学科方向，使得创新能力不断加强，优秀人才不断涌现，科技产出不断增长，协同创新不断深入。

四、中央级公益性科研院所基本科研业务费专项资金管理

为加强对中央级公益性科研院所自主开展科学研究的稳定支持，中央财政从2006年起设立了“中央级公益性科研院所基本科研业务费专项资金”（以下简称“基本业务费专项资金”），建立了对中央级公益性科研院所科研工作的长效稳定的支持机制,对推动科研院所学科建设、科技成果创新、基础支撑平台发展、青年科技人才成长和科研团队建设等发挥了不可替代的重要作用。

研究所自2006年基本业务费专项资金实施以来，按照“突出重点、优化机制、建设基地、凝聚人才、推动改革”的指导思想，制订了《中国农业科学院兰州畜牧与兽药研究所中央级公益性科研院所基本科研业务费专项资金管理办法》《中国农业科学院兰州畜牧与兽药研究所基本业务费发展规划》等规章制度，成立基本业务费专项资金学术委

员会，科技管理处和条件建设与财务处负责项目的实施过程跟踪管理、绩效奖励和考核评估。项目立项实行自由申请、领域专家论证、学术委员会评审、公示制度，确保项目的前瞻性、科学性和创新性。项目实施执行滚动支持和调节制度。形成了一套科学严谨的立项、考核、评价与绩效奖励办法。

结合研究所学科特色与优势，以解决科技和产业关键技术瓶颈问题及加快发展优质、高效、现代畜牧业为目标，重点支持40岁以下青年科技人才，自主选题，广泛开展基础研究、应用基础研究和应用研究，重点涉及草食家畜遗传繁育、功能基因研究、优质牧草培育、新兽药创制、中兽药现代化、动物疾病防治、畜禽健康养殖等领域。2006年至2018年，累计资助经费达7 685万元，立项支持251个项目。其中2006—2007年资助经费1 260万元，立项支持36个项目；2008—2018年资助经费6 425万元，立项支持215个项目。按照研究类别，研究所基本科研业务费立项资助项目的储备性研究、创新性研究和孵化性研究呈2：2：1的比例。通过基本业务费专项资金10多年的持续支持，研究所学科及研究方向不断优化和完善，科技创新能力不断加强，重大科技成果不断涌现，高水平SCI论文和发明专利授权数量显著增加，成果转化与服务“三农”成效明显。

五、科技成果管理

随着国家科技计划管理体制改革的逐步深入，原来科研项目或课题在实施期完成计划任务后，科技管理处及时与相关科技成果管理部门沟通协调，对取得重大突破和具有重要推广应用价值的研究组织专家召开成果鉴定会变为由第三方开展评价。研究所在积极开展成果鉴定的同时，充分把握政策，对已通过验收的国家及省部级科研项目、新品种、新兽药等及时进行成果登记，确保科研成果入库备案，并根据成果水平进行孵化培育，分别组织申报国家、省、部、市、农科院等部门的成果奖励。

2008年5月至2018年4月，研究所共获得各级科技成果奖励77项，其中：国家科技进步奖1项，省部级科技成果奖38项。取得新兽药证书10个、国家畜禽新品种1个、牧草新品种5个。获得授权专利977件，其中发明专利169件。“新兽药‘喹烯酮’的研制与产业化”于2009年获国家科技进步二等奖，该成果研制出我国第一个拥有自主知识产权的兽用化学药物饲料添加产品“喹烯酮”，也是新中国成立以来第一个获得国家一类新兽药证书的兽用化学药物，填补了国内外对高效、无毒、无残留兽用化学药物需求的空白；产品的应用有利于安全性动物源食品生产，增强我国动物性食品的出口创汇能力，促进我国养殖业的健康持续发展。“农牧区动物寄生虫病药物防控技术研究与应用”针对动物抗寄生虫药物规模化生产关键技术和新兽药开展创新和推广应用研究，取得了显著的社会效益和经济效益，于2013年获甘肃省科技进步一等奖。“高山美利奴羊”新品种是首例适应高山寒旱生态区的细型细毛羊国家新品种，填补了世界高海拔生态区细型细毛羊育种的空白，于2015年获国家畜禽新品种证书、2016年获得中国农业科学院杰出成就奖和甘肃省科技进步一等奖。2017年，“中兰2号”紫花苜蓿通过全国草品种审定委员会审定。

关于科技平台、科技合作与学术交流、研究生培养、成果转化与科技兴农等涉及的管理工作将分别在后面相应章节中详述。

第三节　人事工作

2011年4月，在第四次全员聘用制改革中，研究所对内设机构进行了调整，将办公室分设为办公室和党办人事处，人事工作由党办人事处负责，杨振刚任党办人事处处长，荔霞任副处长。人事工作的主要内容包括干部管理、劳动工资管理、技术职务评聘、职工继续教育、人才引进与管理等。

一、职工管理

（一）职工招录及考核评价

1.职工招录

职工招录工作，严格按照《中国农业科学院高校毕业生接收管理办法》和《中国农业科学院公开招聘人员暂行办法》执行。根据学科建设需要，结合各研究室和创新团队用人计划，每年在研究所网站和中国农业科学院网站发布次年招录信息，面向社会公开招录工作人员。2008—2017年10年间，共招录工作人员56人，其中博士14人、硕士42人。2008年招录王旭荣、张茜、李冰、辛蕊华、王春梅、师音、郭廷伟、褚敏、杨亚军、张凯、张世栋、王小辉、张小甫、岳耀敬和陈靖。2009年招录乔国华、邓海平、张景艳和王贵波。2010年招录丁学智、王胜义、郝宝成、熊琳、郭婷婷、邱丽清、李宠华、胡宇、杨晓、刘希望和尚小飞。2011年招录刘文博、杨峰、朱新强和李润林。2012年招录秦哲、王磊和王慧。2013年招录贺洞杰、孔晓军和杨晓玲。2014年招录崔东安、袁超、王娟娟、杨珍和刘丽娟。2015年招录吴晓云、杜文斌、张康和赵博。2016年招录崔光欣、段慧荣、仇正英和宋玉婷。2017年招录武小虎、王玮玮和潘欣。

2.职工考核评价

研究所职工实行全员聘用。2008年之前进行了3次全员竞聘上岗工作，2011年4月开展了第四次全员竞聘上岗工作。

研究所职工年度考核工作，按每年修订的《中国农业科学院兰州畜牧与兽药研究所工作人员年度考核实施办法》执行。

为充分调动科研人员的主观能动性和创造力，科学评价科研人员的业绩，推进研究所科技创新工程建设，建立有利于提高科技创新能力、多出成果、多出人才的评价机制，制定了《中国农业科学院兰州畜牧与兽药研究所科研人员岗位业绩考核办法》，建立了定量考核的评价机制，实行以课题组、创新团队为单元的定量考核办法，精准地评价人才贡献，以团队成员职称和岗位2个要素为依据，编制创新团队人员年度工作量清单，按团队全体成员岗位系数总和、团队成员职称确定团队年度岗位业绩考核任务量。业绩考核与绩效奖励直接挂钩。主要考核项目包括获得科研项目、获奖成果、认定成果和知识产权、论文著作、成果转化、人才培养、平台建设、国际合作等。对上述考核内容和赋分标准，每年进行调整完善，以便更充分地反映考核导向和科技人员业绩。

为了进一步调动管理服务开发人员的工作积极性，提高工作效率，制定了《中国农业科学院兰州畜牧与兽药研究所管理服务开发人员业绩考核办法》，以定性与定量结合的方式，对研究所管理、服务、开发人员的工作业绩进行考核。对照部门年初工作计划，根据部门工作完成情况进行考核（占40%）；以部门为单位，由全体职工对部门进行考核（占30%）；考核小组对部门工作完成情况进行考核（占30%），由此确定业绩考核得分。业绩考核与管理服务人员绩效奖励直接挂钩。

研究所出台并多次修订《中国农业科学院兰州畜牧与兽药研究所奖励办法》。依据取得成果奖励、论文著作、转化成果以及获得的集体和个人荣誉，给予相应数额的奖励，充分调动科研、管理人员的创新积极性。

（二）干部任用

研究所干部选拔任用工作严格执行《党政领导干部选拔任用工作条例》和《中国农业科学院领导干部选拔任用工作规定》。2008年以来，结合《中国农业科学院兰州畜牧与兽药研究所全员聘用合同制管理办法》，共开展6次公开选拔、调整、聘用中层干部工作。

2009年9月聘任潘虎为中兽医（兽医）研究室副主任，解聘其药厂副厂长职务。

2010年2月，聘任王瑜为药厂副厂长（享受正科级待遇）；3月，聘任苏鹏为后勤服务中心副主任（享受正处级待遇），解聘其药厂常务副厂长职务。

2011年4月，研究所开展第四次全员聘用工作。通过岗位竞聘，聘任赵朝忠为办公室主任，高雅琴为办公室副主任；王学智为科技管理处处长，董鹏程为科技管理处副处长；杨振刚为党办人事处处长，荔霞为党办人事处副处长兼老干部科科长；肖堃为条件建设与财务处处长，巩亚东为条件建设与财务处副处长；阎萍为畜牧研究室主任，杨志强兼任农业部动物毛皮及制品质量监督检验测试中心主任，杨博辉为畜牧研究室副主任、农业部动物毛皮及制品质量监督检验测试中心常务副主任；杨志强兼任兽药研究室主任、农业部新兽药创制重点实验室主任、甘肃省新兽药工程重点实验室主任，梁剑平为兽药研究室副主任、农业部新兽药创制重点实验室副主任、甘肃省新兽药工程重点实验室副主任（正处级），李剑勇为兽药研究室副主任、农业部新兽药创制重点实验室副主任、甘肃省新兽药工程重点实验室副主任；杨志强兼任甘肃省中兽药工程技术研究中心主任，李建喜为中兽医（兽医）研究室主任、甘肃省中兽药工程技术研究中心常务副主任，严作廷、潘虎为中兽医（兽医）研究室副主任、甘肃省中兽药工程技术研究中心副主任；李锦华为草业饲料研究室副主任；时永杰为基地管理处处长、农业部兰州黄土高原生态环境重点野外科学观测试验站站长，杨世柱为基地管理处副处长、农业部兰州黄土高原生态环境重点野外科学观测试验站副站长；苏鹏为后勤服务中心主任，张继勤为后勤服务中心副主任兼保卫科科长；孔繁矼、陆金萍为房产管理处副处长；王瑜为药厂副厂长（正科级），陈化琦为药厂副厂长。解聘杨振刚办公室主任职务、赵朝忠办公室副主任兼老干部科科长职务、袁志俊计划财务处处长职务（保留正处级待遇）、肖堃计划财务处副处长职务、梁剑平新兽药工程研究室主任职务、李剑勇新兽药工程研究室副主任职务、常根柱草业饲料研究室副主任职务（保留副处级待遇）、高雅琴农业部动物毛皮及制品质量监督检验测试中心副主任职务、白学仁农业部兰州黄土高原生态环境重点野外科学观测试验站副站长职务（保留正处级待遇）、王成义后勤服务中心主任职务（保留正处级待遇）、孔繁矼后勤服务中心副主任兼保卫科科长职务、杨耀光药厂厂长职务。

2012年9月，聘任孔繁矼为房产管理处处长。

2013年3月，根据中国农业科学院科技管理局《关于农业部动物毛皮及制品质量监督检验测试中心（兰州）有关领导任免的通知》批复，聘任高雅琴为畜牧研究室副主任、农业部动物毛皮及制品质量监督检验测试中心（兰州）常务副主任兼技术负责人；免去杨博辉畜牧研究室副主任、农业部动物毛皮及制品质量监督检验测试中心（兰州）常务副主任兼技术负责人职务。

2014年3月，聘任张继瑜为兽药研究室主任，时永杰为草业饲料研究室主任，董鹏程为基地管理处副处长。5月，通过全员竞聘，聘任高雅琴为畜牧研究室主任，梁春年为畜牧研究室副主任，曾玉峰为科技管理处副处长。6月，聘任张继勤为房产管理处副处长，免去其后勤服务中心副主任兼保卫科科长职务。12月，聘任张继勤为后勤服务中心副主任，陈化琦为办公室副主任，王瑜为基地管理处处长助理（正科级）。

（三）选派干部到地方挂职

研究所积极响应党和国家的号召，选派干部到地方政府挂职，服务地方经济社会发展。2007年11月至2014年4月，杨世柱副研究员受甘肃省委省政府选派挂职张掖市甘州区副区长。2009年11月至2010年11月，张继瑜研究员参加中共中央组织部第十批博士服务团到西藏自治区农牧科学院挂职任副院长、党委委员。2012年9月至2014年9月，朱新书副研究员受甘肃省委省政府选派挂职甘南州临潭县副县长。2013年8月至2014年8月，李锦华副研究员作为中央国家机关和中央企业第七批援藏干部在西藏自治区农牧厅畜牧草原水产处挂职任副处长，同时兼任西藏自治区农牧科学院草业科学研究所副所长。2015年3月至2016年3月，牛建荣副研究员经农业部和中国农业科学院选派作为第七批援藏干部挂职西藏农牧厅兽医局副局长。2015年3月至2017年3月，郭宪副研究员受甘肃省委省政府选派挂职张掖市甘州区副区长。2016年12月至2017年12月，梁春年研究员参加中共中央组织部第十七批博士服务团到宁夏回族自治区农牧厅挂职任副厅长。挂职期间，他们发挥自身专业特长，在分管的工作中都取得了突出成绩。

二、劳动工资管理

研究所严格按照国家和甘肃省、农业部、中国农业科学院有关政策和规定，认真开展工资、绩效奖励、社会保障等各项工作，发挥工资保障和激励作用，切实维护广大职工的切身利益。

（一）工资管理

2009年2月，根据《中共甘肃省纪委、省财政厅、省人事厅关于省直机关第二步规范津贴补贴有关问题的通知》，在2007年基础上按照人均每月增加标准，给在职人员和离退休人员发放津贴补贴，从2008年1月1日起执行。

2010年2月，根据《农业部办公厅关于离休人员待遇有关问题的通知》文件，研究所对14名离休人员工资中津补贴标准进行调整，从2009年1月起执行。9月，根据《甘肃省关于规范津贴补贴有关问题的通知》和2009年12月29日甘肃省人事厅、财政厅电话通知，按标准向全所职工增发津贴补贴。从2009年1月起执行。

2011年4月，根据《中国农业科学院人事局关于转发〈农业部办公厅关于转发（关于提高离休干部生活补贴标准和扩大发放范围的通知）的通知〉的通知》，对1945年9月3日至1949年9月30日参加革命工作的离休干部，每年增发一个月的基本离休费，作为生活补贴，根据《农业部关于转发〈关于提高建国前参加工作的老工人生活补贴标准和扩大发放范围的通知〉的通知》，对1945年9月3日至1949年9月30日参加工作的老工人，每人每年增发一个月的基本退休费（基本养老金），作为生活补贴，均从2011年起执行。10月，按照《中共甘肃省纪委、中共甘肃省委组织部、甘肃省财政厅、甘肃省人力资源和社会保障厅关于省直机关第三步规范公务员津贴补贴有关问题的通知》，研究所对全所职工实施了津贴补贴规范，从2010年1月1日起按文件规定执行。

2012年9月，按照《关于发放机关事业单位离退休人员高龄补贴的通知》，从2012年1月1日起研究所向全体离退休职工发放高龄补贴。10月，按照《甘肃省人民政府办公厅关于转发〈省人社厅省财政厅关于甘肃省其他事业单位绩效工资实施意见〉的通知》《甘肃省人社厅、财政厅关于省属其他事业单位实施绩效工资有关问题的通知》精神，研究所从2010年1月起实施绩效工资。

2013年3月，按照中国农业科学院人事局《关于转发人力资源社会保障部　财政部〈关于调整艰苦边远地区津贴标准的通知〉的通知》，从2012年10月起按照一类艰苦边远地区的标准为全所职工核发了艰苦边远地区津贴。

2015年4月，根据《关于核定省属其他事业单位绩效工资总量有关问题的通知》，从2013年1月至2013年12月为全所职工补发绩效工资。8月，根据《关于调整事业单位工作人员工资标准的实施方案》，调整了在职人员岗位工资、薪级工资、绩效工资标准及离退休人员补贴标准，从2014年10月1日起按文件规定的标准执行。11月，根据《关于核定省属其他事业单位绩效工资总量有关问题的通知》，为研究所职工补发2012年1月至2012年12月绩效工资。根据甘肃省人社厅和财政厅2014年12月电话通知精神，增加在职人员绩效工资和离退休人员补贴，并从2013年1月起按照标准补发。12月，根据《甘肃省文明单位建设管理办法》第十五条“对获得省委、省政府和国家表彰的各类文明单位，由其上级主管机关给予一定的物质奖励。有条件的单位可对全体干部职工增发一个月的工资”的规定，经请示中国农业科学院同意，所党政联席会议研究决定，给全体在职职工、离退休职工发放一个月工资的奖励。

2016年12月，根据甘肃省人民政府办公厅《关于调整机关事业单位工作人员基本工资标准的实施意见》文件，对全所职工工资标准进行调整，从2016年7月1日起按文件规定的标准执行。根据《中国农业科学院关于组织发放有毒有害保健津贴和畜牧兽医医疗卫生津贴的通知》精神，研究所决定执行《人力资源和社会保障部、财政部关于调整农业有毒有害保障津贴和畜牧兽医卫生津贴的通知》文件，各研究室工作人员按二类津贴标准发放，基地管理处和管理部门工作人员按三类津贴标准发放，从2016年1月1日起开始执行。根据《甘肃省人力资源和社会保障厅、甘肃省财政厅关于转发人力资源部社会保障部财政部关于完善艰苦边远地区津贴增长机制和调整艰苦边远地区津贴标准的通知》文件，给全所职工调整了发放标准，从2015年1月1日起开始执行。

2017年11月，中央精神文明建设指导委员会发文，研究所经过复查合格，继续保留“全国文明单位”荣誉称号，并颁发全国文明单位复查合格证书。根据《甘肃省文明单位建设管理办法》第十五条规定，经请示中国农业科学院同意，研究所党政联席会议研究决定，给全体职工增发放一个月工资奖励。

2018年2月，根据《关于转发〈中共中央组织部　财政部　人力资源社会保障部关于提高生活长期完全不能自理的离休干部护理费标准的通知〉的通知》，给离休干部调整了护理费发放标准，从2017年7月1日起执行。

2018年5月，根据《甘肃省人力资源和社会保障厅、甘肃省财政厅关于转发人力资源社会保障部财政部关于调整艰苦边远地区津贴标准的通知》，给全所职工调整了发放标准，从2017年1月1日起开始执行。

（二）岗位津贴及绩效奖励办法

1.岗位津贴发放办法

2011年2月，研究所修订了《中国农业科学院兰州畜牧与兽药研究所工作人员工资分配暂行办法》。根据岗位和职责的不同，对工作人员发放岗位津贴。自2011年以来，工作人员岗位津贴一直执行本办法。

2.绩效奖励办法

2008年以来，为激励职工的积极性，研究所于2008年4月制定了《中国农业科学院兰州畜牧与兽药研究所奖励办法》，对科技人员、文明处室、文明班组、先进集体和先进个人实施绩效奖励，并分别于2010年12月、2012年2月、2013年3月、2014年4月、2014年11月、2015年12月、2016年12月和2017年12月进行了修订。2009年3月制定了《中国农业科学院兰州畜牧与兽药研究所科研人员业绩考核办法》，并分别于2010年12月、2013年3月、2014年4月、2014年11月、2015年12月、2016年12月和2017年12月进行了修订。2010年12月制定了《中国农业科学院兰州畜牧与兽药研究所管理服务开发人员业绩考核办法》，并分别于2013年3月、2014年3月修订，对管理人员、服务人员、开发人员实施绩效奖励。

（三）社会保障

按照《国务院关于机关事业单位工作人员养老保险制度改革的决定》和《甘肃省人民政府关于印发甘肃省机关事业单位工作人员养老保险制度改革实施办法的通知》规定，从2014年10月1日起，研究所编制内工作人员执行社会养老保险和职业年金制度。

2015年11月，按照甘肃省人力资源和社会保障厅《关于开展机关事业单位养老保险基础数据采集工作的通知》，对单位参保信息、在职人员参保信息和退休（职）人员的参保信息进行了录入、整理。

2016年9月，根据《农业部办公厅关于2016年增加在京中央国家机关事业单位退休人员基本养老金预发工作的通知》《甘肃省人力资源社会保障厅、财政厅关于2016年调整退休人员基本养老金的通知》和省人社厅2016年8月29日印发的《电话通知》，对166名退休人员2016年养老金进行了调整发放，从2016年1月1日起执行。

2016年，甘肃省将统一实行社保卡，取代医保存折。社保卡由人社部统一制定，用于事业单位参保职工办理医疗、失业、养老、工伤、生育等社保事项的缴费、结算、发放等业务。按照甘肃省社会保险事业管理局安排，完成了研究所全体职工社保卡的申办，于2017年8月正式使用社保卡。

2017年8月，根据《甘肃省人力资源和社会保障厅、财政厅关于2017年调整退休人员基本养老金的通知》和甘肃省社保局《关于做好机关事业单位退休人员基本养老金调整审核工作的通知》规定，对退休人员2017年养老金进行了调整发放，从2017年1月1日起执行。

三、专业技术职务与工人技术等级管理

（一）专业技术职务评审

2013年12月，根据《中国农业科学院关于组建副高级专业技术职务任职资格评审委员会的通知》，中国农业科学院下放副高级职称评审权，成立了中国农业科学院兰州畜牧与兽药研究所副高级专业技术职务任职资格评审委员会，负责科学研究、农业技术、工程技术、实验技术、编辑出版、图书资料、管理人员7个系列的副高级、中级、初级专业技术职务的评审和正高级专业技术职务的推荐工作。在专业技术职务评审工作中，研究所严格按照相关标准和规范开展评审工作，制定了《中国农业科学院兰州畜牧与兽药研究所职称评审赋分内容与标准》，实行定性与定量相结合，以定量为主的专业技术职务评审办法，评审按照自愿报名、资格审查、材料展示、成果赋分、评委会投票表决、评审答辩、公示等程序进行。

2008年以来，有139人次晋升了职称，其中正高级16人，副高级42人，中级78人，初级3人（表1）。

表1　2008—2017年晋升专业技术职务人员

年度	职称	姓　名
2008	研究员	张继瑜
	副研究员	梁春年　程富胜　张继勤
	高级实验师	张书诺
	助理研究员	田福平　曾玉峰　张怀山　吴晓睿　魏小娟　王宏博 王东升　李维红　肖玉萍　王华东
2009	研究员	杨博辉　李宏胜
	副研究员	程胜利　苏　鹏　苗小楼
	高级实验师	牛晓荣
	助理研究员	路　远　裴　杰　王旭荣　张　茜
	实验师	李　伟　戴凤菊　赵保蕴
	助理实验师	赵　雯

（续表）

年度	职称	姓名
2010	研究员	高雅琴
	副研究员	王晓力 李锦宇
	高级实验师	牛春娥
	助理研究员	乔国华 焦增华 王瑜 郭志廷 周磊 刘宇 杨红善 包鹏甲 董书伟 郭文柱
	实验师	张梅 巩亚东
	助理实验师	冯锐
2011	研究员	李剑勇 杨耀光
	副研究员	李世宏 陈化琦 王玲 董鹏程
	助理研究员	席斌 师音 杨亚军 张凯 李冰 王春梅 辛蕊华 陈靖 张小甫 王小辉 张世栋 褚敏 岳耀敬 王胜义 李宠华 丁学智
	实验师	李志斌
2012	研究员	蒲万霞
	副研究员	郭宪 陆金萍 尚若锋 孔繁矼 王昉
	助理研究员	刘文博 邓海平 张景艳 王贵波
2013	研究员	严作廷
	副研究员	郭天芬 吴晓睿 田福平 荔霞
	助理研究员	李誉 王晓斌 秦哲 刘希望 郭婷婷 尚小飞 熊琳 杨晓
2014	研究员	李建喜 罗超应
	副研究员	曾玉峰 丁学智
	高级实验师	王学红 李维红
	助理研究员	符金钟 张玉纲 朱新强 杨峰 李润林
	研究实习员	郝媛
2015	研究员	王学智
	副研究员	王旭荣 王宏博 刘建斌
	副编审	肖玉萍
	助理研究员	崔东安 袁超 王娟娟 王慧 王磊
2016	研究员	杨振刚 潘虎 梁春年
	副研究员	王东升 路远 裴杰 魏小娟
	助理研究员	吴晓云 杨晓玲 贺洞杰 孔晓军
	实验师	冯锐
2017	研究员	周绪正
	编审	魏云霞
	副研究员	王胜义 辛蕊华 李冰 岳耀敬
	副编审	王华东
	高级农艺师	王瑜
	助理研究员	崔光欣 段慧荣 仇正英 刘丽娟 杨珍

（二）工人技术等级管理

截至2018年4月底，研究所有工人26人，其中技师24人，中级工2人。主要在管理和服务岗位，从事环境绿化、清洁卫生、水电暖供给、宾馆经营、停车场管理和基地管理工作。

2008年以来，经甘肃省人力资源和社会保障厅组织的工人技术等级考核，研究所有32人取得了技师任职资格，1人取得中级工任职资格并聘任。

2014年，为补充驾驶员岗位，研究所面向社会公开招聘司机，并制定《中国农业科学院兰州畜牧与兽药研究所编外用工管理办法》。

四、离退休职工管理

截至2018年4月底，研究所有离退休人员179人，其中离休干部5人，退休干部144人，退休工人30人。研究所不断加强离退休职工管理服务工作，逐步完善离退休工作制度和管理办法，不断改善离退休职工活动室条件。在2011年4月实施的第四次全员聘用制改革中，保留老干部管理科。老年活动室整体搬迁，并进行室内亮化美化，购置活动器材、增添桌椅等，为老有所乐创造条件。长期以来研究所通过生病探望、生日送祝福、座谈会、工作通报会、重阳节活动、调整生活费说明、身体检查、走访慰问、支部结对帮扶、丧葬事宜协助、每周一歌等主要形式，为离退休老同志服务。为了使离退休老同志能够及时学习和了解有关政策，订阅《党建文汇》《党建内参》《老年博览》《新天地》《甘肃老干部》和《老年生活》等杂志供老同志阅读。积极支持离退休同志开展文体娱乐活动，组织排演文艺节目，开展联欢文娱活动，由离退休职工党支部发起、组建并领导的研究所“夕阳美歌舞队”已坚持开展活动20年，成为党支部联系团结群众，活跃业余生活的一个平台。组织离退休人员开展黄河风情线游览、兰州新区参观学习、春秋游活动等。2016年，研究所承办了中国农业科学院离退休工作会议，并在会上进行了经验交流。老干部管理科荣获“中国农业科学院离退休工作先进集体”称号，荔霞同志获“农业部离退休干部工作先进工作者”荣誉称号。有7名离退休职工的作品入选中国农业科学院开展的“喜看院所发展，安享幸福晚年生活”书画摄影作品集。2017年，有19位离退休职工获得中国农业科学院建院60周年纪念章。

第四节　财务与资产管理

2011年4月，研究所将计划财务处更名为条件建设与财务处，肖堃任处长，巩亚东任副处长。其工作职能主要是实施各类经费管理，财务规划、总结与管理制度制订，公积金管理，资产管理，基本建设和修缮购置项目管理，国有资产管理工作，政府采购工作等。

一、财务管理

（一）资金管理

研究所开设了事业费账簿、基建账簿、公积金账簿、工会会费账簿、党费收支账簿、药厂账簿、伏羲宾馆账簿和综合实验站账簿。账套设置与会计科目设置规范，严格按照有关规定进行会计核算。在日常的工作中做到现金日清月结。每一会计年度，将会计档案打印、装订成册，移交档案室保存，同时妥善保存会计电子数据。

截至2018年4月，研究所每年接受并通过财政部驻甘肃省专员办公室的银行账户年检，建立内部财务审批控制制度。近10年来，随着国家对农业科研单位科研经费管理的强化，进一步加大了内部控制和财务信息公开。财务内部分设了会计、税务、稽核、出纳岗位。

基本建设项目、修缮购置项目实行专账核算、专款专用，资金的使用符合概算和有关规定，款项支付严格按照合同执行，项目单位的财务制度健全，按规定及时报批竣工并编制财务决算。

（二）经济实体财务管理

经济实体的财务归研究所财务统一管理，独立核算，按月向中国农业科学院产业局报送企业财务月报。年终聘请具有相关资质的会计师事务所进行全年审计，并向中国农业科学院产业局报送《企业会计决算报表》及《企业固定资产投资决算报表》。

由所属药厂制定了《原辅材料管理办法》《成品库管理办法》《发货管理办法》《退货管理办法》等多项规章制度；财务人员严格按照《会计法》的要求进行财务核算；发票实行专人购买、专人保管。所属伏羲宾馆制定了营业额收缴管理制度，对营业款实行日报表制度，保证各项收入全额入账。

由所属伏羲宾馆和综合试验站制定了公司章程及各项工作人员岗位责任制，不断完善试验基地各项制度。财务审核、报销、出入库等管理按照研究所管理相关规定执行。

二、国有资产与政府采购管理

（一）国有资产管理

按照《中国农业科学院国有资产管理暂行办法》的规定，成立了研究所领导任组长，资产管理负责人、财务负责人和相关部门负责人参加的研究所国有资产管理小组，制定了《中国农业科学院兰州畜牧与兽药研究所国有资产管理办法》，建立固定资产卡片，每年对2～3个部门的国有资产使用情况进行清查盘点，做到了入库、建卡、记账三统一。严格按照要求使用国有资产管理信息系统办理资产初始登记、日常变动、处置审批等业务，及时全面维护国有资产基础数据，确保国有资产信息的准确性。制订了国有资产管理制度和内部控制规程，详细规定了国有资产配置、使用和处置各环节岗位的职责分工，确保了国有资产配置合理，使用高效和处置合规。全面使用资产条形码管理办法，做到一物一码一卡，提高资产管理日常工作的质量和效率，防止了国有资产流失。截至2017年12月31日，研究所固定资产总额16 559.58万元，其中土地、房屋及构筑物7 981.72万元，通用设备5 276.84万元，专用设备2 806.67万元，家具、装具及动植物398.50万元，图书、档案90.85万元，文物及陈列品5万元，无形资产17万元。

（二）政府采购管理

严格执行国家法规和部院的相关规定，结合研究所实际制订了《中国农业科学院兰州畜牧与兽药研究所政府科研实验材料用品采购管理暂行规定》《中国农业科学院兰州畜牧与兽药研究所政府采购制度暂行规定》。政府集中采购按规定执行了批量集中采购或定点采购业务。分散采购业务均委托当地代理机构，在政府采购网上发布招标公告，按程序规范实施公开招标，政府采购相关业务档案保管规范。根据中国农业科学院要求，研究所于2016年3月开始筹建物资采购平台，7月安装调试完毕并投入使用。

第五节　后勤保障

研究所后勤保障工作主要由后勤服务中心承担，主要职能是负责全所水、电、暖、天然气供应，水、电、暖、气和房屋、道路、设施等维修养护，环境卫生、绿化、消防安全、保卫与综合治理。下设保卫科、水电班。2011年，将水、电、暖收费室交由条件建设与财务处管理。2013年12月，汽车班交由办公室管理。2015年1月，原房产管理处伏羲宾馆客房部交后勤服务中心管理，收发室交办公室管理。

2008年以来，研究所制修订了关于科研楼管理、研究所大院机动车辆出入和停放、研究所大院及住户房屋、公有住房管理和费用收取、公用设施和环境卫生、居民水电供用和供用热、公共场所控烟等管理办法。

一、所区环境治理

2008年2—10月，研究所对科苑西楼室内外进行了全面维修改造，完善了水、电、暖设施，改建了卫生间。在中心花园建造直径10.5m的跌水景观喷泉1座。

2011年5月，研究所新建60m花园景观长廊1处，围绕花园和景观长廊形成健康步道260m，开辟紧急避难场所。

2013年8月，依据兰州市人民政府《关于给兰州铁路局划拨住宅建设用地的通知》拆迁安置后用地平面图（红线图）的红线位置修建了总长度192.3m的南围墙。

2014年5—11月，完成了所区大院雨水排放管线铺设761.19m，雨水检查井29口，集雨口21个；完成了所区大院污水排放管线改造582.1m，排污检查井50口；改扩建100m^{3}和50m^{3}玻璃钢化粪池各1座；修复大院破损、下沉混凝土道路5 186.6m^2；拆除并恢复防滑人行道1 780.5m^2；对研究所所有围墙进行单面粉刷，面积2 730m^2；对东平房车库占压的天然气管道进行改线，消除了安全隐患。

2016年，配合七里河区市容环境卫生管理局压缩式垃圾车的更换，封堵3座下沉式垃圾箱，更换为10辆人力垃圾车，保证大院垃圾不落地。

2018年1月，完成了科苑东西楼、伏羲宾馆、所大门建筑轮廓LED亮化工作。

二、房屋管理与维修

2008年，研究所完成450m^{2}的信息楼改造项目；将420m^{2}的原药厂综合楼改造成研究生公寓。

2011年，研究所争取到甘肃省住房维修基金20万元，对东区1、2号楼和西区1号楼住宅楼屋面防水进行修复，面积2 298.24m^2。

2014年，研究所对西区2、3、4号楼住宅楼和研究生公寓、图书馆、科苑西楼屋面防水进行修复处理，面积1 990m^2；对研究生公寓进行粉刷，维修了学生浴室和厨房，更换学习和生活用具。

2015年，配合七里河区政府南出口亮化工程，由政府出资施工对所区大院东区1、2、3、4号住宅楼外墙进行粉刷和楼顶装饰，对所大门和伏羲宾馆大门重新装饰大理石，对沿街铺面也进行了装饰，装配了电子屏。

2016年，研究所对13栋家属楼43个共计12 094m^{2}的楼道和9栋家属楼18 475m^{2}的外墙进行粉刷；修补西区6、7号楼部分脱落的窗户外沿共计650m；统一制作各单元不锈钢报箱、牛奶箱共计588个；粉刷离退休职工活动室1 961m^2。

2017年，研究所对西区1号楼及锅炉房1 435m^{2}屋面防水进行修复。

三、水、电、暖管理与服务

2010年5—10月，为配合兰州市大气环境治理工作，在中央级科学事业单位修缮购置专项支持下，研究所将原来3台共计22t燃煤锅炉一次性更换成3台共计16t天然气锅炉。

2011年6月至2012年12月，研究所完成了配电室扩容改造，新增第二回路，实现双回路供电方式，在主回路断电后可手动切换至备供回路供电，为研究所科研基础条件改善提供了有力保障。

2014年，研究所将原34盏400W大院路灯更换成60W的LED灯，每年节约电费2.2万元，并将家属楼楼道和各办公室日光灯管也更换为LED灯管。

2015年12月，更换研究所区办公、生活2条供水主管线140m。

研究所每年对二次供水蓄水池进行一次清洗、消毒和供水设备检修，并办理二次供水卫生许可证年检。积极配合供电部门完成研究所变压器、高压线路、用电计量仪器、接线端子、高低压配电柜以及其他一些控制元器件的校验、测量、验证，办理高压操作证，确保了研究所电力正常供应。每年9—10月对全所供热网管进行排查和检修。对锅炉用压力表、安全阀、温度表等送兰州市锅炉检验所进行年检并年审供热许可证，保证了各年度供暖设施的正常运行并按时供暖。配合电梯维保单位、特检所完成对东西科研楼4部电梯的年检。

第三章　科学研究

研究所立足西部，面向全国，围绕我国畜牧业生产中重大科学技术问题，积极争取承担国家和地方的畜牧兽医学基础研究、应用研究和开发研究项目，重点在牦牛资源与育种、细毛羊资源与育种、草食动物营养、兽用化学药物、兽用天然药物、兽用生物药物、中兽医理论与临床、奶牛疾病以及旱生牧草资源与育种等领域开展研究工作。

2008年5月至2018年4月，研究所共承担科研项目571项，其中畜牧学科134项，兽用药物学科163项，中兽医（兽医）学科187项，草业饲料学科87项。获科技成果奖77项，其中国家级奖励1项，省部（委）级奖励38项，院、厅（局）、市级奖励38项。获授权专利977件，其中发明专利169件。取得新兽药证书10个，畜禽新品种1个，牧草新品种5个。出版著作110部，发表学术论文1 673篇，其中在SCI、EI收录期刊和一级学报发表318篇。获得软件著作权21个，制订国家及行业标准14项。为我国畜牧兽医科学事业和现代畜牧业发展作出了重要贡献。

第一节　畜牧学研究

研究所畜牧学科始建于1954年。近10年以来，畜牧学科针对我国畜牧业生产中亟待解决的科学理论和技术问题，研究内容涉及牦牛、藏羊、细毛羊及肉羊遗传育种、繁殖、生态、健康养殖与产业化等诸多方面，重点开展基础与应用基础研究，解决草食动物生产中的基础性、关键性、方向性重大科技问题，从最初的草食动物资源利用与常规育种，逐步发展为以生物技术与传统育种技术相结合的现代草食动物遗传资源创新利用与品种培育，在牛羊新品种（系）遗传资源挖掘、育种素材创制、繁殖新技术研发和新品种（系）培育等方面取得了一系列重大突破，已形成结构相对合理、人才队伍较为稳定的科技创新团队，在全国率先开展牦牛、细毛羊新品种（系）育种素材创制、繁殖新技术、重要功能基因定位、分子育种技术等方面的研究；利用现代分析检测技术，进行牛羊饲料、肉和粪便中违禁药物和激素分析检测，为我国农产品质量安全监管工作提供了强有力的科技支撑。

一、牦牛新品种选育和种质资源研究

由于牦牛对高海拔地带严寒、缺氧、缺草等恶劣条件的良好适应能力而成为高寒牧区农牧民最基本的生产生活资料，具有不可替代的生态、社会、经济地位。研究所自“大通牦牛”新品种培育成功后，重点开展牦牛高效繁殖技术、杂交改良技术、重要分子标记辅助基因聚合育种技术等方面的研究。利用现代分子生物学技术挖掘并鉴定牦牛肉牛优良基因资源，如生长发育、肉品质、繁殖性状、抗逆性、高寒低氧适应等相关基因等，开展牦牛肉牛优良基因资源挖掘、功能鉴定和创新利用研究。利用全基因组高通量基因检测平台对具有完整表型记录的个体进行全基因组范围多态性位点检测，挖掘性状形成的功能基因。通过试验示范，解决牦牛良种体系不健全、畜群结构不合理、管理方式粗放等带来的牦牛体格变小、体重下降、繁殖率低、死亡率高等问题，推动牦牛产业升级。

（一）“大通牦牛”新品种示范推广

以青藏高原牦牛资源为基础，以肉用选育方向为目标，以中国农业科学院兰州畜牧与兽药研究所科技力量为支撑，以青海省大通种牛场、海北藏族自治州畜牧科学研究所、甘南藏族自治州畜牧工作站等单位为良好纽带，产学研联合攻关，通过牦牛功能基因的挖掘利用、科学选种选配、纯种繁育、定向培育、科学饲养等科学研究，从体形外貌、体质类型、生长发育、繁殖性能、性状遗传和种用价值6个方面开展牦牛良种繁育，牦牛高效生产技术集成与应用，为青藏高原畜牧业可持续发展提供理论基础和技术支撑。

1.创建牦牛分级繁育技术体系

大通牦牛四级繁育技术体系年供种能力达2 200头、年生产冷冻精液10万支，改良牦牛受胎率达70%，比同龄家牦牛提高20%，6月龄胴体重增加7.5kg，犊牛繁活率提高4%。甘南牦牛三级繁育技术体系年供种能力达600头以上，公母牛体重分别提高10%和8%以上，犊牛繁殖成活率提高5%。

2.优化牦牛高效繁殖技术体系

在公母牛选育、犊牛培育、营养调控等综合配套的基础上，实现了牦牛一年一产，生产效率比2年1产或3年2产体系增加30%～40%，繁殖成活率提高5%～10%；建立并完善了牦牛胚胎体外生产和精子体外处理技术体系，解冻的牦牛冷冻精液精子活力≥0.35，获能后精子活力≥0.7，受精用精子畸形率≤15%，成熟卵母细胞受精后卵裂率≥60%，囊胚发育率达20%。基于2-DE和iTRAQ技术揭示了牦牛季节性繁殖规律。在繁殖季节，卵泡不同发育时期成功鉴定13个差异蛋白质，繁殖季节与非繁殖季节，成功鉴定85个差异蛋白质。

3.建立牦牛分子育种技术体系

完成了大通牦牛、甘南牦牛、无角牦牛、青海高原牦牛线粒体基因组测序工作；明确了牦牛无角基因定位于1号染色体147kb区域内，该区间包括3个已知基因SYNJ1、PAXBP1和C1H21orf62，为无角牦牛选育提供了分子依据；完成了牦牛繁殖性状、肉质性状、低氧适应等26个候选或功能基因的克隆鉴定，成功研发了ACTB、GAPDH基因检测试剂盒。

4.实现牦牛高效生产关键技术综合配套与集成

在开展牦牛选育和改良过程中，调整畜群结构、改革放牧制度、实施营养平衡调控和供给技术，组装集成牦牛适时出栏、补饲育肥、暖棚养殖等繁育综合配套技术，显著增加了牦牛养殖效能。

获授权发明专利8件、实用新型专利50件；制定农业行业标准4项；出版著作2部；发表论文82篇，其中SCI收录28篇。与国内外同类技术相比，大通牦牛、甘南牦牛制种供种能力显著增强，改良牦牛生产性能明显提升，生长发育快、体格大、产肉性能高。成果的实施，有效遏制了牦牛退化，提高了牦牛个体生产潜力和高寒草地利用率。综合配套技术在青藏高原高寒牧区广泛推广应用，年改良牦牛50万头以上，2014年至2015年新增经济效益3.17亿元。“青藏高原牦牛良种繁育及改良技术”获2010年全国农牧渔业丰收奖农业技术推广成果奖二等奖。“牦牛良种繁育及高效生产关键技术集成与应用”获2017年神农中华农业科技奖科研成果一等奖。

（二）牦牛选育改良及提质增效研究

建立甘南牦牛核心群5群1 058头，选育群30群4 846头，扩繁群66群9 756头，推广甘南牦牛种牛9 100头，建立了甘南牦牛三级繁育技术体系。利用大通牦牛种牛及其细管冻精改良甘南当地牦牛，建立了甘南牦牛AI繁育技术体系，推广大通牦牛种牛2 405头，冻精2.10万支。改良犊牛比当地犊牛生长速度快，产肉指标均提高10%以上，产毛绒量提高11.04%。通过对牦牛肉用性状、生长发育相关的候选基因辅助遗传标记的研究，使选种技术实现由表型选择向基因型选择的跨越，获得具有自主知识产权的12个牦牛基因序列GenBank登记号，为牦牛分子遗传改良提供了理论基础。应用实时荧光定量PCR及western blotting技术，对牦牛和犏牛Dmrt7基因分析，检测牦牛和犏牛睾丸Dmrt7基因mRNA及其蛋白的表达水平，探讨其与犏牛雄性不育的关系，为揭示犏牛雄性不育的分子机理提供理论依据。制定《大通牦牛》和《牦牛生产性能测定技术规范》农业行业标准2项。优化牦牛生产模式，调整畜群结构，暖棚培育和季节性补饲，组装集成牦牛提质增效关键技术1套，建成甘南牦牛本品种选育基地2个，繁育甘南牦牛3.14万头，养殖示范基地3个，累计改良牦牛39.77万头。

以牦牛选育和提质增效为目标，通过产、学、研联合，建立了以本品种选育、杂交改良、营养调控、分子标记辅助选择技术、功能基因挖掘等为主要内容的牦牛种质资源创新利用与开发综合配套技术体系，该技术已成为牦牛主产区科技含量高、经济效益显著、牧民实惠多、发展潜力大的畜牧业适用技术。成果应用近3年来，新增总产值2.089亿元，新增利润1.073亿元，产生了良好的社会效益和生态效益。“牦牛选育改良及提质增效关键技术研究与示范”获2014年甘肃省科技进步二等奖，“甘南牦牛良种繁育及健康养殖技术集成与示范”获2015年甘肃省农牧渔业丰收二等奖。

（三）天祝白牦牛种质资源保护

天祝白牦牛为我国稀有而珍贵的遗传资源，是经过长期自然选择和人工选育形成的肉毛兼用型地方品种。由研究所牵头，联合西北民族大学和天祝县畜牧局科研攻关，创建了天祝白牦牛种质资源保护与产品开发利用技术体系平台。

（1）制定了《天祝白牦牛》农业行业标准，并经农业部颁布实施。

（2）组建了天祝白牦牛核心群10群560头，选育群60群4 081头，扩繁群80群6 103头，新增同质和基本同质天祝白牦牛1.06万头。

（3）建立了天祝白牦牛AI育种技术体系，规范冷冻精液生产工艺，建立种质资源库，并推广应用，鲜精活力达0.7～0.8，冻精活力达0.4。

（4）建立了胚胎体外生产技术体系，桑囊胚发育率达29.7%。

（5）提出了冷季饲养管理技术，使成年牦牛冬季掉膘减少15.3%，越冬死亡率降低13.3%，牦牛繁活率提高10%。

（6）系统研究了天祝白牦牛肉、乳、毛（绒）产品品质特性，为进一步开发利用提供了技术依据。“天祝白牦牛种质资源保护与产品开发利用”分别获2009年甘肃省科技进步三等奖和兰州市科技进步一等奖。

二、羊新品种培育和产业化技术研究

重点开展细毛羊重要基因资源发掘、评价、鉴定、编辑及种质创新，分析细毛羊产品产量、产品品质、抗病性、抗逆性、高原适应性等重要性状形成的分子遗传机理，挖掘一批具有重要应用价值和自主知识产权的功能基因，研究重要性状多基因聚合的分子标记辅助选择技术，突破基因克隆及功能验证、转基因和全基因组选择等关键技术。研究细毛羊标准规模化养殖技术，繁殖调控生物技术，细羊毛标准化生产、质量控制及流通技术，集成细毛羊标准规模化养殖及产业化技术体系。首次培育出具有自主知识产权的高山美利奴羊新品种。

（一）高山美利奴羊新品种培育

高山美利奴羊品种培育是以农业部、科技部、中国农业科学院、甘肃省等科技项目为基础，由研究所主持，联合甘肃省绵羊繁育技术推广站、肃南裕固族自治县皇城绵羊育种场、金昌市绵羊繁育技术推广站、肃南县裕固族自治县高山细毛羊专业合作社、肃南裕固族自治县农牧业委员会和天祝藏族自治县畜牧技术推广站等单位，经过科研人员22年的不懈努力，成功育成适应2 400～4 070m高山寒旱生态区的羊毛纤维直径19.1～21.5μm的美利奴羊新品种——高山美利奴羊，填补了该生态区细毛羊育种的空白，实现了澳洲美利奴羊的国产化，丰富了我国羊品种资源结构，是我国高山细毛羊培育的重大突破。

突破了高山美利奴羊育种关键技术。建立了开放式核心群联合育种及三级繁育推广为一体的先进育种体系；研制了精准生产性能测定设备，开发出BLUP遗传评估系统，育种值估计准确率达75%；探索了新品种适应高山寒旱生态区的重要遗传基础，并建立了遗传稳定性的分子评价技术；分析了毛囊形成发育分子调控机制，筛选出与羊毛细度性状关联的SNP标记，为分子辅助育种提供技术支撑；发明了多胎疫苗、胚胎性别鉴定和多胎基因快速检测试剂盒，建立了快速扩繁技术体系，繁殖率年均提高20%。创建了统一选种选配、精细管理、防疫、标识、穿衣、机械剪毛、分级整理、规格打包、储存、品牌上市流通等“十统一”全产业链标准化生产技术模式，组建了高山美利奴羊科技培训与推广体系，羊毛价格屡创国毛历史新高，超过同期同类型澳毛价格，成为国毛价格的风向标。

“高山美利奴羊”获国家畜禽新品种证书；授权发明专利7件、实用新型专利15件；主编著作5部；发表学术论文48篇，其中SCI收录12篇。累计培育种羊81 457只，推广种公羊8 118只，改良细毛羊173.54万只；新增产值30 522.50万元。“甘肃高山细毛羊细型品系和超细品系培育及推广应用”获得2012—2013年度中华农业科技奖科学研究成果三等奖，“高山美利奴羊新品种培育及应用”2016年分别获得甘肃省科技进步一等奖和中国农业科学院科技奖杰出科技创新奖。

（二）绵羊保护利用研究

1.肉用绵羊产业化高效技术研究

筛选出在西北生态条件下肉羊选种的动物模型，开发出BLUP育种值估计及计算机模型优化分析系统；研究了肉用绵羊各杂交（系）群的群体遗传结构和分子遗传学基础，确定了杂交组合和杂交进程；初步创建了肉用绵羊重要经济性状的分子标记辅助选择技术体系，筛选出3个可能与生长发育性状关联的分子标记，2个可能与繁殖性状关联的分子标记。

JIVET技术的国产化研究获得初步成功，每只供体母羊每次超排平均可获得成熟卵母细胞45～80枚，最多达113枚，并通过体外授精和胚胎移植试验研究；设计了肉用绵羊MOET核心群培育规划优化生产系统。

建立了羔羊早期断奶，肉羊繁殖调控，肉羊优化杂交组合，肉羊高效饲养及管理，肉羊现代医药保健及疫病防治等高效技术；研制出“羊痢康合剂”和牛羊舔砖手工制砖机；开发出肉羊生产专家系统；制定了7项肉羊产业化生产技术规范。

培育肉羊新品种（系）群5.34万只，核心群母羊8 300只，种公羊270只；繁殖率多胎品系170%～230%，肥羔品系150%；1—3月龄羔羊平均日增重250g。截至2007年底，累计改良地方绵羊67.69万只，生产杂交羊及横交后代37.86万只，实现产值137 571.20万元，新增产值58 770.32万元。推动了肉羊企业产业化升级及农牧户生产模式的转变，形成肉羊产业化发展格局，取得了显著的社会效益。获国家发明专利1件、新兽药生产许可文号1个，发表论文56篇，SCI收录2篇，出版专著2部，培养博士、硕士研究生18名。“优质肉用绵羊产业化高新高效技术的研究与应用”2008年分别获甘肃省科技进步二等奖、中国农业科学院科技成果一等奖。

2.肉用绵羊提质增效技术研究

通过母羊发情调控技术、高频繁殖技术、非繁殖季节发情产羔技术和繁殖免疫多胎技术等的联合应用，实现了母羊全年均衡繁殖、两年三产的繁殖目标，年产羔率达180%以上；建立了优质种公羊人工授精技术配种站，大力开展人工授精、鲜精大倍稀释试验与示范，推广优质种公羊高效生产配置技术的联合应用；推广示范绵羊双胎免疫苗4.3万只份，平均提高双羔率20%以上，年产羔率提高37.50%以上。研发的绵山羊甾体激素抗原双胎苗生产工艺获国家发明专利。

以引进优质肉羊品种无角陶赛特羊和波德代羊为父本，以滩羊和小尾寒羊为母本，在白银地区为主的农区系统开展了二元、三元经济杂交组合试验，3月龄羔羊体重达27.85kg，比当地同龄羔羊体重提高了32.96%；筛选出了适应本地区的优质肉用绵羊提质增效最佳杂交组合，并经过横交固定，培育出甘肃肉用绵羊多胎品系，新品系聚合了小尾寒羊多胎、滩羊耐粗饲和肉品质好、无角陶赛特羊和波德代羊生长发育快和饲料报酬高等目标性状，其培育方法获国家发明专利。

集成了肉用绵羊及其杂交后代增重高效饲养管理技术，现代医药保健和疫病、寄生虫防治技术，营养均衡供应技术等，制定了标准规模化生产技术规范和操作规程7套，形成了完善、规范、普及和提升肉用绵羊提质增效关键技术水平的科学健康养殖模式。研发并推广应用了适宜该地区的半舍饲、舍饲条件下的优化日粮配方6个，不同生产阶段肥育用颗粒饲料配方4个；举办农民实用繁殖与饲养技术培训班，培训基层技术人员和养殖户1 000余人次，发放技术资料5 000余份。累计改良地方绵羊58.70万只，出栏肉羊44.41万只，出售种羊鲜精900mL，推广绵羊双羔素4.30万只份，实现新增产值25 414.08万元，新增纯收益3 057.61万元；获授权国家发明专利2件，实用新型专利11件，发表论文17篇。"优质肉用绵羊提质增效关键技术研究与示范"获2016年甘肃省农牧渔业丰收一等奖。

3.甘肃省绵羊遗传资源数据库的构建

采用微卫星分析技术，引用FAO推荐的标记引物对甘肃省6个地方绵羊品种（岷县黑裘皮羊、兰州大尾羊、滩羊、蒙古羊、藏羊、甘肃高山细毛羊）、7个引进绵羊品种（小尾寒羊、澳洲美利奴、无角陶赛特、波德代、特克塞尔、萨福克、德国美利奴），在15个微卫星座位进行了遗传多样性分析和品种间遗传距离研究。结果表明，甘肃省地方绵羊品种的遗传多样性丰富，遗传变异较大。选用的15个微卫星座位都属于高度多态座位，可用于绵羊遗传多样性分析。13个绵羊品种的Nei氏遗传距离介于0.111 6～0.242 7，Nei氏标准遗传距离介于0.075 8～0.387 8。通过聚类分析，13个绵羊品种可以分为三大类，第一支：兰州大尾羊、滩羊、蒙古羊、小尾寒羊、藏羊、岷县黑裘皮羊；第二支：甘肃高山细毛羊、德国美利奴羊、澳洲美利奴羊；第三支：波德代羊、特克赛尔羊、萨福克羊和无角陶赛特羊。

采用Web数据库语言，针对甘肃省绵羊品种或类群资源数据，按照品种名称、英文名、俗名、图片、产区环境、数量动态、外貌特征、生产性能、饲养方式、利用等分类，构建了包括研究单位介绍、专家介绍、甘肃省地方绵羊品种、遗传标记信息等十大模块的信息容量大、数据齐全、可全球共享的"甘肃省绵羊遗传资源信息专题数据库"（http：//my.gshow.net.cn）。"甘肃省绵羊品种遗传距离研究及遗传资源数据库建立"获2011年中国农业科学院科技成果二等奖。

三、青藏高原草地生态畜牧业研究与示范

针对青藏高原草地生态畜牧业存在的问题及发展现状，通过草地生物量及物质能量转化效率、草地土壤碳储量、土-草-畜生态系统、天然草地和人工草地建植、牦牛藏羊改良利用、草畜配套技术等一系列试验研究与示范，为青藏高原草地生态畜牧业可持续发展提供了科学研究的基础数据与示范推广新模式。

（1）青藏高原高寒草地基本信息的构建。

（2）青藏高原不同季节、不同草地类型的放牧羊采食量、排粪量、消化率和土-草-畜（绵羊、山羊、牦牛）生态系统主要营养元素的测定及季节动态研究。

（3）用围栏、围栏+灌溉、围栏+灌溉+施肥、灭鼠+补播等多种方法改良退化天然草场。

（4）青藏高原高产优质人工草地建植及牧草的捆裹青贮技术推广。

（5）青藏高原肉羊杂交生产体系的建立。

（6）构建了评价青藏高原草地畜牧业高效持续发展技术的新方法。

（7）青藏高原放牧牦牛藏羊饲草料营养平衡及高效生产技术研究。

先后建植人工草地与饲料地550hm^2，示范推广5 000hm^2；改良天然草地6 400hm^2；每个羊单位产净毛2.0kg或胴体重12kg；试验区用优质肉羊品种陶赛特杂交改良藏羊共20 000只，改良牦牛共计1.26万个羊单位，生产优质捆裹青贮鲜草4万吨；推广营养舔砖10万块，全价混合饲料1 500多吨；获国家重点新产品证书1个，培训各类技术人员5 000人次；共发表论文43篇，出版科普著作2部；取得直接经济效益约1.95亿元。“青藏高原草地生态畜牧业可持续发展技术研究与示范”获2009年甘肃省科技进步二等奖。

四、畜产品质量安全研究

（一）动物毛皮质量评价技术体系研究

采集60余种动物毛绒样品3 500余份，皮张100余张；研制出快速、简便的毛皮及其制品的鉴别方法；采用生物显微镜法进行了毛纤维组织结构研究，构建了国内最大的毛纤维组织学彩色图库，对生物学上鉴别毛皮动物种类、商品学上鉴别毛皮市场上毛皮种类的真伪、公安部门对野生动物的执法保护、帮助消费者鉴别裘皮服装等制品的质量与品种等均具有重要的参考价值。为健全和完善我国动物毛皮标准体系，搜集了国内外相关标准500余份，提出了我国现行的毛皮标准存在的问题，并有针对性地进行了方法研究和标准的补充、完善，构建了我国动物纤维、毛皮质量评价体系。制定了国家标准4项、行业标准5项、地方标准1项，编写了细毛羊饲养管理及羊毛分级整理等技术规程10余个。制定的《NY1164—2006裘皮蓝狐皮》《NY1173—2006动物毛皮检测技术规范》《裘皮獭兔皮》和《甘肃高山细毛羊》等标准填补了我国相关标准的空白。建立了中国动物纤维、毛皮质量评价信息系统，为了解掌握毛皮动物资源、质量评价、检测方法及相关法律法规等提供了一个比较全面的信息网络平台。

建立了中国动物纤维、毛皮安全预警体系。“毛丛分段切样器”获国家发明专利。出版专著1部，发表论文51篇。本成果已推广至全国9省（区）的毛皮生产场家、贸易部门、质检机构等，标准化生产使推广区细羊毛及毛皮质量极大提高，新增产值13 878.8万元。成为国家决策机构、行业主管部门、生产加工企业、质检机构、科研教学单位及贸易流通领域制定方案、指导工作、警示风险等的重要参考。“动物纤维显微结构与毛、皮质量评价技术体系研究”获2009年甘肃省科技进步三等奖。

（二）畜产品风险评估研究

在甘肃、内蒙古、山东等省（区）30多个市县，通过查阅资料、现场跟踪、调查问卷、专家咨询、饲料、粪便、兽药产品采集验证等方式，初步查清了牛、羊养殖过程中违禁药物的使用方式、流通渠道及市场现状；通过对牛、羊产品中违禁药物残留定量分析，查清了牛羊产品中违禁药物的残留现状。为风险评估提供了可靠数据，为我国农产品质量安全监管工作提供了强有力的技术支撑。发表论文17篇；出版著作2部；获授权实用新型专利28件；制定了4种雌激素的检测方法标准草案；建立了畜产品质量安全风险评估数据系统1个，完成牛、羊产品中违禁药物使用现状调查报告4份，完成牛产品中违禁药物残留风险评估报告4份，羊产品中违禁药物残留风险评估报告4份，制定了牛、羊等家畜养殖环节风险隐患全程管控指南草案2个。

第二节　兽药学研究

研究所长期从事化学药物、天然药物和兽药创制等基础研究和应用研究，研究平台、科研力量和创新能力等方面优势十分突出。10年来，主要研究兽用中草药的有效成分、结构、药理作用和现代化的生产技术，开展兽用化学药物的合成和兽用抗生素及饲料添加剂的研究，筛选抗支原体、抗寄生虫、抗病毒、抗菌、抗炎的有效药物，改进或提供新的兽用药物，已形成了兽用化学药物、兽用天然药物、兽用生物药物、药物代谢动力学、药物残留研究、兽药残留与安全评估等研究方向，承担创新兽药的研制与开发以及与之相关的基础研究工作。

一、兽用化学药物

（一）家畜寄生虫病药物研制

针对我国兽医临床实践中的家畜绦虫病、原虫病和体外寄生虫病等，在提取中草药有效成分和进行结构改造、实现人工化学合成，开展工艺研究并研制了新制剂，同时对相应制剂的药理学、毒理学、靶动物安全试验、药效学、临床疗效验证与制剂工艺、质量控制标准、长期稳定性试验进行了研究。

研制了一种阿维菌素类兽药微乳载药系统，解决了该类产品的长效性和溶解性，首次实现了伊维菌素水溶性制剂的生产；研制了一种青蒿琥酯微乳载药系统，解决了药物的稳定性；研制了伊维菌素、青蒿琥酯、多拉菌素和塞拉菌素等4个抗寄生虫新兽药，并开展了新技术和新产品的应用示范；建立了高效抗动物绦虫、吸虫病原料药槟榔碱的化学合成工艺，实现了产品的常温条件生产、规模化制备、原料和溶剂的无毒化。起草了新药质量控制标准5项；申报国家发明专利11件，获授权发明专利3件和实用新型专利1件；申报4个国家新兽药，获得2个新兽药证书；建立了6个产品示范基地和2条中试生产线；取得农业部主推“人畜共患包虫病综合防控技术”1项；出版著作3部；发表文章

60篇，其中SCI收录7篇。

针对动物抗寄生虫药物规模化生产关键技术和新兽药开展创新研究，并进行新技术和新产品的推广应用，解决了我国抗动物寄生虫药生产技术落后、药物稳定性和长效性差、药物在动物源性食品中的残留和生产成本等关键技术问题，对我国流行广、危害严重、缺乏有效防治药物的人畜共患绦虫病、焦虫病等寄生虫病的防控提供了技术支撑。

上述研究对我国动物寄生虫病防控、保障兽药产业和畜牧养殖业健康发展、动物源性食品安全和公共卫生安全具有重要意义。成果关键技术在国内7家兽药企业进行转化和实施。新产品在甘肃等10个省区推广应用，用于防治牛寄生虫病18.4万例，羊寄生虫病100万例，犬绦虫病3万例，取得直接经济效益5.12亿元。“农牧区动物寄生虫病药物防控技术研究与应用”获2013年甘肃省科技进步一等奖。

（二）新型兽用纳米载药系统的研究

筛选出了适合兽用药物的壳聚糖纳米药物载体1种；构建了具有缓释与靶向功能的兽药纳米载药系统2种；创制了具有缓释与靶向功能，半衰期延长的伊维菌素、青蒿琥酯纳米兽药新剂型2种；完成了青蒿琥酯纳米兽药的体外筛选及临床药效研究；完成了青蒿琥酯纳米载药系统的安全性评价；通过对青蒿琥酯纳米载药系统在靶动物羊的体内代谢研究，评价了其缓释功能、半衰期延长及生物利用度提高等特点。获国家发明专利3件，发表论文20余篇。“新型兽用纳米载药系统研究与应用”获2012年中国农业科学院科技成果二等奖、2013年兰州市技术发明一等奖；“农业纳米药物制备新技术及应用”获2014—2015年度中华农业科技奖科研费成果二等奖。

（三）阿司匹林丁香酚酯的研制

为防治家畜及宠物疾病，开展了新兽药候选药物阿司匹林丁香酚酯（AEE）的创制及其成药性研究。AEE较原药阿司匹林和丁香酚的稳定性好，刺激性和毒副作用小，具有持久和更强的抗炎、镇痛、解热、抗血栓及降血脂作用，是一种新型、高效的兽用化学药物候选药物，适用于养殖业和宠物饲养业，可作为家畜、宠物感染性疾病、普通疾病的辅助治疗药物，也可作为宠物肥胖症及其老年病的防治药物。在家畜养殖场及宠物医院推广使用效果显著，产生经济效益437.1万元。获得授权国家发明专利1件；发表论文18篇，其中SCI收录7篇。“药用化合物阿司匹林丁香酚酯的创制及成药性研究”获2013年中国农业科学院技术发明二等奖。“阿司匹林丁香酚酯的创制及成药性研究”获2015年兰州市技术发明三等奖。

（四）板黄口服液的研究

利用现代先进工艺，以板蓝根、黄连、金银花、黄芩等为原料研制开发的新型中草药口服制剂板黄口服液（菌毒清），主要用于畜禽类呼吸道感染性疾病的预防和治疗。该产品组方独特，生产成本低，收益高，生产工艺先进，质量可控，并具有高效、安全、低毒、临床使用方便和无残留的优点。该产品适合规模化生产，具有广阔的市场潜力。“板黄口服液”获得国家三类新兽药证书。

二、兽用天然药物

利用天然药物基因组学及化学组学、有机合成化学、药物化学、分析化学、计算机辅助设计、生物工程、现代药物评价等技术和手段，开展兽用中草药的有效成分提取分离、结构改造、药物作用机理、新药及药物靶标的发现以及现代化生产技术研究。

（一）金丝桃素抗病毒活性研究

在贯叶连翘活性成分提取分离的基础上，研制出具有抗RNA病毒活性的金丝桃素及其口服制剂——可溶性粉。首次开展了金丝桃素可溶性粉体外抗口蹄疫病毒、猪繁殖与呼吸综合征病毒、犬瘟热病毒、牛病毒性腹泻病毒试验；人工感染动物体内预防或治疗试验；以及对仔猪肺泡巨噬细胞中IFN-γ分泌的影响研究。研究了该制剂对免疫抑制小鼠的免疫器官指数、自由基相关酶活性、血清细胞因子及T淋巴细胞亚群的影响。金丝桃素可溶性粉对上述病毒具有较强的作用，抗病毒谱广，具有提高机体免疫力的作用。获授权发明专利5件。“金丝桃素抗PRRSV和FMDV研究及其新制剂的研制”获2011年甘肃省技术发明二等奖和2011年兰州市技术发明一等奖。

（二）抗球虫中兽药常山碱的研制

应用现代中药分离技术，提取中药常山中的常山碱，并首次将常山碱用于防控鸡球虫病，具有抗球虫疗效好、低毒低残留和不易产生耐药性等优点。获授权国家发明专利1件，实用新型专利2件；发表核心期刊文章15篇，培训企业各类技术人员160余人。“抗球虫中兽药常山碱的研制与应用”获2015年大北农科技奖成果奖二等奖。

（三）新型安全天然药物的研究

通过完善具有增奶功能的新型天然饲料添加剂葛根素的提取、化学合成以及对葛根素及其衍生物的结构分析的基础上，利用葛根素具有明显的增奶活性和提高机体免疫力的作用，研制出无抗专用催乳饲料，在甘肃省凯悦生物科技有限公司建立完整的奶牛专用催乳饲料生产车间，进行工业化生产，年生产能力达到2 000吨。在甘肃省凯悦生物技术有限公司、青岛玉皇岭奶牛场、青海天露乳业有限公司等应用无抗专用催乳饲料进行应用和试验示范。建立畜产品兽药残留检测与评价方法，按照绿色食品标准，对示范单位生产的无抗畜产品进行药物残留的检测与评价，成果应用示范单位产品达到抗生素零残留的目的。

该项目针对目前畜牧业滥用抗生素而造成畜牧产品中药物严重污染的问题，较好地解决了无抗畜禽产品产业化生产中较为关键性的技术，实现了畜禽产品（奶、肉、蛋）中抗生素的零残留，并形成了一整套检测畜禽产品中抗生素残留的方法，对解决我国畜禽产品抗生素残留、提高食品安全，具有较强的针对性和可操作性。“新型安全中兽药的产业化与示范”获2009年兰州市科技进步一等奖。

（四）兽用药物的生物活性研究

采用兰州重离子加速器产生的不同能量碳、氧离子束进行药物分子改性和菌株诱变，对一类新兽药“喹烯酮”进行辐照，产生一系列喹喔啉类衍生物，并筛选出新的具有抗菌、增重等生物活性的“喹羟酮”。通过化学合成、药理药效学和临床试验等研究，已申报为饲料添加剂在全国范围内进行推广应用。利用重离子加速器的碳离子束对截短侧耳素产生菌进行辐照诱变研究，筛选出的一株高产菌株K403，效价较出发菌株提高25.3%。同时，对该菌株进行发酵条件优化。经工业化发酵后，产量提高30%左右。以截短侧耳素为原料，经过分子设计、化学合成了该类衍生物34个，并筛选出具有抗菌活性较好的化合物1个，获国家发明专利7件，发表论文51篇，其中16篇被SCI收录。

目前，“喹羟酮”作为饲料料添加剂用于促生长、提高饲料利用率、预防幼畜腹泻和提高幼畜成活率等。高产菌株K40-3经过培养条件的筛选及发酵工艺的优化，已在国内4家企业用于工业化发酵生产截短侧耳素，取得了较好的经济效益和社会效益。“重离子束辐照研制新化合物‘喹羟酮’”获2010年甘肃省技术发明三等奖，“重离子束辐照诱变提高兽用药物的生物活性研究及产业化”获2015年甘肃省技术发明三等奖。

三、兽用生物药物

开展生物活性肽的制备和应用、酶菌株的选育、酶的稳定化技术及基因工程产品的研究和开发。

（一）微生态制剂“断奶安”的研究

“断奶安”是由卵白（蛋清）经发酵获得，原料来源广，生产过程对环境无污染，产品无毒副作用，是一种绿色的免疫增强剂和微生态制剂，在甘肃、宁夏、河南、安徽、北京等地区建立了25个防治示范区，现已推广预防仔猪256万余头，项目实施期间已累计取得经济效益17 435.89万元。“新型微生态制剂‘断奶安’对仔猪腹泻的防治作用及机理研究”获2009年中国农业科学院科技成果二等奖。

（二）富含活性态微量元素酵母制剂的研究

以啤酒酵母为原始菌种，利用诱变技术选育研制出了一种安全、无毒副作用，能促进畜禽生长的全细胞型“酵母微量元素”微生态调节剂。通过集成国内外技术，经过诱变提高了酵母菌富集微量元素的能力，培育出新型富含微量元素酵母菌种，为畜禽补充微量元素提供了新方法，提高了兽禽对微量元素的吸收与利用，同时极大地降低了无机微量元素代谢物对环境的污染。结果表明，酵母微量元素对肉鸡的增重作用和免疫调节有明显影响，同时由于减少了化学药物的使用量，明显改善了畜产品的风味，经济效益显著。“富含活性态微量元素酵母制剂的研究”获2012年兰州市科技进步二等奖。

（三）蕨麻多糖免疫调节作用及机理研究

对广泛分布于西北等地的藏药蕨麻中所含蕨麻多糖进行了系统的生物学研究。开展了蕨麻多糖的免疫调节作用及机理研究。开展了蕨麻多糖免疫调节作用与机体自由基反应相关性研究。将蕨麻多糖作为高效畜禽免疫增强剂应用于临床。研究初步探明了蕨麻多糖的免疫调节机理，明确了蕨麻多糖对细胞凋亡、免疫细胞呼吸爆发以及细胞内自由基和氧化还原状态的调节作用。“蕨麻多糖的免疫调节作用机理研究与临床应用”获2010年兰州市科技进步二等奖和2010年中国农业科学院科学技术成果二等奖。

（四）中草药饲料添加剂“杰乐”的研制

运用中兽医理论和现代药理学、营养学理论，选取当归等11味中草药组方，利用超微粉碎技术研制出天然中草药饲料添加剂“杰乐”，并制订了相应的质量标准。“杰乐”可以部分或全部替代化药及抗生素类添加剂。在减少抗菌药物使用量的同时，该制剂不仅可减少药物在动物体内及环境中的残留，还可改善肉质风味。在甘肃、宁夏等地推广应用，销售收入达856.33万元，税后利润总额达156.23万元。“新型天然中草药饲料添加剂‘杰乐’的研制与应用”获2010年中国农业科学院科技成果二等奖。

第三节　中兽医学与基础兽医学研究

中兽医学、临床兽医学与基础兽医学是兽医学科的重要组成部分，在我国动物疾病防治、畜禽保健和食品安全方面发挥着独特而重要的作用。10年来，主要开展了中兽医基础理论与方法、中兽医群体辩证施治、中兽医针灸效应物质基础、传统中兽医资源整理与利用、中兽药复方制剂创新、中兽药安全评价体系、中兽医分子生物学、中兽药生物发酵技术、中兽医药现代化与新产品创制、中西兽医结合防治畜禽疾病新技术等研究，相关研究成果在我国动物疾病防治、畜禽保健和食品安全等方面发挥了重要作用。

一、中兽医学研究

在国家科技基础性工作专项和中央级公益性科研院所基本科研业务费专项资金的持续支持下，研究所科研人员搜集了大量的中兽药标本、经验良方、文献典籍、名医传记等中兽医药资源信息，开展了华北区、华中区、东北区、华南区和东北区的中兽医药资源抢救和整理。编写中兽医学专著，整理出版中兽医古籍专著，建成中兽医药陈列馆和中国藏兽医药数据库，探讨了几种经穴靶标通道调控规律。

（一）传统中兽医药资源抢救和整理

对全国从事中兽医教学、科研、开发、管理等单位收藏或保存的中兽医药资源进行调查；对《中国兽药典·二部》（2010版）收载的中药材产地信息进行搜索和划分，并与现有标本进行对比，共整理和标记药典收载项目组未收集的药材256种；开展了华北区、华中区、东北区、华南区、西南区和西北区等地区的中兽医药资源搜集工作，收集整理标本1 300余种，其中药材标本463种、蜡叶标本721种、浸制标本123种；收集中兽医药资源信息8 000余条；收集人物资料130余人，采访95人，发表采访论文10余篇；收集中兽医古籍与文献等信息6 000余条，收集书籍400余部；出版了《兽医古籍选释荟萃》《世济牛马经注释》《传统中兽医诊病技巧》《猪病防治及安全用药》《鸡病防治及安全用药》《羊病防治及安全用药》《牛病防治及安全用药》等书籍，编撰了《黄牛经大全选释》《猪经大全》《中兽药产地加工》等书稿，参加编译英汉对照《元亨疗马集选释牛驼经》，撰写2篇关于两省中兽医药学教学、科研、医药资源及其利用现状的报告；收集整理中兽医诊疗方法和针灸挂图20副；收集整理针灸器具等489件；收集中兽医民间方剂、经方或验方800余帖；收集中药图片资料40余种；收录了“犬体针灸穴位刺灸方法”“九路针”疗法的图片及视频资料；上传展示中兽医药的各种文献资料167条，逐步完善了“中兽医药资源共享数据库”网站。

（二）中兽医药陈列馆建设

为弘扬中华传统文化，促进中兽医药学的继承与发展，在国家科技部基础工作专项资助下，在原中国农业科学院中兽医研究所与中国农业科学院兰州畜牧与兽药研究所中兽医药陈列室的基础上，于2013年开始筹建“中兽医药陈列馆”。中兽医药陈列馆设在研究所科苑东楼一层，分4个展区。

第一展区展示有全国地道中药材沙盘、引言、兽医鼻祖马师皇的《司牧安骥集》作者唐代李石的及《元亨疗马集》作者明代喻本元的塑像，以及中兽医药信息自动查询机等。在其顶部彩绘有象征中国文化的阴阳太极八卦图。在塑像两侧及过道旁，镌刻着一副三联对：“聚百草集针灸诊疗器物，传师皇承华夏文化薪火，开宝藏拓中兽医学发展。”

第二展区展示有中药标本1 300余种，其中蜡叶标本700余种、浸制标本120余种、药材标本460余种、藏药标本100余种，以及28种选自全国代表性药材的植物标本巨型彩色灯箱画。在标本柜的两侧，悬挂有20幅动物针灸穴位挂图与中兽医药学基础知识挂图。在其顶部中心位置，彩绘有六畜剪纸画马、牛、羊、猪、鸡与狗的图案，寓意着中兽医药学保障六畜兴旺。在其四周，绘有中兽医金、木、水、火、土五行与肺、肝、肾、心、脾五脏以及升降沉浮的文字与图案。

第三展区展示有中兽医针灸与诊疗器具480余件、中兽医药学古籍200余本、文化介绍展板9块。文化展板分别展示有“源远流长”之“文明肇启”“神农尝百草”“兽医鼻祖马师皇”“兽医首次文献记载”；“辉煌经典”之“《司牧安骥集》”“《痊骥通玄论》”“《元亨疗马集（附牛驼经）》”；“文化之花”之“《司牧安骥集·伯乐针经》”“十八反”“十九畏”“四君子汤”“黄连解毒汤”；以及“幸逢盛世”之“国务院关于加强民间兽医工作的指示”“全国中兽医小组与中兽医分会成立”“中国农业科学院中兽医研究所成立”“毛泽东主席等国家领导人接见全国兽医科学工作会议代表”；“续写新篇”之“著作”“成果”与“期刊杂志”；“走向世界”之“首届中兽医药学国际学术研讨会”与“中兽医药学国际培训班”等内容。在文化展板的上方，分别镌刻着篆体字中兽医经典“辩证施治”“天畜合一”“八纲辩证”“寒热虚实”“卫气营血”“望闻问切”“性味归经”“标本兼治”与“扶正祛邪”。在第二与第三区之间的柜壁上，镌刻着毛泽东主席的题词：“中医药学是一个伟大的宝库，应当努力发掘，加以提高。”在其前方，矗立着一个近2m高的马针灸经络穴位模型。

第四展区，有意喻深刻的结束语，在其上方还镌刻着篆体字“传承中兽医药学国粹，弘扬华夏民族文化”字幅。

（三）中国藏兽医药数据库系统建设

从甘肃甘南、四川阿坝、青海、西藏等地区收集藏兽药、兽医器械、畜禽疾病验方等，建成“中国藏兽医药数据库系统”，并出版《若尔盖高原常用藏兽药与器械图谱》。

“中国藏兽医药数据库系统”（中、英、藏三语版）适用于农业、医药及畜牧业，应用互联网技术供用户检索和查询传统藏兽医药信息，为研究者及藏兽医药使用者提供一个较为集中的藏兽医药研究和信息共享平台，对于传统藏兽医药学这一非物质文化遗产的抢救、保护、传承和发展具有重要意义。该系统以独特的藏文化为设计风格，包含有传统藏兽医药的发展及现状、传统藏兽医诊疗技术、传统藏兽药资源数据库、青藏高原动物疾病及成方数据库等4部分。系统记载藏兽药300余种、器械26件，治疗畜禽疾病验方300余帖，涉及动物疾病75种，全面介绍了藏兽医药的形成与发展、藏兽医理论、文献著作、炮制方法、验方、诊断及防治技术。对于了解传统藏兽医药防治动物疾病具有较高的参考价值。

（四）针刺镇痛对犬脑中枢蛋白影响的研究

选取犬的“百会”“寰枢”“百会”“天门”与“足三里”“阳陵”三组组穴，采用SB71-2麻醉治疗兽用综合电疗机进行电刺激。研究发现，电针“百会”“寰枢”组穴对犬具有较好的镇痛效果，而对犬机体的生理和血细胞指标影响不显著，是一种适合于麻醉有效的辅助手法。发表文章6篇，其中SCI文章1篇；授权实用新型专利3件；出版《犬体针灸穴位刺灸方法》视频1部；收集全国各类动物的针灸穴位图谱10余册幅。

（五）犬经穴靶标通道研究

采用穴位和非穴位注射观察了穴位注射对犬血细胞、血气和胃电的影响，开展了注射剂的制备及急性毒性研究；针刺对犬血细胞、血气、胃电和细胞因子的影响；穴位注射中药制剂对犬血细胞、血气、胃电和细胞因子的影响；经穴靶标通道的神经阻断剂效应研究。通过研究中兽医药学多靶点效应与经络靶标通道的相关性，从更深层次探讨了经穴靶标的物质基础和调控机制的存在。从经典药理的神经阻断视角，重新审视中兽医药学多靶点药效与经络靶标的通路，藉以捕获药物与经穴相互协调的高层次神经递质机制的调节效应；通过动物经穴靶标的立体层面来解读药物多靶点效应及其调控规律，以资深究药效与经络靶标纵向的调控机理。首次在犬上进行了不同穴位注射对15种血细胞指标、12种血气及胃体部与胃窦部体表胃电图影响的研究，初步揭示了穴位较非穴点具有较高的双向调节作用，且不同穴位的作用有所不同。初步揭示了经穴靶标通道的调控规律，探讨了药物作用于经穴靶标通道的量效特征及其调控机理。

（六）中兽医经穴靶标通道及其调控机理的研究

查阅了有关经穴靶标通道的文献资料，对已报道的中草药归经及其所含微量元素相关性进行了统计比对，发现不同归经中药的微量元素含量各有不同，微量元素与中药归经之间似乎存在着某些联系；观察药物不同穴位注射时间对犬体表胃电图、血液淋巴细胞、血中二氧化碳分压（PCO_2）等指标的影响；进行经穴靶标通道的神经阻断剂效应研究，采用血中二氧化碳分压（PCO_2）来解读经穴效应特征，初步揭示了经穴靶标通道的调控规律，探讨了药物作用于经穴靶标通道的量效特征及其调控机理，搭建经络靶标的效应性平台；为白术和柴胡等药的性味归经提供经络理论支撑。

二、临床兽医学研究

研究所在奶牛乳房炎、子宫内膜炎、不孕症等研究及中兽药防治方面，处于国内领先地位，在犊牛腹泻、禽呼吸道疾病的预防和治疗方面也取得了可喜的成绩。

（一）奶牛重大疾病防治关键技术研究

对我国奶牛乳房炎和不孕症进行了系统的流行病学调查，查明了主要病因、发病率及病原菌区系分布，建立了奶牛乳房炎主要病原菌菌种库，制定了“奶牛乳房炎乳汁细菌的分离和鉴定程序”，明确了引起我国奶牛乳房炎的无乳链球菌和金黄色葡萄球菌血清型分布及优势血清型，为我国奶牛乳房炎的预防与治疗提供了科学依据。

研制出了奶牛隐性乳房炎诊断液（LMT）、子宫内膜活检器、牛结核IFN-γ体外释放检测试剂盒、结核抗体ELISA诊断试剂盒、牛结核通用型胶体金试纸条、奶牛腐蹄病原基因检测试剂盒和奶牛寄生虫诊断监测箱等系列诊断监测产品，并建立了目视ELISA孕酮检测技术，为奶牛重要疾病的监测与净化提供了技术支撑。

研制出了奶牛乳房炎灭活多联苗、腐蹄病灭活疫苗及4种腐蹄病基因工程疫苗，使临床型乳房炎和腐蹄病发病率分别下降了50%～70%和85%，两种疫苗免疫持续期均达6个月。

研制出了治疗奶牛临床型乳房炎的“乳康1号”和“乳康2号”，治疗干奶期乳房炎的“干奶安”，治疗奶牛子宫内膜炎的“清宫液”“清宫液2号”“清宫液3号”和“产复康”，治疗卵巢疾病的“催情助孕液”，推广应用疗效显著。

研究制定了适用于我国奶牛重大疾病防控的“奶牛安全用药技术规范”“奶牛主要疾病综合防控技术规范”“奶牛主要寄生虫病防控技术规范”和“奶牛乳房炎综合防治配套技术”。

研究紧密结合生产实际和市场需求，获得奶牛疾病诊断技术与试剂盒5套，兽药制剂8种，新疫苗6个，专利9件，综合防治技术4个，国家标准1个及地方标准3个。科研成果在全国奶牛场推广应用170多万头，已累计取得13.21亿元的经济效益。“奶牛重大疾病防控新技术的研究与应用”获2010年甘肃省科技进步二等奖。

（二）奶牛产科病研究

1.奶牛主要产科病综合防治关键技术研究

建立了乳汁体细胞数—标志酶活性—PCR细菌定性的奶牛乳房炎联合诊断技术，研发出首个具有国家标准的奶牛隐性乳房炎诊断技术LMT，创制了一种有效防治隐性乳房炎的新型中兽药，制定了乳房炎致病菌分离鉴定国家标准，组装出以DHI监测、LMT快速诊断、定量计分、细菌定期分析为主的奶牛乳房炎预警技术。制定了奶牛子宫内膜炎的诊断判定标准，完成了我国西北区奶牛子宫内膜炎病原菌流行调查和耐药分析，首次从病牛子宫黏液中分离到致病菌鲍曼不动杆菌，发现了2种具有防治子宫内膜炎的植物精油，防治子宫内膜炎新型中兽药“益蒲灌注液”获得了国家新兽药证书。确定了奶牛胎衣不下中兽医学诊断方法，建立了中兽药疗效评价标准，创制出一种有效治疗胎衣不下的新型中兽药复方“宫衣净酊”。利用$CdCl_2$诱导技术建立不孕症大鼠模型，完成了奶牛不孕症血液相关活性物质分析的研究，首次报道了可用于奶牛不孕症风险预测及辅助诊断的3个标识蛋白MMP-1、MMP-2和Smad-3，发现了1种能治疗不孕症的中兽药复方“益丹口服液”。建成了“国家奶牛产业技术体系疾病防控技术资源共享数据库”，获国家软件著作权，分别制定了我国奶牛乳房炎、子宫内膜炎和胎衣不下综合防治技术规程。

依托国家奶牛产业技术体系试验站，分别在甘肃、陕西、宁夏、山西、内蒙古和黑龙江等地，对相关技术成果进行了示范推广，规模达168万头（次），培训技术人员3 000多人（次），产生经济效益103 328.0万元。创制新产品4个，获新兽药证书1个；制定国家农业行业标准1项；授权发明专利3件，实用新型专利5件；发表文章32篇，其中SCI论文6篇；出版著作4部；培养博士后1名、博士2名、硕士3名、技术骨干3名。该成果为我国奶牛健康养殖提供了重要技术支撑和产品保障，对提高饲料报酬和净化养殖环境具有重要意义，提质增效效果显著。“奶牛主要产科病防治关键技术研究、集成与应用”获2015年甘肃省科技进步二等奖。

2.奶牛乳房炎联合诊断和防控新技术研究

建立了乳房炎主要致病菌金黄色葡萄球菌、无乳链球菌、大肠杆菌的多重PCR检测方法，从乳汁中筛选出了辅助诊断奶牛隐性乳房炎的2种活性蛋白酶NAG和MPO，在乳汁体细胞—蛋白因子—分子遗传特性3个层次上集成上述技术，研发出奶牛乳房炎联合诊断新技术，筛选出与中国株亲缘关系近的Ia型优势无乳链球菌，以此为菌种结合金黄色葡萄球菌生物学特性，制备出针对Ia型无乳链球菌和金黄色葡萄球菌的二联油佐剂疫苗，根据奶牛乳房炎发病的证型特点，研发出2种防治奶牛隐性乳房炎的中药“乳宁散”和“银黄可溶性粉”。制定了适合我国规模奶牛场乳房炎管理的评分方案，首次构建出了适合我国规模化奶牛场乳房炎发病的风险预警配套技术方案。

建立了乳房炎“联合”诊断新技术1套，制定了“奶牛隐性乳房炎快速检测技术”行业标准1项，发表文章11篇，出版专著3部，培养研究生5名，培训技术人员600人次，构建了我国规模化牧场奶牛乳房炎发病风险预警配套技术1套，研制出2种防治奶牛隐性乳房炎新中药，制备1种奶牛乳房炎二联油佐剂灭活疫苗。2011年至2013年示范推广规模达50多万头，已获得经济效益14 602.12万元。“奶牛乳房炎联合诊断和防控新技术研究及示范”获2014年甘肃省农牧渔业丰收一等奖。

（三）奶牛子宫内膜炎研究

1.奶牛子宫内膜炎综合防治技术研究

对我国41个奶牛场9 754头母牛展开调查，明确了奶牛子宫内膜炎的发病原因，查明了引起奶牛子宫内膜炎的主要病原菌。开展了子宫内膜炎诊断技术和子宫内膜炎病理学研究，研制出奶牛子宫内膜活检器；进行了奶牛子宫内膜炎病理学诊断研究，确定了子宫内膜炎病理特征及病理细胞类型，并制订了以子宫颈口白细胞计数为主的奶牛子宫内膜炎的诊断标准；制订了奶牛子宫内膜炎综合防治技术规范，并进行了示范和推广。研制出防治奶牛子宫内膜炎的中西结合药剂“清宫液”和纯中药制剂“清宫液2号”“清宫液3号”及“产复康”，开展了中药治疗奶牛子宫内膜炎的研究和应用，大大降低了该病的发病率。

该成果已在甘肃、内蒙古、天津、宁夏、青海等地57.15万头奶牛上进行推广应用，已获经济效益55 152.84万元。“奶牛子宫内膜炎综合防治技术的研究与应用”获2013年兰州市科技进步二等奖。

2.益蒲灌注液的研究

研发出拥有独立自主知识产权的治疗奶牛子宫内膜炎的纯中药制剂“益蒲灌注液”，2013年取得国家三类新兽药证书，2014年取得兽药生产批准文号，并在全国大面积推广应用。“益蒲灌注液”是我国在治疗奶牛子宫内膜炎方面取得的第一个新兽药证书和兽药生产批准文号的纯中药子宫灌注剂。与抗生素、激素等同类产品相比，具有相同疗效，且不产生耐药性，治疗期间不弃奶、不影响食品安全和公共卫生，奶牛情期受胎率高等特点。2015年生产企业新增销售额720.12万元，新增利税309.65万元。“益蒲灌注液的研制与推广应用”获2015年甘肃省农牧渔业丰收奖一等奖和兰州市科技进步二等奖，2016年甘肃省科学技术进步三等奖。

3.藿芪灌注液的研究

藿芪灌注液是依据传统中兽医辨证论治理论，结合现代中兽医理论和中药药理最新研究成果，经过临床试验筛选、药理毒理学、生产工艺、质量标准和临床试验研究，研制出的具有自主知识产权的纯中药制剂。该制剂无毒、无刺激性、质量可控、稳定性好，用于治疗奶牛卵巢静止和持久黄体。对奶牛卵巢静止的治愈率91.30%，总有效率95.65%；对奶牛持久黄体的治愈率81.82%，总有效率90.91%。2012年获国家发明专利，2017年“藿芪灌注液”取得新兽药证书。

（四）新兽药“黄白双花口服液”和“苍朴口服液”的研究

依据中兽医辩证施治理论和中药现代研究新成果，通过药效学、药理毒理学、药物分析学和临床治疗学等试验，针对犊牛湿热型、虚寒型腹泻，科学组方，并采用现代生产工艺技术，选择最佳生产工艺参数替代传统生产工艺，研制出新兽药“黄白双花口服液”，对湿热型腹泻治愈率为85.00%，有效率为96.00%；研制出新兽药“苍朴口服液”，对虚寒型腹泻治愈率为84.06%，有效率为93.24%。项目已取得国家三类新兽药证书2个，授权发明专利1件，发表论文13篇。“黄白双花口服液和苍朴口服液的研制与产业化”获2016年兰州市科技进步一等奖，“治疗犊牛腹泻病新兽药的创制与产业化”获2016年甘肃省农牧渔业丰收一等奖。

（五）中兽药复方金石翁芍散的研究

在中兽医辩证施治理论指导下，针对我国家禽集约养殖条件下的细菌、病毒性疫病频发，病原耐药、抗生素及单体药物残留愈发显现的严峻现实，采用主、辅、佐、使配伍技术，创制出防治家禽感染性疾病的国家级中兽药新产品“金石翁芍散”。该药具有清热解毒、扶正祛邪、除湿止痢等功能，用于治疗禽霍乱、法氏囊、鸡大肠杆菌病和白痢等。“金石翁芍散”于2010年获得国家新兽药证书；“金石翁芍散”的研制及产业化获2011年甘肃省科技进步二等奖。建立了两条GMP生产线，治疗感染性疾病家禽4亿余羽。

（六）射干地龙颗粒和根黄分散片的研究

“射干地龙颗粒”是针对鸡传染性支气管炎，应用中兽医辩证施治理论，在《金匮要略》射干麻黄汤的基础上，根据鸡传染性支气管炎临床症状和病理表现，开发的中兽药颗粒剂，具有清咽利喉、化痰止咳、收敛固涩等功能。

“根黄分散片”是根据鸡传染性喉气管炎的临床症状和病理表现，从中兽医辩证施治出发，依据中兽医理法方药理论，经过临床药效学进行科学处方筛选研制而成的针对鸡传染性喉气管炎的中兽药新制剂，具有抗炎、解热、祛痰、止咳作用，主治鸡传染性喉气管炎。“射干地龙颗粒”于2015年取得三类新兽药证书，“根黄分散片”于2017年取得三类新兽药证书。

（七）牛羊微量元素研究

在检测青藏高原地区土壤、水、饲草料和奶牛血液中微量元素含量变化的基础上，研制出针对青藏地区奶牛专用的微量元素营养舔砖。奶牛通过舔食舔砖更好地调节体内的矿物元素含量比，实现体内各微量元素平衡。该技术缓解了该地区奶牛机体微量元素极度缺乏的状况，有效地预防和降低因微量元素缺乏引起的相关疾病的发生率，提高了奶牛生产性能和抵抗疾病的能力。

项目于2012年3月通过农业部组织的专家验收，并取得农业部添加剂预混合饲料生产许可证，2012年4月取得甘肃省饲料工业办公室添加剂预混合饲料产品批准文号。由两家企业生产，在9个省区26个奶牛场中使用。取得国家授权专利16件，其中发明专利5件。“新型高效牛羊微量元素舔砖和缓释剂的研制与推广”获2013年全国农牧渔业丰收二等奖，“牛羊微量元素精准调控技术研究与应用”获2014年甘肃省科技进步三等奖，“青藏地区奶牛专用营养舔砖及其制备方法”获2016年甘肃省专利奖二等奖。

三、基础兽医学研究

（一）发酵黄芪多糖的研究

成功筛选出2株植物乳杆菌和非解乳糖链球菌，可用于提高黄芪和党参多糖发酵的优势菌株；利用黄芪和党参发酵产物，创制了1种非解乳糖链球菌、发酵黄芪和党参的小复方制剂“参芪发酵散”。“参芪发酵散”无毒副作用，可抑制CCl_4诱导的肝脂肪变和纤维化，添加于饲料中具有促生长、降低料肉比、增强免疫、降低发病率等效果。授权发明专利2件，发表论文16篇，创制新产品1个，制定新标准草案1项，建立新技术1项，培养研究生6名。“新型中兽药饲料添加剂‘参芪散’的研制与应用”获2011年中国农业科学院科技成果二等奖。“非解乳糖链球菌发酵黄芪转化多糖的研究与应用”获2013年甘肃省科技进步三等奖。

（二）重金属快速检测技术的研究

利用小分子化合物免疫分析技术，开展了重金属镉、铅与喹乙醇抗原合成、单克隆抗体制备及ELISA检测技术研究，旨在为重金属镉、铅与喹乙醇的批量筛查和快速检测提供理论支撑和技术支持。“重金属镉/铅与喹乙醇抗原合成、单克隆抗体制备及ELISA检测技术研究”获2014年中国农业科学院科技成果二等奖。

第四节 草业学研究

研究所草业学科始建于20世纪50年代，是我国从事草业科学研究工作起步较早的科研单位。近年来，随着草业科学现代化技术的发展进步，研究所开始建立我国西部旱生超旱生牧草种质资源保种、驯化研究、繁育基地和种质资源库，并进行饲草饲料资源开发利用，探索草畜耦合生态型畜牧业发展模式；对黄土高原生态环境监测体系的规范化建设、生态环境演替规律、多样性进行了系统研究。坚持科学研究、人才培养和服务地方经济建设的宗旨，在牧草种质资源调查、草地生态畜牧业建设、草品种选育及草地植物分子生物学研究、牧草种质资源信息共享平台建设、草地资源监测、草食动物营养研究等方面开展工作。

一、牧草种质资源研究

开展有关牧草饲料作物品种资源的收集、整理保存和利用，进行分类鉴定，制作标本，整理保存，建成了牧草植物标本和种子样品陈列室，现在保存2 000余份牧草植株标本，1 000余份牧草种子标本，主要收集黄土高原、青藏高原和南方草山草坡的牧草标本与种子资源，具有鲜明的区位优势和特色。

（一）牧草种质资源的收集整理和利用

1.野生牧草种质资源保护利用

采用综合生态管理理论系统研究了中国西部草地资源利用与畜牧业生产、生物多样性保护的关系与可持续性，提出了将草地资源的经济属性、生态属性和社会属性有机结合的资源综合模式。开展了影响草地资源可持续利用限制性因素的调查和评估，提出了以村为基础的参与式草原管理模式；完成了甘肃省安定区、景泰县、凉州区、永昌县、甘州区、肃南县、肃州区和肃北县等8个项目区的草原野生牧草种质资源野外调查，查清了当地草原野生牧草种质资源的种类、分布、植被类型等基本数据，采集当地野生牧草种质资源19科50属68种，并对采集的具有应用前景的野生牧草种质资源进行了分析、鉴定、整理与评价，建成了基于Microsoft软件下的SQL Server电子档案管理系统；建成野生牧草种质资源更新保存圃13 340m^2，野生牧草种质资源观测、驯化圃10 672m^2，野生牧草种子繁殖田633 365m^2；提出了项目区野生牧草种植资源栽培技术规范及补播技术。培训项目区草业技术人员和草地经营者80人次，发表论文13篇。“基于综合生态管理理论的草原资源保护和可持续利用研究与示范”获2011年甘肃省科技进步二等奖和2011年甘肃省农牧渔业丰收一等奖。

2.寒生旱生优质灌草资源发掘与种质创新研究

主要开展青藏高原、黄土高原等地区灌草种质资源的调查、收集、整理整合、繁殖更新、种质资源保护和资源发掘与种质创新等方面的研究，同时建立牧草种质资源圃。主要研究内容有：搜集甘肃省旱生牧草种质资源1 000余份，对其中700余份牧草种质资源进行整理整合及数字化表达；完成了300份重点牧草种质资源的评价鉴定、繁殖更新、标志性数据信息的补充采集，发掘优异育种基因材料9份。完成并出版《沙拐枣属牧草种质资源描述规范和数据标准》《黑麦草种质资源描述规范和数据标准》《冷地早熟禾种质资源描述规范和数据标准》和《长柔毛野豌豆种质资源描述规范和数据标准》4部专著。引种栽培沙拐枣、蒙古扁桃、梭梭、白梭梭、华北驼绒藜、乌拉尔甘草等30种濒危及珍稀旱生牧草种质资源。选育出了耐旱丰产苜蓿新品系“中兰2号”。建立牧草资源繁育基地13.34余hm^2，开展了40多种牧草种质资源栽培技术和种子繁育研究。在全国20余个试验（站）点进行牧草资源品比试验及引种试验。开展了优异牧草资源抗旱、抗寒、抗盐等抗逆性鉴定等方面的研究。筛选出具有育种价值和引种驯化的灌草基因资源5个。申报国家牧草新品种1个，国家牧草区域试验3个；培育9个牧草新品系；形成与育种有关的关键技术4项；申报专利35件，其中发明专利6件；获软件著作权3项。

"甘肃省旱生牧草种质资源整理整合及利用研究"获2012年甘肃省科技进步奖二等奖。

（二）牧区饲草饲料资源开发利用研究

主要完成了西北地区工农业糟渣类副产品品质评价、营养成分数据库的构建以及高值化饲用料的开发研究。完成了西北地区苜蓿、玉米、高粱等牧草资源的品质分析，分析了啤酒糟、白酒糟、醋糟、苹果渣、土豆渣和豆腐渣等副产物的营养价值，建立了常规与非常规饲草资源的营养成分数据库。利用微生态制剂进行了高值化饲料的开发工作，对糟渣类副产物与其他饲草进行合理的配比，研究其最佳成型饲料加工技术，形成多个饲料配方。采用动物实验，评价了复合饲料在肉牛和肉羊体内的消化吸收性能、屠宰性能以及血液生理生化性能等，较为系统地评价了糟渣类复合饲料资源的品质和可利用性。在示范基地进行推广应用，推进了糟渣类饲料的高值化开发和利用。

发表论文35篇，其中SCI论文3篇，EI论文2篇；制定并颁布地方标准1项，授权国家发明专利5件，实用新型专利18件，并已完成专利技术转让工作；出版著作6部；建立示范基地3个，培训企业技术骨干和农牧民300人次；合作建成糟渣成型饲料生产线1条。"饲料分析及质量检测技术研究"获2015年甘肃省情报学会科学技术奖，"动物营养与饲料学理论及应用技术研究"获2017年甘肃省情报学会科学技术奖，"一种固态发酵蛋白饲料的制备方法"获2017年甘肃省专利二等奖。

二、牧草新品种选育

（一）陇中黄花矶松

"陇中黄花矶松"（野生栽培品种，品种登记号：GCS013）源于极干旱环境，是我国北方荒漠戈壁的广布种。陇中黄花矶松属于观赏草野生驯化栽培品种，该品种的原始材料源于荒漠戈壁植物，为多年生草本。新品种主要用于园林绿化、植物造景、防风固沙、饲用牧草和室内装饰等多种用途，具有抗旱性极强、高度耐盐碱、耐贫瘠、耐粗放管理、株丛较低矮、花朵密度大、花色金黄、观赏性强的显著特点。花期长达200天左右，青绿期210～280天（地域不同），花形花色保持力极强，花干后不脱落、不掉色，是理想的干花、插花材料与配材，适应我国北方极干旱地区的大部分荒漠化生态条件。

（二）中兰2号紫花苜蓿

"中兰2号紫花苜蓿"（育成品种，品种登记号：GCS001）适用于在黄土高原半干旱半湿润地区旱作栽培，可直接饲喂家畜，调制、加工草产品等，生产性能优越。在饲用品质方面，该苜蓿营养成分高，适口性好。该品种是适于黄土高原半干旱半湿润地区旱作栽培的丰产品种，产草量超过当地农家品种15%以上，超过当地推广的育成品种和国外引进品种10%以上，可解决现有推广品种在降雨较少的生长季或年份产草量大幅下降的问题；在干旱缺水的西部地区，该品种对提高单位草地生产率，推动区域苜蓿产业化的发展具有重要意义。

（三）陆地中间偃麦草

“陆地中间偃麦草”（引进品种，品种登记号：GCS006）系禾本科多年生草本，具有横走根茎，根系较发达，分蘖多的特点。2002—2004年完成了驯化栽培和引种观察试验，2005—2011年完成了引种试验、区域试验和生产试验。该品种具有产草量高、营养丰富、茎叶嫩绿的显著特点，对土壤要求不严，是优良的多年生禾本科牧草，可作为生态草用于退化草地补播。适应区域为黄土高原半干旱区、半湿润区，河西走廊荒漠绿洲区及北方类似地区。

（四）海波草地早熟禾

“海波草地早熟禾”（引进品种，品种登记号：GCS007）能够自行繁种，可降低建植成本；抗旱性强及缓生性状，可降低养护成本。由于叶片柔软，叶宽适中，颜色深绿有光泽，成坪草层均匀整齐，青绿期长，草坪景观效果好，可用于建植各类草坪。区域试验表明，在黄土高原半干旱区、半湿润区及河西走廊荒漠绿洲区具有良好的生态适应性，表现出抗旱、耐寒、缓生、耐践踏、青绿期长且能正常繁种和降低草坪建植、养护成本的优良性状，在类似地区的草坪生产中可以推广应用。

（五）航苜1号紫花苜蓿

“航苜1号紫花苜蓿”（育成品种，品种登记号：GCS014）是我国第一个航天诱变多叶型紫花苜蓿新品种。该品种基本特性是优质、丰产，表现为多叶率高、产草量高和营养含量高。叶以5叶为主，多叶率达41.50%，叶量为总量的50.36%；干草产量15 529.90kg/hm^2，平均高于对照12.80%；粗蛋白质含量20.08%，平均高于对照2.97%；18种氨基酸总量为12.32%，平均高于对照1.57%；种子千粒重2.39g，牧草干鲜比1：4.68。该品种适宜于黄土高原半干旱区、半湿润区和河西走廊绿洲区及北方类似地区推广种植，对改善生态环境和提高畜牧业生产效益具有重要意义。

（六）苜蓿抗逆性研究

完成了苜蓿新品系“杂选1号”株型选择和根系选择的相关研究内容，在甘肃天水、定西和兰州分别进行品比试验。新品系“杂选1号”的特点是在旱作栽培条件下，根颈新枝在开花期即大量发生，遇降水或刈割后则迅速生长。在水分良好的条件下大部分茎顶生长点可持续分化出茎叶，营养生长与生殖生长的交叠期较长，二者对光合产物的竞争较强烈；而在干旱条件下茎顶生长结束早，营养生长与生殖生长的交叠期较短。根系为主根型，入土深，有较发达的毛根或侧根。花为紫色，螺旋形荚果1.0 ~ 2.5旋，种子千粒重2.1g。

完成了西藏农区栽培的抗逆（越冬率高、耐瘠薄）高产苜蓿新品系，解决了种子的本土化生产问题。通过紫花苜蓿和黄花苜蓿杂交或大田普选，获得34个杂交株系；观测了34个杂交株系的越冬性、结实性、生长速率等指标，选择种子可成熟的11个单株收获种子，进行了种植，出苗良好。

（七）黄花矶松抗逆性研究

通过对耐盐碱、低温和干旱植物黄花矶松抗逆基因的筛选，对其抗逆基因的表达调控进行了分析，获取部分抗逆基因的全长序列，并对其进行克隆，通过转染技术在拟南芥、烟草、苜蓿等植株中进行表达。

（1）筛选出黄花矶松中与寒旱盐胁迫相关的抗逆基因，建立了相关基因的cDNA文库，并对其所参与的信号通路进行初步预测。

（2）从转录和翻译水平对抗逆基因在胁迫中表达调节趋势进行分析，并对抗寒相关的差异基因进行筛选，选择了在低温胁迫下具有较大差异表达量的COR家族作为目的基因群。

（3）分析得到抗寒基因COR家族在转录和翻译水平响应胁迫的表达调节趋势。

（4）克隆了部分COR家族基因，在烟草和苜蓿植物中进行亚细胞定位和功能鉴定，为优良抗逆植株的培育奠定了基础。授权实用新型专利10件。

（八）中型狼尾草抗逆性研究

完成了中型狼尾草在甘肃中部半干旱地区的生态适应性研究；进行了中型狼尾草在盐渍土区的生长特点及生产性能试验；观测了中型狼尾草开花授粉习性及花粉形态，明确了中型狼尾草的开花变化规律；研究了中型狼尾草的抗逆性（抗寒、抗旱、耐盐碱）；筛选出适合在甘肃中部盐渍土区推广种植的中型狼尾草新品系1个，年干草产量$1.6 \times 10^4 kg/hm^2$，比对照中亚狼尾草增产58.4%；测定了中型狼尾草新品系的营养成分、品质特性及适口性；分析了中型狼尾草新品系的耐盐度和适宜范围；开展了中型狼尾草有性繁殖技术和无性繁殖技术研究，总结提出了中型狼尾草高产栽培技术规程；研究对比了中型狼尾草、苜蓿和燕麦对盐渍化土壤的改良效应；建立了中型狼尾草试验示范点4个，示范种植面积$0.87hm^2$。发表论文8篇，培养研究生1名。“秦王川灌区次生盐渍化土壤的生物改良技术与应用研究”获2012年甘肃省科技进步三等奖和2012年甘肃省农牧渔业丰收二等奖。

（九）野大麦抗逆性研究

确定了野大麦的耐盐生理机理。短时间盐胁迫下，野大麦主要通过地上部的Na^+快速积累来进行盐胁迫的快速响应；随着胁迫的延长，通过根系不断增大对Na^+的外排来降低植株体内Na^+浓度；同时减少了K^+的外流，以达到对盐胁迫的适应；构建了对应的离子运输模型。发表SCI论文2篇，中文核心期刊论文8篇，获得发明专利1件，实用新型专利4件。

三、草地生态研究

通过草地生态环境资源和科学放牧管理方法的调查研究，针对当地生产实际，总结出了制约项目区草地生态畜牧业发展的6个问题；挖掘整理出10条科学放牧管理方法及乡土知识。通过河西走廊放牧利用退化草地营养循环动态研究，得出了不同放牧方法对退化草地生态系统具有显著影响的结论。提出了荒漠类草原的家畜采食率等于牧草利用率的50%为中牧，低于50%为轻牧，高于50%为重牧的技术指标；提出了高寒半荒漠草地的合理载畜量为0.5～1.0羊单位/hm^2。提出了高山细毛羊冷季放牧补饲技术方案。通过将氮素示踪技术应用于退化荒漠草地的营养研究结果表明，科学施氮有利于退化草地生态系统的恢复。提出了退化草地的合理施氮量：轻度、中度和重度退化草地分别为20～30g/m^2、15～20g/m^2和12～15g/m^2。完成了河西走廊放牧利用荒漠草原生态系统退化的成因分析及等级划分。以未退化放牧草地为对照，将荒漠退化草原分为轻度退化、中度退化和重度退化3级；研究制定了《河西走廊放牧利用退化荒漠草原等级划分技术方案》和《河西走廊放牧利用退化荒漠草原生态系统综合治理技术及模式》。引进、栽培驯化成功蓝茎冰草、中间偃麦草和黄花矶松等旱生草品种用于荒漠草原补播更新，使草原植被覆盖度由30%提高到75%。通过技术培训，使项目区技术人员和农牧民技术骨干增强了合理利用草地资源的意识，提高了科学放牧与管理水平。在甘肃景泰、肃南、肃北、永昌县的项目区共培训人员247人次。培养博士、硕士研究生各1名；出版研究论文专辑1部；在国内核心期刊发表论文25篇，其中一级学报4篇；授权发明专利1件。

研究成果在项目区推广应用3年，累计新增产值1.59亿元，新增利润1.14亿元，增收节支1.28亿元，经济效益和社会效益、生态效益明显。“河西走廊退化草地营养循环及生态治理模式研究”获得2012年中国农业科学院科技成果二等奖。

第五节 科研项目和科技成果

一、科研项目

表1 畜牧学科科研项目

序号	项目编号	项目名称	项目类别	起止年限	主要完成人
1	BRF080101	动物纤维及毛皮种类的无损鉴别技术研究	基本科研业务费	2007.01—2010.12	郭天芬 高雅琴 杜天庆 牛春娥 王宏博
2	2008AA10Z137	牦牛肉用性状重要功能基因的标识与鉴定	“863”计划	2007.03—2010.10	阎萍 梁春年 郭宪 曾玉峰 焦硕 裴杰 肖玉萍
3	2008BADB2B04-10	西北优质肉用绵羊新品种培育与产业化开发	国家科技支撑计划子课题	2008.01—2010.12	郭健 冯瑞林 刘建斌 岳耀敬
4	2008BADB2B05-6	甘肃优质细羊毛新品种（系）选育与产业化开发	国家科技支撑计划子课题	2008.01—2010.12	郭健 刘建斌 焦硕 郎侠
5	2008AA101011-2-4	肉羊分子细胞工程育种技术创新与优势性状新品系培育	“863”计划子课题	2008.01—2010.12	杨博辉 郎侠 岳耀敬
6	2009标	农产品质量安全标准制定——毛纤维直径及成分分析方法	农业行业标准	2009.01—2009.12	高雅琴 郭天芬 李维红 牛春娥 王宏博 杜天庆 席斌
7	CARS-38	肉牛牦牛产业技术体系——牦牛选育	农业部现代农业体系	2009.01—2010.12	阎萍 郭宪 梁春年 曾玉峰
8	CARS-40-03	绒毛用羊产业技术体系——分子育种	农业部现代农业体系	2009.01—2010.12	杨博辉 岳耀敬 牛春娥 孙晓萍 郎侠
9	BRF090104	生鲜牛奶质量控制及抗生素残留检测技术的研究	基本科研业务费	2009.01—2010.12	王宏博 高雅琴 梁丽娜 杜天庆 牛春娥 郭天芬
10	BRF090101	甘南牦牛繁育技术与种质创新利用研究	基本科研业务费	2009.01—2010.12	阎萍 梁春年 高雅琴 郭宪 曾玉峰 裴杰 包鹏甲 褚敏 朱新书 李维红 吴晓云 刘自增

（续表）

序号	项目编号	项目名称	项目类别	起止年限	主要完成人
11	BRF090102	绵羊新品种（系）培育	基本科研业务费	2009.01—2010.12	杨博辉 郭 健 岳耀敬 程胜利 刘建斌 郎 侠 牛春娥 孙晓萍 焦 硕 冯瑞林
12	0910XCXA005	中国西部特色牛种——牦牛奶功能性活性物质研究与开发	星火计划	2009.01—2011.12	席 斌 高雅琴 甘伯中 马 俊 杜天庆 李维红
13	BRF090103	牦牛主要组织相容复合体基因家族结构基因遗传多样性研究	基本科研业务费	2009.01—2011.12	包鹏甲 阎 萍 梁春年 郭 宪 曾玉峰 裴 杰 褚 敏 朱新书
14	20090508-T-326	西藏羊	国家标准	2009.10—2010.10	牛春娥 杨博辉 高雅琴 郭天芬 郭 健 岳耀敬 王宏博 李维红 席 斌 杜天庆 程胜利 梁丽娜
15	20090452-T-424	含脂毛毒杀芬农药残留量的测定	国家标准	2009.10—2010.10	牛春娥 杨博辉 熊 琳 郭天芬 高雅琴 李维红 王宏博 席 斌 杜天庆 梁丽娜 常玉兰
16	20090453-T-424	含脂毛拟除虫菊酯农药残留的测定	国家标准	2009.10—2010.10	牛春娥 杨博辉 熊 琳 郭天芬 高雅琴 李维红 王宏博 席 斌 杜天庆 梁丽娜 常玉兰
17	20090454-T-424	含脂毛有机磷农药残留的测定	国家标准	2009.10—2010.10	牛春娥 杨博辉 熊 琳 郭天芬 高雅琴 李维红 王宏博 席 斌 杜天庆 梁丽娜 常玉兰
18	20090485-T-326	河西绒山羊	国家标准	2009.10—2010.10	郭天芬 高雅琴 牛春娥 杜天庆 李维红 常玉兰 席 斌 梁丽娜 王宏博 熊 琳

（续表）

序号	项目编号	项目名称	项目类别	起止年限	主要完成人
19	2010横	反刍动物（牛、羊）源性饲料调查	横向委托	2010.01—2010.12	阎　萍
20	BRF100103	动物毛皮产品中偶氮染料的安全评价技术研究	基本科研业务费	2010.01—2010.12	席　斌　高雅琴　王宏博　杜天庆　常玉兰
21	BRF100101	大通牦牛无角品系的选育	基本科研业务费	2010.01—2010.12	梁春年　阎　萍　郭　宪　曾玉峰　裴　杰　包鹏甲　褚　敏　朱新书
22	1002NKDA023	河西肉牛良种繁育体系的研究与示范	甘肃省科技重大专项	2010.01—2012.12	杨志强　谢家声　胡庭俊　孟聚成
23	BRF100102	绵羊BMPR-IB和BMP15基因SNP快速检测技术研究	基本科研业务费	2010.01—2012.12	岳耀敬　杨博辉　刘建斌　郎　侠　郭　健　焦　硕　冯瑞林
24	BRF100203	抑制瘤胃甲烷排放的奶牛中草药饲料添加剂的研制	基本科研业务费	2010.01—2012.12	乔国华　周学辉　张怀山　张景艳　程胜利　王宏博　苗小林
25	201003061	青藏高原牦牛藏羊生态高效草原牧养技术模式研究与示范	公益性行业科研专项课题	2010.07—2014.12	阎　萍　梁春年　郎　侠　丁学智　王宏博　熊　琳
26	533	动物毛皮种类鉴别方法——显微镜法	农业行业标准	2011.01—2011.12	高雅琴　王宏博　李维红　郭天芬　席　斌　常玉兰　梁丽娜　杜天庆
27	2011横	提高奶牛乳蛋白质产量技术研究	横向委托	2011.01—2011.12	乔国华　周学辉　杨　晓　路　远　李锦华
28	1610322011002	牦牛早期胚胎发育基因表达的研究	基本科研业务费	2011.01—2011.12	郭　宪　裴　杰　丁学智　褚　敏　包鹏甲
29	1610322011003	欧拉型藏羊高效选育技术的研究	基本科研业务费	2011.01—2011.12	郎　侠　刘建斌　冯瑞林　岳耀敬
30	1610322011008	动物毛绒超微结构及其种类鉴别方法标准的研究	基本科研业务费	2011.01—2011.12	李维红　高雅琴　席　斌　梁丽娜　王宏博　熊　琳
31	1610322011016	甘南牦牛繁育关键技术创新研究	基本科研业务费	2011.01—2011.12	阎　萍　梁春年　郭　宪　丁学智　裴　杰　包鹏甲　褚　敏　朱新书　吴晓云

（续表）

序号	项目编号	项目名称	项目类别	起止年限	主要完成人
32	1610322011015	控制甘肃高山细毛羊羊毛细度的毛囊发育分子基础	基本科研业务费	2011.01—2011.12	杨博辉 郭婷婷 岳耀敬 牛春娥 郭 健 刘建斌 郎 侠 孙晓萍 冯瑞林
33	1102NKDA027	甘南牦牛藏羊良种繁育基地建设及健康养殖技术集成示范	甘肃省科技重大专项	2011.01—2013.12	阎 萍 曾玉峰 郭 宪 朱新书 褚 敏 包鹏甲 梁春年 裴 杰 杨 勤 郭淑珍 刘汉丽 姬万虎 孙晓萍 石红梅 俞传林 杨 政 牛小茵 石少英
34	1104NKCA083	肉用绵羊高效饲养技术研究	甘肃省科技支撑计划	2011.01—2013.12	孙晓萍 刘建斌 郭 健 冯瑞林 李思敏
35	2011BAD28B05-1-4	超细型细毛羊新品种（系）选育与关键技术研究	国家科技支撑计划子课题	2011.01—2015.12	郭 健 冯瑞林 刘建斌
36	CARS-38	肉牛牦牛产业技术体系——牦牛选育	农业部现代农业体系（科学家岗位）	2011.01—2015.12	阎 萍 郭 宪 包鹏甲 裴 杰 褚 敏 朱新书
37	CARS-40-03	绒毛用羊产业技术体系——分子育种	农业部现代农业体系（科学家岗位）	2011.01—2015.12	杨博辉 岳耀敬 牛春娥 孙晓萍 郭婷婷
38	2011横	牦牛高效繁殖与快速育肥出栏技术示范合作项目	横向委托（西藏畜牧科学院）	2011.07—2012.07	梁春年 阎 萍 丁学智 郭 宪 包鹏甲 褚 敏
39	1106RTSA015	牦牛繁育工程重点开放实验室	甘肃省重点实验室	2011.11—2013.11	阎 萍 郭 宪 梁春年 朱新书 裴 杰 曾玉峰 丁学智 郎 侠 包鹏甲 王宏博 褚 敏 刘文博
40	31101702	青藏高原牦牛EPAS1和EGLN1基因低氧适应遗传机制的研究	国家自然基金青年科学基金	2012.01—2014.12	丁学智 阎 萍 梁春年 张 茜 褚 敏

（续表）

序号	项目编号	项目名称	项目类别	起止年限	主要完成人
41	286	牦牛生产性能测定技术规范	农业行业标准	2012.01—2012.12	阎　萍　郭　宪　梁春年　朱新书
42	1610322012002	大通牦牛无角基因多态性检测与基因功能研究	基本科研业务费	2012.01—2012.12	刘文博　梁春年　郭　宪　包鹏甲　裴　杰　丁学智
43	1610322012003	牦牛LF蛋白、Lfcin多肽的分子结构与抗菌谱研究	基本科研业务费	2012.01—2012.12	裴　杰　梁春年　郭　宪　包鹏甲　褚　敏
44	1610322012006	利用mtDNA　D-环序列分析藏羊遗传多样性和系统进化	基本科研业务费	2012.01—2012.12	刘建斌　冯瑞林　李维红　郎　侠　岳耀敬　郭婷婷
45	1610322012007	甘肃高山细毛羊毛囊干细胞系的建立及毛囊发育相关信号通路	基本科研业务费	2012.01—2012.12	郭婷婷　岳耀敬　刘建斌　冯瑞林　郭天芬　熊　琳　李维红
46	1610322012010	我国羔裘皮品质评价	基本科研业务费	2012.01—2012.12	郭天芬　李维红　杜天庆　牛春娥　常玉兰　梁丽娜
47	1610322012011	青藏高原牦牛EPAS1和EGLN1基因低氧适应遗传机制的研究	基本科研业务费	2012.01—2012.12	丁学智　梁春年　郭　宪　包鹏甲
48	1610322012014	控制甘肃高山细毛羊羊毛性状的毛囊发育分子表达调控机制	基本科研业务费	2012.01—2012.12	杨博辉　郭婷婷　熊　琳　岳耀敬　刘建斌　冯瑞林　孙晓萍　郭　健
49	1610322012015	甘南牦牛选育技术研究	基本科研业务费	2012.01—2012.12	阎　萍　梁春年　郭　宪　裴　杰　包鹏甲　褚　敏　丁学智　朱新书
50	1610322012021	牦牛繁殖性状候选基因的克隆鉴定	基本科研业务费	2012.01—2012.12	阎　萍　褚　敏　梁春年　郭　宪　裴　杰　包鹏甲　丁学智
51	1203NKDA023	甘肃超细毛羊新品种培育及优质羊毛产业化研究与示范	甘肃省科技重大专项	2012.01—2014.12	郭　健　刘建斌　冯瑞林　杨博辉　李范文　牛春娥　王天翔　贾生辉　张万龙　梁育林　郭婷婷　李桂英　岳耀敬　孙晓萍　陈　颢　王　凯　张晓飞　杨剑峰　王丽娟　何学昌

（续表）

序号	项目编号	项目名称	项目类别	起止年限	主要完成人
52	2012BAD13B05	甘肃甘南草原牧区“生产生态生活”保障技术集成与示范	国家科技支撑计划	2012.01—2016.12	阎　萍　丁学智　王宏博　梁春年　郭　宪　郎　侠
53	2012BAD13B05-1（自编）	甘肃甘南草原牧区牦牛选育改良及健康养殖集成与示范	国家科技支撑计划子课题	2012.01—2016.12	梁春年　褚　敏　裴　杰
54	201203008	夏河社区草-畜高效转化关键技术	公益性行业科研专项课题	2012.01—2016.12	阎　萍
55	201203008-1	夏河社区草畜高效转化技术	公益性行业科研专项子课题	2012.01—2016.12	阎　萍　包鹏甲　吴晓云　梁春年　郭　宪　王宏博
56	2013-978	牦牛新型单外流瘤胃体外连续培养技术（Rusitec）的引进与应用	“948”计划	2013.01—2013.12	阎　萍　丁学智　梁春年　郭　宪　包鹏甲　王宏博　褚　敏
57	2013横	毛、皮质量评价及控制技术	横向委托	2013.01—2013.12	牛春娥　李维红　郭天芬　杨博辉　高雅琴　熊　琳　郭婷婷　杜天庆
58	1610322013007	牦牛瘤胃微生物宏基因组文库的构建及纤维素酶基因的筛选	基本科研业务费	2013.01—2013.12	王宏博　梁春年　郎　侠　丁学智
59	1610322013008	羊肉质量安全主要风险因子分析研究	基本科研业务费	2013.01—2013.12	李维红　高雅琴　熊　琳
60	1610322013014	牦牛卵泡发育相关功能基因的克隆鉴定	基本科研业务费	2013.01—2013.12	包鹏甲　刘文博　裴　杰　丁学智
61	1610322013018	羊肉中重金属污染物风险分析	基本科研业务费	2013.01—2013.12	牛春娥　杨博辉　郭天芬　李维红
62	2013横	牦牛高效育肥技术集成示范	横向委托	2013.01—2014.12	梁春年　郭　宪　丁学智　王宏博　裴　杰
63	1308RJDA015	高寒低氧胁迫下牦牛HIF-1α对microRNA的表达调控机制研究	甘肃省杰出青年科学基金	2013.01—2015.12	丁学智　阎　萍　郭　宪　梁春年　包鹏甲　褚　敏　吴晓云
64	1308RJZA119	牛源耐甲氧西林金色葡萄球菌检测及SCCmec耐药基因分型研究	甘肃省自然科学基金	2013.01—2015.12	李新圃　罗金印　李宏胜　王旭荣　杨　峰
65	1308RJYA037	非繁殖季节GnIH基因免疫对藏羊卵泡发育的影响	甘肃省青年科技基金	2013.01—2015.12	岳耀敬　杨博辉　郭　宪　郭婷婷

（续表）

序号	项目编号	项目名称	项目类别	起止年限	主要完成人
66	2013BAD16B09-04-01	牦牛资源高值加工技术集成与示范	国家科技支撑计划子课题	2013.01—2016.12	郭宪
67	201303062	放牧牛羊营养均衡需要研究与示范	公益性行业科研专项课题	2013.01—2017.12	朱新书 王宏博 包鹏甲
68	2014安	畜产品质量安全风险评估	农产品质量安全监管（风险评估）	2014.01—2014.12	高雅琴 李维红 熊琳 杜天庆 杨晓玲 梁丽娜
69	2014标	甘南牦牛品种标准研制验证	农业行业标准	2014.01—2014.12	梁春年 阎萍 郎侠 郭宪 丁学智 裴杰 包鹏甲
70	2014甘	大通牦牛新品种引进与示范推广	甘肃省农牧渔业新品种新技术引进推广	2014.01—2014.12	高雅琴 郭宪 王宏博
71	2014甘	陇东黑山羊	甘肃省地方标准	2014.01—2014.12	王宏博 高雅琴 李维红 杜天庆 梁丽娜 熊琳
72	2014甘	动物源性食品中4种新型β-受体激动剂药物残留的测定液相色谱-串联质谱法	甘肃省地方标准	2014.01—2014.12	熊琳 高雅琴 杨亚军 李维红
73	1610322014002	大通牦牛无角基因功能研究	基本科研业务费	2014.01—2014.12	褚敏 郭宪 包鹏甲 裴杰 丁学智
74	1610322014006	利用LCM技术研究特异性调控绵羊次级毛囊形态发生的分子机制	基本科研业务费	2014.01—2014.12	岳耀敬 郭婷婷 刘建斌
75	1610322014010	基于iTRAQ技术的牦牛卵泡液差异蛋白质组学研究	基本科研业务费	2014.01—2014.12	郭宪 裴杰 包鹏甲
76	1610322014013	牦牛高原低氧适应及群体进化选择	基本科研业务费	2014.01—2014.12	丁学智 梁春年 包鹏甲 褚敏
77	1610322014014	含有碱性基团兽药残留QuEChERS/液相色谱-串联质谱法检测条件的建立	基本科研业务费	2014.01—2014.12	熊琳 高雅琴 杨亚军 李维红 杨晓玲
78	1610322014018	基于第三代测序与第二代测序技术平台的盘羊参考基因组de novo组装	基本科研业务费	2014.01—2014.12	郭婷婷 刘建斌 岳耀敬

（续表）

序号	项目编号	项目名称	项目类别	起止年限	主要完成人
79	145RJZA150	牛羊肉中4种雌激素残留检测技术的研究	甘肃省自然科学基金	2014.01—2016.12	李维红 高雅琴 杨晓玲 熊 琳
80	31301976	牦牛卵泡发育过程中卵泡液差异蛋白质组学研究	国家自然基金青年科学基金	2014.01—2016.12	郭 宪 裴 杰 王宏博
81	145RJZA061	青藏高原藏羊EPAS1基因低氧适应性遗传机理研究	甘肃省自然科学基金	2014.01—2016.12	刘建斌 曾玉峰 孙晓萍 李维红
82	GNSW-2014-21	藏羊低氧适应鉴定及相关靶点创新利用研究	甘肃省农业生物技术研究与应用开发	2014.01—2016.12	刘建斌 孙晓萍 丁学智 郭 健
83	GNCX-2014-38	藏系绵羊社区高效养殖关键技术集成与示范	甘肃省农业科技创新	2014.01—2016.12	王宏博 高雅琴 梁春年 包鹏甲
84	CAAS-ASTIP-2014-LIHPS	牦牛资源与育种创新团队	中国农业科学院科技创新工程	2014.01—2018.12	阎 萍 高雅琴 梁春年 郭 宪 丁学智 包鹏甲 王宏博 裴 杰 褚 敏 吴晓云 熊 琳 杨晓玲 席 斌 李维红 郭天芬 杜天庆
85	2014标	奶业技术服务和新技术集成推广研究	农业标准化实施示范（海峡两岸农业合作）	2014.04—2014.12	王学智
86	144NKCA240-2	甘肃藏绵羊生产性能及其高效优质肉羊生产方式研究	甘肃省科技支撑计划子课题	2014.07—2016.06	王宏博 梁春年 刘 萍 刘建斌 裴 杰
87	2014横	牦牛微量元素添砖配方研制	横向委托	2014.08—2015.02	梁春年 郭 宪 丁学智 王宏博 包鹏甲
88	2015质	畜产品质量安全风险评估	农产品质量安全监管（风险评估）	2015.01—2015.12	高雅琴 李维红 熊 琳 杜天庆 杨晓玲 梁丽娜
89	2015标	河曲马	农业行业标准	2015.01—2015.12	梁春年 郭 宪 包鹏甲 阎 萍
90	2016横	甘肃省“十三五”科学和技术发展规划前期研究	横向委托	2015.01—2015.12	杨博辉 岳耀敬 牛春娥 郭 健 刘建斌 孙晓萍 袁 超 郭婷婷 冯瑞林

（续表）

序号	项目编号	项目名称	项目类别	起止年限	主要完成人
91	2015ZL030	羊增产增效技术集成与综合生产模式研究示范	基本业务费增量	2015.01—2015.12	杨博辉 杨博辉 袁 超 冯瑞林 牛春娥
92	1610322015001	牦牛氧利用和ATP合成通路中关键蛋白的鉴定及表达研究	基本科研业务费	2015.01—2015.12	包鹏甲 裴 杰 梁春年 郭 宪 王宏博
93	1610322015002	藏羊低氧适应lncRNA鉴定及相创新利用研究	基本科研业务费	2015.01—2015.12	刘建斌 冯瑞林 岳耀敬 郭婷婷 袁 超 杨博辉 郭 健 孙晓萍 牛春娥
94	1610322015005	重离子诱变甜高粱对绵羊的营养评价	基本科研业务费	2015.01—2015.12	王宏博 周学辉 郭天芬 梁丽娜 杨晓玲
95	1610322015009	青藏高原牦牛与黄牛瘤胃甲烷菌多样性研究	基本科研业务费	2015.01—2015.12	丁学智 曾玉峰 褚 敏
96	1610322015011	牦牛乳铁蛋白的蛋白质构架研究	基本科研业务费	2015.01—2015.12	裴 杰 郭 宪 包鹏甲 褚 敏
97	1610322015014	基于单细胞测序研究非编码RNA调控绵羊刺激毛囊发生的分子机制	基本科研业务费	2015.01—2015.12	岳耀敬 郭婷婷 刘建斌 袁 超
98	1610322015017	甘肃省奶牛养殖场面源污染监测	基本科研业务费	2015.01—2015.12	郭天芬 高雅琴 杜天庆 梁丽娜 杨晓玲
99	31402034	牦牛乳铁蛋白的构架与抗菌机理研究	国家自然基金青年科学基金	2015.01—2017.12	裴 杰 郭 宪 郎 侠 包鹏甲 褚 敏
100	31402057	基于单细胞测序研究非编码RNA调控绵羊次级毛囊发生的分子机制	国家自然基金青年科学基金	2015.01—2017.12	岳耀敬 杨博辉 郭 健 董书伟 郭婷婷 袁 超
101	1504NKCA052-03	牦牛繁殖调控关键技术研究与集成示范	甘肃省科技支撑计划子课题	2015.01—2017.12	郭 宪 包鹏甲 裴 杰 王 瑜 裴成芳 柴绍芳 吴晓云 丁学智 褚 敏 梁育林 阎 萍
102	1504NKCA052-04	肉牛规模化养殖废弃物处理关键技术研究与示范	甘肃省科技支撑计划子课题	2015.01—2017.12	丁学智 刘建斌 冯 强 曾玉峰 包鹏甲 曹富义 褚 敏 唐春霞

（续表）

序号	项目编号	项目名称	项目类别	起止年限	主要完成人
103	1504NKCA053	牦牛瘤胃纤维降解相关微生物的宏转录组研究	甘肃省国际合作计划	2015.01—2017.12	丁学智　阎　萍　曾玉峰　刘建斌　郭　宪　吴晓云
104	GNSW-2015-27	牦牛繁殖性能相关候选基因的挖掘及应用研究	甘肃省农业生物技术研究与应用开发	2015.01—2017.12	褚　敏　阎　萍　梁春年　裴　杰　包鹏甲　吴晓云
105	CAAS-ASTTP-2015-LIHPS	细毛羊资源与育种创新团队	中国农业科学院科技创新工程	2015.01—2018.12	杨博辉　郭　健　孙晓萍　牛春娥　刘建斌　岳耀敬　郭婷婷　袁　超　冯瑞林
106	31461143020	青藏高原牦牛与黄牛瘤胃甲烷排放差异的比较宏基因组学研究	国家自然基金国际（地区）合作与交流	2015.01—2019.12	丁学智　刘永明　曾玉峰　王宏博　褚　敏　王胜义　吴晓云
107	1506RJYA147	牦牛氧利用和ATP合成通路中关键蛋白的筛选及鉴定	甘肃省青年科技基金	2015.07—2017.07	包鹏甲　阎　萍　丁学智　王宏博　吴晓云
108	1506RJYA149	关键差异表达miRNAs在大通牦牛角组织分化中的作用机制研究	甘肃省青年科技基金	2015.07—2017.07	褚　敏　阎　萍　丁学智　裴　杰　郭　宪　吴晓云
109	2016标	羊毛纤维卷曲性能试验方法	农业行业标准制定和修订	2016.01—2016.12	高雅琴　李维红　熊　琳　杨晓玲
110	2016横	繁殖力差异绵羊卵巢微血管构筑特征与血管发生有关因子表达的研究	横向合作（甘肃农业大学）	2016.01—2017.12	郭天芬
111	1610322016001	高山美利奴羊高效扩繁与推广应用	所统筹基本业务费	2016.01—2017.12	岳耀敬　杨博辉　郭　健　袁　超　郭婷婷
112	1610322016006	拷贝数变异对肉牛重要经济性状表型及基因表达的影响	所统筹基本业务费	2016.01—2017.12	郭　宪　阎　萍　裴　杰　吴晓云
113	1610322016010	牛奶中双酚类快速检测技术研究及安全性评价	所统筹基本业务费	2016.01—2017.12	熊　琳　高雅琴　李维红　杜天庆　杨晓玲
114	1610322016016	基于转录组测序的藏羊低氧适应性候选基因和LncRNA功能分析	所统筹基本业务费	2016.01—2017.12	刘建斌　丁学智　曾玉峰

（续表）

序号	项目编号	项目名称	项目类别	起止年限	主要完成人
115	2015BAD29B02	优质安全畜产品质量保障及品牌创新模式研究与应用	国家科技支撑计划子课题	2016.01—2018.5	牛春娥 郭 健 孙晓萍 郭婷婷 袁 超
116	GNSW-2016-13	藏羊高寒低氧适应IncRNA鉴定及遗传机制研究	甘肃省农业生物技术研究与应用开发	2016.01—2018.12	孙晓萍 刘建斌 丁学智
117	2016质	牛羊产品质量安全风险评估	农产品质量安全监管（风险评估）	2016.01—2019.12	高雅琴 熊 琳 席 斌 杨晓玲 李维红 杜天庆 郭天芬
118	CARS-38	肉牛牦牛产业技术体系——牦牛选育	农业部现代农业体系（科学家岗位）	2016.01—2020.12	阎 萍 郭 宪 吴晓云 裴 杰 褚 敏
119	CARS-40-03	绒毛用羊产业技术体系——分子育种	农业部现代农业体系项目（科学家岗位）	2016.01—2020.12	杨博辉 袁 超 郭婷婷 冯瑞林
120	2016横	西藏绒山羊KAP7、KAP13.1基因多态性及其对部分经济性质的影响	横向合作（西藏自治区畜牧兽医研究所）	2016.05—2017.12	袁 超
121	Y2016JC36	极端环境下牦牛瘤胃甲烷排放代谢模式及生物学调控机理	中国农业科学院统筹基本业务费优青引导	2016.09—2017.12	丁学智 曾玉峰 刘建斌 郭 宪 吴晓云
122	1606RJYA285	基于代谢组学的西马特罗在肉羊体内代谢残留机制研究	甘肃省青年科技基金计划	2016.09—2018.08	熊 琳 严作廷 尚若锋 高雅琴 杨亚军 郭志廷 李维红 郝宝成
123	2017标	牦牛冷冻精液生产技术规程	农业行业标准	2017.01—2017.12	阎 萍 郭 宪 梁春年 包鹏甲 裴 杰 丁学智 褚 敏 吴晓云
124	2017横	风鹏行动种业功臣	横向合作（中华农业科教基金会）	2017.01—2017.12	阎 萍
125	1610322017001	牛羊养殖基础性数据调研及监测	所统筹基本业务费	2017.01—2017.12	高雅琴 郭天芬 杨晓玲 席 斌

（续表）

序号	项目编号	项目名称	项目类别	起止年限	主要完成人
126	1610322017002	无角牦牛全基因组选择技术研究	所统筹基本业务费	2017.01—2017.12	梁春年 阎 萍 吴晓云 王宏博 包鹏甲 褚 敏
127	1610322017003	白牦牛长毛性状功能基因挖掘及分子机理研究	所统筹基本业务费	2017.01—2017.12	包鹏甲 梁春年 裴 杰 吴晓云
128	1610322017004	牦牛miR-652对成肌细胞增殖和分化的调控机制研究	所统筹基本业务费	2017.01—2017.12	吴晓云 阎 萍 梁春年 王宏博 褚 敏 包鹏甲
129	1610322017005	牦牛共轭亚油酸沉积规律及其瘤胃微生物调控机理研究	所统筹基本业务费	2017.01—2017.12	王宏博 梁春年 包鹏甲 吴晓云
130	1610322017006	基于全基因组重测序的高山美利奴羊遗传图谱构建及羊毛品质相关候选基因筛选	所统筹基本业务费	2017.01—2017.12	郭婷婷 袁 超 岳耀敬
131	1610322017007	细毛羊联合育种网络平台开发与应用	所统筹基本业务费	2017.01—2017.12	袁 超 岳耀敬 郭婷婷
132	2017横	西藏绒山羊分子辅助育种技术与种质创建研究	横向合作（西藏自治区畜牧兽医研究所）	2017.06—2018.03	袁 超
133	2017横	藏羊多胎基因检测	横向合作（青海省畜牧兽医科学院）	2017.06—2018.06	岳耀敬
134	Y2018PT32	特色禽肉中脂肪酸快速检测技术及营养品质评价	院统筹基本科研业务费重大平台提质升级—开放交流	2018.01—2018.12	高雅琴 席 斌 李维红 杨晓玲

表2 兽药学科科研项目

序号	项目编号	项目名称	项目类别	起止年限	主要完成人
1	2GS054-A41-001	兽用抗病毒新药“病毒力克”的研制	甘肃省科技攻关	2006.01—2008.12	陈炅然 刘永明 荔 霞 刘世祥 孟嘉仁
2	BRF060403	新型兽用抗感染化学药物丁香酚酯的研制	基本科研业务费	2006.01—2008.12	李剑勇 杨亚军 牛建荣 周绪正
3	BRF060404	抗菌消炎中兽药——消炎醌的研制与应用	基本科研业务费	2006.01—2009.12	罗永江 崔 颖 胡振英 罗超应 程富胜

（续表）

序号	项目编号	项目名称	项目类别	起止年限	主要完成人
4	BRF060402	奶牛子宫内膜炎治疗药“宫康”的研制	基本科研业务费	2006.01—2009.12	苗小楼 杨耀光 苏 鹏 焦增华 王 瑜
5	06-2-49	抗菌消炎新兽药“消炎醌”的产业化研究	兰州市现代农业科技行动计划	2006.11—2009.10	罗永江 崔 颖
6	2GS064-A41-002-04	畜禽用疫苗新型免疫佐剂的研究	甘肃省科技攻关	2006.12—2009.11	胡庭俊 陈炅然 程富胜
7	30671582	福氏志贺菌marA基因的多药性耐药性调控机理	国家自然科学基金	2007.01—2009.12	张继瑜 魏小娟 牛建荣 李剑勇 周绪正 李金善
8	NCSTE-2006-JKZX-293	新型植物源兽用抗寄生虫药的研制与开发	科研院所技术开发研究专项	2007.01—2009.12	张继瑜 周绪正 李金善 李剑勇 潘 虎 魏小娟 牛建荣
9	GNSW-2006-12	新型兽用抗病毒生物药物的研究与开发	甘肃省农业生物技术研究与应用开发	2007.01—2009.12	吴培星 胡振英 李剑勇 周绪正 魏小娟 李金善 牛建荣
10	BRF070403	天然药物鸭胆子有效部位防治家畜寄生虫病研究	基本科研业务费	2007.01—2009.12	程富胜 孟聚诚 胡振英 罗永江 陈炅然
11	BRF070405	兽用青蒿素新制剂的研制	基本科研业务费	2007.01—2009.12	周绪正 李剑勇 魏小娟 牛建荣 李金善
12	2006BAD31B05	安全环保型中兽药的研制及应用	国家科技支撑计划	2007.01—2010.12	梁剑平 郭志廷 王学红 尚若峰 郭文柱 刘 宇 华兰英 郝宝成
13	2006BAD31B02-02	赛拉菌素的基础药理学及临床试验研究	国家科技支撑计划子课题	2007.01—2010.12	张继瑜 牛建荣 李 冰 李剑勇 董鹏程 周绪正
14	2006AA10A208-3	抗病毒中兽药的研制与应用	“863”计划子课题	2007.01—2010.12	梁剑平 郭志廷 刘 宇 郭文柱 王学红 华兰英
15	2006AA10A203-1	纳米生物兽药的制剂创制及评价	“863”计划子课题	2007.01—2010.12	张继瑜 李 冰 李剑勇 董鹏程 周绪正 魏小娟
16	2006AA10A203-2	壳聚糖纳米兽药载体的制备及新制剂创制	“863”计划子课题	2007.01—2010.12	吴培星 胡振英 李建喜 牛建荣 李金善

（续表）

序号	项目编号	项目名称	项目类别	起止年限	主要完成人
17	30771590	抗病毒中药有效成分的分离、筛选、鉴定一体化技术研究	国家自然科学基金	2007.10—2010.09	李剑勇 柳军席 李新圃 魏小娟 牛建荣 周绪正
18	07-2-09	金丝桃素新制剂的研制及在防治PRRS中的应用	兰州市科技攻关	2007.10—2010.09	梁剑平 刘宇 王学红 华兰英 郭志廷
19	GNSW-2007	富含活性态微量元素免疫增强剂酵母载体生物转化技术及产业化研究	甘肃省农业生物技术研究与应用开发	2007.11—2010.10	程富胜 辛蕊华 胡振英
20	0708NKCA082	富锌、铁酵母的生物发酵研制	甘肃省科技支撑计划	2007.12—2010.11	胡振英 程富胜 罗永江 张百炼 罗超应 尚若锋 郑继方
21	0710RJZA080	轮状病毒性仔猪腹泻的分子流行病学研究	甘肃省自然科学基金	2007.12—2010.11	王玲 蒲万霞
22	2008博	抗病毒中药有效成分的分离筛选鉴定一体化技术研究	博士后基金	2008.01—2009.12	李剑勇 杨亚军 刘玉荣
23	2008BADB4B05	抗寄生虫中兽药原料及其制剂的研制与开发	国家科技支撑计划	2008.01—2010.12	张继瑜
24	2008BADB4B05-1	抗寄生虫中兽药原料及其制剂的研制与开发	国家科技支撑计划子课题	2008.01—2010.12	张继瑜 李冰 李金善 牛建荣 李剑勇 周绪正 魏小娟 吴培星
25	2008BADB4B05-2	抗寄生虫中兽药制剂的中试研究	国家科技支撑计划子课题	2008.01—2010.12	王学智 苏鹏 董鹏程
26	2008BADB4B05-3	抗寄生虫药药效评价规范	国家科技支撑计划子课题	2008.01—2010.12	周绪正 魏小娟 张继瑜 李剑勇 李金善 牛建荣 李冰
27	2006BAD31B05-1	抗病毒、抗菌、抗球虫中兽药的研制与应用	国家科技支撑计划子课题	2008.01—2010.12	梁剑平 郭志廷 王学红 刘宇 郭文柱 华兰英 尚若锋
28	2008BADB4B02-2	中兽药穴位注射给药技术研究	国家科技支撑计划子课题	2008.01—2010.12	李剑勇 杨亚军 李新圃 张继瑜 牛建荣 周绪正
29	2008GB23260391	新型无毒饲料添加药物“喹烯酮”中试与示范	农业科技成果转化	2008.01—2010.12	李剑勇 杨亚军 张继瑜 周绪正 赵保蕴 赵荣材

（续表）

序号	项目编号	项目名称	项目类别	起止年限	主要完成人
30	0804NKCA074	新型高效兽用抗感染药物“炎毒热清”的研制	甘肃省科技支撑计划	2008.01—2010.12	李剑勇 周绪正 牛建荣 董鹏程 杨亚军
31	0803RJZA049	抗福氏志贺菌药物作用靶点AcrAB-TolC筛选模型的研究	甘肃省科技支撑计划	2008.01—2010.12	魏小娟 周绪正 李金善 牛建荣 王 玲
32	BRF080401	黄花补血草化学成分及药理活性研究	基本科研业务费	2008.01—2010.12	刘 宇 梁剑平 王学红 王 玲 华兰英
33	BRF080402	基因工程抗菌肽制剂的研究	基本科研业务费	2008.01—2010.12	吴培星 李建喜 牛建荣 杨亚军
34	BRF080403	新型高效畜禽消毒剂——元包装反应性ClO_2粉剂的研制	基本科研业务费	2008.01—2010.12	陈化琦 王 瑜 焦增华 汪晓斌 杨耀光 苏 鹏
35	2009英	基于药代和药动学相互作用的抗微生物药物新制剂开发	中英科技创新合作计划（ICUK）	2009.01—2009.12	李剑勇 杨亚军 李 冰 张继瑜 周绪正 牛建荣 魏小娟
36	BRF090402	中兽药的研究与开发	基本科研业务费	2009.01—2010.12	梁剑平 崔 颖 蒲万霞 陈炅然 尚若锋 王学红 王 玲 郭志廷 郭文柱 刘 宇 华兰英 邓海平
37	BRF090401	兽用化学药物的研究与开发	基本科研业务费	2009.01—2010.12	张继瑜 李剑勇 牛建荣 魏小娟 周绪正 李 冰 杨亚军 胡振英 程富胜 董鹏程 李金善
38	092NKDA029	抗动物寄生虫新兽药槟榔碱的研制	甘肃省科技重大专项	2009.01—2011.12	张继瑜 董鹏程 周绪正 牛建荣 李 冰 李剑勇 魏小娟 李金善
39	090NKCA070	新型益生菌微生态饲料添加剂的研制与应用	甘肃省科技支撑计划	2009.01—2011.12	董鹏程 程富胜 胡振英 辛蕊华 张 霞 廖一晓
40	BRF100401	喹胺醇原料药中试生产工艺及质量标准研究	基本科研业务费	2010.01—2010.12	郭文柱 梁剑平 尚若锋 王学红 郭志廷 华兰英

（续表）

序号	项目编号	项目名称	项目类别	起止年限	主要完成人
41	BRF100402	焦虫膜表面药物作用靶点的筛选	基本科研业务费	2010.01—2010.12	魏小娟 张继瑜 李剑勇 周绪正 李金善 李 冰
42	1010RJZA004	黄花补血草的化学成分及抗菌活性研究	甘肃省自然基金	2010.01—2012.12	刘 宇 华兰英 梁剑平 尚若锋 王学红 吕嘉文
43	GNSW-2010-06	抗动物焦虫病靶向生物药物的研制	甘肃省农业生物技术研究与应用开发	2010.01—2012.12	张继瑜 李 冰 魏小娟 李剑勇 周绪正 李金善 牛建荣
44	GNSW-2010-07	生物微量元素多糖复合型益生素的研究与应用	甘肃省农业生物技术研究与应用开发	2010.01—2012.12	程富胜 王学红 华兰英 罗永江 辛蕊华 董鹏程
45	GNCX-ZHJS-2010-10	断奶仔猪腹泻综合防控技术集成与试验示范	甘肃省农业科技创新	2010.01—2012.12	蒲万霞 邓海平 胡振英 罗永江
46	2010-1-207	高效畜禽消毒剂二氧化氯粉剂的研究及产业化	兰州市科技发展计划	2010.01—2012.12	陈化琦 杨耀光 董鹏程 李宏胜 王 瑜 王晓斌
47	2010-1-151	苦椿皮有效成分穴位注射治疗仔猪腹泻研究	兰州市科技发展计划	2010.01—2012.12	程富胜 刘 宇 罗永江 辛蕊华 董鹏程
48	1009RTSA002	新兽药工程重点实验室	重点实验室建设	2010.07—2012.07	杨志强 张继瑜 李剑勇 梁剑平 吴培星 蒲万霞 陈炅然 程富胜
49	1610322011004	抗球虫中兽药常山碱的研制	基本科研业务费	2011.01—2011.12	郭志廷 郭文柱 王学红 郝宝成 胡小燕
50	1610322011005	抗动物焦虫病新制剂青蒿琥酯微乳的研制	基本科研业务费	2011.01—2011.12	李 冰 魏小娟 李金善 杨亚军
51	1610322011009	传统藏兽药药方整理、验证与标本制作	基本科研业务费	2011.01—2011.12	尚小飞 王 瑜 陈化琦 汪晓斌
52	1610322011010	奶牛乳房炎金黄色葡萄球菌mecA、femA耐药基因与耐药表型相关性研究	基本科研业务费	2011.01—2011.12	邓海平 蒲万霞 王学红 郭文柱 郝宝成
53	1610322011011	新型氟喹诺酮类药物的合成与筛选	基本科研业务费	2011.01—2011.12	杨志强 张继瑜 李剑勇 周绪正 牛建荣 杨亚军 李 冰 魏小娟

（续表）

序号	项目编号	项目名称	项目类别	起止年限	主要完成人
54	1610322011014	安全环保型中兽药的研究与开发	基本科研业务费	2011.01—2011.12	梁剑平 尚若锋 王学红 郭志廷 郭文柱 刘 宇 华兰英 郝宝成 崔 颖 蒲万霞 陈炅然 王 玲 邓海平
55	1610322011019	抗动物焦虫病药物靶点的筛选与药物开发	基本科研业务费	2011.01—2011.12	张继瑜 李剑勇 牛建荣 魏小娟 周绪正 李金善 李 冰 杨亚军 刘希望 吴培星 程富胜
56	201110	奶牛乳房炎金黄色葡萄球菌mecA基因研究	中国农业科学院科技经费	2011.01—2012.12	邓海平 蒲万霞 罗永江 陈炅然
57	GNSW-2011-15	防治家禽免疫抑制病微囊化微生态制剂的研制	甘肃省农业生物技术研究与应用开发	2011.01—2013.12	陈炅然 王 玲 李宏胜 尚若锋 严作廷 蒲万霞
58	GNCX-2011-40	新型高效畜禽消毒剂“消特威”的研制与产业化	甘肃省农业科技创新	2011.01—2013.12	杨耀光 王 瑜 陈化琦 汪晓斌 焦增华 李 誉
59	GNCX-2011-46	盐酸沃尼妙林工业化生产路线的优化及应用	甘肃省农业科技创新	2011.01—2013.12	梁剑平 尚若锋 刘 宇 郭文柱 郝宝成 郭志廷 王学红 华兰英
60	2011-1-69	新型中草药饲料添加剂用于改善猪肉品质及风味的研究	兰州市科技发展计划	2011.01—2013.12	蒲万霞 陈炅然 王学红 郝宝成 邓海平
61	2011-1-66	新型中兽药“苦豆子总碱”的提取及制剂的研究应用	兰州市科技发展计划	2011.01—2013.12	梁剑平 刘 宇 王学红 郝宝成 郭文柱 华兰英 尚若锋 郭志廷
62	CARS-38	肉牛牦牛产业技术体系——药物与临床用药	农业部现代农业体系（科学家岗位）	2011.01—2015.12	张继瑜 李 冰 牛建荣 魏小娟 刘希望
63	2011AA10A214	生物兽药新产品研究和创制	“863”子课题	2011.01—2015.12	梁剑平 刘 宇 郝宝成 尚若锋 王学红 华兰英 郭文柱 郭志廷

（续表）

序号	项目编号	项目名称	项目类别	起止年限	主要完成人
64	2011横	木豆叶预防产蛋鸡骨质疏松症的药效与剂量筛选试验	横向委托（浙江海正药业）	2011.10—2012.07	张继瑜　周绪正　牛建荣　魏小娟　李剑勇　李金善　李　冰　杨亚军　刘希望
65	2011GB23260019	畜禽呼吸道疾病防治新兽药“菌毒清”的中试与示范	农业科技成果转化	2011.04—2013.04	张继瑜　周绪正　李剑勇　李金善　牛建荣　李　冰　魏小娟　杨亚军　刘希望
66	2011横	预防动物疯草中毒解毒新制剂研制	横向委托（西藏牧科院）	2011.06—2013.12	梁剑平　郝宝成　尚若锋　郭文柱　王学红　刘　宇　华兰英　郭志廷
67	2011横	治疗奶牛乳房炎中兽药乳房注入剂的试验研究	横向委托（海正药业）	2011.08—2014.08	梁剑平　郭文柱　王学红　尚若峰　华兰英　郭志廷
68	2012ZL085	新兽药“阿司匹林丁香酚酯”的代谢转化与动力学研究	基本科研费专项资金增量	2012.01—2012.12	李剑勇　刘希望　杨亚军　李　冰　周绪正
69	1610322012001	苦马豆素抗牛腹泻性病毒作用及药物饲料添加剂的研制	基本科研业务费	2012.01—2012.12	郝宝成　梁剑平　刘　宇　王学红　郭文柱
70	1610322012005	防治犊牛肺炎药物新制剂的研制	基本科研业务费	2012.01—2012.12	杨亚军　刘希望　李　冰　李剑勇
71	1610322012012	福氏志贺菌非编码小RNA的筛选和鉴定	基本科研业务费	2012.01—2012.12	魏小娟　李　冰　杨亚军　刘希望　李金善
72	1610322012013	抗菌中兽药的研制及应用	基本科研业务费	2012.01—2012.12	梁剑平　蒲万霞　陈炅然　王　玲　尚若锋　王学红　郭志廷　郭文柱　刘　宇
73	1610322012018	新型抗动物焦虫病药物的研究与开发	基本科研业务费	2012.01—2012.12	张继瑜　李剑勇　牛建荣　魏小娟　周绪正　李金善　李　冰　杨亚军　刘希望
74	31101836	福氏志贺菌非编码小RNA基因的筛选、鉴定与功能研究	国家自然基金青年科学基金	2012.01—2014.12	魏小娟　张继瑜　周绪正　牛建荣　李　冰　杨亚军

（续表）

序号	项目编号	项目名称	项目类别	起止年限	主要完成人
75	1204NKCA088	樗白皮活性成分水针防治仔猪腹泻研究与应用	甘肃省科技支撑计划	2012.01—2014.12	程富胜　罗超应　刘　宇　董鹏程　张　霞　刘洋洋
76	1204WCGA019	奶牛子宫内膜炎病原检测及诊断一体化技术研究	国际科技合作计划	2012.01—2014.12	陈炅然　王　玲　李宏胜　严作廷　王东升　王　萌
77	1207TCYA008	SPF级近交系小鼠新型饲料创制与应用研究	省科技厅技术研究与开发专项计划	2012.01—2014.12	董鹏程　王学智　段天林　程富胜　曾玉峰　张文慧
78	GNSW-2012-11	新型微生态饲料酸化剂的研究与应用	甘肃省农业生物技术研究与应用开发	2012.01—2014.12	程富胜　刘　宇　罗永江
79	GNCX-2012-41	奶牛子宫内膜炎治疗药“宫康”的产业化及示范推广	甘肃省农业科技创新	2012.01—2014.12	王　瑜　苗小楼　潘　虎
80	2012-2-73	新型高效抗温热病中药注射剂“银翘蓝芩”的研制	兰州市科技发展计划	2012.01—2014.12	李剑勇　刘希望　杨亚军　李新圃　周绪正　李　冰　牛建荣
81	2012-2-81	抗奶牛乳房炎耐药菌特异性复合IgY及其组合制剂的研制	兰州市科技发展计划	2012.01—2014.12	王　玲　陈炅然　李宏胜　杨　峰
82	2012科	甘肃南部草原牧区人畜共患病防治技术优化研究	国家科技支撑计划子课题	2012.01—2016.12	张继瑜　周绪正　刘希望　牛建荣　李　冰　李金善　魏小娟
83	2012横	马尾藻颗粒对鸡大肠杆菌病的防治试验	横向委托	2012.03—2013.12	陈炅然　王　玲　李宏胜　尚若锋　严作廷　蒲万霞
84	31272603	福氏志贺菌小RNA对耐药性的调控机理	国家自然科学基金	2013.01—2013.12	张继瑜　周绪正　李　冰　牛建荣
85	350	建立饲料中二甲氧苄氨嘧啶、三甲氧苄氨嘧啶和二甲氧甲基苄氨嘧啶的测定（液相色谱-串联质谱法）标准方法	农业行业标准	2013.01—2013.12	李剑勇　杨亚军　刘希望　李　冰
86	1610322013004	截短侧耳素衍生物的合成及其抑菌活性研究	基本科研业务费	2013.01—2013.12	郭文柱　梁剑平　尚若锋　王学红　郭志廷
87	1610322013005	计算机辅助抗寄生虫药物的设计及研究	基本科研业务费	2013.01—2013.12	刘希望　杨亚军　李剑勇

（续表）

序号	项目编号	项目名称	项目类别	起止年限	主要完成人
88	1610322013006	苦豆子总碱新制剂的研制	基本科研业务费	2013.01—2013.12	刘　宇　尚若锋　王学红　郝宝成
89	1610322013012	福氏志贺菌小RNA对耐药性的调控机理	基本科研业务费	2013.01—2013.12	张继瑜　魏小娟　周绪正　牛建荣　李　冰
90	1610322013013	新型抗炎药物阿司匹林丁香酚酯的研制	基本科研业务费	2013.01—2013.12	李剑勇　杨亚军　刘希望
91	1302NKDA024	新型高效安全兽用药物“呼康”的研究与示范	甘肃省科技重大专项	2013.01—2015.12	李剑勇　王　瑜　杨亚军　刘希望　陈化琦　李　冰　周绪正　汪晓斌　朱海峰
92	1304WCGA172	乳源耐甲氧西林金黄色葡萄球菌分子流行病学研究及对公共健康的影响	甘肃省国际合作计划	2013.01—2015.12	蒲万霞　陈炅然　郝宝成
93	GNSW-2013-29	抗奶牛乳房炎耐药性菌复合卵黄抗体纳米脂质体制剂的研发	甘肃省农业生物技术研究与应用开发	2013.01—2015.12	王　玲　陈炅然　杨　峰　李宏胜　魏小娟　周绪正　郭天芬
94	GNCX-2013-56	畜禽呼吸道疾病防治新兽药“菌毒清”的中试及产业化	甘肃省农业科技创新（药厂）	2013.01—2015.12	陈化琦　周绪正　王　瑜　牛建荣　汪晓斌　朱海峰
95	2013-4-90	防治家禽免疫抑制病多糖复合微生态免疫增强剂的研制与应用	兰州市科技发展计划	2013.01—2015.12	陈炅然　尚若锋　崔东安　王　玲　李宏胜　蒲万霞
96	201303040-09	防治畜禽卫气分证中兽药生产关键技术研究与应用	公益性行业专项课题	2013.01—2017.12	张继瑜　魏小娟　周绪正　牛建荣
97	201303040-12	蒙兽药口服液制备关键技术研究与应用	公益性行业专项课题	2013.01—2017.12	李剑勇　刘希望　杨亚军　孔晓军　李世宏　秦　哲　焦增华
98	201303038-4	微生态制剂断奶安、青蒿琥酯微乳注射剂、氟苯尼考复方注射剂的研制	公益性行业专项课题	2013.01—2017.12	蒲万霞
99	201303038-4-1	微生态制剂断奶安的研制	公益性行业专项课题子课题	2013.01—2017.12	蒲万霞　郝宝成　王学红
100	201303038-4-2	氟苯尼考复方注射剂的研制	公益性行业专项课题子课题	2013.01—2017.12	李剑勇　杨亚军　刘希望　李世宏　孔晓军　秦　哲　焦增华

（续表）

序号	项目编号	项目名称	项目类别	起止年限	主要完成人
101	201303038-4-3	青蒿素衍生物注射剂的研制	公益性行业专项课题子课题	2013.01—2017.12	李　冰　周绪正　魏小娟　牛建荣　李金善
102	2013横	猪肺炎药物新制剂（肺康）合作开发	横向委托	2013.03—2016.03	李剑勇　杨亚军　刘希望
103	2013横	伊维菌素纳米注射液的研制与开发	横向委托	2013.03—2016.12	周绪正　张继瑜　李　冰　魏小娟　牛建荣　李金善
104	2013横	中兽药（复方）乳房灌注液的报批实验（海纳川）	横向委托	2013.09—2015.12	梁剑平　刘　宇　郝宝成　郭文柱　王学红
105	2013横	抗病毒新兽药“金丝桃素”成果（海纳川）	横向委托	2013.09—2015.12	梁剑平　尚若锋　王学红　刘　宇　郝宝成　郭文柱
106	2014横	替米考星肠溶颗粒委托试验	横向委托（天津瑞普、湖北龙翔）	2014.01—2014.12	张继瑜　周绪正　李　冰　李宏胜　李剑勇　程富胜　杨亚军　魏小娟　牛建荣　刘希望
107	2014横	动物疯草中毒解毒新制剂中试生产研发	横向委托	2014.01—2014.12	梁剑平　郝宝成　王学红　刘　宇　权晓第　高旭东
108	2014横	新兽药“鹿蹄素”成果转让与服务	横向委托（青岛蔚蓝）	2014.01—2014.12	梁剑平　郭志廷　尚若峰　郭文柱　王学红　刘　宇　郝宝成　杨　珍
109	1610322014003	基于Azamulin结构改造的妙林类衍生物的合成及其生物活性研究	基本科研业务费	2014.01—2014.12	尚若锋　梁剑平　郭文柱　王学红　刘　宇
110	1610322014008	新型高效畜禽消毒剂“消特威”的研制与推广	基本科研业务费	2014.01—2014.12	王　瑜　陈化琦
111	1610322014011	藏药蓝花侧金盏有效部位杀螨作用机理研究	基本科研业务费	2014.01—2014.12	尚小飞　潘　虎　王东升　董书伟
112	31302136	藏药蓝花侧金盏有效部位杀螨作用机理研究	国家青年科学基金	2014.01—2016.12	尚小飞　苗小楼　潘　虎　王东升　董书伟　王旭荣
113	GNSW-2014-20	甘肃省隐藏性耐甲氧西林金黄色葡萄球菌分子流行病学研究	甘肃省农业生物技术研究与应用开发	2014.01—2016.12	蒲万霞　杨　珍　郝宝成

（续表）

序号	项目编号	项目名称	项目类别	起止年限	主要完成人
114	2014-1-190	畜禽呼吸道疾病防治新兽药“板黄口服液”的中试及产业化	兰州市科技计划	2014.01—2016.12	陈化琦 王 瑜 张继瑜 周绪正
115	CAAS-ASTIP-2014-LIHPS	兽用化学药物创新团队	中国农业科学院科技创新工程	2014.01—2018.12	李剑勇 杨亚军 刘希望 李世宏 秦 哲 孔晓军 焦增华
116	CAAS-ASTIP-2014-LIHPS	兽用天然药物创新团队	中国农业科学院科技创新工程	2014.01—2018.12	梁剑平 蒲万霞 尚若锋 王学红 王 玲 刘 宇 郭文柱 郭志廷 郝宝成 杨 珍
117	CAAS-ASTIP-2014-LIHPS	兽药创新与安全评价创新团队	中国农业科学院科技创新工程	2015.01—2018.12	张继瑜 潘 虎 周绪正 程富胜 牛建荣 魏小娟 李 冰 尚小飞 苗小楼 王玮玮
118	2014GB2G100139	抗病毒中兽药“贯叶金丝桃散”中试生产及其推广应用研究	农业科技成果转化资金计划	2014.08—2016.07	梁剑平 尚若锋 郝宝成 郭志廷 刘 宇 王学红 郭文柱 杨 珍
119	1610322015004	新型咪唑衍生物的合成及生物活性研究	基本科研业务费	2015.01—2015.12	王娟娟 周绪正 程富胜 李 冰 魏小娟
120	1610322015013	阿司匹林丁香酚酯的降血脂调控机理研究	基本科研业务费	2015.01—2015.12	杨亚军 李剑勇 刘希望 李 冰
121	31402254	阿司匹林丁香酚酯的降血脂调控机理研究	国家青年科学基金	2015.01—2017.12	杨亚军 李剑勇 刘希望 蒲万霞 李 冰
122	2014-RC-77	丹参酮灌注液新兽药报批及工业化	兰州市创新人才	2015.01—2017.12	梁剑平 郭文柱 杨 珍 王学红 尚若锋 郝宝成 郭志廷 刘 宇
123	2015横	新兽药“常山碱”成果转让与服务	横向委托	2015.01—2018.12	郭志廷 王 玲 梁剑平 尚若锋 杨 珍
124	2015BAD11B01	新型动物专用化学药物的创制及产业化关键技术研究	国家科技支撑课题	2015.04—2019.12	张继瑜

（续表）

序号	项目编号	项目名称	项目类别	起止年限	主要完成人
125	2015BAD11B01-01	新兽药五氯柳胺的创制及产业化	国家科技支撑计划子课题	2015.04—2019.12	张继瑜 魏小娟 周旭正 李 冰 程富胜 尚小飞 吴培星
126	2015BAD11B01-08	噻唑类抗寄生虫化合物的筛选	国家科技支撑计划子课题	2015.04—2019.12	刘希望 李剑勇 杨亚军
127	2015BAD11B02-01	妙林类兽用药物及其制剂的研制与应用	国家科技支撑子课题	2015.04—2019.12	梁剑平 尚若锋 刘 宇 杨 珍
128	1506RJYA144	丁香酚杀螨作用机理研究及衍生物的合成与优化	甘肃省青年基金	2015.07—2017.07	尚小飞 潘 虎 苗小楼 董书伟 刘 宇
129	1506RJYA148	阿司匹林丁香酚酯降血脂调控机理研究	甘肃省青年基金	2015.07—2017.07	杨亚军 刘希望 李剑勇 马 宁
130	2015横	抗炎药物双氯芬酸钠注射液技术服务	横向合作（郑州百瑞动物药业有限公司）	2015.08—2020.12	李剑勇
131	2015横	青蒿提取物药理学实验和临床实验	横向委托（河南黑马动物药业有限公司）	2015.09—2018.09	郭文柱
132	2015横	新兽药“土霉素季铵盐”的研究开发	横向委托（河南舞阳威森、北京中联华康）	2015.09—2018.12	郝宝成 王学红 刘 宇 郭文柱 尚若锋 杨 珍
133	2016横	藏兽药研发与示范	横向合作（西藏自治区农牧科学院畜牧兽医研究所）	2016.01—2016.12	梁剑平 王学红 梁剑平 刘 宇 郭文柱 尚若锋 杨 珍
134	1610322016009	复方抗寄生虫原位凝胶新制剂的研制	所统筹基本业务费	2016.01—2017.12	刘希望 李世宏 焦增华
135	1610322016012	藏兽医药数据库的建设及藏兽药物质基础研究	所统筹基本业务费	2016.01—2017.12	尚小飞 李 冰 苗小楼 周绪正 潘 虎 王 瑜
136	31572573	阿司匹林丁香酚酯预防血栓的调控机制研究	国家自然科学基金	2016.01—2019.12	李剑勇 杨亚军 刘希望 董书伟

（续表）

序号	项目编号	项目名称	项目类别	起止年限	主要完成人
137	CARS-38	肉牛牦牛产业技术体系——药物与临床用药	农业部现代农业体系（科学家岗位）	2016.01—2020.12	张继瑜　李　冰　牛建荣　魏小娟　刘希望
138	1610322016005	新型噁唑烷酮类抗感染兽用药物研制	所统筹基本业务费	2016.01—2020.12	周绪正　李　冰　魏小娟　程富胜　牛建荣
139	1610322016007	截短侧耳素类新兽药“羟啶妙林”的研发	所统筹基本业务费	2016.01—2020.12	尚若锋　王　玲　郭文柱
140	1610322016014	奶牛养殖环境中耐药数据库及奶牛乳房炎病原菌种库建设	所统筹基本业务费	2016.01—2020.12	蒲万霞
141	2016横	茶树纯露消毒剂的研究开发	横向合作（天津中澳嘉喜诺生物科技有限公司）	2016.05—2019.12	刘　宇　张景艳　王旭荣　王　磊　张　康　孟嘉仁　张　凯
142	1604NKCA069-01	抗抗球虫常山口服液的研制	甘肃省科技支撑计划	2016.07—2018.06	郭志廷　王　玲　杨　珍　衣云鹏
143	1604NKCA069-02	抗动物血液原虫病药物的研制	甘肃省科技支撑计划	2016.07—2018.06	李　冰　张继瑜　周绪正　牛建荣　程富胜　魏小娟　王嗣涵
144	1604FKCA106	藏药蓝花侧金盏杀螨物质基础及驯化栽培研究	甘肃省科技支撑计划	2016.07—2018.06	潘　虎　尚小飞　苗小楼　王东升　李　冰　王　瑜　周绪正
145	2016横	头孢噻呋注射液影响因素及加速委托试验	横向合作（洛阳惠中兽药有限公司）	2016.07—2017.05	刘希望
146	2016YFD0501306	耐药菌防控新制剂和投药新技术研究	国家重点研发计划专项	2016.07—2020.12	李剑勇
147	2016YFD0501306-01	耐药菌防控新制剂和投药新技术研究	国家重点研发计划专项	2016.07—2020.12	李剑勇　刘希望　杨亚军　李世宏　孔晓军　焦增华　马　宁
148	2016YFD0501306-02	耐药菌防控新制剂的临床试验研究	国家重点研发计划专项	2016.07—2020.12	蒲万霞　武中庸　徐　结　侯　晓

（续表）

序号	项目编号	项目名称	项目类别	起止年限	主要完成人
149	2016横	恩拉霉素原料药大鼠慢性毒性试验	横向合作（石家庄高科动物保健品有限公司）	2016.10—2017.09	郝宝成 王学红 王 玲 杨 珍
150	2017-2-13	中兽药银翘蓝芩口服液的产业化	兰州市科技重大专项	2017.01—2019.12	李剑勇 杨亚军 刘希望 孔晓军 李世宏 焦增华 秦 哲
151	1610322017014	牛细菌性腹泻病的病原谱调查及耐药性监测	所统筹基本业务费	2017.01—2017.12	魏小娟 程富胜 牛建荣
152	1610322017015	抗球虫中药的筛选及有效物质基础研究	所统筹基本业务费	2017.01—2017.12	苗小楼 尚小飞 程富胜 李 冰
153	1610322017016	非甾体抗炎药物AEE的片剂创制及评价	所统筹基本业务费	2017.01—2017.12	焦增华 秦 哲 杨亚军 李剑勇
154	1610322017017	茶树油化学成分及微生物杀灭研究	所统筹基本业务费	2017.01—2017.12	刘 宇 郝宝成 尚若锋 王学红
155	1610322017018	抗球虫中兽药常山口服液的研制	所统筹基本业务费	2017.01—2017.12	郭志廷 杨 珍 郭文柱
156	1610322017019	疯草内生真菌undifilum oxytropis产苦马豆素生物合成机理研究	所统筹基本业务费	2017.01—2017.12	郝宝成 王学红 刘 宇
157	1610322017020	奶牛乳房炎靶向透皮治疗药物及其制剂的研制	所统筹基本业务费	2017.01—2017.12	王 玲 杨 峰 刘 宇 郭文柱 魏小娟 杨 珍
158	Y2017CG20	家畜寄生虫病药物防控技术研究与应用	中国农业科学院统筹基本业务费重大成果培育	2017.01—2018.12	张继瑜 李 冰 周绪正 程富胜 魏小娟 牛建荣
159	2017横	卡洛芬注射液靶动物安全和临床疗效试验	横向合作（北京宇和金兴生物医药有限公司）	2017.03—2017.09	刘希望
160	1610322018001	分子印迹聚合物在药物筛选应用中的关键作用机理研究	基本业务费	2018.01—2018.12	杨亚军 刘希望 李剑勇 秦 哲 孔晓军 马 宁
161	1610322018002	广谱抗菌药物的合成与筛选	基本业务费	2018.01—2018.12	李 冰 周绪正 魏小娟 程富胜 牛建荣 刘利利 邵丽萍

（续表）

序号	项目编号	项目名称	项目类别	起止年限	主要完成人
162	2018-1-114	茶树精油消毒剂的研究与开发	兰州市科技发展计划	2018.01—2020.12	刘　宇
163	31772790	基于双靶点的藏药蓝花侧金盏杀螨活性成分分离、结构优化及构效关系研究	国家自然科学基金	2018.01—2021.12	尚小飞　潘　虎　尚若锋　董书伟

表3　中兽医兽医学科科研项目

序号	项目编号	项目名称	项目类别	起止年限	主要完成人
1	BRF060302	益生菌发酵黄芪党参多糖研究	基本科研业务费	2006.01—2009.12	李建喜　张　艳　孟嘉仁　王学智　荔　霞　张　凯
2	BRF060301	狗经穴靶标通道及其生物学效应的研究	基本科研业务费	2006.01—2009.12	杨锐乐　罗超应　李锦宇　郑继方　胡振英
3	06-2-56	高效疫苗为主的奶牛乳腺炎防治技术示范及推广	兰州市院地合作推进行动计划	2006.11—2009.10	李宏胜　李新圃　罗金印　徐继英
4	2GS064-A41-002-03	重金属元素快速检测技术体系的建立与推广应用	甘肃省科技攻关	2006.12—2009.11	杨志强　李建喜　王学智
5	2GS064-A41-001	治疗奶牛胎衣不下天然药物的研制	甘肃省科技攻关	2006.12—2009.11	杨锐乐　李世宏　宋　青
6	2007院	中兽医经穴靶标通道及其调控机理的研究	中国农业科学院科研基金	2007.01—2009.12	郑继方　罗超应　罗永江　胡振英　李锦宇　王东升
7	BRF070303	畜禽铅铬中毒病综合防治技术研究	基本科研业务费	2007.01—2009.12	荔　霞　孟嘉仁　齐志明　刘世祥　李建喜　董书伟
8	2006BAD04A05	奶牛主要疾病综合防控技术研究及开发	国家科技支撑计划课题	2007.01—2010.12	杨志强
9	2006BAD04A05-01	奶牛主要繁殖障碍疾病防治药物的研制	国家科技支撑计划子课题	2007.01—2010.12	梁纪兰　严作廷　谢家声　杨锐乐　李世宏　王东升　张世栋
10	2006BAD04A05-04	奶牛乳房炎高效多联疫苗的研制及病原菌种库的建立	国家科技支撑计划子课题	2007.01—2010.12	李宏胜　蒲万霞　李新圃　胡振英　罗金印　徐继英
11	2006BAD04A05-05	奶牛乳房炎防治药物的研制	国家科技支撑计划子课题	2007.01—2010.12	梁剑平　王学红　华兰英　尚若锋　郭志廷

（续表）

序号	项目编号	项目名称	项目类别	起止年限	主要完成人
12	2006BAD04A05-06	犊牛腹泻防治药物的研制	国家支撑计划子课题	2007.01—2010.12	刘永明 齐志明 荔 霞 董书伟 孟嘉仁 刘世祥
13	2006BAD04A05-07	奶牛主要疾病综合防治技术规范的研究	国家支撑计划子课题	2007.01—2010.12	郑继方 罗超应 李世宏 王东升 杨锐乐
14	GNSW-2007	肠道有益菌发酵中药多糖研究	甘肃省农业生物技术研究与应用开发	2007.11—2010.10	李建喜 孟嘉仁 张 凯 张 艳 王学智
15	2008博	乳杆菌FGM9在黄芪多糖生物转化中的作用机理研究	博士后基金	2008.01—2009.12	李建喜
16	2008BAD96B00-01	青藏高原生态高效奶牛、牦牛产业化关键技术集成示范	国家科技支撑计划子课题	2008.01—2010.12	刘永明 阎 萍 严作廷 梁春年 齐志明 荔 霞
17	2008BADB4B03	防治畜禽病毒病中兽药的研制与开发	国家科技支撑计划课题	2008.01—2010.12	郑继方
18	2008BADB4B03-1	防治畜禽病毒病中兽药研究	国家科技支撑计划子课题	2008.01—2010.12	郑继方 谢家声 崔 颖 王贵波
19	2008BADB4B03-2	中药小复方新制剂	国家科技支撑计划子课题	2008.01—2010.12	李锦宇 辛蕊华 郑继方
20	2008BADB4B03-3	（药厂）中试及其生产工艺的研究	国家科技支撑计划子课题	2008.01—2010.12	罗超应 李锦宇 王东升
21	2008BADB4B01-2	动物气分证模型与中兽药临床药效评价	国家科技支撑计划子课题	2008.01—2010.12	严作廷 王东升 张世栋 李宏胜 陈炅然 李锦宇 李世宏 荔 霞 苏 鹏
22	2008BADB4B07-2	生物转化型与有机矿物元素复合型中兽药饲料添加剂研制与开发	国家科技支撑计划子课题	2008.01—2010.12	李建喜 胡振英 张 凯 孟嘉仁 张景艳 王学智 杨志强
23	2008BADB4B07-5	生物转化型中兽药饲料添加剂研制与开发的孵化	国家科技支撑计划子课题	2008.01—2010.12	孟嘉仁 张 凯 张景艳 李建喜 胡振英
24	2006BAD29B05-3	农牧结合型旱作农业综合技术集成与示范	国家科技支撑计划子课题	2008.01—2010.12	郑继方 罗永江 罗超应 王学智

（续表）

序号	项目编号	项目名称	项目类别	起止年限	主要完成人
25	CARS-37-06	奶牛产业技术体系-疾病控制研究室	农业部现代农业体系项目（科学家岗位）	2008.01—2010.12	杨志强　李建喜　李世宏　孟嘉仁　张景艳　张　凯　王学智
26	0804NKCA078	细胞色素P450基因多态性与抗氧化中药生物转化关系研究	甘肃省科技支撑计划	2008.01—2010.12	王学智　李建喜　孟嘉仁　张　凯　张　艳　张景艳
27	0804NKCA077	奶牛乳房炎荚膜多糖-蛋白结合疫苗的研制及应用	甘肃省科技支撑计划	2008.01—2010.12	李宏胜　罗金印　李新圃　徐继英　田海燕
28	0803RJZA047	中药治疗猪附红细胞体病的研究	甘肃省科技支撑计划	2008.01—2010.12	苗小楼　李宏胜　罗永江　王　玲　牛建荣
29	2008兰	新型奶牛子宫内膜炎防治药物“宫康”的研制	兰州市科技三项经费	2008.01—2010.12	潘　虎　苗小楼　罗永江　李锦宇　王　瑜　焦增华
30	BRF080301	奶牛隐性乳房炎诊断液产业化开发研究	基本科研业务费	2008.01—2010.12	罗金印　李新圃　李宏胜　徐继英
31	BRF080302	犬瘟热病毒（CDV）野毒株与疫苗株的抗原差异研究	基本科研业务费	2008.01—2010.12	王旭荣　王小辉
32	2008横	生物复合铜、铁、锰、锌、钴等7种产品的稳定性研究	横向委托	2008.03—2009.12	严作廷
33	2008科	第四期“中兽医药学技术国际培训班”	科技部	2008.09—2008.10	杨志强　李建喜　王学智　郑继方　罗超应　严作廷　罗永江　曾玉峰　周　磊
34	GNSW-2008-03	奶牛乳房炎荚膜多糖-蛋白结合疫苗的研制及产业化开发研究	甘肃省农业生物技术研究与应用开发	2008.12—2011.11	李宏胜　罗金印　李新圃　张世栋　谢家声　田海燕
35	2009英	中药促进胚胎发育和胚胎移植效果的研究	中英科技创新合作计划（ICUK）	2009.01—2009.12	严作廷　王东升　张世栋　荔　霞
36	2009横	两种药物对临床自然感染牛乳房炎治疗效果的评价	横向委托	2009.01—2009.12	李宏胜　罗金印　李新圃　严作廷　苗小楼　张世栋

（续表）

序号	项目编号	项目名称	项目类别	起止年限	主要完成人
37	BRF090403	中兽药防治鸡传染性支气管炎的研究	基本科研业务费	2009.01—2010.12	陈炅然 李宏胜 崔 颖 严作廷 尚若锋
38	BRF090405	奶牛乳房炎重要致病菌分子鉴定技术及病原菌菌种库的构建	基本科研业务费	2009.01—2010.12	王 玲 蒲万霞 周绪正 邓海平 尚若锋 刘 宇 魏小娟
39	BRF090301	奶牛主要疾病诊断和防治技术研究	基本科研业务费	2009.01—2010.12	杨志强 严作廷 刘永明 李宏胜 李新圃 罗金印 齐志明 李世宏 荔 霞 王旭荣 王东升 董书伟 王小辉 张世栋
40	BRF090302	中兽药复方新制剂与经穴生物效应的研究	基本科研业务费	2009.01—2010.12	郑继方 李建喜 罗超应 罗永江 谢家声 王学智 李锦宇 辛蕊华 张 凯 张景艳 王贵波 孟嘉仁
41	GNSW-2009-09	奶牛子宫内膜炎灭活多联苗的研制及应用	甘肃省农业生物技术研究与应用开发	2009.01—2011.12	苗小楼 李宏胜 罗金印 李新圃 王学红 张世栋
42	BRF090404	防治鸡传染性喉气管炎复方中药新制剂的研究	基本科研业务费	2009.01—2011.12	辛蕊华 罗永江 程富胜 胡振英
43	BRF090303	喹乙醇残留ELISA快速检测技术研究与应用	基本科研业务费	2009.01—2011.12	张 凯 张景艳 李建喜 孟嘉仁
44	2009GB23260464	新型安全防治奶牛子宫内膜炎纯中药制剂的中试与示范	农业科技成果转化子课题资金	2009.06—2011.05	潘 虎 齐志明 苗小楼 荔 霞 严作廷 尚小飞 王胜义
45	2009科	第五期“中兽医药学技术国际培训班”	科技部	2009.07—2009.08	杨志强 李建喜 王学智 郑继方 罗超应 严作廷 罗永江 曾玉峰 周 磊
46	2010横	奶牛健康养殖综合技术示范推广	横向委托	2010.01—2010.12	潘 虎 尚小飞 刘世祥

（续表）

序号	项目编号	项目名称	项目类别	起止年限	主要完成人
47	2010横	奶牛健康养殖综合技术示范推广	横向委托	2010.01—2010.12	潘　虎　尚小飞　刘世祥
48	2010-C7	奶牛乳房炎“三联”诊断及综合防治技术引进与应用研究	“948”计划	2010.01—2011.12	杨志强　王学智　李宏胜　张　凯　张景艳　孟嘉仁　秦　哲
49	1010RJZA005	益生菌FGM9转化中药多糖的分子机理及应用研究	甘肃省自然科学基金	2010.01—2012.12	李建喜　杨志强　王学智　张　凯　张景艳　孟嘉仁　胡振英　秦　哲
50	2010-1-219	中药制剂“清宫助孕液”的产业化示范与推广	兰州市科技发展计划	2010.01—2012.12	严作廷　王东升　张世栋　刘永明　李世宏　潘　虎　李宏胜
51	2010-1-36	奶牛隐性乳房炎快速诊断技术LMT的产业化开发	兰州市科技发展计划	2010.01—2012.12	李新圃　罗金印　李宏胜
52	BRF100301	奶牛蹄病的防制研究	基本科研业务费	2010.01—2012.12	董书伟　荔　霞　齐志明　刘世祥　张世栋
53	BRF100302	针刺镇痛对中枢Fos与Jun蛋白表达的影响	基本科研业务费	2010.01—2012.12	王贵波　李锦宇　王东升　罗超应　辛蕊华
54	BRF100303	中兽医药发展战略研究	基本科研业务费	2010.01—2012.12	师　音
55	2010GB23260564	新型高效牛羊营养缓释剂的示范与推广	农业科技成果转化资金	2010.04—2012.03	刘永明　齐志明　潘　虎　荔　霞　周学辉　刘世祥　王胜义
56	2010GB23260564	新型高效牛羊营养缓释剂的示范与推广	农业科技成果转化资金	2010.04—2012.03	刘永明　齐志明　潘　虎　荔　霞　周学辉　刘世祥　王胜义
57	1011NKCA048	ELISA技术在喹乙醇残留检测中的应用研究	甘肃省科技支撑计划	2010.05—2012.12	李建喜　王学智　李建喜　张景艳　张　凯　孟嘉仁　秦　哲
58	1009NTGA033	甘肃省中兽药工程技术研究中心	工程技术中心建设	2010.08—2012.08	郑继方　杨志强　李建喜　罗超应　谢家声　罗永江　李锦宇　王学智

（续表）

序号	项目编号	项目名称	项目类别	起止年限	主要完成人
59	1610322011007	转化黄芪多糖菌种基因组改组方法建立	基本科研业务费	2011.01—2011.12	张景艳 张　凯 孟嘉仁 李建喜
60	1610322011012	中兽药制剂新技术及产品开发	基本科研业务费	2011.01—2011.12	郑继方 李建喜 罗超应 罗永江 谢家声 李锦宇 王学智 辛蕊华 王贵波 张　凯 张景艳 孟嘉仁 秦　哲
61	1610322011017	奶牛主要疾病诊断和防治技术研究	基本科研业务费	2011.01—2011.12	杨志强 刘永明 严作廷 李宏胜 李新圃 罗金印 齐志明 潘　虎 苗小楼 李世宏 荔　霞 王旭荣 王东升 董书伟 王小辉 张世栋
62	1610322011018	中兽药新技术与经穴生物学机制研究	基本科研业务费	2011.01—2011.12	郑继方 李建喜 罗超应 罗永江 谢家声 李锦宇 王学智 辛蕊华 王贵波 张　凯 张景艳 孟嘉仁 秦　哲
63	31072162	乳杆菌FGM9体外转化黄芪多糖的机理研究	国家自然科学基金	2011.01—2013.12	李建喜 杨志强 郭福存 王学智 胡振英 张景艳 张　凯 孟嘉仁
64	1102NKDA020	防治奶牛繁殖病中药研究与应用	甘肃省科技重大专项	2011.01—2013.12	李建喜 杨志强 罗超应 谢家声 董鹏程 孟嘉仁 郑继方 李锦宇 罗永江 张　凯 张景艳 王贵波 辛蕊华 王旭荣
65	1104NKCA094	防治猪病毒性腹泻中药复方新制剂的研制	甘肃省科技支撑计划	2011.01—2013.12	李锦宇 郑继方 罗超应 谢家声 王贵波 罗永江 辛蕊华 汪晓斌

（续表）

序号	项目编号	项目名称	项目类别	起止年限	主要完成人
66	2011-1-76	新型中兽药“产复康”的产业化示范与推广	兰州市科技发展计划	2011.01—2013.12	荔　霞　严作廷　王东升　张世栋　董书伟　王胜义　王　瑜
67	2011-1-70	预防奶牛子宫内膜炎的灭活疫苗的研制及应用	兰州市科技发展计划	2011.01—2013.12	李宏胜　王　玲　杨　峰　苗小楼　王旭荣　罗金印　李新圃
68	2011横	银黄可溶性粉临床试验研究	横向委托	2011.01—2013.12	李建喜
69	1610322011006	治疗犊牛泄泻中兽药苍朴口服液的研制	基本科研业务费	2011.01—2013.12	王胜义　齐志明　荔　霞　董书伟　刘世祥
70	2011BAD34B03-2	防治畜禽病原混合感染型疾病的中兽药研制	国家科技支撑计划课题	2011.01—2015.12	郑继方　辛蕊华　王贵波　谢家声　罗超应　罗永江　李锦宇　李建喜
71	CARS-37-06	奶牛产业技术体系——疾病控制研究室	农业部现代农业体系（科学家岗位）	2011.01—2015.12	杨志强　李建喜　孟嘉仁　王旭荣　张景艳　张　凯　王学智
72	2011横	利用蛋白质组学技术研究纳米铜的肝毒性作用机理	横向委托	2011.03—2012.03	荔　霞　董书伟　王胜义
73	2011横	重大动物源性人兽共患病预防与控制的关键技术——部分内容	横向委托（科技部国际合作）	2011.04—2011.11	杨志强
74	2011科	第六期“中兽医药学技术国际培训班”	科技部	2011.07—2011.08	杨志强　李建喜　王学智　郑继方　罗超应　严作廷　罗永江　曾玉峰　周　磊
75	2011横	防治畜禽感染性疾病中兽药新制剂的研制	横向委托（鼎尖药业）	2011.07—2015.12	罗永江　谢家声　王贵波　郑继方　罗超应　辛蕊华　李锦宇
76	2012-Z7	六氟化硫SF_6示踪法检测牦牛、藏羊甲烷排放技术的引进研究与示范	“948”计划	2012.01—2012.12	刘永明　王胜义　齐志明　丁学智　刘世祥　荔　霞　潘　虎　董书伟

（续表）

序号	项目编号	项目名称	项目类别	起止年限	主要完成人
77	285	奶牛隐性乳房炎临床诊断技术	农业行业标准	2012.01—2012.12	李新圃 罗金印 李宏胜 杨 峰 李建喜 杨志强
78	2012ZL083	防治奶牛乳房炎中兽药研究与应用	基本科研费专项资金增量	2012.01—2012.12	李建喜 张 凯 张景艳 孟嘉仁 王旭荣 王 磊
79	1610322012004	抗炎中药高通量筛选细胞模型的构建与应用	基本科研业务费	2012.01—2012.12	张世栋 王东升 王旭荣 严作廷 潘 虎
80	1610322012016	奶牛主要疾病诊断与防治技术研究	基本科研业务费	2012.01—2012.12	杨志强 刘永明 严作廷 李宏胜 潘 虎 苗小楼 齐志明 李新圃 罗金印 王东升 王旭荣 董书伟 荔 霞 李世宏 尚小飞 张世栋 杨 峰 王 慧
81	1610322012017	中兽医药学继承与创新研究	基本科研业务费	2012.01—2012.12	郑继方 李建喜 罗超应 罗永江 谢家声 李锦宇 王学智 辛蕊华 王贵波
82	2012BAD12B03	奶牛健康养殖重要疾病防控关键技术研究	国家科技支撑计划	2012.01—2016.12	严作廷
83	2012BAD12B03-1	奶牛不孕症防治药物研究与开发	国家科技支撑计划子课题	2012.01—2016.12	严作廷 王东升 张世栋 董书伟 尚小飞 潘 虎 苗小楼
84	2012BAD12B03-3	奶牛乳房炎多联苗产业化开发研究	国家科技支撑计划子课题	2012.01—2016.12	李宏胜 杨 峰 罗金印 李新圃
85	2012BAD12B03-4	防治犊牛腹泻中兽药制剂的研究	国家科技支撑计划子课题	2012.01—2016.12	刘永明 齐志明 刘世祥 王胜义 王 慧 荔 霞 董书伟
86	201203008-2	无抗藏兽药应用和疾病综合防控	公益性行业科研专项子课题	2012.01—2016.12	李建喜 杨志强 张 凯 张 康 张景艳 王旭荣 王 磊 孟嘉仁

（续表）

序号	项目编号	项目名称	项目类别	起止年限	主要完成人
87	2012GB23260560	抗禽感染疾病中兽药复方新药“金石翁芍散”的推广应用	农业科技成果转化资金	2012.04—2014.04	李锦宇　罗超应　谢家声　罗永江　王东升　汪晓斌
88	2012横	奶牛及犊牛饲养中生态环保益生物质应用技术的集成与示范	横向委托	2012.04—2014.04	潘　虎　王东升　尚小飞　齐志明　苗小楼　王胜义
89	2012横	“银翘双解颗粒/饮”与“草饮”临床疗效验证委托试验	横向委托	2012.05—2012.12	王贵波　李锦宇　谢家声　罗超应　郑继方　辛蕊华　罗永江
90	2013合	中兽药研究联合实验室	农业国际交流与合作	2013.01—2013.12	王学智
91	1610322013001	发酵黄芪多糖对树突状细胞成熟和功能的体外调节作用研究	基本科研业务费	2013.01—2013.12	秦　哲　张景艳　张　凯　王　磊
92	1610322013002	奶牛乳房炎无乳链球菌比较蛋白组学研究	基本科研业务费	2013.01—2013.12	杨　峰　王旭荣　李宏胜　王　玲
93	1610322013003	祁连山草原土壤—牧草—羊毛微量元素含量的相关性分析及补饲技术研究	基本科研业务费	2013.01—2013.12	王　慧　王胜义　荔　霞　董书伟
94	1610322013015	防治猪气喘病中药可溶性颗粒剂的研究	基本科研业务费	2013.01—2013.12	辛蕊华　郑继方　罗永江　谢家声
95	1610322013019	中兽医药资源的收集、整理与展示	基本科研业务费	2013.01—2013.12	李建喜　张　凯　张景艳　秦　哲
96	2013EG134236	新型中兽药射干地龙颗粒的研制与开发	科研院所技术开发研究专项资金	2013.01—2015.12	罗超应　谢家声　李锦宇　王贵波　辛蕊华　罗永江　郑继方
97	1304NKCA155	防治猪气喘病中药颗粒剂的研究	甘肃省科技支撑计划	2013.01—2015.12	辛蕊华　郑继方　罗超应　谢家声　王贵波　罗永江
98	1305NCCA260	益生菌转化兽用中药技术熟化与应用	中小企业创新基金	2013.01—2015.12	王　瑜　秦　哲　陈化琦　汪晓斌　王　磊　李建喜　张景艳　张　凯　尚利明
99	1305NCNA139	防治奶牛卵巢疾病中药“催情助孕液”示范与推广	农业科技成果转化	2013.01—2015.12	陈化琦　严作廷　王东升　苗小楼　王　瑜　王东升　汪晓斌

（续表）

序号	项目编号	项目名称	项目类别	起止年限	主要完成人
100	1308RJZA119	牛源耐甲氧西林金色葡萄球菌检测及SCCmec耐药基因分型研究	甘肃省自然科学研究基金	2013.01—2015.12	李新圃 罗金印 李宏胜 王旭荣 杨 峰
101	GNSW-2013-28	奶牛乳房炎无乳链球菌快诊断试剂盒的研制及应用	甘肃省农业生物技术	2013.01—2015.12	王旭荣 杨 峰 张世栋 李宏胜
102	GNCX-2013-59	奶牛乳房炎综合防控关键技术的示范与推广	甘肃省农业科技创新	2013.01—2015.12	李宏胜 靳 新 杨 峰 罗金印 李新圃 王旭荣
103	2013横	“促孕灌注液”中药制剂的研制与开发	横向委托	2013.01—2016.10	严作廷 苗小楼 王东升 董书伟 张世栋
104	201303040	中兽药生产关键技术研究与应用	公益性行业专项	2013.01—2017.12	杨志强
105	201303040-01	防治奶牛繁殖障碍性疾病2种中兽药新制剂生产关键技术研究与应用	公益性行业专项课题	2013.01—2017.12	杨志强 王 磊 王旭荣 张景艳 张 凯 张 康 孟嘉仁 秦 哲
106	201303040-14	防治螨病和痢疾藏中兽药制剂制备关键技术研究与应用	公益性行业专项课题	2013.01—2017.12	王学智 张 凯 王 磊 张 康 张景艳 王旭荣 尚小飞 孟嘉仁
107	201303040-15	2种生物转化兽用中药制剂生产关键技术研究与应用	公益性行业专项课题	2013.01—2017.12	李建喜 张景艳 张 凯 王 磊 王旭荣 张 康 孟嘉仁 秦 哲
108	201303040-17	防治仔畜腹泻中兽药复方口服液生产关键技术研究与应用	公益性行业专项课题	2013.01—2017.12	刘永明 崔东安 王胜义 王 慧 黄美洲 妥 鑫
109	201303040-18	防治猪气喘病中兽药制剂生产关键技术研究与应用	公益性行业专项课题	2013.01—2017.12	郑继方 辛蕊华 王贵波 谢家声 罗永江 罗超应 李锦宇
110	2013FYI10600	传统中兽医药资源抢救和整理	科技基础性工作专项	2013.05—2018.05	杨志强
111	2013FY110600-01	传统中兽医药标本展示平台建设及特色中兽医药资源抢救与整理	科技基础性工作专项课题	2013.06—2018.05	杨志强 张 康 王 磊 王旭荣 张景艳 孟嘉仁 李建喜 张 凯 孔晓军

（续表）

序号	项目编号	项目名称	项目类别	起止年限	主要完成人
112	2013FY110600-04	东北区传统中兽医药资源抢救和整理	科技基础性工作专项课题	2013.06—2018.05	张继瑜　程富胜　周绪正　李　冰　吴培星　牛建荣　魏小娟
113	2013FY110600-05	华中区传统中兽医药资源抢救和整理	科技基础性工作专项课题	2013.06—2018.05	郑继方　王贵波　罗永江　辛蕊华　李锦宇　谢家声
114	2013FY110600-6	华南区传统中兽医药资源抢救和整理	科技基础性工作专项课题	2013.06—2018.05	王学智　王　磊　孟嘉仁　张景艳　王旭荣　张　凯　尚小飞　秦　哲
115	2013FY110600-07	华北区传统中兽医药资源抢救和整理	科技基础性工作专项课题	2013.06—2018.05	李建喜　王旭荣　张景艳　张　凯　秦　哲　孟嘉仁
116	2013FY110600-08	华东区传统中兽医药资源抢救和整理	科技基础性工作专项课题	2013.06—2018.05	罗超应　李锦宇　谢家声　王贵波　罗永江　辛蕊华
117	2013横	新兽药鹤参粉长期毒性试验和靶动物安全性试验（天津生机）	横向委托	2013.09—2013.11	严作廷
118	2013横	明微矿硒中DL——蛋氨酸硒的鉴定试验	横向委托（诺伟司）	2013.09—2013.12	李新圃
119	2013横	奶牛乳房炎灭活疫苗的研究与开发	横向委托（天津瑞普）	2013.12—2017.10	李宏胜　杨　峰　罗金印　李新圃
120	2014-Z9	奶牛乳房炎病原菌高通量检测技术与三联疫苗引进和应用	“948”计划	2014.01—2014.12	李建喜　张景艳　王旭荣　王　磊　孔晓军
121	2014标	制定《奶牛乳房炎中金黄色葡萄球菌、凝固酶阴性葡萄球菌、无乳链球菌分离鉴定方法》标准	农业行业标准	2014.01—2014.12	王旭荣　李宏胜　王东升　杨　峰
122	2014横	青蒿甘草颗粒	横向委托	2014.01—2014.12	严作廷　王东升　董书伟　李锦宇　张世栋
123	2014ZL012	奶牛子宫内膜炎相关差异蛋白的筛选研究	基本科研业务费增量	2014.01—2014.12	张世栋　王东升　董书伟　严作廷
124	1610322014001	奶牛子宫内膜炎相关差异蛋白的筛选研究	基本科研业务费	2014.01—2014.12	张世栋　严作廷　王东升　董书伟
125	1610322014004	药用植物精油对子宫内膜炎的作用机理研究	基本科研业务费	2014.01—2014.12	王　磊　王旭荣　张景艳　李建喜

（续表）

序号	项目编号	项目名称	项目类别	起止年限	主要完成人
126	1610322014005	防治猪气喘病紫菀百部颗粒的研制	基本科研业务费	2014.01—2014.12	辛蕊华 郑继方 谢家声 王贵波
127	1610322014012	基于蛋白质组学和血液流变学研究奶牛蹄叶炎的发病机制	基本科研业务费	2014.01—2014.12	董书伟 严作廷 张世栋 王东升
128	1610322014019	发酵黄芪多糖对病原侵袭树突状细胞的作用机制研究	基本科研业务费	2014.01—2014.12	秦　哲 张景艳 王旭荣 王　磊 孔晓军
129	1610322014020	益生菌发酵对黄芪有效成分变化的影响研究	基本科研业务费	2014.01—2014.12	孔晓军 秦　哲 张景艳 王旭荣 王　磊
130	1610322014021	电针对犬痛阈及中枢强啡肽基因表达水平的研究	基本科研业务费	2014.01—2014.12	王贵波 辛蕊华 罗永江 罗超应 李锦宇
131	1610322014028	奶牛主要疾病诊断和防治技术研究	基本科研业务费	2014.01—2014.12	严作廷 刘永明 严作廷 李建喜 郑继方
132	31302156	基于蛋白质组学和血液流变学研究奶牛蹄叶炎的发病机制	国家青年科学基金	2014.01—2016.12	董书伟 张世栋 王东升 王　慧 尚小飞 严作廷
133	145RJYA311	N—乙酰半胱氨酸对奶牛乳房炎无乳链球菌红霉素敏感性的调节作用	甘肃省青年基金	2014.01—2016.12	杨　峰 王旭荣 李新圃 罗金印 李宏胜
134	145RJYA267	针刺镇痛对犬脑内Jun蛋白表达的影响研究	甘肃省青年基金	2014.01—2016.12	王贵波 罗超应 辛蕊华 王东升
135	GNCX-2014-39	“金英散”研制与示范应用	甘肃省农业科技创新（药厂）	2014.01—2016.12	苗小楼 潘　虎 王　瑜 陈化琦 尚小飞 汪晓斌
136	2014-2-26	新兽药“益蒲灌注液”的产业化和应用推广	兰州市科技计划	2014.01—2016.12	苗小楼 潘　虎 王　瑜 陈化琦 尚小飞 汪晓斌
137	CAAS-ASTIP-2014-LIHPS	奶牛疾病创新团队	中国农业科学院科技创新工程	2014.01—2018.12	杨志强 严作廷 李宏胜 罗金印 王东升 董书伟 张世栋 王胜义 李新圃 杨　峰 王　慧 崔东安 武小虎

（续表）

序号	项目编号	项目名称	项目类别	起止年限	主要完成人
138	201403051-06	牛重大瘟病辩证施治关键技术研究与示范	公益性行业科研专项课题	2014.01—2018.12	郑继方 罗永江 辛蕊华 王贵波 罗超应 李锦宇 谢家声
139	2014标	奶业技术服务和新技术集成推广研究	农业标准化实施示范（海峡两岸农业合作）	2014.04—2014.12	王学智
140	144NKCA240-1	预防奶牛乳房炎和子宫内膜炎多联苗研制及应用	甘肃省科技支撑计划子课题	2014.07—2016.06	李宏胜 杨　峰 李新圃 罗金印 王旭荣
141	2014甘	甘肃省中兽药工程技术研究中心评估经费	甘肃省工程技术研究中心评估经费	2014.09—2015.12	李建喜 杨志强 郑继方 罗超应 谢家声 罗永江 李锦宇 王学智
142	2014横	复方鱼腥草口服液药效学和临床试验研究	横向委托（河南牧翔动物药业）	2014.12—2015.12	严作廷 王东升 董书伟 李锦宇 张世栋
143	2014横	我国中兽医行业现状调查研究	横向委托	2014.12—2015.12	李建喜
144	1610322015003	SIgA在产后奶牛子宫抗细菌感染免疫中的作用机制研究	基本科研业务费	2015.01—2015.12	王东升 严作廷 张世栋 董书伟
145	1610322015006	奶牛胎衣不下血瘀证的代谢组学研究	基本科研业务费	2015.01—2015.12	崔东安 王胜义 王　慧 刘永明
146	1610322015007	抗氧化剂介导的牛源金黄色葡萄球菌青霉素敏感性的调节	基本科研业务费	2015.01—2015.12	杨　峰 王旭荣 李宏胜 罗金印 李新圃
147	1610322015010	发酵黄芪多糖对小鼠外周血树突状细胞体外诱导影响	基本科研业务费	2015.01—2015.12	李建喜 张景艳 秦　哲 王　磊 王旭荣 孔晓军
148	1610322015012	基于放正相关理论的气分证家兔肝脏差异蛋白组学研究	基本科研业务费	2015.01—2015.12	张世栋 严作廷 王东升 董书伟 杨　峰
149	31402244	白虎汤干预下家兔气分证症候相关蛋白互作机制	国家青年科学基金	2015.01—2017.12	张世栋 严作廷 王东升 董书伟 杨　峰
150	1504NKCA052-01	奶牛子宫内膜炎综合防控技术的示范与推广	甘肃省科技支撑计划子课题	2015.01—2017.12	严作廷 王东升 张世栋 董书伟

（续表）

序号	项目编号	项目名称	项目类别	起止年限	主要完成人
151	1504NKCA052-02	防治猪病毒性腹泻中药复方新制剂的示范与推广	甘肃省科技支撑计划子课题	2015.01—2017.12	王东升 严作廷 陈化琦 张世栋 王 瑜 董书伟 焦增华
152	2014-RC-74	防治仔猪腹泻纯中药“止泻散”的研制与应用	兰州市创新人才	2015.01—2017.12	潘 虎 尚小飞 苗小楼 王东升
153	31472233	发酵黄芪多糖基于树突状细胞TLR信号通路的肠黏膜免疫增强作用机制研究	国家自然科学基金	2015.01—2018.12	李建喜 张 凯 王学智 杨志强 张景艳 王 磊 王旭荣 秦 哲
154	CAAS-ASTIP-2015-LIHPS	中兽医与临床创新团队	中国农业科学院科技创新工程	2015.01—2018.12	李建喜 郑继方 罗超应 罗永江 王学智 李锦宇 王旭荣 王贵波 张景艳 辛蕊华 王 磊 张 康 张 凯 仇正英
155	2015合	Startvac®奶牛乳房炎疫苗临床有效性试验	国际合作	2015.04—2017.04	李建喜 张景艳 王学智 王旭荣 王 磊 杨志强 张 凯 张 康 孔晓军 孟嘉仁
156	1506RJYA145	奶牛蹄叶炎发生发展过程的血液蛋白标志物筛选	甘肃省青年基金	2015.07—2017.07	董书伟 严作廷 王东升
157	1506RJYA146	抗炎中药体外高通量筛选技术的构建与应用	甘肃省青年基金	2015.07—2017.07	张世栋 严作廷 王东升 董书伟
158	1610322016004	奶牛胎衣不下的血浆LC-MS/MS代谢组学研究	所统筹基本科研业务费	2016.01—2017.12	崔东安 王胜义 王 慧 刘永明
159	1610322016013	治疗犬慢性心力衰竭中兽药创制及应用	所统筹基本科研业务费	2016.01—2017.12	张 凯 张景艳 王旭荣 王 磊 张 康 李建喜
160	1610322016017	白虎汤与气分证方证对应的分子机理研究	所统筹基本科研业务费	2016.01—2017.12	张世栋 严作廷 王东升 董书伟 杨 峰
161	31502113	基于LC/MS、NMR分析方法的犊牛腹泻中兽医证候本质的代谢组学研究	国家青年科学基金	2016.01—2018.12	王胜义 崔东安 王 慧
162	GNSW-2016-12	益生菌生物转化黄芪废弃物新技术研究与应用	甘肃省农业生物技术研究与应用开发	2016.01—2018.12	张景艳 张 凯 王 磊 王旭荣 张 康 李建喜 王学智

（续表）

序号	项目编号	项目名称	项目类别	起止年限	主要完成人
163	2014-3-99	防治奶牛胎衣不下中兽药制剂“归芎益母散”的创制	兰州市科技计划	2016.01—2018.12	崔东安 刘永明 王胜义 王 慧 王 磊
164	1610322016003	穴位埋植剂防治奶牛卵巢囊肿的研究	所统筹基本科研业务费	2016.01—2019.12	仇正英 王贵波 辛蕊华 罗超应 李锦宇 张 康 李建喜 郑继方
165	CARS-37-06	奶牛产业技术体系——疾病控制研究室	农业部现代农业体系（科学家岗位）	2016.01—2020.12	李建喜 王旭荣 仇正英 张景艳 王 磊 张 康 张 凯
166	2016横	中药复方“鹳榆止泻颗粒”临床试验研究	横向合作（甘肃农业大学）	2016.06—2017.10	张景艳
167	2016横	中药复方“鹳榆止泻散”临床试验研究	横向合作（甘肃农业大学）	2016.06—2017.10	张景艳
168	1604NKCA069-03	黄芪茎叶高效利用新技术研究与应用	甘肃省科技支撑计划	2016.07—2018.06	张景艳 李建喜 王学智 张 凯 王 磊 王旭荣 张 康 苏贵龙
169	2016YFD0501203	牛羊主要养殖区微量元素调查及缺乏病精准防控技术与产品研究	国家重点研发计划专项	2016.07—2020.12	刘永明 王胜义 王 慧 崔东安 严作廷 妥 鑫
170	Y2016CG20	新兽药“射干地龙颗粒”的集成示范与推广应用	院统筹基本业务费重大成果培育	2016.09—2017.12	辛蕊华 罗永江 郑继方 王贵波 李锦宇 仇正英
171	Y2016PT43	预防奶牛乳房炎新型菌体—糖蛋白复合疫苗的研究与应用	统筹基本业务费平台开发交流	2016.09—2017.12	李宏胜 杨 峰 罗金印 李新圃
172	1606RJYA224	锰离子对小肠上皮细胞金属转运蛋白FPN1、DMT1表达的影响及调控机制	甘肃省青年基金计划	2016.09—2018.08	王 慧 王胜义 崔东安
173	1610322017008	奶牛营养代谢病与中毒病监测规范和数据标准	所统筹基本科研业务费	2017.01—2017.12	李建喜 张景艳 张 康 王旭荣 张 凯 王 磊 仇正英
174	1610322017009	特色中兽药与兽用针灸器具的搜集与整理	所统筹基本科研业务费	2017.01—2017.12	王贵波 李建喜 罗超应 李锦宇 王旭荣 仇正英 张 康

（续表）

序号	项目编号	项目名称	项目类别	起止年限	主要完成人
175	1610322017010	发酵黄芪多糖对益生菌FGM黏附蛋白功能的影响	所统筹基本科研业务费	2017.01—2017.12	张景艳　张　凯　王　磊　王旭荣　张　康　李建喜
176	1610322017011	藿芪灌注液治疗奶牛卵巢疾病性不孕症的作用机理	所统筹基本科研业务费	2017.01—2017.12	王东升　严作廷　张世栋　董书伟
177	1610322017012	防治奶牛乳房炎的饲料添加剂的研制	所统筹基本科研业务费	2017.01—2017.12	董书伟　严作廷　张世栋　王东升
178	1610322017013	N—乙酰半胱氨酸介导的牛源金黄色葡萄球菌青霉素敏感性的调节机制	所统筹基本科研业务费	2017.01—2017.12	杨　峰　李宏胜　张世栋　罗金印　李新圃
179	31602101	发酵黄芪多糖对鸡肠道乳酸菌FGM表面黏附蛋白的表达调控研究	国家青年科学基金	2017.01—2019.12	张景艳　李建喜　张　凯
180	2017横	宣肺清瘟粉药理药效毒理学研究及临床试验研究	横向合作（商丘爱己爱牧生物科技股份有限公司	2017.04—2018.04	严作廷
181	2017横	三焦泻火合剂临床试验	横向合作（内蒙古古奥科兴生物科技有限责任公司）	2017.05—2020.06	严作廷
182	2017科	第七期“中兽医药学技术国际培训班”	科技部	2017.07—2017.08	杨志强
183	17YF1WA169-01	治疗奶牛乳房炎天然药物的研制及应用	甘肃省重点研发计划—国际科技合作	2017.08—2019.08	李宏胜　李新圃　罗金印　杨　峰　王　丹
184	2017横	双葛止泻口服液临床试验研究	横向合作（洛阳惠中兽药有限公司）	2017.09—2018.02	严作廷
185	1610322018003	产后奶牛子宫微生态及其与子宫复发旧关系研究	基本科研业务费	2018.01—2018.12	武小虎　严作廷　王东升　张世栋　董书伟　宋鹏杰　桑梦琪
186	2018-1-100	防治奶牛子宫内膜炎新型微生态制剂的研究	兰州市科技发展计划	2018.01—2019.12	严作廷

（续表）

序号	项目编号	项目名称	项目类别	起止年限	主要完成人
187	31702288	五味子醇对犬慢性心力衰竭JAK2—STAT3信号通路的调控机制	国家青年科学基金	2018.01—2020.12	张　凯　王学智　王　磊　张　康

表4　草业学科科研项目

序号	项目编号	项目名称	项目类别	起止年限	主要完成人
1	BRF090201	旱生牧草新品种选育	基本科研业务费	2009.01—2010.12	时永杰　常根柱　李锦华　周学辉　田福平　张怀山　张　茜　张小甫　路　远　杨红善　杨世柱　宋　青　樊　堃　王建林　朱光旭　韩　忠　毛锦超　李志宏
2	2009甘	“中兰1号”紫花苜蓿产业化生产技术集成与示范推广	甘肃省农业科技创新	2009.01—2011.11	杨世柱　张怀山　李　伟　朱光旭
3	BRF090202	野生狼尾草引种驯化与新品种选育	基本科研业务费	2009.01—2011.12	张怀山　常根柱　周学辉　杨红善　王春梅　张　茜　谢俊贤　代立兰
4	BRF090203	ZxVP1基因的遗传转化	基本科研业务费	2009.01—2011.12	王春梅　张　茜　常根柱　周学辉　张怀山　路　远
5	BRF100204	黄土高原草地生态系统氮循环的研究与利用	基本科研业务费	2010.01—2010.12	张小甫　时永杰　田福平　宋　青　胡　宇　路　远
6	30900916	沙拐枣属遗传结构和DNA亲缘关系的研究	国家自然科学基金	2010.01—2012.12	张　茜　常根柱　李锦华　王春梅　田福平　路　远　苗小林
7	BRF100201	旱生牧草沙拐枣优质种源的分子选育和引种驯化	基本科研业务费	2010.01—2012.12	张　茜　常根柱　苗小林　王春梅　路　远　杨红善
8	BRF100202	苜蓿航天诱变新品种选育	基本科研业务费	2010.01—2013.12	杨红善　常根柱　路　远　张　茜　周学辉　苗小林
9	2010横	西藏农区栽培牧草种子繁育关键技术研究与示范	横向委托	2010.09—2010.12	李锦华

（续表）

序号	项目编号	项目名称	项目类别	起止年限	主要完成人
10	2010CB951505	气候变化对西北春小麦单季玉米区粮食生产资源要素的影响机理研究	“973”计划子课题	2010.09—2014.12	时永杰 田福平 路 远 胡 宇 张小甫 宋 青
11	2011横	主要栽培豆科牧草种子繁育技术研究与示范	横向委托	2011.01—2011.12	李锦华 杨 晓 朱新强
12	2011横	西藏“一江两河”地区草田轮作关键技术研究	横向委托	2011.01—2011.12	田福平 时永杰 张小甫 胡 宇 路 远 张 茜 张怀山 王春梅
13	1610322011013	黄土高原草地生态系统气象环境监测与利用	基本科研业务费	2011.01—2011.12	张小甫 时永杰 田福平 宋 青 胡 宇 路 远
14	1610322011020	氮素对黄土高原常见牧草产量及环境的影响	基本科研业务费	2011.01—2011.12	时永杰 田福平 宋 青 张小甫 胡 宇
15	2011公	饲草型TMR安全性评价指标研究	公益性行业科研专项子课题	2011.01—2013.12	王晓力 齐志明 王春梅 王胜义 乔国华 张 茜 朱新强
16	2011-1-167	中型狼尾草在盐渍土区生长特性及其应用研究	兰州市科技发展计划	2011.01—2013.12	张怀山 王春梅 王晓力
17	1610322011001	黄花矶松驯化栽培及园林绿化开发应用研究	基本科研业务费	2011.01—2013.12	路 远 杨 晓 常根柱 张 茜 王春梅
18	2012ZL084	牧草航天诱变品种（系）选育	基本科研费增量	2012.01—2012.12	常根柱 杨红善 周学辉 路 远
19	1610322012008	高寒地区抗逆苜蓿新品系培育	基本科研业务费	2012.01—2012.12	杨 晓 李锦华 朱新强 乔国华 王春梅
20	1610322012009	耐旱丰产苜蓿新品种选育研究	基本科研业务费	2012.01—2012.12	田福平 时永杰 李锦华 胡 宇 张 茜 李润林 朱新强
21	1610322012019	钾素对黄土高原常见牧草产量及环境的影响	基本科研业务费	2012.01—2012.12	时永杰 常根柱 李锦华 杨世柱 周学辉 田福平 张怀山 张 茜
22	1610322012020	牧草生态系统气象环境监测与研究	基本科研业务费	2012.01—2012.12	胡 宇 时永杰 李锦华 田福平 张 茜 李润林 朱新强

（续表）

序号	项目编号	项目名称	项目类别	起止年限	主要完成人
23	201204	高寒地区抗逆苜蓿新品系培育	中国农业科学院科技经费项目	2012.01—2013.12	李锦华　常根柱　苗小林　路　远　杨红善
24		西藏主要优良饲草种子生产技术研究和示范	横向委托	2012.01—2013.04	李锦华　杨　晓　朱新强
25	1204NKCA089	牧草航天诱变品种（系）选育	甘肃省科技支撑计划	2012.01—2014.12	常根柱　杨红善　周学辉　路　远
26	1208RJYA085	干旱环境下沙拐枣功能基因的适应性进化	甘肃省青年科技基金	2012.01—2014.12	张　茜　王春梅　路　远　杨红善　王晓力　田福平
27	2012BZD13B07-4（自编）	甘南高寒草原牧区“生产生态生活”保障技术及适应性管理研究	国家科技支撑子课题	2012.01—2016.12	时永杰　张小甫　田福平　胡　宇　李润林　宋　青
28	201203006	墨竹工卡社区天然草地保护与合理利用技术研究与示范（班禅项目）	公益性行业科研专项课题	2012.01—2016.12	时永杰　路　远　李润林　田福平　胡　宇　王晓力　张小甫　宋　青　荔　霞　李　伟
29	20120304204	牧区饲草饲料资源开发利用技术研究与示范——工业副产品的优化利用技术研究与示范	公益性行业科研专项课题	2012.01—2016.12	王晓力　朱新强　王春梅　张　茜
30	2013横	西藏主要栽培豆科牧草繁育研究与示范	横向委托	2013.01—2013.12	李锦华　杨　晓　朱新强
31	1610322013009	国内外优质苜蓿种质资源圃建立及利用	基本科研业务费	2013.01—2013.12	朱新强　王晓力　王春梅　李锦华
32	1610322013010	CO_2升高对一年生黑麦草光合作用的影响及其氮素调控	基本科研业务费	2013.01—2013.12	胡　宇　时永杰　田福平　李润林
33	1610322013011	耐盐牧草野大麦拒Na^+机制研究	基本科研业务费	2013.01—2013.12	王春梅　王晓力　张　茜　朱新强
34	1610322013016	气候变化对甘南牧区草畜平衡的影响机理研究	基本科研业务费	2013.01—2013.12	李润林　时永杰　田福平　胡　宇　路　远
35	1610322013017	沙拐枣、梭梭等旱生牧草种质资源的保护与利用	基本科研业务费	2013.01—2013.12	杨世柱　李　伟　周学辉　郑兰钦
36	1610322013020	牧草标本的收集、整理与展示	基本科研业务费项目	2013.01—2013.12	李锦华　常根柱　杨　晓　周学辉
37	1610322013021	甘南州优质高效牧草新品种推广应用研究	基本科研业务费	2013.01—2013.12	张小甫　杨志强　杨耀光　赵朝忠　符金钟

（续表）

序号	项目编号	项目名称	项目类别	起止年限	主要完成人
38		抗霜霉病苜蓿品种的示范与推广	横向委托	2013.01—2014.12	杨　晓　李锦华　朱新强
39	31201841	耐盐牧草野大麦拒Na⁺机制研究	国家青年科学基金	2013.01—2015.12	王春梅　王晓力　朱新强　张　茜　张怀山　李锦华　杨　晓　路　远
40	GNCX-2013-58	辐射诱变与分子标记选育耐盐苜蓿新品种	甘肃省农业科技创新	2013.01—2015.12	张怀山　杨世柱　王晓力　王春梅
41	2013-4-155	黄土高原半干旱荒漠地区盐碱地优良牧草适应性研究及推广	兰州市科技发展计划	2013.01—2015.12	路　远　时永杰　田福平　胡　宇
42	2013甘	甘肃省全国牧草新品种区域试验研究	甘肃省农牧厅	2013.12—2017.12	路　远　时永杰　田福平　胡　宇　李润林
43	2013横	基于SSR分子标记的蒙古韭居群遗传结构研究	横向委托	2013.12—2017.12	张　茜　贺洞杰　路　远　王春梅　王晓力　田福平　朱新强　杨　晓
44	2014横	苜蓿引种繁育研究与示范	横向委托（中科院地理科学与资源研究所）	2014.01—2014.12	李锦华　杨　晓　朱新强
45	1610322014007	干旱环境下沙拐枣功能基因的适应性进化	基本科研业务费	2014.01—2014.12	张　茜　贺洞杰　路　远　王春梅　杨红善
46	1610322014009	苜蓿碳储量年际变化及固碳机制的研究（不同人工草地碳储量变化及固碳机制的研究）	基本科研业务费	2014.01—2014.12	田福平　时永杰　胡　宇　路　远　李润林
47	1610322014015	次生盐渍化土壤耐盐碱苜蓿的筛选与应用	基本科研业务费	2014.01—2014.12	杨世柱　张怀山　李　伟　朱光旭
48	1610322014016	干旱区草地生态系统气象环境监测与利用	基本科研业务费	2014.01—2014.12	李润林　时永杰　田福平　胡　宇
49	1610322014017	甘南州优质草畜新品种推广与应用	基本科研业务费项目	2014.01—2014.12	张小甫　阎　萍　赵朝忠　符金钟
50	1610322014022	牧草航天诱变新种质创制研究	基本科研业务费	2014.01—2014.12	杨红善　常根柱　周学辉　路　远
51	1610322014023	甘肃野生黄花矶松的驯化栽培（黄花矶松国家区域试验）	基本科研业务费	2014.01—2014.12	路　远　时永杰　田福平　张　茜　胡　宇　李润林

（续表）

序号	项目编号	项目名称	项目类别	起止年限	主要完成人
52	1610322014024	国内外优质牧草种质资源圃建立及利用	基本科研业务费	2014.01—2014.12	朱新强　时永杰　王晓力　王春梅
53	2014甘	苜蓿良种资源适应性评价及丰产栽培技术研究	甘肃省农牧厅人工种草专项	2014.01—2015.12	路　远　田福平　时永杰　张　茜　胡　宇　贺洞杰　王春梅
54	145RJYA310	黄花矶松抗逆基因的筛选及功能的初步研究	甘肃省青年科技基金	2014.01—2016.12	贺洞杰　路　远　朱新强　张　茜　杨　晓
55	145RJYA273	紫花苜蓿航天诱变材料遗传变异研究	甘肃省青年科技基金	2014.01—2016.12	杨红善　周学辉　贺洞杰　常根柱
56	GNSW-2014-18	抗寒紫花苜蓿新品种的基因工程育种及应用	甘肃省农业生物技术研究与应用开发	2014.01—2016.12	贺洞杰　时永杰　李锦华　曾玉峰　朱新强　张　茜　杨红善　路　远　杨　晓
57	GNSW-2014-19	分子标记在多叶型紫花苜蓿研究中的应用	甘肃省农业生物技术研究与应用开发	2014.01—2016.12	杨红善　周学辉　常根柱　贺洞杰　王春梅
58	31372368	黄土高原苜蓿碳储量年际变化及固碳机制的研究	国家自然科学基金	2014.01—2017.12	田福平　胡　宇　张　茜　时永杰　路　远　李润林　朱新强　张小甫　杜天庆　杨　晓
59	2015ZL017	紫花苜蓿航天诱变新品种选育及生产示范	基本业务费增量	2015.01—2015.12	常根柱　杨红善　周学辉
60	1610322015008	抗寒性“中兰2号”紫花苜蓿分子育种的初步研究	基本科研业务费	2015.01—2015.12	贺洞杰　田福平　朱新强　张　茜　路　远　胡　宇　杨　晓
61	1610322015015	基于地面观测站的生态环境监测与利用	基本科研业务费	2015.01—2015.12	李润林　董鹏程　张小甫　朱新强
62	1610322015016	次生盐渍化土壤耐盐碱苜蓿的筛选与应用	基本科研业务费	2015.01—2015.12	杨世柱　张怀山　李　伟
63	1610322015018	牧草品种资源的收集、整理	基本科研业务费	2015.01—2015.12	杨　晓　时永杰　李锦华　田福平　朱新强　路　远　胡　宇　张　茜

（续表）

序号	项目编号	项目名称	项目类别	起止年限	主要完成人
64	1610322015019	甘南优质牧草及中草药新品种推广与应用	基本科研业务费	2015.01—2015.12	张小甫 杨志强 阎 萍 赵朝忠 李世宏 符金钟
65	2015横	抗旱耐寒苜蓿育种与种繁技术研究和示范	横向合作（中科院地理科学与资源研究所）	2015.01—2016.01	李锦华 朱新强 张 茜 王春梅 王晓力
66	2015农	寒生、旱生灌草新品种选育创新团队	中国农业科学院技创新工程	2015.01—2018.12	田福平 李锦华 王晓力 路 远 杨红善 张 茜 时永杰 王春梅 张怀山 朱新强 胡 宇 周学辉 贺洞杰 段慧荣 崔光欣
67	2015GS05915-4	饲用高粱品质分析及肉牛安全高效利用技术研究与示范	甘肃省科技重大专项子课题	2015.07—2018.07	王晓力 朱新强 李锦华 王春梅 王永刚 张 茜 贺洞杰 程胜利 曾玉峰 周学辉 丁学智 刘建斌
68	2016ZDKJZC-16	西藏苜蓿选育与种繁技术研究和示范	西藏草业重大专项课题	2016.01—2017.12	李锦华 朱新强 张 茜 王春梅 王晓力
69	1610322016002	河西走廊草畜耦合新技术研究与示范	所统筹基本业务费	2016.01—2017.12	杨世柱 张怀山 李 伟 郑 荣 朱光旭 郑兰钦 蒋吉福
70	1610322016008	“航苜2号”紫花苜蓿新品种选育	所统筹基本业务费	2016.01—2017.12	杨红善 周学辉 段慧荣
71	1610322016011	黄土高原不同生长年限紫花苜蓿光合机制和营养价值研究	所统筹基本业务费	2016.01—2017.12	崔光欣 田福平 胡 宇 路 远 时永杰 贺洞杰
72	1610322016015	荒漠灌木沙拐枣抗旱基因发掘及遗传变异研究	所统筹基本业务费	2016.01—2017.12	张 茜 田福平 王晓力 王春梅 路 远 朱新强 贺洞杰 崔光欣 段慧荣
73	2016甘	秸秆饲料化利用技术研究与示范推广	甘肃省农牧厅	2016.06—2019.06	贺洞杰 王春梅 胡 宇 路 远 朱新强 杨 晓

（续表）

序号	项目编号	项目名称	项目类别	起止年限	主要完成人
74	2016甘	农作物秸秆饲料化的利用研究与示范	甘肃省农牧厅	2016.08—2018.12	王晓力 朱新强 王春梅 张 茜
75	2016横	不同品种牧草中主要营养成分含量的测定委托试验	横向合作（榆中县畜牧水产技术推广中心）	2016.09—2016.12	王晓力
76	2016甘	天祝牧区养羊业生产发展模式研究	甘肃省还草工程科技支撑计划	2016.09—2019.12	贺洞杰 田福平 王春梅 杨 峰 朱新强 王晓力
77	2016横	肉羊饲养试验粗精料营养价值评定及粪样检测	横向合作（甘肃农业技术学院）	2016.10—2018.06	王晓力
78	1610322017021	河西走廊地区饲草贮存加工关键技术研究	所统筹基本业务费	2017.01—2017.12	王春梅 田福平 李锦华 王晓力 崔光欣 张 茜 朱新强
79	1610322017022	旱生牧草种质资源收集、评价、保护及开发利用研究	所统筹基本业务费	2017.01—2017.12	胡 宇 田福平 路 远 贺洞杰 崔光欣 时永杰
80	2017-RC-55	苦苣菜引种驯化及新品种选育	兰州市人才创新创业	2017.01—2019.12	胡 宇 田福平 路 远 贺洞杰 崔光欣 张小甫
81	2017甘	甘南州高寒草甸黑土滩分布和生态修复研究	甘肃省天然草原退牧还草工程	2017.07—2018.12	崔光欣 高雅琴 路 远 王 瑜 田福平 胡 宇
82	2017草	甘肃省草品种区域试验点考核评价	草业技术创新联盟科技支撑	2017.09—2018.12	高雅琴 董鹏程 王 瑜 路 远 席 斌 杨晓玲
83	2017草	甘肃省优良牧草种质资源收集与评价	草业技术创新联盟科技支撑	2017.09—2018.12	路 远 田福平 张 茜 胡 宇 崔光欣 王春梅
84	2017横	苜蓿营养成分测定	横向合作（兰州大学）	2017.12—2018.02	王晓力
85	1610322018004	“中兰2号”紫花苜蓿等青贮饲料在河西地区的牛羊饲喂试验	基本科研业务费	2018.01—2018.12	杨世柱 张怀山 郑兰钦 朱光旭 韩 忠
86	31700338	SeXTH1在盐生植物盐角草组织肉质化形成中的功能研究	国家青年科学基金项目	2018.01—2020.12	段慧荣 张 茜 王旭荣 王春梅 杨红善 周学辉

（续表）

序号	项目编号	项目名称	项目类别	起止年限	主要完成人
87	Y2018PT77	寒生、旱生灌草资源引种驯化及新品种示范	院统筹基本科研业务费西部中心创新能力提升	2018.01—2020.12	田福平 胡 宇 路 远 贺洞杰 崔光欣 段慧荣 贾鹏燕

注：1.基本科研业务费、院统筹基本科研业务费项目全称为中央级公益性科研院所基本科研业务费。

2.2008年及之前立项延续至2008年，在《中国农业科学院兰州畜牧与兽药研究所所志（1958—2008）》中已记录的项目，不再统计，以免重复。

二、科研成果

表5 国家科技进步奖

等级	序号	成果名称	起止年限	获奖年度	第一完成人
二等奖	1	新兽药“喹烯酮”的研制与产业化	1987—2006	2009	赵荣材

表6 农业部奖

等级	序号	获奖类别	成果名称	起止年限	获奖年度	第一完成人	备注
一等奖	1	神农中华农业科技奖科研成果奖	牦牛良种繁育及高效生产关键技术集成与应用	2007—2014	2017	阎 萍	
	2	全国农牧渔业丰收奖	羔羊育肥关键技术及疫病防控模式研究与推广应用	1999—2014	2016	郭慧琳（甘肃省动物疫病预防控制中心）	贺洞杰（参加）
二等奖	1	全国农牧渔业丰收奖	青藏高原牦牛良种繁育及改良技术	2005—2009	2010	阎 萍	
	2	全国农牧渔业丰收奖	新型高效牛羊微量元素舔砖和缓释剂的研制与推广	2010—2012	2013	刘永明	
	3	神农中华农业科技奖科研成果奖	农业纳米药物制备新技术及应用	2003—2012	2015	崔海信（中国农业科学院环发所）	张继瑜（参加）
	4	全国农牧渔业丰收奖	甘南牦牛选育改良及高效牧养技术集成示范	2011—2015	2016	阎 萍	

（续表）

等级	序号	获奖类别	成果名称	起止年限	获奖年度	第一完成人	备注
三等奖	1	神农中华农业科技奖科研成果奖	甘肃高山细毛羊细型品系和超细品系培育及推广应用	2010—2012	2013	郭　健	
	2	神农中华农业科技奖科研成果奖	中药提取物治疗仔猪黄白痢的试验研究	2003—2010	2015	郭慧琳（甘肃省畜牧兽医研究所）	朱新强（参加）

表7　省、自治区奖

等级	序号	获奖类别	成果名称	起止年限	获奖年度	第一完成人	备注
一等奖	1	甘肃省科技进步奖	农牧区动物寄生虫病药物防控技术研究与应用	2006—2012	2013	张继瑜	
	2	西藏自治区科学技术奖	西藏河谷农区草产业关键技术研究与示范	2006—2012	2013	余成群（中国科学院地理科学与资源研究所）	李锦华（参加）
	3	甘肃省科技进步奖	高山美利奴羊新品种培育及应用	1996—2016	2016	杨博辉	
	4	西藏自治区科学技术奖	青藏高原疯草绿色防控与利用技术体系创建及应用	1999—2014	2016	王保海（西藏自治区农牧科学院）	梁剑平（参加）
二等奖	1	甘肃省科技进步奖	优质肉用绵羊产业化高新高效技术的研究与应用	2001—2007	2008	杨博辉	
	2	甘肃省科技进步奖	青藏高原草地生态畜牧业可持续发展技术研究与示范	2002—2007	2009	阎　萍	

（续表）

等级	序号	获奖类别	成果名称	起止年限	获奖年度	第一完成人	备注
二等奖	3	甘肃省科技进步奖	天祝白牦牛种质资源保护与产品开发利用	2003—2007	2009	西北民族大学	郭宪（参加）
	4	甘肃省科技进步奖	奶牛重大疾病防控新技术的研究与应用	1981—2009	2010	杨国林	
	5	甘肃省科技进步奖	基于综合生态管理理论的草原资源保护和可持续利用研究与示范	2007—2009	2011	李国林（世行贷款）	时永杰（参加）
	6	甘肃省技术发明奖	金丝桃素抗PRRSV和FMDV研究及其新制剂的研制	2005—2009	2011	梁剑平	
	7	甘肃省科技进步奖	中兽药复方“金石翁芍散”的研制及产业化	1995—2010	2011	郑继方	
	8	甘肃省科技进步奖	甘肃省旱生牧草种质资源整理整合及利用研究	2005—2011	2012	杨志强	
	9	青海省科学技术奖	青藏高原生态农牧区新农村建设关键技术集成与示范	2008—2012	2013	朱明（农业部规划设计研究院）	刘永明（参加）
	10	甘肃省科技进步奖	河西走廊牛巴氏杆菌病综合防控技术研究与推广	2008—2013	2014	郭慧琳（甘肃省动物疫病预防控制中心）	贺洞杰（参加）

（续表）

等级	序号	获奖类别	成果名称	起止年限	获奖年度	第一完成人	备注
二等奖	11	甘肃省科技进步奖	牦牛选育改良及提质增效关键技术研究与示范	2006—2013	2014	阎　萍	
	12	甘肃省科技进步奖	奶牛主要产科病防治关键技术研究、集成与应用	2007—2014	2015	李建喜	
	13	甘肃省科技进步奖	牦牛藏羊良种繁育及健康养殖关键技术集成与应用	2011—2016	2017	阎　萍	
	14	甘肃省专利奖	青藏地区奶牛专用营养舔砖及其制备方法	2010—2015	2016	刘永明	
	15	甘肃省专利奖	一种固态发酵蛋白饲料的制备方法	2013—2016	2017	王晓力	
三等奖	1	甘肃省科技进步奖	奶牛乳房炎主要病原菌免疫生物学特性的研究	1990—2007	2008	李宏胜	
	2	甘肃省科技进步奖	动物纤维显微结构与毛、皮产品质量评价技术体系研究	2001—2007	2009	高雅琴	
	3	甘肃省技术发明奖	重离子束辐照研制新化合物“喹羟酮”	1996—2005	2010	梁剑平	
	4	甘肃省科技进步奖	秦王川灌区次生盐渍化土壤的生物改良技术与应用研究	2008—2010	2012	代立兰（兰州市农业科技研究推广中心）	张怀山（参加）

（续表）

等级	序号	获奖类别	成果名称	起止年限	获奖年度	第一完成人	备注
三等奖	5	甘肃省科技进步奖	非解乳糖链球菌发酵黄芪转化多糖的研究与应用	2007—2010	2013	李建喜	
	6	北京市科技进步奖	药用鼠尾草活性成分代谢和药效作用物质基础的系统研究	2008—2010	2013	薛　明（首都医科大学）	罗永江（参加）
	7	甘肃省科技进步奖	牛羊微量元素精准调控技术研究与应用	2001—2012	2014	刘永明	
	8	甘肃省科技进步奖	西北干旱农区肉羊高效生产综合配套技术研究与示范	2007—2013	2015	孙晓萍	
	9	甘肃省技术发明奖	重离子束辐照诱变提高兽用药物的生物活性研究及产业化	2005—2013	2015	梁剑平	
	10	甘肃省科技进步奖	“益蒲灌注液”的研制与推广应用	2007—2015	2016	苗小楼	
	11	河北省科技进步奖	伊维菌素生产的关键技术研究及产业化	2009—2015	2016	高利华（河北美荷药业有限公司）	梁剑平（参加）

表8　中国农业科学院奖

等级	序号	获奖类别	成果名称	起止年限	获奖年度	第一完成人
	1	中国农业科学院杰出科技创新奖	高山美利奴羊新品种培育及应用	1996—2016	2016	杨博辉

（续表）

等级	序号	获奖类别	成果名称	起止年限	获奖年度	第一完成人
二等奖	1	中国农业科学院科技成果奖	新型微生态制剂“断奶安”对仔猪腹泻的防治作用及机理研究	2006—2008	2009	蒲万霞
	2	中国农业科学院科技成果奖	蕨麻多糖免疫调节作用及其机理研究与临床应用	2000—2006	2010	陈炅然
	3	中国农业科学院科技成果奖	新型天然中草药饲料添加剂“杰乐”的研制与应用	2005—2009	2010	蒲万霞
	4	中国农业科学院科技成果奖	甘肃省绵羊品种遗传距离研究及遗传资源数据库建立	2007—2009	2011	郎 侠
	5	中国农业科学院科技成果奖	新型中兽药饲料添加剂“参芪散”的研制与应用	2007—2010	2011	李建喜
	6	中国农业科学院科技成果奖	河西走廊退化草地营养循环及生态治理模式研究	2007—2010	2012	常根柱
	7	中国农业科学院科技成果奖	新型兽用纳米载药技术的研究与应用	2006—2011	2012	张继瑜
	8	中国农业科学院技术发明二等奖	药用化合物“阿司匹林丁香酚酯”的创制及成药性研究	2006—2012	2013	李剑勇
	9	中国农业科学院科技成果奖	重金属镉/铅与喹乙醇抗原合成、单克隆抗体制备及ELISA检测技术研究	2007—2012	2014	李建喜
	10	中国农业科学院科技成果奖	奶牛乳房炎主要病原菌免疫生物学特性的研究	1990—2007	2008	李宏胜

表9　地、市、厅级科学技术奖

等级	序号	获奖类别	成果名称	起止年限	获奖年度	第一完成人	备注
特等奖	1	西藏阿里地区科技进步特等奖	疯草综合防治与利用技术体系创建及应用	2008—2013	2014	王保海（西藏农牧科学院）	梁剑平（参加）
一等奖	1	兰州市科技进步奖	奶牛乳房炎主要病原菌免疫生物学特性的研究	1990—2007	2008	李宏胜	
	2	兰州市科技进步奖	新型安全中兽药的产业化与示范	2004—2007	2009	梁剑平	
	3	兰州市科技进步奖	天祝白牦牛种质资源保护与产品开发利用	2003—2007	2009	西北民族大学	郭 宪（参加）

（续表）

等级	序号	获奖类别	成果名称	起止年限	获奖年度	第一完成人	备注
一等奖	4	兰州市技术发明奖	金丝桃素抗PRRSV和FMDV研究及其新制剂的研制	2005—2009	2011	梁剑平	
	5	兰州市科技进步奖	新型兽用纳米载药技术的研究与应用	2006—2011	2013	张继瑜	
	6	兰州市科技进步奖	黄白双花口服液和苍朴口服液的研制与产业化	2006—2012	2016	王胜义	
	7	甘肃省农牧渔业丰收奖	河西走廊牛巴氏杆菌病综合防控技术研究与推广	2008—2013	2014	郭慧琳（甘肃省动物疫病预防控制中心）	贺洞杰（参加）
	8	甘肃省农牧渔业丰收奖	奶牛乳房炎联合诊断和防控新技术研究及示范	2008—2010	2014	王学智	
	9	甘肃省农牧渔业丰收奖	“益蒲灌注液”的研制与推广应用	2007—2012	2015	苗小楼	
	10	甘肃省农牧渔业丰收奖	优质肉用绵羊提质增效关键技术研究与示范	2011—2013	2016	孙晓萍	
	11	甘肃省农牧渔业丰收奖	治疗犊牛腹泻病新兽药的创制与产业化	2006—2012	2016	王胜义	
二等奖	1	兰州市科技进步奖	防治奶牛子宫内膜炎中药“产复康”的研究与应用	2000—2008	2010	严作廷	
	2	兰州市科技进步奖	蕨麻多糖免疫调节作用机理研究与临床应用	2000—2006	2010	陈炅然	
	3	兰州市科技进步奖	富含活性态微量元素酵母制剂的研究	2008—2010	2012	程富胜	
	4	兰州市科技进步奖	奶牛子宫内膜炎综合防治技术的研究与应用	1986—2012	2013	严作廷	
	5	兰州市科技进步奖	“益蒲灌注液”的研制与推广应用	2007—2012	2015	苗小楼	
	6	甘肃省农牧渔业丰收奖	基于综合生态管理理论的草原资源保护和可持续利用研究与示范	2007—2009	2011	李国林（世行贷款）	时永杰（参加）
	7	甘肃省农牧渔业丰收奖	鸽I型副黏病毒病胶体金免疫层析快速诊断试剂条的研究与应用	2010—2013	2014	孟林明（甘肃省动物疫病预防控制中心）	贺洞杰（参加）
	8	甘肃省农牧渔业丰收奖	甘南牦牛良种繁育及健康养殖技术集成与示范	2011—2014	2015	梁春年	

(续表)

等级	序号	获奖类别	成果名称	起止年限	获奖年度	第一完成人	备注
二等奖	9	甘肃省农牧渔业丰收奖	肉牛养殖生物安全技术的集成配套与推广	2010—2014	2015	袁　涛(张掖市动物疫病预防控制中心)	王　瑜(参加)
	10	天津市农业科学院奖	奶牛乳房炎综合防制关键技术集成与示范	2004—2008	2009	天津市畜牧兽医研究所	杨国林(参加)
	11	大北农科技奖成果奖	抗球虫中兽药常山碱的研制与应用	2009—2014	2015	郭志廷	
	12	甘肃省科技情报学会科学技术奖	饲料分析及质量检测技术研究	2012—2015	2015	王晓力	
三等奖	1	酒泉市科技进步奖	肃北县河西绒山羊杂交改良技术研究与应用	2008—2012	2014	肃北县畜牧兽医局	郭天芬(参加)
	2	兰州市技术发明奖	“阿司匹林丁香酚酯”的创制及成药性研究	2006—2015	2015	李剑勇	
	3	甘肃省农牧渔业丰收奖	秦王川灌区次生盐渍化土壤的生物改良技术与应用研究	2008—2010	2012	代立兰(兰州市农业科技研究推广中心)	张怀山(参加)

三、新兽药、新品种

表10　新兽药

类别	序号	名　称	证书号	类别	发证部门	颁发时间	第一完成人
新兽药	1	金石翁芍散	(2010)新兽药证字34号	三类	农业部	2010.11	李锦宇
	2	益蒲灌注液	(2013)新兽药证字28号	三类	农业部	2013.06	苗小楼
	3	黄白双花口服液	(2013)新兽药证字22号	三类	农业部	2013.06	刘永明
	4	射干地龙颗粒	(2015)新兽药证字17号	三类	农业部	2015.04	郑继方
	5	苍朴口服液	(2015)新兽药证字48号	三类	农业部	2015.10	刘永明
	6	赛拉菌素 赛拉菌素滴剂	(2016)新兽药证字2号 (2016)新兽药证字3号	二类 二类	农业部	2016.01	张继瑜
	7	板黄口服液	(2016)新兽药证字14号	三类	农业部	2016.02	张继瑜
	8	藿芪灌注液	(2017)新兽药证字13号	三类	农业部	2017.03	严作廷
	9	根黄分散片	(2017)新兽药证字28号	三类	农业部	2017.06	罗永江

表11　新品种

类别	序号	名　称	证书号	发证部门	颁发时间	第一完成人
家畜新品种	1	高山美利奴羊	（农03）新品种证字第14号	国家畜禽遗传资源委员会	2015.11	杨博辉
牧草新品种	1	中兰2号紫花苜蓿	519	全国草品种审定委员会	2017.07	李锦华
	2	陆地中间偃麦草	GCS006	甘肃省草品种审定委员会	2013.04	杨红善
	3	海波草地早熟禾	GCS007	甘肃省草品种审定委员会	2013.04	常根柱
	4	航苜1号紫花苜蓿	GCS014	甘肃省草品种审定委员会	2014.06	常根柱
	5	陇中黄花矶松	GCS013	甘肃省草品种审定委员会	2014.06	路　远

四、专利和软件著作权

（一）发明专利

表12　发明专利

序号	专利名称	专利号	第一发明人	授权公告日
1	治疗奶牛乳房炎的药物组合物及其制备方法	ZL200410073373.8	张继瑜	2008.04.30
2	金丝桃素的一种提取方法	ZL200610078988.9	梁剑平	2008.07.23
3	金丝桃素在制备抗体RNA病毒中的应用	ZL200610072935.6	梁剑平	2008.11.26
4	毛从分段切样器	ZL200820003445.5	牛春娥	2009.01.14
5	金丝桃素及其化学衍生物的化学合成方法	ZL200610076217.6	梁剑平	2009.06.03
6	喹胺醇的制备方法	ZL200710123573.3	梁剑平	2009.08.26
7	用重离子束辐照效应获得的喹羟酮	ZL200710123574.8	梁剑平	2010.01.13
8	丁香酚阿司匹林酯药用化合物及其制剂和制备方法	ZL200810017950.X	李剑勇	2010.06.09
9	治疗猪附红细胞体病药物及其制备方法和用途	ZL200810017521.2	苗小楼	2010.07.21
10	喹羟酮的化学合成工艺	ZL200710122910.7	梁剑平	2010.08.18
11	金丝桃素口服液的制备方法	ZL200710122912.6	梁剑平	2010.10.06
12	一种治疗奶牛子宫内膜炎的药物及其制备方法	ZL200810017519.5	苗小楼	2011.02.16
13	具有喹喔啉母环的两种化合物及其制备方法	ZL200810001173.X	梁剑平	2011.02.16
14	一种治疗禽传染性支气管炎的药物	ZL200910135042.5	谢家声	2011.04.13
15	大青叶中4（3H）喹唑酮的微波提取工艺	ZL200810001174.4	梁剑平	2011.05.18

（续表）

序号	专利名称	专利号	第一发明人	授权公告日
16	一种防治禽法氏囊病的药物	ZL200910148999.3	郑继方	2011.06.01
17	一种治疗大肠杆菌病和白痢的兽药	ZL200910129073.X	李锦宇	2011.06.29
18	一株高生物量富锌酵母及其选育方法和应用	ZL200910163867.8	胡振英	2011.07.20
19	一种防治畜禽温热病药物组合物及其制备方法	ZL200910117622.1	李剑勇	2011.09.06
20	羊用行气燥湿健脾的药物	ZL200910009780.5	郑继方	2011.09.07
21	一种防治犬泻症的中药及其制备方法	ZL201010176917.9	陈炅然	2011.09.21
22	一种伊维菌素纳米乳药物组合物及其制备方法	ZL200810150354.9	张继瑜	2011.11.09
23	防治猪、羊、牛附红细胞体病的药物制备方法	ZL201010217194.2	苗小楼	2011.12.21
24	一种黄花矶松的人工栽培方法	ZL201010265320.1	周学辉	2012.03.14
25	治疗畜禽实热症的中药复方药物	ZL201010255476.1	严作廷	2012.05.23
26	治疗奶牛子宫内膜炎的药物	ZL201110058750.0	严作廷	2012.07.04
27	玛曲欧拉羔羊当年育肥出栏全价颗粒饲料及其制备方法	ZL201110385548.9	丁学智	2012.07.10
28	治疗反刍动物铅中毒的药物	ZL201110060207.4	荔　霞	2012.08.08
29	丁香酚阿司匹林酯药用化合物制剂的制备方法	ZL200910221080.2	李剑勇	2012.08.29
30	治疗卵巢性不孕症的药物	ZL201110059925.X	严作廷	2012.09.19
31	检测绵羊繁殖能力的试剂盒及其使用方法	ZL201110025287.X	岳耀敬	2012.10.10
32	一种体外生产牦牛胚胎的方法	ZL201210206870.5	郭　宪	2012.10.16
33	玛曲欧拉羔羊当年育肥出栏全价颗粒饲料及其制备方法	ZL201210253877.2	丁学智	2012.10.17
34	一种人工抗菌肽及其基因与制备方法	ZL201010224980.5	吴培星	2012.11.07
35	一种羊早期胚性别鉴定的试剂盒	ZL201010570785.8	岳耀敬	2013.01.23
36	中型狼尾草无性繁殖栽培技术	ZL201110123803.2	张怀山	2013.03.06
37	截短侧耳素产生菌的微量培养方法和其高产菌的高通量筛选方法	ZL201110310065.2	梁剑平	2013.04.10
38	一种金丝桃素的合成方法	ZL201110070142.1	梁剑平	2013.04.10
39	一种金丝桃素白蛋白纳米粒——免疫球蛋白G抗体偶联物及其制备方法	ZL201210063589.0	梁剑平	2013.04.24
40	一种非解乳糖链球菌及其应用	ZL2012210141827.5	张　凯	2013.06.05
41	一种金丝桃素白蛋白纳米粒的制备方法	ZL201110020213.1	梁剑平	2013.07.17
42	治疗虚寒型犊牛腹泻的药物及其制备方法	ZL201210103334.2	刘永明	2013.11.27
43	一种治疗猪蓝耳病的中药复方及其制备方法	ZL201210497774.0	梁剑平	2013.12.04
44	一种注射用鹿蹄草素含量测的方法	ZL200910119068.0	梁剑平	2014.01.09

（续表）

序号	专利名称	专利号	第一发明人	授权公告日
45	毛绒样品抽样装置	ZL201210249404.5	郭天芬	2014.02.26
46	截短耳素衍生物及其制备方法和应用	ZL201210427093.7	梁剑平	2014.04.09
47	一种喹乙醇残留标示物高偶联比的全抗原合成方法	ZL20210151680.8	张景艳	2014.04.30
48	一种防止猪传染性胃肠炎的中药复方药物	ZL201310144692.2	李锦宇	2014.06.11
49	一种常山碱的提取工艺	ZL201210015939.6	郭志廷	2014.08.13
50	一种苦马豆素的酶法提取工艺	ZL201210176457.9	郝宝成	2014.08.13
51	一种防治牛猪肺炎疾病的药物组合物及其制备方法	ZL201210041157.X	李剑勇	2014.08.27
52	一种防治猪气喘病的中药组合物及其制备和应用	ZL201310022928.5	辛蕊华	2014.09.10
53	一种以水为介质的伊维菌素O/W型注射液及其制备方法	ZL201210155464.0	周绪正	2014.09.10
54	一种防止猪流行性腹泻的中药组合物及其应用	ZL201310147391.5	李锦宇	2014.09.17
55	一种防治鸡慢性呼吸道病的中药组合物及其制备和应用	ZL201310154851.2	王贵波	2014.10.13
56	一种藏药专用浓缩料及其配制方法	ZL201310091240.0	王宏博	2014.10.15
57	一种藏药提纯复壮的方法	ZL201310084732.9	梁春年	2014.10.15
58	一种提取黄芪多糖的发酵培养基	ZL201210141832.6	张　凯	2014.10.29
59	抗喹乙醇单克隆抗体及其杂交瘤细胞株、其制备方法及用于检测饲料中喹乙醇的试剂盒	ZL201310053673.9	李建喜	2015.01.07
60	一种无乳链球菌快速分离鉴定试剂盒及其应用	ZL201310161818.7	王旭荣	2015.01.07
61	一种牦牛专用浓缩料机及其配制方法	ZL201310060710.9	王宏博	2015.02.04
62	一种具有免疫增强功能的中药处方犬粮	ZL201210156945.3	陈炅然	2015.03.04
63	嘧啶苯甲酰胺类化合物及其制备和应用	ZL201210072942.1	李剑勇	2015.03.11
64	一种喹烯酮衍生物及其制备方法和应用	ZL201310066005.X	梁剑平	2015.03.25
65	一种酰胺类化合物及其制备方法和应用	ZL201410161245.2	刘　宇	2015.03.25
66	一种预防和治疗奶牛隐性乳房炎的中药组合物及其应用	ZL201310179168.9	李建喜	2015.04.01
67	青藏地区奶牛专用营养舔砖及其制备方法	ZL201210084921.1	刘永明	2015.04.08
68	一种犊牛专用微量元素舔砖及其制备方法	ZL201410031181.4	王胜义	2015.04.08
69	一种防治仔猪黄、白痢的中药组合物及其制备和应用	ZL201310301888.8	李锦宇	2015.04.15
70	一种药用化合物阿司匹林丁香酚的制备方法	ZL201310176925.7	李剑勇	2015.04.20

（续表）

序号	专利名称	专利号	第一发明人	授权公告日
71	一种以水为基质的多拉菌素O/W型注射液及其制备方法	ZL201210155335.1	周绪正	2015.05.18
72	一种防治奶牛产前后瘫痪的高钙营养舔砖及其制备方法	ZL201410031374.X	王　慧	2015.05.20
73	一种中药组合物及其制备方法和应用	ZL201310167878.X	李建喜	2015.05.26
74	牛ACTB基因转录水平荧光定量PCR检测试剂盒	ZL201310252707.7	裴　杰	2015.06.10
75	一种体外生产牦牛胚胎的方法	ZL201210206870.5	郭　宪	2015.08.19
76	一种提高藏羊繁殖率的方法	ZL201310171815.1	郭　宪	2015.09.02
77	一种无角牦牛新品系的育种方法	ZL201310275714.9	梁春年	2015.09.30
78	一种防治仔猪腹泻的药物组合物及其制备方法和应用	ZL201310448771.2	潘　虎	2015.10.10
79	一种在青藏高原高海拔地区草地设置土石围栏的方法	ZL201310251354.9	田福平	2015.10.21
80	一种中国肉用多胎美利奴羊品系的培育方法	ZL201310305269.6	岳耀敬	2015.10.21
81	一种促进奶牛产后子宫复旧的中药组合物及其制备方法	ZL201310368588.1	王　磊	2015.10.28
82	一种提高牦牛繁殖率的方法	ZL201310400985.2	郭　宪	2015.11.05
83	一种绵羊山羊甾体激素抗原双胎苗生产工艺	ZL201310207034.2	孙晓萍	2015.11.25
84	黄花矶松的覆膜种植方法	ZL201410175564.9	路　远	2015.12.09
85	一种快速测定苜蓿品种抗旱性和筛选抗旱苜蓿品种的方法	ZL201310180373.7	田福平	2015.12.23
86	测定须根系植物地上部离子回运的方法及其专用设备	ZL201410066489.2	王春梅	2015.12.23
87	一种防治高血脂症药物口服片剂及其制备工艺	ZL201310043089.5	李剑勇	2016.01.06
88	无乳链球菌BibA重组蛋白及其编码基因、制备方法和应用	ZL201410121035.0	王旭荣	2016.01.06
89	葛根素衍生物的制备方法和应用	ZL201410152287.X	刘建斌	2016.01.13
90	甘肃肉用绵羊多胎品系的培育方法	ZL201310335517.6	刘建斌	2016.01.13
91	一种中药灌注液及其制备方法和应用	ZL201410019573.9	梁剑平	2016.01.20
92	无角高山美利奴羊品系的培育方法	ZL201310342994.0	刘建斌	2016.01.20
93	一种治疗猪腹泻病的中药组方	ZL201410033472.7	刘永明	2016.01.20
94	一种用于防治鸡肺热咳喘的中药组合物	ZL201410197154.4	罗永江	2016.01.20
95	牛GAPDH基因转录水平荧光定量PCR检测试剂盒	ZL201310201673.9	裴　杰	2016.01.20

（续表）

序号	专利名称	专利号	第一发明人	授权公告日
96	一种从花开期向日葵盘中提取分离绿原酸的方法	ZL201310696957.X	郝宝成	2016.02.10
97	一种治疗牦牛犊牛腹泻的藏药组合物及其制备方法	ZL201410028836.2	尚小飞	2016.02.24
98	一种凹凸棒复合氯消毒剂及其制备方法	ZL201410275746.3	梁剑平	2016.03.02
99	一种兽用熏蒸消毒药物组合物及其制备方法和应用	ZL201410099477.X	谢家声	2016.03.02
100	一种钩吻生物碱的包合物及其制备方法和应用	ZL201410241619.1	梁剑平	2016.03.23
101	检测奶牛子宫内膜细胞炎性反应的荧光定量PCR试剂盒及其检测方法和应用	ZL201410270225.9	张世栋	2016.03.29
102	检测鸽I型副黏病毒的胶体金免疫层析试纸条及制备方法	ZL201410219718.X	贺洞杰	2016.04.06
103	一种防治牛羊焦虫病及传播介蜱的药物喷涂剂就及其制备方法	ZL201310178253.3	周绪正	2016.04.13
104	一种提高高寒地区箭筈豌豆产量的方法	ZL201410139576.6	杨　晓	2016.04.20
105	具有噻二唑骨架的截短侧耳素类衍生物及其制备方法、应用	ZL201310245894.6	梁剑平	2016.05.04
106	一种牦牛精子体外获能的方法	ZL201310134124.4	郭　宪	2016.05.11
107	一种治疗猪支原体肺病的复方中药复合物及其制备方法	ZL201410444874.6	辛蕊华	2016.05.11
108	一种牦牛屠宰保定装置	ZL201410066039.3	梁春年	2016.05.25
109	一种羊标记用色料	ZL201410136193.3	牛春娥	2016.05.25
110	一种皮肤组织切片用石蜡包埋盒	ZL201410319554.8	牛春娥	2016.06.01
111	一种治疗羔羊痢疾的中药组合物及其制备方法	ZL201410323912.2	刘永明	2016.06.08
112	一种以土豆渣和豆腐渣为主的牛羊饲料及其制备方法	ZL201410174401.9	王晓力	2016.06.22
113	高山美利奴羊断奶羔羊用全价颗粒饲料	ZL201310400981.4	刘建斌	2016.06.29
114	一种茜素红S络合分光光度法测定铝离子含量的方法	ZL201410174352.9	王晓力	2016.06.29
115	利用超临界CO_2提取开花期间向日葵盘中总黄酮的提取方法	ZL201510055248.2	郝宝成	2016.07.06
116	一种体外筛选和检测牛子宫内膜炎药物的方法	ZL201510234048.3	张世栋	2016.07.06
117	一种用于检测禽白血病P27的酶联免疫反应载体及试剂盒	ZL201010224980.5	吴培星	2016.08.03

（续表）

序号	专利名称	专利号	第一发明人	授权公告日
118	一种八项鹿蹄草素复合物就制备方法和应用	ZL201410127906.X	梁剑平	2016.08.17
119	头孢噻呋羟丙基—β—环糊精包合物及其制备方法	ZL201410008732.5	梁剑平	2016.08.17
120	一种毛、绒手排长度试验板	ZL201410111274.8	牛春娥	2016.08.17
121	一种提高西藏一江两河地区苜蓿种子产量的微肥组合物	ZL201410223016.9	朱新强	2016.08.24
122	黄花补血草总鞣质的提取方法	ZL201410149687.5	刘　宇	2016.08.31
123	一种早熟禾草坪建植中种子的快速萌发方法及其专用装置	ZL201410774602.2	王春梅	2016.08.31
124	一种快速测定蜂蜜制品中铝离子含量的方法	ZL201410175906.7	王晓力	2016.08.31
125	一种电泳凝胶转移及染色脱色装置	ZL201410197306.0	郭婷婷	2016.09.07
126	羊用复式循环药用池	ZL201410445031.8	孙晓萍	2016.09.07
127	一种便携式可旋转绵羊毛分级台	ZL201310335476.6	孙晓萍	2016.09.28
128	一种绵羊罩衣	ZL201110096276.0	牛春娥	2016.12.21
129	一种细毛羊毛囊干细胞分离培养方法	ZL201310178143.7	郭婷婷	2016.12.28
130	一种皮革取样刀	ZL201410117796.9	牛春娥	2017.01.04
131	一种查尔酮噻唑酰胺类化合物及其制备方法和应用	ZL201510101622.8	刘希望	2017.01.11
132	饲料中二甲氧苄胺嘧啶、三甲氧苄胺嘧啶和二甲氧甲基苄胺嘧啶的检测方法	ZL201510062080.8	李剑勇	2017.01.11
133	一种固态发酵蛋白饲料的制备方法	ZL201410318719.X	王晓力	2017.01.17
134	使用于北方室内花卉的施肥系统	ZL201410716530.6	王春梅	2017.01.18
135	勒马回乙醇浸膏制备及在治疗奶牛子宫炎的用途	ZL201410137532.X	梁剑平	2017.02.15
136	一种发酵黄芪的制备方法及其总皂苷的提取方法	ZL201410405496.0	秦　哲	2017.02.15
137	一种微波辅助提取骆驼蓬生物碱的方法	ZL201510039879.5	尚小飞	2017.02.22
138	一种毛皮存放调湿使用架	ZL201510532977.2	郭天芬	2017.03.01
139	一种治疗动物子宫内膜炎的药物及其制备方法	ZL201410051075.2	苗小楼	2017.03.01
140	一种野大麦的室内快速培养方法	ZL201510211035.4	王春梅	2017.03.08
141	一种中药物组合物及其制备方法和应用	ZL201410237029.1	梁剑平	2017.03.15
142	一种牛肉中齐帕特罗、西布特罗、克伦普罗和班布特罗等促生长残留量的测定方法	ZL201510530443.6	熊　琳	2017.04.05

（续表）

序号	专利名称	专利号	第一发明人	授权公告日
143	一种测定动物组织中残留苯并咪唑类药物的方法	ZL201511026673.5	熊　琳	2017.04.19
144	一种具有嘧啶侧链的短接侧耳素衍生物及其应用	ZL201510133186.2	尚若锋	2017.05.03
145	一种用于治疗鸡球虫病的中药组合物及其制备和应用	ZL201510239092.3	梁剑平	2017.05.10
146	一种电极法测定离子过膜瞬时速率的方法及其专用测试装置	ZL201510103686.1	王春梅	2017.05.10
147	一种定量评估药物溶血性指标的方法	ZL201510295127.1	程富胜	2017.05.31
148	一种鹿蹄草素微囊及其制备方法	ZL201510068684.3	梁剑平	2017.06.16
149	一种奶牛专用护乳膏及其制备方法和应用	ZL201410182538.3	李新圃	2017.06.27
150	一种复合蛋白饲料及其制备方法	ZL201410812462.3	王晓力	2017.07.18
151	一种用于治疗子宫内膜炎的药物组合物及其灌注液的制备方法	ZL201510174293.X	王东升	2017.08.29
152	一种蒿甲醚微球的制备方法	ZL201410426101.5	梁剑平	2017.09.15
153	一种金丝桃素补白蛋白纳米粒——大肠杆菌血清抗体复合物及其制备方法和应用	ZL201510223043.0	梁剑平	2017.09.15
154	一种航天诱变多叶型紫花苜蓿选育方法	ZL201510066468.5	杨红善	2017.09.19
155	一种五氯柳胺纳米囊及其制备方法	ZL201410730465.2	魏小娟	2017.10.27
156	一株非解乳糖链球菌菌株及其应用	ZL201510156629.X	李建喜	2017.10.27
157	一种治疗牛羊真菌感染性皮肤病的外用涂膜剂	ZL201510255205.9	周绪正	2017.10.27
158	一株鸡源屎肠球菌菌珠及其应用	ZL201510156610.5	李建喜	2017.10.31
159	一种用于方法猪气喘病的中药组合物及其制备和应用	ZL201510176534.4	王贵波	2017.11.03
160	一种骆驼蓬的综合提取方法	ZL201510020959.6	尚小飞	2017.11.24
161	Hypericin albumin nanoparticle-escherichia coli serum antibody complex and preparation method and application thereof	US9808536B2（美国专利）	梁剑平	2017.11.07
162	一种用于防治禽呼吸道感染的药物及其制备方法	ZL201510002337.0	梁剑平	2017.12.01
163	一种防治羊链球菌病的中药组合物及其制备方法和应用	ZL201510015491.1	魏小娟	2017.12.29

（续表）

序号	专利名称	专利号	第一发明人	授权公告日
164	一种防治牦牛麦娘姆龙病的藏药组合物及其制备方法	ZL201510003271.7	孔晓军	2018.01.04
165	一种中草药绿色杀虫剂及其制备方法	ZL201410720083.1	周学辉	2018.01.05
166	一种中药提取物及其应用	ZL201410748128.6	郭志廷	2018.02.02
167	一种治疗动物体表损伤的药物组方及其制备工艺	ZL201510214961.7	董书伟	2018.02.06
168	一种用于产蛋鸡疾病性降蛋治疗的中药组合物及其制备方法和应用	ZL201510017757.6	李锦宇	2018.02.09
169	一种检测牛MSTN基因mRNA表达水平的特异性引物和荧光定量检测试剂盒	ZL201510306853.2	裴　杰	2018.03.06

（二）实用新型和外观专利

表13　实用新型和外观专利

序号	专利名称	专利号	第一发明人	授权公告日
1	一种可拆装的烈犬诊疗保定架	ZL201020126594.8	周绪正	2010.10.27
2	羊用缓释剂投服器	ZL201120034563.4	齐志明	2011.01.29
3	牛用缓释剂投服器	ZL201120034562.X	刘世祥	2011.08.31
4	一种动物饮水计量给药装置	ZL201020064886.8	荔　霞	2011.11.02
5	一种制作牛羊复合型营养舔砖的专用模具	ZL201120123489.3	齐志明	2011.12.07
6	牛羊舔砖	ZL201130088786.4	齐志明	2011.12.28
7	奶牛专用矿物质营养添砖支架	ZL201220020019.9	齐志明	2012.09.05
8	一种放置牛羊添砖的专用支架	ZL201220004831.2	刘世祥	2012.09.05
9	组合式高通量组合凝胶染色柜	ZL201220148189.5	董书伟	2012.09.05
10	一种凝胶条带切取器	ZL201220190390.X	董书伟	2012.09.17
11	牲畜饲料混合车	ZL201220099659.3	乔国华	2012.10.03
12	一种方便野外保定牦牛的简易保定架	ZL201220094105.4	曾玉峰	2012.10.10
13	凝胶斑点切取器	ZL201220154782.0	董书伟	2012.11.07
14	牛子宫细胞取样刷	ZL201220184139.2	严作廷	2012.11.07
15	便携式电动奶牛子宫冲洗器	ZL201220185390.0	严作廷	2012.11.17

（续表）

序号	专利名称	专利号	第一发明人	授权公告日
16	取样器	ZL201220286261.0	郭天芬	2012.12.12
17	毛发密度取样器	ZL201220349085.0	郭天芬	2013.01.03
18	绒毛样品抽样装置	ZL201220349372.1	郭天芬	2013.01.09
19	多功能动物医疗手推车	ZL201220362341.X	王贵波	2013.01.23
20	一种一次性采血盛血器	ZL201220619517.5	岳耀敬	2013.02.27
21	玻璃板晾置架	ZL201220155684.9	董书伟	2013.03.13
22	一种高寒牧区野外牛羊饲喂舔砖的装置	ZL201320079888.3	梁春年	2013.06.07
23	一种评定牛羊牧草营养价值体外发酵装置	ZL201310207034.3	丁学智	2013.06.13
24	毛绒样品洗毛袋	ZL201320015222.1	郭天芬	2013.06.19
25	一种板蓝根泡腾片	ZL201320104066.6	辛蕊华	2013.07.31
26	一种泡腾片的铝塑泡罩装置	ZL201320104198.9	辛蕊华	2013.07.31
27	动物毛绒横截面切取器	ZL201320200362.6	李维红	2013.09.04
28	动物毛纤维夹取器	ZL201320200460.X	李维红	2013.09.04
29	艾灸按摩一体盒	ZL201320211643.1	王贵波	2013.09.11
30	便携式动物称量装置	ZL201320229746.0	刘世祥	2013.09.11
31	实验大鼠保定袋	ZL201320211502.X	李建喜	2013.09.11
32	一种牦牛人工授精用巷道装置	ZL201320178576.8	郭　宪	2013.09.11
33	一种适合微量药品称量的器皿	ZL201320234197.6	辛蕊华	2013.09.18
34	石蜡包埋盒	ZL201320248268.8	李建喜	2013.09.25
35	一种96孔板的保护盒	ZL201320259901.3	李建喜	2013.09.25
36	一种聚乙烯面料的绵、山羊罩衣	ZL201320232445.3	孙晓萍	2013.10.09
37	一种牦牛生产用简易拴系装置	ZL201320232448.7	郭　宪	2013.10.09
38	一种移动便携式放牧羊围栏秤	ZL201320195011.0	孙晓萍	2013.10.09
39	牛用开口器	ZL201320239469.1	严作廷	2013.10.16
40	实验容器清洁刷	ZL201320256479.6	李建喜	2013.10.16
41	一种耐高温耐高压试管斜面培养基细菌棒	ZL201320270662.1	杨　峰	2013.10.30
42	大鼠采血固定器	ZL201320305687.0	刘世祥	2013.11.06
43	奶牛乳房炎和子宫内膜炎样品采集储运管	ZL201320285644.0	李宏胜	2013.11.06
44	羊毛分捡收集装置	ZL201320269282.6	牛春娥	2013.11.06
45	一种剪毛设施	ZL201320334238.9	牛春娥	2013.11.06
46	一种实验用大鼠固定器	ZL201320324168.9	秦　哲	2013.11.06

（续表）

序号	专利名称	专利号	第一发明人	授权公告日
47	一种用于藏羊野外防疫的简易圈定装置	ZL201320232394.4	王宏博	2013.11.06
48	一种大鼠体温检测辅助装置	ZL201320315062.2	张世栋	2013.11.13
49	一种无菌脱纤棉羊全血采集装置	ZL201320366280.9	李宏胜	2013.11.20
50	一种适用于化学制备的薄层色谱展开缸	ZL201320211547.7	辛蕊华	2013.11.27
51	一种实验大鼠注射及采血辅助装置	ZL201320379717.2	张世栋	2013.12.04
52	奶牛子宫用药栓剂的制备模具	ZL201320366075.2	梁剑平	2013.12.18
53	一种羊毛分级台	ZL201320314448.1	牛春娥	2013.12.18
54	一种野外牦牛分群补饲装置	ZL201320232591.6	梁春年	2014.01.15
55	温热灸按摩一体棒	ZL201320324028.1	王贵波	2014.01.22
56	一种RNA酶去除装置	ZL201320460609.8	裴　杰	2014.01.22
57	一种聚丙烯酰胺凝胶制备装置	ZL201320488482.0	裴　杰	2014.01.22
58	一种牦牛野外称量体重的装置	ZL201320079880.7	梁春年	2014.02.19
59	一种便携式可旋转绵羊毛分级台	ZL201320471973.4	孙晓萍	2014.03.12
60	一种用于奶牛临床型乳房炎乳汁性状观察的诊断盘套装	ZL201320589243.4	王旭荣	2014.03.19
61	一种可拆卸式糟渣饲料成型装置	ZL201320605686.8	王晓力	2014.03.26
62	一种糟渣饲料成型装置	ZL201320599758.2	王晓力	2014.03.26
63	一种对种子清洗消毒的装置	ZL201420190136.9	王春梅	2014.04.18
64	一种兽用丸剂制成型模具	ZL201420212350.X	郝宝成	2014.04.29
65	一种预防动物疯草中毒制剂舔砖加工成型的模具	ZL201420230255.2	郝宝成	2014.05.04
66	畜禽内脏粉碎样品取样器	ZL201320790883.1	李维红	2014.05.07
67	集成式固体食品分析样品采样盒	ZL201320825605.5	熊　琳	2014.05.14
68	一种测定溶液pH的装置	ZL201320815357.6	熊　琳	2014.05.14
69	一种固态发酵蛋白饲料的发酵盒	ZL201420256016.4	王晓力	2014.05.19
70	一种利于厌氧和好氧发酵转换的发酵袋	ZL201420255940.0	王晓力	2014.05.19
71	一种培养皿消毒装置	ZL201420261113.2	王春梅	2014.05.21
72	一种带刺植物种子采集器	ZL201420262213.7	王春梅	2014.05.23
73	一种适用于冻存管的动物软组织专用取样器	ZL201320809800.9	褚　敏	2014.06.04
74	一种新型适用于液氮冻存的七孔纱布袋	ZL201320831429.6	褚　敏	2014.06.04
75	一种自动洗毛机	ZL201420026738.3	熊　琳	2014.06.09
76	一种采集奶牛子宫内膜分泌物的组合装置	ZL201320700881.9	王旭荣	2014.06.11

（续表）

序号	专利名称	专利号	第一发明人	授权公告日
77	一种超声清洗仪	ZL201420069735.5	熊　琳	2014.06.12
78	涡旋混合器	ZL201420069694.X	熊　琳	2014.06.18
79	一种用于琼脂平板培养基细菌接种的滚动涂抹棒	ZL201420007463.6	杨　峰	2014.06.18
80	一种多功能试管收纳筐	ZL201420331452.3	李新圃	2014.06.20
81	一种定量稀释喷洒装置	ZL201420338783.X	王春梅	2014.06.24
82	一种皮革取样刀	ZL201420142056.6	牛春娥	2014.06.24
83	一种畜禽肉及内脏样品水浴蒸干搅拌器	ZL201420023334.6	李维红	2014.06.25
84	一种单子叶植物幼苗液体培养用培养盒	ZL201420036315.7	王春梅	2014.06.25
85	一种适用于长时间萌发且便于移栽的种子萌发盒	ZL201420039152.8	王春梅	2014.06.25
86	一种新型可注入液氮式研磨器	ZL201320839512.8	褚　敏	2014.06.25
87	家畜灌胃开口器	ZL201420060230.2	王贵波	2014.07.09
88	一种用于液体类药物抑菌试验的培养皿	ZL201420029756.4	杨　峰	2014.07.09
89	一种牦牛屠宰保定装置	ZL201420083121.2	梁春年	2014.07.16
90	一种新型待提取DNA的植物干燥叶片样品的储藏盒	ZL201420092525.8	张　茜	2014.07.16
91	一种种用牦牛补饲栏装置	ZL201420097955.9	郭　宪	2014.07.16
92	一种冻存管集装裹袋	ZL201420055296.2	张世栋	2014.07.23
93	一种防水干燥型植物标本夹包	ZL201420115952.3	张　茜	2014.07.23
94	一种可调式圆形切胶器	ZL201420098916.0	褚　敏	2014.07.23
95	一种耐高温高压的细菌冻干管贮运保护套	ZL201420045653.7	王旭荣	2014.07.23
96	一种嵌套式小容量采血管	ZL201420098954.6	褚　敏	2014.07.23
97	一种土壤样品采集存储盒	ZL201420110569.9	张　茜	2014.07.23
98	一种新型的开孔式微量冻存管	ZL201420110456.9	褚　敏	2014.07.23
99	用于盛放及清洗羊毛样品的装置	ZL201420110293.4	郭天芬	2014.07.23
100	微波消解防溅罩	ZL201420136558.8	王　慧	2014.07.30
101	一种新型采集提取DNA的新鲜植物叶片样品的干燥袋	ZL201420092537.0	张　茜	2014.07.30
102	一种用于细菌微量生化鉴定管的定量吸头	ZL201420141687.6	李新圃	2014.07.30
103	自动化牛羊营养舔块制造机具	ZL201420136651.9	王胜义	2014.07.30
104	一种旋转型培养皿架	ZL201420205867.6	杨　峰	2014.08.03
105	测定须根系植物地上部分离子回运的方法的专用设备	ZL201420083518.1	王春梅	2014.08.06

（续表）

序号	专利名称	专利号	第一发明人	授权公告日
106	分子生物学实验操作盘	ZL201420150522.5	张　茜	2014.08.06
107	微波炉加热凝胶液体杯	ZL201420150622.8	张　茜	2014.08.06
108	一种用于毛囊培养的装置	ZL201420164275.4	郭婷婷	2014.08.06
109	豚鼠专用注射固定器	ZL201420105314.3	周绪正	2014.08.10
110	一种大动物软组织采样切刀	ZL201420178030.7	张世栋	2014.08.13
111	一种适用于薄层板高温加热的支架	ZL201420180651.9	辛蕊华	2014.08.13
112	一种羊毛中有色纤维鉴别装置	ZL201420104199.8	高雅琴	2014.08.13
113	一种用于存放研钵及研磨棒的搁置架	ZL201420171321.3	张　茜	2014.08.13
114	通风柜	ZL201420069576.9	熊　琳	2014.08.20
115	一种植物培养装置	ZL201420189764.5	王春梅	2014.08.20
116	分液漏斗支架装置	ZL201420221050.8	刘　宇	2014.08.27
117	琼脂糖凝胶制胶器	ZL201420206301.5	裴　杰	2014.08.27
118	一种便携式可拆式羊用保定架	ZL201420198238.5	李宏胜	2014.08.27
119	一种大鼠电子体温检测装置	ZL201420176295.3	张世栋	2014.08.27
120	一种色谱仪进样瓶风干器	ZL201320836791.2	熊　琳	2014.08.27
121	一种新型动物组织采样器	ZL201420166093.0	裴　杰	2014.08.27
122	一种用于冻干管抽真空的连接头	ZL201420183782.2	杨　峰	2014.08.27
123	一种用于放置细菌微量生化鉴定管的活动管架	ZL201420202030.6	李新圃	2014.08.27
124	一种用于细菌培养和保藏的琼脂斜面管	ZL201420186896.2	杨　峰	2014.08.27
125	一种用于药敏纸片的移动枪	ZL201420198240.2	杨　峰	2014.08.27
126	圆形容器清洗刷	ZL201420199827.5	王贵波	2014.08.27
127	一种电泳凝胶转移及染色脱色装置	ZL201420239522.2	郭婷婷	2014.09.03
128	一种牧区野外多功能活动式牛羊补饲围栏装置	ZL201420097857.5	梁春年	2014.09.03
129	一种牧区野外饲草料晾晒和饲喂一体简易装置	ZL201420097858.X	梁春年	2014.09.03
130	一种野外植物采样工具包	ZL201420139451.9	张　茜	2014.09.03
131	奶牛用便携式药液防呛快速灌服器	ZL201420193643.8	王　磊	2014.09.10
132	一种测草产量的称重袋	ZL201420115688.3	张　茜	2014.09.10
133	一种可拆卸晾毛架	ZL201420042302.0	熊　琳	2014.09.10
134	一种啮齿动物保定装置	ZL201420170367.3	罗永江	2014.09.10
135	一种伸缩式斜置试剂瓶架	ZL201420249827.1	贺泂杰	2014.09.10

（续表）

序号	专利名称	专利号	第一发明人	授权公告日
136	一种兽医用手套	ZL201420097247.5	岳耀敬	2014.09.10
137	一种无菌操作台用容器支撑器	ZL201420174305.X	张景艳	2014.09.10
138	一种折叠式无菌细管架	ZL201420249843.0	贺洞杰	2014.09.10
139	一种自动固定式涡旋器	ZL201420251735.7	贺洞杰	2014.09.10
140	用于兽医临床样品采集的多功能采样箱	ZL201420242428.2	王旭荣	2014.09.10
141	一种X形羊用野外称重保定带	ZL201420129786.2	包鹏甲	2014.09.17
142	一种鸡鸭胚液收集辅助器	ZL201420255228.0	贺洞杰	2014.09.17
143	一种可更换刷头的电动试管刷	ZL201420266582.3	李宏胜	2014.09.17
144	一种洗毛夹	ZL201320836844.0	熊　琳	2014.09.24
145	一种毛绒样品清洗装置	ZL201420110292.x	郭天芬	2014.10.01
146	一种毛、绒伸直长度测量板	ZL201420113746.9	牛春娥	2014.10.08
147	实验室用电动清洗刷	ZL201420207999.2	王贵波	2014.10.10
148	一种干燥防尘箱	ZL201420289919.2	张　茜	2014.10.15
149	一种剪毛束装置	ZL201420336601.5	张怀山	2014.10.15
150	一种绵羊母子护理栏	ZL201420295132.7	郭　健	2014.10.15
151	一种农区、半农半牧区家庭化舍饲养牛牛舍	ZL201420129922.8	包鹏甲	2014.10.15
152	一种饲料混合粉碎机	ZL201420336602.X	张怀山	2014.10.15
153	一种易拆装花盆	ZL201420268425.6	胡　宇	2014.10.15
154	一种用于冻干管批量清洗装置	ZL201420297285.5	李宏胜	2014.10.15
155	一种用于组织切片或涂片烘干装置	ZL201420204676.8	孔晓军	2014.10.15
156	一种用于CO_2培养箱的抽水装置	ZL201420160004.1	王　磊	2014.10.17
157	一种病理玻片架	ZL201420174174.5	张景艳	2014.10.21
158	母牛子宫内分泌物采集装置	ZL201420055292.4	张世栋	2014.10.22
159	一种小鼠多功能夹式固定器	ZL201420391011.2	罗金印	2014.10.22
160	一种锥形瓶灭菌用的封口装置	ZL201420443935.2	王晓力	2014.10.22
161	涂布棒灼烧消毒固定工具	ZL201420231726.1	贺洞杰	2014.10.29
162	一种便携式保温采样瓶	ZL201420319874.9	包鹏甲	2014.10.29
163	一种绵羊产羔栏	ZL201420164233.0	郭　健	2014.10.29
164	一种羊用野外称重保定装置	ZL201420110553.8	包鹏甲	2014.10.29
165	一种用于安全运输菌株冻干管的保护管	ZL201420275462.X	王　玲	2014.10.29
166	一种液氮罐用冻存管保存架	ZL201420247751.9	裴　杰	2014.10.31
167	一种剪毛房	ZL201420098940.4	牛春娥	2014.11.05

（续表）

序号	专利名称	专利号	第一发明人	授权公告日
168	一种试管架	ZL201420315525.X	罗永江	2014.11.05
169	一种用于微生物学实验的接种针	ZL201420292141.0	王旭荣	2014.11.05
170	一种绵羊药浴设施	ZL201420382102.X	郭　健	2014.11.06
171	一种配置牛床的犊牛岛	ZL201420370740.X	秦　哲	2014.11.12
172	绵羊人工授精设施	ZL201420293214.8	郭　健	2014.11.19
173	简易真空干燥装置	ZL201420042430.5	熊　琳	2014.11.26
174	一种DNA电泳检测前制样用板	ZL201420294971.7	张　茜	2014.11.26
175	一种便携式洗根器	ZL201420141934.2	路　远	2014.11.26
176	一种容量瓶	ZL201420300283.7	朱新强	2014.11.26
177	一种用于培养皿消毒和保藏的储存盒	ZL201420302266.7	李宏胜	2014.11.26
178	一种试验用玻璃棒	ZL201420300379.3	朱新强	2014.12.01
179	一种培养皿放置收纳箱	ZL201420284244.2	张　茜	2014.12.03
180	一种伸缩型牧草株高测量尺	ZL201420115305.2	张　茜	2014.12.03
181	一种实验室用实验组合柜	ZL201420400159.8	秦　哲	2014.12.03
182	一种分段式柱体层析装置	ZL201420370838.5	秦　哲	2014.12.08
183	一种带擦头的记号笔	ZL201420121471.3	张　茜	2014.12.10
184	一种加样时放置离心管的冰盒	ZL201420133109.9	张　茜	2014.12.10
185	一种毛、绒手排长度试验板	ZL201420134724.0	牛春娥	2014.12.10
186	一种用于菌株冻干的菌液收集管	ZL201420195648.4	杨　峰	2014.12.10
187	一种皮肤组织切片用石蜡包埋盒	ZL201420371308.2	牛春娥	2014.12.17
188	一种水蒸气蒸馏装置	ZL201420217534.5	刘　宇	2014.12.17
189	一种利于琼脂斜面管制作的存放盒	ZL201520003123.0	杨　峰	2015.01.05
190	一种可使试管倾斜放置的装置	ZL201420549489.3	罗永江	2015.01.07
191	一种用于无菌采集奶牛乳房炎乳汁样品的采样包	ZL201420717921.0	王　玲	2015.01.07
192	一种成猪专用保定架	ZL201420474429.X	周绪正	2015.01.28
193	一种用于防置球形底容器的装置	ZL201420473479.6	罗永江	2015.02.18
194	一种用于分离蛋黄和蛋清的手捏式蛋黄吸取器具	ZL201420586223.6	王　玲	2015.02.18
195	一种柱层析支架	ZL201520308919.7	杨　珍	2015.03.04
196	一种猪专用前腔静脉采血可调保定架	ZL201520145700.X	周绪正	2015.03.16
197	羊用复式循环药浴池	ZL201420505089.2	孙晓萍	2015.03.25
198	一种家畜称重分离装置	ZL201420665938.0	岳耀敬	2015.03.25

（续表）

序号	专利名称	专利号	第一发明人	授权公告日
199	一种冷冻组织块切割装置	ZL201420744159.X	张世栋	2015.03.25
200	一种核酸胶切割装置	ZL201420803801.7	贺洞杰	2015.04.08
201	一种牦牛B超测定用保定架装置	ZL201420723244.8	郭　宪	2015.04.15
202	一种牧区牦牛体重自动筛查装置	ZL201520240864.0	梁春年	2015.04.17
203	一种牦牛用模拟采精架	ZL201520252466.0	梁春年	2015.04.18
204	一种凝胶胶片转移装置	ZL201420744583.4	张世栋	2015.04.22
205	一种牛用颈静脉采血针	ZL201420744220.0	张世栋	2015.04.22
206	一种细胞培养皿	ZL201420744156.6	张世栋	2015.04.22
207	一种用于革兰氏染色的载玻片钳	ZL201520003185.1	杨　峰	2015.05.06
208	一种超净工作台液氮瓶固定倾倒装置	ZL201420803734.9	贺洞杰	2015.05.13
209	一种简易薄层色谱点样标尺	ZL201520020761.3	王东升	2015.05.13
210	一种简易冷冻装置	ZL201520159477.4	李维红	2015.05.13
211	一种培养皿晾晒装置	ZL201420803659.6	贺洞杰	2015.05.13
212	一种早熟禾草坪建植中种子快速萌发方法的专用松皮装置	ZL201420793608.X	王春梅	2015.05.27
213	一种EP管固定盘	ZL201520003351.8	杨　峰	2015.06.03
214	一种伸缩式蜡叶标本架	ZL201520037279.0	孔晓军	2015.06.03
215	一种土壤取样器	ZL201520074028.X	张　茜	2015.06.03
216	一种牦牛酥油提取装置	ZL201420861298.0	郭　宪	2015.06.10
217	一种育种种子储藏袋	ZL201520003267.6	张　茜	2015.06.10
218	一种植物种子撒播器	ZL201520003268.0	张　茜	2015.06.10
219	超净台培养基倾倒工具	ZL201520040575.6	贺洞杰	2015.06.17
220	一种薄层色谱展开装置	ZL201520132741.5	熊　琳	2015.06.17
221	一种用于制作琼脂扩散试验中梅花形孔的装置	ZL201520095603.4	贺洞杰	2015.06.17
222	一种薄层色谱板保存盒	ZL201520039888.X	王东升	2015.06.24
223	一种电极测定离子过膜瞬时速率的专用测试装置	ZL201520132634.2	王春梅	2015.06.24
224	一种放射性废物的收集装置	ZL201520131874.0	王春梅	2015.06.24
225	一种液体闪烁计数法测定活体植物单向离子吸收速率的方法的专用样品管	ZL201520132633.8	王春梅	2015.06.24
226	多功能桌板结构	ZL201520089380.0	郭天芬	2015.07.01
227	一种便携式田间标识牌	ZL201520079167.1	杨红善	2015.07.01
228	适用于北方室内花卉的施肥系统	ZL201420742044.7	王春梅	2015.07.08

（续表）

序号	专利名称	专利号	第一发明人	授权公告日
229	一种畜禽肉粉碎样品取样器	ZL201520007941.8	李维红	2015.07.08
230	一种防辐射手臂保护套	ZL201520131979.6	王春梅	2015.07.08
231	一种实验兔针灸用装置	ZL201520051143.5	魏小娟	2015.07.08
232	一种羔羊集约化饲养羊舍	ZL201520093598.3	孙晓萍	2015.07.09
233	一种多功能试剂管放置板	ZL201520132057.7	贺洞杰	2015.07.12
234	一种可计量倾倒液体体积的烧杯	ZL201520506039.0	黄　鑫	2015.07.14
235	可调式毛绒样品烘样篮	ZL201520202223.6	梁丽娜	2015.07.15
236	一种PCR加样简易操作台	ZL201520088573.4	贺洞杰	2015.07.15
237	一种萃取分层中的吸取装置	ZL201520008163.4	李维红	2015.07.15
238	一种接种针消毒装置	ZL201520136978.0	王春梅	2015.07.15
239	一种毛纤维切取装置	ZL201520197765.9	王宏博	2015.07.15
240	一种培养皿清洁工具	ZL201520083238.5	贺洞杰	2015.07.15
241	一种液体高温灭菌瓶	ZL201520136701.8	王春梅	2015.07.15
242	一种移液枪枪头盒	ZL201520512464.0	郝宝成	2015.07.15
243	一种预防羊疯草中毒舔砖专用放置架	ZL201520116650.2	郝宝成	2015.07.15
244	一种植物干种子标本展示瓶	ZL201520074090.9	张　茜	2015.07.15
245	一种纸张消毒盒	ZL201520103549.3	王春梅	2015.07.15
246	移动可拆卸放牧羊保定栏	ZL201520118910.X	孙晓萍	2015.07.15
247	用于清洗细胞瓶的可更换刷头的细胞瓶刷	ZL201520106451.3	贺洞杰	2015.07.15
248	实验室清洁刷放置储存挂袋	ZL201520182941.1	张　茜	2015.07.22
249	实验室用超声萃取装置	ZL201520173967.X	熊　琳	2015.07.22
250	悬挂式植物蜡叶标本展示盒	ZL201520182839.1	张　茜	2015.07.22
251	一种舍饲羊圈、放牧围栏的半自动门锁	ZL201520118910.X	孙晓萍	2015.07.22
252	一种吸壁式移液器搁置架	ZL201520136954.5	王春梅	2015.07.22
253	一种黏性样品取样匙	ZL201520218616.6	杨晓玲	2015.07.22
254	一种新型可调节高速分散器	ZL201520552520.3	郝宝成	2015.07.28
255	集成式磁力搅拌水浴反应装置	ZL201520186903.3	熊　琳	2015.07.29
256	小型液氮取倒容器	ZL201520181777.2	张　茜	2015.07.29
257	一种可伸缩的土壤耕作耙子	ZL201520132950.X	杨红善	2015.07.29
258	一种绒面长度测量板	ZL201520238863.2	郭天芬	2015.07.29
259	一种微量样品的过滤器	ZL201520174273.8	李维红	2015.07.29
260	一种用于琼脂扩散试验的多孔制孔器装置	ZL201520242420.0	王　玲	2015.07.29
261	不同类型毛绒样品分类收集盒	ZL201520201879.6	郭天芬	2015.08.05

（续表）

序号	专利名称	专利号	第一发明人	授权公告日
262	固定式便捷刮板器	ZL201520106452.8	贺洞杰	2015.08.05
263	鼠耳片取样器	ZL201520263595.X	王东升	2015.08.05
264	羊毛洗净率实验中的烘箱隔板	ZL201520201917.8	李维红	2015.08.05
265	一种氨基酸检测实验中溶剂简易干燥装置	ZL201520201914.4	李维红	2015.08.05
266	一种可调式容量瓶架	ZL201520203093.8	郭天芬	2015.08.05
267	一种牛的诊疗保定栏	ZL201520145849.0	周绪正	2015.08.05
268	一种筛底可更换式实验筛	ZL201520203048.2	梁丽娜	2015.08.05
269	一种羊只运输的装车装置	ZL201520208296.6	孙晓萍	2015.08.05
270	一种用于革兰氏染色的载玻片吸附架	ZL201520263088.6	杨　峰	2015.08.05
271	一种用于尾静脉试验的大小鼠固定装置	ZL201520203013.9	杨　峰	2015.08.05
272	一种用于药敏试验抑菌圈的测量装置	ZL201520202979.0	杨　峰	2015.08.05
273	一种植物腊叶标本直立式展示盒	ZL201520218656.0	张　茜	2015.08.05
274	隔板式培养皿	ZL201520250456.3	王　玲	2015.08.12
275	禽用饮水器的气门装置	ZL201520221110.0	郭　健	2015.08.12
276	一种便于清理的猪圈	ZL201520212734.6	郭　健	2015.08.12
277	一种测温式水浴固定装置	ZL201520237746.4	梁丽娜	2015.08.12
278	一种畜牧供给水装置	ZL201520212593.8	郭　健	2015.08.12
279	一种畜牧用饮水槽	ZL201520212733.1	郭　健	2015.08.12
280	一种大规模绵羊个体鉴定保定设备	ZL201520211769.8	郭　健	2015.08.12
281	一种带自动冲洗装置的羊圈	ZL201520212673.3	郭　健	2015.08.12
282	一种仿生型羔羊哺乳架	ZL201520123631.2	朱新书	2015.08.12
283	一种放牧绵羊缓释药丸投喂器	ZL201520252434.0	王宏博	2015.08.12
284	一种放牧牛羊草料补饲装置	ZL201520200445.4	朱新书	2015.08.12
285	一种坩埚架夹持器	ZL201520233563.5	梁丽娜	2015.08.12
286	一种灌木植物冬季保暖的简易温室	ZL201520237678.1	张　茜	2015.08.12
287	一种集成器皿架	ZL201520213813.9	熊　琳	2015.08.12
288	一种简易固相萃取装置	ZL201520075271.3	熊　琳	2015.08.12
289	一种简易家畜装运设备	ZL201520212301.0	郭　健	2015.08.12
290	一种进样瓶辅助清洗器	ZL201520213206.2	杨晓玲	2015.08.12
291	一种可拆卸式多用途试管架和移液管组合架	ZL201520241210.X	魏小娟	2015.08.12
292	一种可替换刀头式冻存管专用动物软组织取样器	ZL201520250311.3	褚　敏	2015.08.12
293	一种可调节高度实验台	ZL201520201920.X	熊　琳	2015.08.12

（续表）

序号	专利名称	专利号	第一发明人	授权公告日
294	一种绵羊分群标记设备	ZL201520221127.6	郭　健	2015.08.12
295	一种绵羊个体授精保定设备	ZL201520211823.9	郭　健	2015.08.12
296	一种胚胎体外检取装置	ZL201520159508.6	郭　宪	2015.08.12
297	一种培养基盛放瓶	ZL201520241580.3	魏小娟	2015.08.12
298	一种新型酒精灯	ZL201520242654.5	杨　峰	2015.08.12
299	一种羊舍	ZL201520212607.6	郭　健	2015.08.12
300	一种自行式气瓶运输车	ZL201520218657.5	熊　琳	2015.08.12
301	一种可快速取放的坩埚架	ZL201520229449.5	郭天芬	2015.08.16
302	采血管收纳的腰间围带	ZL201520263663.2	崔东安	2015.08.19
303	冻存专用采血管储存盒	ZL201520263023.1	褚　敏	2015.08.19
304	减压三通管	ZL201520263664.7	王东升	2015.08.19
305	可收缩式遮阴棚架	ZL201520261481.1	路　远	2015.08.19
306	可调节角度的斜面培养基试管架	ZL201520261482.6	路　远	2015.08.19
307	少量毛绒样品清洗杯	ZL201520246135.6	梁丽娜	2015.08.19
308	试验用便携式液氮储存壶	ZL201520263024.6	褚　敏	2015.08.19
309	一种采血管保护装置	ZL201520250457.8	褚　敏	2015.08.19
310	一种测定土壤水分的新型铝盒	ZL201520285736.8	胡　宇	2015.08.19
311	一种活动套管式琼脂平板打孔器	ZL201520268149.8	王　玲	2015.08.19
312	一种可拆分式洗瓶刷晾置架	ZL201520263117.9	褚　敏	2015.08.19
313	一种可叠加放置的育苗钵架	ZL201520261444.0	路　远	2015.08.19
314	一种手摇式土壤筛	ZL201520253027.1	路　远	2015.08.19
315	一种消毒液稀释杯	ZL201520263395.4	杨　峰	2015.08.19
316	一种用于超净工作台内的移液枪架	ZL201520263002.X	杨　峰	2015.08.19
317	一种一次性防毒口罩	ZL201520174410.8	李维红	2015.08.22
318	快速液氮研磨器	ZL201520263036.9	褚　敏	2015.08.26
319	一种笔式计数数粒装置	ZL201520309742.2	朱新强	2015.08.26
320	一种便捷式标本夹	ZL201520286168.3	胡　宇	2015.08.26
321	一种草地地方样品采集剪刀	ZL201520286167.9	胡　宇	2015.08.26
322	一种可调节行距和播种深度的田间试验划线器	ZL201520133797.2	周学辉	2015.08.26
323	一种牛羊暖棚棚架装置	ZL201520263115.X	郭　宪	2015.08.26
324	一种洗瓶刷	ZL201520250409.9	褚　敏	2015.08.26
325	一种新型试管架	ZL201520233622.9	魏小娟	2015.08.26

（续表）

序号	专利名称	专利号	第一发明人	授权公告日
326	一种血浆样品存储盒	ZL201520211536.8	李 冰	2015.08.26
327	一种野外观测仪表防水保护箱	ZL201520313827.8	李润林	2015.08.26
328	一种针对有毒、刺植物的样品采集剪刀	ZL201520288729.3	胡 宇	2015.08.26
329	自动感应式洗手液盛放器	ZL201520263813.X	褚 敏	2015.08.26
330	一种低温解剖小鼠实验装置	ZL201520309945.1	杨 珍	2015.09.02
331	一种生物学实验用实验服	ZL201520308884.7	裴 杰	2015.09.02
332	一种手术刀片消毒装置	ZL201520103625.0	王春梅	2015.09.02
333	一种制胶用移液器吸头	ZL201520309333.2	裴 杰	2015.09.02
334	一种种子存储袋	ZL201520293922.6	王晓力	2015.09.02
335	细胞培养实验室操作台专用废液缸	ZL201520290100.2	郝宝成	2015.09.09
336	一种畜牧场用积粪车	ZL201520221108.3	郭 健	2015.09.09
337	一种分子生物学实验室超净台专用镊子	ZL201520323116.9	郝宝成	2015.09.09
338	一种检测牛肉中伊维菌素残留的试剂盒	ZL201520370918.5	魏小娟	2015.09.09
339	一种可拆卸式荧光定量孔板	ZL201520308918.2	裴 杰	2015.09.09
340	一种样品瓶存储盒	ZL201520229707.X	李 冰	2015.09.09
341	一种用于细菌革兰氏染色的载玻片界定架	ZL201520290150.0	杨 峰	2015.09.09
342	一种植株样本采集袋	ZL201520298815.2	朱新强	2015.09.09
343	高通量聚丙烯酰胺凝胶制胶器	ZL201520345130.9	裴 杰	2015.09.16
344	一种大动物胃管灌药器	ZL201520309780.8	魏小娟	2015.09.16
345	一种弧形体尺测量仪	ZL201520147038.1	孙晓萍	2015.09.16
346	一种家畜蠕虫病检查过滤器	ZL201520331245.2	李世宏	2015.09.16
347	一种简易牦牛粪捡拾器	ZL201520309617.1	孔晓军	2015.09.16
348	一种可调节桌面水平和高度的桌子	ZL201520340642.6	李润林	2015.09.16
349	一种马铃薯点播器	ZL201520335053.9	李润林	2015.09.16
350	一种马属动物鼻腔采样器	ZL201520318709.6	魏小娟	2015.09.16
351	一种牛用鼻腔黏液采集器	ZL201520318959.X	魏小娟	2015.09.16
352	一种犬用简易鼻腔黏液采集器	ZL201520318957.0	魏小娟	2015.09.16
353	一种手动土样过筛装置	ZL201520309807.3	李润林	2015.09.16
354	一种鼠类动物饲养笼清洁铲	ZL201520330971.2	刘希望	2015.09.16
355	一种水浴支架	ZL201520330985.4	杨 珍	2015.09.16
356	一种小型可调式手动中药铡刀	ZL201520370733.4	程富胜	2015.09.16
357	一种羊鼻腔采样器	ZL201520318688.8	魏小娟	2015.09.16
358	一种药材育成苗点播器	ZL201520340531.5	李润林	2015.09.16

（续表）

序号	专利名称	专利号	第一发明人	授权公告日
359	一种用于实验室孵化鸡胚的简易鸡胚孵化架	ZL201520095739.5	贺泂杰	2015.09.16
360	一种仔猪去势手术用保定架	ZL201520309664.6	李世宏	2015.09.16
361	一种猪用开口器	ZL201520222389.4	王东升	2015.09.16
362	离心管架	ZL201520345178.X	裴　杰	2015.09.23
363	舍饲绵羊圈舍内的栓扣装置	ZL201520603029.1	孙晓萍	2015.09.23
364	一种冰浴支架装置	ZL201520340865.2	杨　珍	2015.09.23
365	一种放牧羊保定栏	ZL201520552564.6	孙晓萍	2015.09.23
366	一种家畜口腔消毒容器	ZL201520330977.X	李世宏	2015.09.23
367	一种实验兔用液体药物灌服辅助器	ZL201520205674.5	郝宝成	2015.09.23
368	一种用于微量移取溶液的定量刻度管	ZL201520322885.7	王　玲	2015.09.23
369	一种试管固定晾晒工具	ZL201520080006.4	贺泂杰	2015.09.30
370	一种试验用防护取样器	ZL201520380966.2	张景艳	2015.09.30
371	一种便携式样品冷冻箱	ZL201520219329.7	熊　琳	2015.10.07
372	一种大小鼠代谢率搁置架	ZL201520391528.6	孔晓军	2015.10.07
373	一种多功能吸管架	ZL201520335193.6	王东升	2015.10.07
374	一种禾本科种子发芽实验皿	ZL201520003287.3	张　茜	2015.10.07
375	一种羊用人工授精保定台	ZL201520340744.8	包鹏甲	2015.10.07
376	一种猪的保定架	ZL201520309586.X	李世宏	2015.10.07
377	一种色谱柱存放盒	ZL201520396229.1	李　冰	2015.10.14
378	一种试管沥水收纳装置	ZL201520370333.3	王　玲	2015.10.14
379	一种组合式羊栏	ZL201520576726.X	郭　健	2015.10.16
380	液氮罐固定塞	ZL201520263090.3	褚　敏	2015.10.21
381	一种不同动物的开膣器	ZL201520414067.X	李世宏	2015.10.21
382	一种不同动物的叩诊锤	ZL201520414076.9	李世宏	2015.10.21
383	一种拆卸式坩埚托盘	ZL201520400377.6	朱新强	2015.10.21
384	一种大家畜的灌药器	ZL201520309672.0	李世宏	2015.10.21
385	一种多用途搬运车	ZL201520426265.8	魏小娟	2015.10.21
386	一种公羊采精器	ZL201520309860.3	李世宏	2015.10.21
387	一种可倾斜试管架	ZL201520400521.6	朱新强	2015.10.21
388	一种适用于小面积种植的播种装置	ZL201520400575.2	朱新强	2015.10.21
389	一种旋转式腊页标本陈列架	ZL201520422712.2	孔晓军	2015.10.21
390	一种自动混匀式水浴加热装置	ZL201520263087.1	褚　敏	2015.10.21
391	粪便样品处理器	ZL201520246282.3	魏小娟	2015.10.22

（续表）

序号	专利名称	专利号	第一发明人	授权公告日
392	一种新型防渗水、孔径可变、高度可调试管架	ZL201520487248.5	高旭东	2015.10.28
393	一种新型土钻	ZL201520510776.8	胡　宇	2015.10.28
394	一种多功能试管架	ZL201520463539.0	郝宝成	2015.11.04
395	一种实验室专用多功能简易定时器	ZL201520496414.8	杨晓玲	2015.11.04
396	一种羊毛束盛放调湿架	ZL201520661968.9	郭天芬	2015.11.04
397	一种用于倾倒液体的抓瓶装置	ZL201520400608.3	朱新强	2015.11.04
398	一种植物测量尺	ZL201520500608.0	路　远	2015.11.04
399	一种植物生长板	ZL201520500700.7	路　远	2015.11.04
400	一种牦牛生产用分群栏装置	ZL201520600096.5	郭　宪	2015.11.05
401	一种具有多管腔的试管	ZL201520322944.0	朱新强	2015.11.10
402	一种容量瓶、试管和移液管三用支架	ZL201520561321.9	高旭东	2015.11.11
403	琼脂糖凝胶和核酸胶的携带移动装置	ZL201520106455.1	贺洞杰	2015.11.11
404	一种便携式样方框	ZL201520288217.7	胡　宇	2015.11.11
405	一种野外保暖箱	ZL201520507956.0	路　远	2015.11.11
406	一种移液器枪头超声波清洗筐	ZL201520142914.1	王春梅	2015.11.11
407	一种实验室废弃物盛放	ZL201520588555.2	郭婷婷	2015.11.12
408	一种用于安全运输样品的采样装置	ZL201520177535.6	牛建荣	2015.11.18
409	一种针对燕麦类种子的种子袋	ZL201520500658.9	胡　宇	2015.11.18
410	一种便携式色谱柱存放袋	ZL201520396467.2	李　冰	2015.12.02
411	一种多功能实验室冰盒	ZL201520560397.X	秦　哲	2015.12.02
412	一种间距为33.4cm的多行尖锄	ZL201520505121.1	胡　宇	2015.12.02
413	一种生物样品涂片及切片用的染色架	ZL201520560611.1	秦　哲	2015.12.02
414	一种经济型保暖牛羊舍	ZL201520550132.1	朱新书	2015.12.09
415	一种羊羔喂奶装置	ZL201520576728.9	郭　健	2015.12.09
416	一种除草工具	ZL201520495635.3	胡　宇	2015.12.16
417	检测牛肉中阿维菌素残留的免疫荧光试剂盒	ZL201520690822.7	魏小娟	2015.12.30
418	检测羊肉中阿维菌素残留的试剂盒	ZL201520690936.1	魏小娟	2015.12.30
419	简易的青贮饲料发酵罐	ZL201520675267.0	王晓力	2015.12.30
420	一种称量瓶架	ZL201520496455.7	杨晓玲	2015.12.30
421	一种多功能试管夹	ZL201520697715.7	李新圃	2015.12.30
422	一种以广口玻璃和离心管制作的组培瓶	ZL201520697971.6	王晓力	2015.12.30

（续表）

序号	专利名称	专利号	第一发明人	授权公告日
423	一种代谢笼尿液收集连接装置	ZL201520729440.0	杨亚军	2016.01.06
424	一种高通量植物固液培养装置	ZL201520663789.9	王晓力	2016.01.06
425	一种琼脂培养基制备瓶	ZL201520715946.6	王　玲	2016.01.06
426	一种保存展示柜	ZL201520735049.1	李　冰	2016.01.13
427	一种简易鼠笼搬运车	ZL201520734960.0	董鹏程	2016.01.13
428	一种分层取土器	ZL201520500651.7	路　远	2016.01.20
429	一种田间试验用组合式多功能简易工作台	ZL201520403789.5	周学辉	2016.01.20
430	一种植物标本盒	ZL201520498522.9	路　远	2016.01.20
431	锥形瓶架	ZL201520702289.1	尚若锋	2016.02.10
432	一种便携式小区划线器	ZL201520500850.8	胡　宇	2016.03.02
433	一种冰柜样品存放架	ZL201520785588.6	梁丽娜	2016.03.02
434	一种取样勺	ZL201520787018.0	梁丽娜	2016.03.02
435	一种天平用试管架	ZL201520785274.6	梁丽娜	2016.03.02
436	一种简易便携的微生物培养盒	ZL201520667654.X	王晓力	2016.03.09
437	一种手动匀浆器	ZL201620178192.X	张世栋	2016.03.09
438	一种养殖场兽医用输液支架	ZL201520639820.5	董书伟	2016.03.23
439	一种大家畜运输的装卸车装置	ZL201520880007.7	孙晓萍	2016.03.30
440	一种放牧绵羊的围栏	ZL201520923993.X	孙晓萍	2016.03.30
441	一种简便式革、毛皮切粒器	ZL201520914662.X	梁丽娜	2016.04.13
442	一种烧杯托	ZL201520889540.X	梁丽娜	2016.04.13
443	一种配对式离心管	ZL201620358403.8	张世栋	2016.04.26
444	一种展示电泳槽装置	ZL201620358376.4	张世栋	2016.04.26
445	一种适用于小面积种植的开沟工具	ZL201520309741.8	朱新强	2016.04.27
446	毛绒样品手排长度排图辅助器	ZL201620431592.7	梁丽娜	2016.05.13
447	一种火棉胶滴涂瓶	ZL201620431593.1	梁丽娜	2016.05.13
448	奶牛用便携式乳房清洗装置	ZL201521033214.5	罗金印	2016.05.14
449	一种检测肉样嫩度用水浴加热样品盛放装置	ZL201520976556.4	梁丽娜	2016.05.15
450	一种毛绒检测辅助装置	ZL2015207908864	梁丽娜	2016.05.18
451	一种新型多功能开盖器	ZL201521127165.1	黄　鑫	2016.05.25
452	一种不锈钢酒精灯	ZL201620003256.2	李宏胜	2016.06.01
453	一种细菌冻干管加样器	ZL201521110732.2	张　哲	2016.06.01
454	一种用于微生物染色的载玻片	ZL201620014619.2	张　哲	2016.06.01
455	一种带刻度尺的取样铲	ZL201620048654.6	郭天芬	2016.06.08

（续表）

序号	专利名称	专利号	第一发明人	授权公告日
456	一种固体样品取样铲	ZL201620010671.0	郭天芬	2016.06.08
457	一种实验室用辅助匀浆杯	ZL201620064739.3	郝宝成	2016.06.08
458	一种变形软尺	ZL201620196574.5	李维红	2016.07.27
459	一种简易羊毛手排长度仪	ZL201620186806.9	李维红	2016.07.27
460	一种96孔板底部保护架	ZL201620204462.X	王东升	2016.08.03
461	一种简易多层梯形草样晾晒架	ZL201620228456.8	周学辉	2016.08.03
462	一种牧草幼苗移栽器	ZL201620228457.2	周学辉	2016.08.03
463	一种奶样采集检测装置	ZL201521080374.5	罗金印	2016.08.03
464	一种牛羊双层保温棚架装置	ZL201620214862.9	郭　宪	2016.08.03
465	一种实验室用离心管恒温装置	ZL201620214860.X	郭　宪	2016.08.03
466	一种在超净工作台内使用的废弃物消毒桶	ZL201620263258.5	张　哲	2016.08.10
467	一种SDS-PAGE制胶装置	ZL201620267132.5	贺洞杰	2016.08.17
468	一种传感器保护装置	ZL201620272542.9	李润林	2016.08.17
469	一种多层装羊卸羊装置	ZL201620311888.5	郭　健	2016.08.17
470	一种多通道加液器	ZL201620234029.0	熊　琳	2016.08.17
471	一种多用移液器吸头	ZL201620272472.7	褚　敏	2016.08.17
472	一种防倒吸抽真空装置	ZL201620227137.5	熊　琳	2016.08.17
473	一种羔羊保温房	ZL201610311887.0	郭　健	2016.08.17
474	一种具有过滤功能的离心管套	ZL201620272545.2	熊　琳	2016.08.17
475	一种可拆卸试管架	ZL201620272543.3	熊　琳	2016.08.17
476	一种可活动的简易种子样品陈列架	ZL201620228410.6	周学辉	2016.08.17
477	一种可准确移液的称量瓶	ZL201620277622.3	焦增华	2016.08.17
478	一种牛饲养用喂料槽	ZL201620273601.4	朱新书	2016.08.17
479	一种强腐蚀性消毒剂分装器	ZL201620243345.4	焦增华	2016.08.17
480	一种实验室培养皿放置装置	ZL201620281696.4	杨　珍	2016.08.17
481	一种实验台防尘罩	ZL201620272540.X	李润林	2016.08.17
482	一种适合于薄层层析板烘干的干燥箱	ZL201620235916.X	焦增华	2016.08.17
483	一种污水样品取样器	ZL201620069704.9	郭天芬	2016.08.17
484	一种新型薄层展开缸	ZL201620264802.8	杨　珍	2016.08.17
485	一种移动喷灌装置	ZL201620272539.7	李润林	2016.08.17
486	一种用于保定羊的羊栏	ZL201620311889.X	郭　健	2016.08.17
487	一种方便羊群喂食的羊舍	ZL201620311886.6	郭　健	2016.08.24
488	一种细菌冻干管密封盖	ZL201620165948.7	李宏胜	2016.08.24

（续表）

序号	专利名称	专利号	第一发明人	授权公告日
489	一种羊毛长度测量板	ZL201620310839.X	李维红	2016.08.24
490	一种用于采集仔猪粪便的采样衣	ZL201620274790.7	李昱辉	2016.08.24
491	一种便携式呼吸机	ZL201620295505.X	熊　琳	2016.08.31
492	一种串联式过滤装置	ZL201620322495.4	熊　琳	2016.08.31
493	一种多功能松土施肥装置	ZL201620281549.7	贺洞杰	2016.08.31
494	一种防回流药浴瓶	ZL201620178191.5	罗金印	2016.08.31
495	一种分隔式微量冻存管	ZL201620264799.X	褚　敏	2016.08.31
496	一种集成式洗毛池	ZL201620315721.6	熊　琳	2016.08.31
497	一种奶牛隐形乳房炎诊断盘	ZL201620290166.6	李世宏	2016.08.31
498	一种羊只药浴车	ZL201620235757.3	熊　琳	2016.08.31
499	一种用于干燥失重和水分测定的烘箱隔板	ZL201620340800.2	焦增华	2016.08.31
500	一种简易扣锁	ZL201620264793.2	程富胜	2016.09.07
501	一种毛绒分离器	ZL201620249675.4	熊　琳	2016.09.07
502	一种实验室用匀浆杯	ZL201620297283.5	郝宝成	2016.09.07
503	一种试验废液分类收集装置	ZL201620235758.8	熊　琳	2016.09.07
504	一种新型细菌冻干管	ZL201620335850.1	李宏胜	2016.09.07
505	一种用于防止血平板制作时产生气泡的容器	ZL201620003151.7	刘龙海	2016.09.07
506	一种锥形瓶夹	ZL201620340798.9	徐进强	2016.09.07
507	一种自行式羊只饮水车	ZL201620310780.4	熊　琳	2016.09.07
508	包装袋	ZL201630245965.7	王晓力	2016.09.14
509	一种便于使用的羊粪清理机	ZL201620340832.2	郭　健	2016.09.14
510	一种不干胶式植物用标签	ZL201620375042.8	张　茜	2016.09.14
511	一种烘干、储存两用试管架	ZL201620343653.4	王春梅	2016.09.14
512	一种简易搅拌装置	ZL201620052926.X	郭天芬	2016.09.14
513	一种新型的液氮罐冻存架	ZL201620343387.5	褚　敏	2016.09.14
514	一种新型牛用耳标	ZL201620417929.9	朱新书	2016.09.14
515	一种真空吸附植物种子数粒的装置	ZL201620375039.6	张　茜	2016.09.14
516	一种植物光控培养架	ZL201620329359.8	王春梅	2016.09.14
517	一种自动喂羊装置	ZL201620340833.7	郭　健	2016.09.14
518	一种大肠杆菌转化实验热激冰浴装置	ZL201620375096.4	贺洞杰	2016.09.21
519	一种多功能PCR加样装置	ZL201620409853.5	贺洞杰	2016.09.21
520	一种凝胶夹取钳	ZL201620385547.2	魏小娟	2016.09.21
521	一种培养基盛放瓶	ZL201620397890.9	魏小娟	2016.09.21

（续表）

序号	专利名称	专利号	第一发明人	授权公告日
522	一种便于羊群分拨养殖的羊舍	ZL201620340831.8	郭　健	2016.09.28
523	一种可变形洗瓶刷	ZL201620264796.6	褚　敏	2016.09.28
524	一种可重复利用的绿化带防冻支架	ZL201620422428.X	李润林	2016.09.28
525	一种牛粪清理车	ZL201620306394.8	熊　琳	2016.09.28
526	一种容量瓶固定装置	ZL201620254999.7	熊　琳	2016.09.28
527	一种野外称量辅助装置	ZL201620453835.7	李润林	2016.09.28
528	包装袋—牛羊复合饲料	ZL201630248921.X	王晓力	2016.10.05
529	放置羊毛用重量盒	ZL201620196573.0	李维红	2016.10.05
530	一种杯土一体育苗盘	ZL201620398136.7	王春梅	2016.10.05
531	一种动物组织样品存放盒	ZL201620403847.9	李　冰	2016.10.05
532	一种多功能显示器托架	ZL201620294491.X	李　冰	2016.10.05
533	一种活动式辅助试管夹	ZL201620440106.8	程富胜	2016.10.05
534	一种家畜用通道式电子秤	ZL201620392627.0	孙晓萍	2016.10.05
535	一种简易阉鸡用保定装置	ZL201620048659.9	程富胜	2016.10.05
536	一种简易一次性过滤装置	ZL201620192420.9	李维红	2016.10.05
537	一种细口瓶清洗刷	ZL201620359384.0	王春梅	2016.10.05
538	一种小型种鸡鸡舍	ZL201620378063.5	孙晓萍	2016.10.05
539	一种样品取样架	ZL201620219385.5	李维红	2016.10.05
540	一种纸巾架	ZL201620422431.1	张景艳	2016.10.05
541	天然牧草采样剪刀	ZL201620679706.X	王宏博	2016.10.10
542	一种牦牛专用采血针	ZL201620301286.1	褚　敏	2016.10.12
543	一种试管收集筐	ZL201620098567.1	李宏胜	2016.10.12
544	一种试验用可排水晾置架	ZL201620428449.2	褚　敏	2016.10.12
545	一种新型的动物软组织切样储存盒	ZL201620431389.X	褚　敏	2016.10.12
546	用于毛皮等级鉴定的长度测量装置	ZL201620458462.2	高雅琴	2016.10.12
547	包装袋—牛羊复合饲料	ZL201630245930.3	王晓力	2016.10.16
548	一种不锈钢研钵器	ZL201620470904.5	张景艳	2016.10.19
549	一种采集乳样的旋转式漏斗	ZL201620335877.0	罗金印	2016.10.19
550	一种简易漫灌水位报警器	ZL201620494665.7	李润林	2016.10.19
551	一种培养皿挑菌装置	ZL201620486461.9	贺泂杰	2016.10.19
552	一种自动洗根器	ZL201620422424.1	李润林	2016.10.19
553	一种犊牛转运车	ZL201620505643.6	张景艳	2016.10.26
554	一种马福炉排烟装置	ZL201620234030.3	熊　琳	2016.10.26

（续表）

序号	专利名称	专利号	第一发明人	授权公告日
555	一种组织浅层取样器	ZL201620178194.9	张世栋	2016.10.26
556	围栏维护紧线器	ZL201620791606.6	王宏博	2016.11.01
557	一种液相色谱保护柱固定架	ZL201620544278.X	李　冰	2016.11.02
558	一种畜禽圈舍消毒车	ZL201620378064.X	孙晓萍	2016.11.09
559	一种开孔式可分隔微量冻存管	ZL201620544217.3	褚　敏	2016.11.09
560	一种实验鼠吸入麻醉装置	ZL201620204461.5	王东升	2016.11.09
561	一种围栏门的栓扣装置	ZL201620447455.2	孙晓萍	2016.11.09
562	一种羊只绑定装置	ZL201620343652.X	熊　琳	2016.11.09
563	一种组织立体切取装置	ZL201620178195.3	张世栋	2016.11.09
564	一种便于清理的牛舍	ZL201620273554.3	朱新书	2016.11.16
565	一种多层Z形试管架	ZL201620550347.8	魏小娟	2016.11.16
566	一种简易漫灌报警器	ZL201620494666.1	李润林	2016.11.16
567	一种精粗饲料压块成型机	ZL201620417930.1	朱新书	2016.11.16
568	一种可伸缩式插地标签牌	ZL201620294471.2	张　茜	2016.11.16
569	一种实验室容量瓶放置架	ZL201620567681.4	严作廷	2016.11.16
570	一种组织等分切割装置	ZL201620358339.3	张世栋	2016.11.22
571	一种多功用医用开瓶器	ZL201620295504.5	李世宏	2016.11.23
572	一种放牧牛羊营养舔块保护棚架	ZL201620679485.6	朱新书	2016.11.23
573	一种放牧羊群自动分群装置	ZL201620679601.4	朱新书	2016.11.23
574	一种调控式牛羊补饲栏	ZL201620679603.3	朱新书	2016.11.23
575	一种新型培养皿刷	ZL201620310867.1	杨　珍	2016.11.23
576	牛羊糟渣类复合成型饲料	ZL201630214311.8	王晓力	2016.11.30
577	一种琼脂斜面接菌专用试管架	ZL201620418784.4	王　玲	2016.11.30
578	一种细菌浊度比照专用试管架	ZL201620577494.4	王　玲	2016.11.30
579	一种用于培养皿高压灭菌消毒的装置	ZL201620635593.3	王　玲	2016.11.30
580	一种用于琼脂斜面培养基制备的试管架	ZL201620635595.2	王　玲	2016.11.30
581	一种便携式遮阴网支架	ZL201620728264.3	胡　宇	2016.12.07
582	一种根系土取样器	ZL201620730357.X	张怀山	2016.12.07
583	一种可拆卸的样品管架	ZL201620470907.9	张景艳	2016.12.07
584	一种牦牛保定运输装置	ZL201620679604.8	朱新书	2016.12.07
585	一种牛舍专用推料装置	ZL201620486561.1	杨亚军	2016.12.07
586	一种细胞转运储存箱	ZL201620527968.4	王　玲	2016.12.07
587	一种用于琼脂斜面管的真菌孢子洗脱接菌杆	ZL201620688661.2	王　玲	2016.12.07

（续表）

序号	专利名称	专利号	第一发明人	授权公告日
588	一种用于抑菌及药敏试验的培养皿置放盒	ZL201620688647.2	王　玲	2016.12.07
589	一种转盘式挤奶台奶牛防坠落链	ZL201620439992.2	孔晓军	2016.12.07
590	一种走珠式琼脂平板涂布棒	ZL201620688649.1	王　玲	2016.12.07
591	一种草原灭鼠的装置	ZL201620505645.5	孙晓萍	2016.12.07
592	一种可变色的培养皿	ZL201620409860.5	魏小娟	2016.12.07
593	一种手持式电动内插管专用清洗器	ZL201620723715.4	李　冰	2016.12.14
594	一种色谱分析内插管专用清洗装置	ZL201620723714.X	李　冰	2016.12.14
595	一种用于水浴加热的漂浮式离心管架	ZL201620723696.5	王　玲	2016.12.14
596	一种试验用定量水壶	ZL201620760040.0	周学辉	2016.12.14
597	一种畜牧补饲用食槽	ZL201620763961.2	郭婷婷	2016.12.21
598	一次性无菌PE手套	ZL201620385543.4	褚　敏	2016.12.21
599	一种试管架	ZL201620771799.9	杨　珍	2016.12.21
600	一种土样烘干摆放装置	ZL201620760040.0	周学辉	2016.12.21
601	一种野外采样多头循环替换清洁刷	ZL201620790949.0	王春梅	2016.12.28
602	一种绵羊毛剪毛台	ZL201620865839.6	孙晓萍	2017.01.07
603	一种圈舍	ZL201620764452.1	郭婷婷	2017.01.11
604	一种可叠加的育苗装置	ZL201620876723.2	胡　宇	2017.01.11
605	一种培养皿快速晾干装置	ZL201620876722.8	胡　宇	2017.01.11
606	一种试管自动清洗机	ZL201620728338.3	胡　宇	2017.01.11
607	一种羊用三分群栏装置	ZL201620866253.1	孙晓萍	2017.01.11
608	一种母子育羔栏	ZL201620866254.6	孙晓萍	2017.01.11
609	一种水浴锅用铁架台	ZL201620804130.5	杨　珍	2017.01.11
610	一种试管架	ZL201620804137.7	杨　珍	2017.01.11
611	一种试管夹	ZL201620804129.2	杨　珍	2017.01.11
612	一种便携式制冷箱	ZL201620887000.2	胡　宇	2017.01.18
613	一种高精度植物株高测量装置	ZL201620886999.9	胡　宇	2017.01.18
614	一种液相色谱仪专用桌	ZL201620741052.9	李　冰	2017.01.18
615	一种用于制备血琼脂平板的培养基瓶	ZL201620891021.1	王　玲	2017.01.18
616	动物腹泻粪便收集装置	ZL201620550323.2	魏小娟	2017.01.18
617	一种兽医用手推车	ZL201620295502.6	李世宏	2017.01.25
618	一种新型筛土装置	ZL201620876654.5	胡　宇	2017.02.08
619	一种羊用药浴池	ZL201620544264.8	孙晓萍	2017.02.08
620	一种便携防潮可折叠的采集袋	ZL201620791189.5	王春梅	2017.02.08

（续表）

序号	专利名称	专利号	第一发明人	授权公告日
621	一种加热式犊牛喂奶壶	ZL201620914290.5	王贵波	2017.02.08
622	一种用于中药提取物的高压灭菌及存储瓶	ZL201620440107.2	王　玲	2017.02.08
623	一种试剂管清洗装置	ZL201620409851.6	贺洞杰	2017.02.15
624	一种多功能离心管托架	ZL201620393654.X	李新圃	2017.02.15
625	一种动物血液DNA存储卡保存盒	ZL201620679707.4	王宏博	2017.02.15
626	一种实验室试管晾干装置	ZL201620876721.3	胡　宇	2017.02.22
627	一种新型取土土钻	ZL201620728340.0	胡　宇	2017.02.22
628	一种挤奶厅用治疗推车	ZL201620431591.2	孔晓军	2017.02.22
629	一种转盘式挤奶台专业治疗平台	ZL201620486559.4	孔晓军	2017.02.22
630	一种移液器双面枪头盒	ZL201620898507.8	秦　哲	2017.02.22
631	一种实验室专用的实验服收纳柜	ZL201620453780.X	褚　敏	2017.03.08
632	一种光合仪固定支架	ZL201620887151.8	胡　宇	2017.03.08
633	一种禾本科植物杂交用新型套袋	ZL201621048167.6	胡　宇	2017.03.08
634	一种可调节间隔的多段铡刀	ZL201621048168.0	胡　宇	2017.03.08
635	一种新式可观测根系生长的花盆	ZL201621048169.5	胡　宇	2017.03.08
636	一种用于超声波清洗仪的专用固定架	ZL201620741053.3	李　冰	2017.03.08
637	一种动物组织样品处理工作台	ZL201620854934.6	李　冰	2017.03.08
638	一种酒精灯及配件放置盒	ZL201620055517.5	张　茜	2017.3.15
639	一种牲畜体外寄生虫防除装置	ZL201620791550.4	王宏博	2017.03.15
640	一种多功能温室培养系统	ZL201620322498.8	贺洞杰	2017.03.22
641	一种拼接式试管架	ZL201620904980.2	秦　哲	2017.03.22
642	一种兽用电子体温计	ZL201620409858.8	焦增华	2017.03.22
643	一种便于运输、拆卸的草原划区轮牧围栏	ZL201620447506.1	孙晓萍	2017.03.22
644	一种便携式锄	ZL201620728337.9	胡　宇	2017.03.29
645	一种植物单株幼苗水培移栽装置	ZL201621043768.8	王春梅	2017.03.29
646	一种铁夹	ZL201620803746.0	杨　珍	2017.03.29
647	一种牦牛体尺测量装置	ZL201620364278.1	郭　宪	2017.04.12
648	一种实验室可调节培育皿架子	ZL201621008405.0	胡　宇	2017.04.12
649	一种旋转喷水器	ZL201621020596.2	路　远	2017.04.12
650	一种草原种植翻土机	ZL201621006652.7	路　远	2017.04.12
651	一种草原松土解板机刀具	ZL201621029876.X	路　远	2017.04.12
652	一种草原浇灌装置	ZL201621030041.6	路　远	2017.04.12
653	一种用于草原浇灌装置的喷头	ZL201621030077.4	路　远	2017.04.12

（续表）

序号	专利名称	专利号	第一发明人	授权公告日
654	一种实验室有毒物质收集装置	ZL201620403845.X	王春梅	2017.04.12
655	试管架	ZL201621136618.1	赵吴静	2017.04.12
656	一种间接血凝致敏过程水浴放置装置	ZL201621180683.4	郭文柱	2017.04.26
657	一种油水两用记号笔	ZL201620849690.2	王春梅	2017.04.26
658	一种加热底座	ZL201620803497.5	杨　珍	2017.04.26
659	一种新型石蜡包埋盒	ZL201621042533.7	郝宝成	2017.04.26
660	一种便携可拆试管干燥架	ZL201620612467.6	王晓力	2017.04.26
661	锥形瓶架	ZL201621136367.7	赵吴静	2017.05.03
662	一种样品存储柜	ZL201620453642.1	梁丽娜	2017.07.14
663	一种动态档案资料册	ZL201621464968.0	郭天芬	2017.07.28
664	一种毛绒样品分拣台	ZL201621436870.4	郭天芬	2017.07.28
665	羊毛卷曲数测量尺	ZL201720034489.3	郭天芬	2017.07.28
666	一种绵羊体重半自动测量装置	ZL201720080345.1	孙晓萍	2017.08.15
667	一种羔羊的补饲圈舍	ZL201720005762.X	孙晓萍	2017.08.15
668	一种舍饲、放牧围栏的门锁	ZL201720014848.9	孙晓萍	2017.08.15
669	一种舍饲绵羊辅助喂料设备	ZL201720006157.4	孙晓萍	2017.08.15
670	一种简易毛丛长度测量台	ZL201720148517.4	李维红	2017.08.29
671	一种喷金专用金料回收罩	ZL201720148654.8	李维红	2017.08.29
672	一种试验用夹毛器	ZL201720148521.0	李维红	2017.09.05
673	一种电镜切片用束毛装置	ZL201720148484.3	李维红	2017.09.05
674	一种新型的液氮罐冻存架	ZL201720124883.6	褚　敏	2017.09.12
675	一种自带杀菌和干燥功能的实验用品摆放架	ZL201720124876.6	褚　敏	2017.09.12
676	牛奶发泡检测装置	ZL201720149667.7	席　斌	2017.09.15
677	一种简易洗毛装置	ZL201720148516.X	李维红	2017.09.22
678	一种切胶器用刀片隐藏结构	ZL201720205545.5	褚　敏	2017.09.26
679	一种实验室用可排水储物架	ZL201720205557.8	褚　敏	2017.09.26
680	一种酒精灯芯的固定装置	ZL201720205547.4	褚　敏	2017.09.26
681	一种气瓶固定架	ZL201721437505.5	郭天芬	2017.09.26
682	注水肉检测装置	ZL201720149565.5	席　斌	2017.09.26
683	一种方便保存的嵌套式微量冻存管	ZL201720124877.0	褚　敏	2017.09.29
684	一种羔羊补饲喂奶装置	ZL201720096452.3	孙晓萍	2017.09.29
685	一种剪毛用绵羊毛收检装置	ZL201720098136.X	孙晓萍	2017.09.29
686	一种可调大小的组合式羊舍	ZL201720131107.9	孙晓萍	2017.09.29

（续表）

序号	专利名称	专利号	第一发明人	授权公告日
687	一种羊用饮水装置	ZL201720019662.2	孙晓萍	2017.09.29
688	一种用于母羊羔羊分群、秤重、鉴定的圈舍装置	ZL201720097057.7	孙晓萍	2017.09.29
689	一种待测肉样恒重保存箱	ZL201720191210.2	熊　琳	2017.09.29
690	一种可移动清洁能源牦牛圈	ZL201720202120.9	熊　琳	2017.09.29
691	一种用于旋涡振荡器离心管混悬过程中的固定装置	ZL201720107779.6	王　丹	2017.10.03
692	可移动便携式牛羊用料槽架	ZL201720238472.X	王宏博	2017.10.03
693	用于绵羊清洁生产的羊舍	ZL201720238473.4	王宏博	2017.10.03
694	一种牦牛角切割器	ZL201720190052.9	熊　琳	2017.10.03
695	一种牦牛奶脱气装置	ZL201720210112.9	熊　琳	2017.10.03
696	一种羊养殖用科学配料称重装置	ZL201720292054.9	郭　健	2017.10.13
697	一种方便夹取刀片的动物组织切样储存盒	ZL201720252343.6	褚　敏	2017.10.20
698	一种自带切割刀片的分割式微量冻存管	ZL201720251714.9	褚　敏	2017.10.20
699	一种羊粪尿收集发酵利用装置	ZL201720310120.0	郭　健	2017.10.20
700	一种带冲洗装置的羊舍	ZL201720197757.3	孙晓萍	2017.10.20
701	一种简易式羔羊喂奶装置	ZL201720202234.3	孙晓萍	2017.10.20
702	一种液位可调式酶标板	ZL201720317428.8	吴晓云	2017.10.20
703	一种10mL容量瓶的固定装置	ZL201720261990.3	郭文柱	2017.10.24
704	一种奶牛治疗固定卧床	ZL201621184930.8	张　康	2017.10.26
705	便于羊群分拨养殖的羊舍	ZL201720300046.4	王宏博	2017.10.27
706	简易牛羊保育舍保温装置	ZL201720237474.9	王宏博	2017.10.27
707	一种牛饲养用喂料槽	ZL201720300148.6	王宏博	2017.10.27
708	一种皮革削边器	ZL201720287868.3	席　斌	2017.10.27
709	一种动物血液采样保温装置	ZL201720277917.5	张　康	2017.10.27
710	一种舍饲绵羊饲喂装置	ZL201720310186.X	郭　健	2017.11.03
711	用于绵羊高床养殖的羊舍	ZL201720321448.2	郭　健	2017.11.03
712	培养皿架	ZL201720333993.3	吴晓云	2017.11.03
713	一种卵母细胞收集专用的放大装置	ZL201720332338.6	吴晓云	2017.11.03
714	一种拼接式细胞培养板	ZL201720325345.3	吴晓云	2017.11.03
715	一种微生物培养皿的固定装置	ZL201720340846.9	吴晓云	2017.11.03
716	一种模拟牦牛胚胎母体的胚胎运输装置	ZL201720394973.7	郭　宪	2017.11.07
717	一种可调式圆形切胶器	ZL201720205556.3	褚　敏	2017.11.10

（续表）

序号	专利名称	专利号	第一发明人	授权公告日
718	一种容量瓶用的自带喷水的刷瓶器	ZL201720205544.0	褚　敏	2017.11.10
719	一种容量瓶专用洗瓶刷	ZL201720205553.X	褚　敏	2017.11.10
720	一种新型的可注入液氮式研磨器	ZL201720124870.9	褚　敏	2017.11.10
721	一种羊群鉴定分群设施	ZL201720356108.3	郭　健	2017.11.10
722	一种带加热装置的酶标板架	ZL201720404210.6	吴晓云	2017.11.10
723	一种用于蒸馏烧瓶的保温套	ZL201720324379.0	程富胜	2017.11.14
724	一种捕杀草原鼢鼠的地箭	ZL201720365685.9	王宏博	2017.11.14
725	一种便携食品检测装置	ZL201720418685.0	席　斌	2017.11.14
726	一种用于牦牛细胞的培养装置	ZL201720407825.4	郭　宪	2017.11.17
727	一种连盖离心管专用插架	ZL201720391524.7	王　玲	2017.11.17
728	一种多功能盆栽苗固定架	ZL201720366752.9	周学辉	2017.11.17
729	一种皮革磨边棒	ZL201720287869.8	席　斌	2017.11.20
730	一种裘皮服装储存箱	ZL201720411724.4	席　斌	2017.11.21
731	一种绿化草毯车	ZL201720399892.6	张怀山	2017.11.21
732	牛肉食品检测仪	ZL201720419166.6	席　斌	2017.11.22
733	一种PCR实验操作实验盘	ZL201720404160.1	吴晓云	2017.11.24
734	一种超净工作台内用培养皿架	ZL201720404159.9	吴晓云	2017.11.24
735	一种动物样品采集工具箱	ZL201720419090.7	吴晓云	2017.11.24
736	一种牛的母子共用圈舍	ZL201720400471.0	吴晓云	2017.11.24
737	一种自动称量取药匙	ZL201720441277.7	杨晓玲	2017.11.24
738	一种草原放牧羊群精料补饲装置	ZL201720544937.4	郭　健	2017.11.28
739	一种绵羊人工手机保定架	ZL201720006074.5	孙晓萍	2017.11.28
740	一种头尾草料分选机	ZL201720400475.9	张怀山	2017.11.28
741	一种改进的牦牛精子保存装	ZL201720556432.X	郭　宪	2017.12.05
742	一种牦牛细胞生物反应器	ZL201720496592.X	郭　宪	2017.12.05
743	一种牦牛卵母细胞及胚胎运输装置	ZL201720502470.7	郭　宪	2017.12.08
744	一种用于牦牛细胞培养的超净工作台	ZL201720530538.2	郭　宪	2017.12.08
745	一种可变间隔的三头尖锄	ZL201720444909.5	胡　宇	2017.12.08
746	一种可伸缩的调整大小的小区方形定位器	ZL201720444865.6	胡　宇	2017.12.08
747	一种适用范围广的电动试管刷	ZL201720444845.9	胡　宇	2017.12.08
748	一种便携式组装运输车	ZL201720444910.8	胡　宇	2017.12.08
749	一种皮革收缩温度检测试样取样装置	ZL201720512845.6	郭天芬	2017.12.12
750	单纤维样品放大制样器	ZL201720519956.1	郭天芬	2017.12.12

（续表）

序号	专利名称	专利号	第一发明人	授权公告日
751	一种羊只防疫鉴定保定栏	ZL201720015243.1	孙晓萍	2017.12.12
752	一种用于羊舍的便于羊群调整的装置及羊舍	ZL201720056076.5	孙晓萍	2017.12.12
753	一种用于分析天平的微量称样器皿	ZL201720532075.3	王　玲	2017.12.12
754	一种培养基取用装置	ZL201720449378.9	吴晓云	2017.12.12
755	一种保温倾斜瓶架	ZL201720399413.0	吴晓云	2017.12.12
756	一种饲草喂食装置	ZL201720553784.X	张怀山	2017.12.12
757	一种带有移液枪架的容量瓶支架	ZL201720334739.5	焦增华	2017.12.12
758	一种用于牦牛细胞培养的负压过滤装置	ZL201720573015.6	郭　宪	2017.12.15
759	一种改进的牛用胚胎培养装置	ZL201720375083.1	郭　宪	2017.12.15
760	一种改进的牛胚胎和卵母细胞开放式玻璃化冷冻保存管	ZL201720387365.3	郭　宪	2017.12.15
761	一种牦牛细胞培养用玻璃器皿清洁装置	ZL201720612583.2	郭　宪	2017.12.15
762	一种用于牦牛细胞培养瓶的支架装置	ZL201720612584.7	郭　宪	2017.12.19
763	一种固体及粉末状试剂样品称量用具	ZL201720647018.X	王　玲	2017.12.19
764	一种用于牛饲养的铡草机	ZL201720691180.1	郭　宪	2017.12.22
765	顶头带夹的测量尺	ZL201720664151.6	路　远	2017.12.22
766	简易播种器	ZL201720664105.6	路　远	2017.12.22
767	带直角和插入角的小区划线装置	ZL201720664098.X	路　远	2017.12.22
768	一种新型育苗点播器装置	ZL201720664272.0	路　远	2017.12.22
769	一种带直绳的道路用划线器	ZL201720664323.X	路　远	2017.12.22
770	条播器	ZL201720664324.4	路　远	2017.12.22
771	动物饲喂设备	ZL201730349441.7	席　斌	2017.12.22
772	紫外线荧光喷雾器	ZL201730349429.6	席　斌	2017.12.26
773	一种改进的牛粪处理装置	ZL201720678048.7	郭　宪	2017.12.26
774	一种超低温组织研磨装置	ZL201720718787.4	裴　杰	2017.12.26
775	一种超低温高通量组织研磨装置	ZL201720718788.9	裴　杰	2017.12.26
776	一种聚丙烯酰胺凝胶点样孔冲洗器	ZL201720739891.1	裴　杰	2017.12.29
777	一种便携式多功能样方框	ZL201720418021.4	周学辉	2017.12.29
778	一种用于牦牛细胞培养的换液装置	ZL201720496591.5	郭　宪	2018.01.02
779	容积固定的液体容器	ZL201720664325.9	路　远	2018.01.02
780	能按压的倒培养皿	ZL201720664099.4	路　远	2018.01.02

（续表）

序号	专利名称	专利号	第一发明人	授权公告日
781	一种板膜一体式荧光定量PCR板	ZL201720718789.3	裴　杰	2018.01.02
782	应用在全自动食品安全快速检测仪的恒温控制系统	ZL201720690772.1	席　斌	2018.01.05
783	一种便携式容量瓶架	ZL201720464870.3	杨晓玲	2018.01.05
784	一种可拆卸的容量瓶、量筒晾干与摆置支架	ZL201720546629.5	张景艳	2018.01.05
785	一种适用于牦牛胚胎冷冻的镊子	ZL201720533763.1	郭　宪	2018.01.05
786	一种用于牛精子过滤式分离器	ZL201720387366.8	郭　宪	2018.01.09
787	一种药物残留试验用动物组织样品收集器	ZL201720801410.5	郝宝成	2018.01.09
788	一种可折叠便携式草地植被盖度测定框	ZL201720554517.4	张怀山	2018.01.09
789	一种冰盒式冷凝水降温装置	ZL201720783304.9	杨亚军	2018.01.09
790	一种用于动物细胞培养的自动转瓶机构	ZL201720836434.4	褚　敏	2018.01.23
791	一种改进的动物细胞反应装置	ZL201720821852.6	褚　敏	2018.01.23
792	一种用于动物细胞培养的水浴锅	ZL201720807992.8	褚　敏	2018.01.23
793	一种用于牦牛饲养的场地清扫消毒装置	ZL201720886051.8	郭　宪	2018.01.23
794	一种试验用均温加热板	ZL201720441278.1	杨晓玲	2018.01.26
795	一种羊用草料饲养槽	ZL201720691223.6	郭　宪	2018.01.30
796	一种新型的动物组织切样储存盒	ZL201720124882.1	褚　敏	2018.02.03
797	一种无菌诱变反应器	ZL201720793701.4	郝宝成	2018.02.09
798	一次性吸管	ZL201730401894.X	刘　宇	2018.02.09
799	脂肪吸管	ZL201730401893.5	刘　宇	2018.02.09
800	用于束纤维强力检测的毛绒样品盛放盒	ZL201720895297.1	郭天芬	2018.02.23
801	一种改进的动物实验室小料的储料装置	ZL201720799836.1	褚　敏	2018.02.23
802	一种便于滑动的液氮罐冻存架的抽屉滑轨	ZL201720251715.3	褚　敏	2018.02.23
803	能透水的图样草样袋	ZL201720664333.3	路　远	2018.03.02
804	刻度可调的测量尺	ZL201720664156.9	路　远	2018.03.02
805	挂接装置	ZL201730426553.8	王晓力	2018.03.02
806	一种用于ELISA实验的酶标板保湿盒	ZL201720448768.4	张亚茹 李宏胜	2018.03.13
807	一种用于动物细胞培养的二氧化碳培养箱	ZL201720850412.3	褚　敏	2018.03.16
808	一种一次性吸管	ZL201720947192.6	刘　宇	2018.03.23

（三）软件著作权

表14 软件著作权

序号	著作权名称	授权公告日	登记号	发明人
1	中国动物纤维及毛皮质量评价体系信息管理系统	2014.07.14	2014SR097383	高雅琴
2	动物纤维组织结构信息软件	2014.07.14	2014SR097373	李维红
3	中国藏兽医药数据库系统V1.0	2014.09.15	2014SR188346	尚小飞
4	甘南牦牛育种信息管理系统V1.0	2015.01.30	2015SR064194	梁春年
5	国家奶牛产业技术体系疾病防控技术资源共享数据库	2015.07.02	2105SR121742	李建喜
6	中兽医药资源共享数据库系统	2015.07.02	2015SR121769	李建喜
7	畜产品质量安全与评价信息系统	2016.04.28	2016SR089690	高雅琴
8	中国藏兽医药数据库（Traditional Tibetan Veterinary Medicine Database）V2.0	2016.07.01	2016SR166648	尚小飞
9	牦牛养殖场信息管理系统V1.0	2016.07.04	2016SR165859	梁春年
10	饲料配方管理系统	2017.06.27	2017SR554749	张　茜
11	草本植物品种分类管理系统V1.0	2017.07.11	2017SR552603	张　茜
12	肉牛饲喂管理数据平台（简称：饲喂平台）V1.0	2017.10.27	2018SR010204	朱新强
13	饲料配方设计系统V1.0	2017.10.27	2018SR010211	王晓力
14	肉牛食品安全追溯体系管理平台V1.0	2017.10.27	2018SR010304	王晓力
15	生态农业网络平台	2017.12.18	2018SR144517	张　茜
16	河西走廊常见盐碱植物生长形态监控系统V1.0	2018.03.02	2018SR140233	崔光欣
17	常见野生花卉信息档案管理系统V1.0	2018.03.02	2018SR140148	崔光欣
18	河西走廊盐碱地治理成效分析软件V1.0	2018.03.02	2018SR140253	崔光欣
19	河西走廊盐碱地盐害类型查询系统V1.0	2018.03.02	2018SR140244	王春梅
20	菌种选育系统V1.0	2018.03.02	2018SR139684	王春梅
21	河西走廊常见盐碱植物信息档案管理系统V1.0	2018.03.05	2018SR142300	王春梅

第六节　学术期刊、著作与论文

一、学术期刊

（一）《中兽医医药杂志》

《中兽医医药杂志》1982年创刊，是经国家科技部批准的唯一的国家级中兽医学科技刊物，刊号为ISSN 1000—6354、CN 62—1063/R，由中华人民共和国农业农村部主管，中国农业科学院中兽医研究所主办，《中兽医医药杂志》编辑部编辑、出版并公开发行。读者分布在中国（含港、澳、台地区）、美国、澳大利亚、英国、德国、法国、日本、新加坡等海内外15个国家和地区。

2008年5月至2018年4月，《中兽医医药杂志》共出版发行11卷60期，刊发学术论文2 280篇，以增刊形式出版学术论文集2辑。《中兽医医药杂志》先后获评中国农业核心期刊（2010）、RCCSE中国核心学术期刊（2011）、全国首批学术期刊（2014）、《中国学术期刊影响因子年报》统计刊源期刊（2014）、《中国学术期刊影响因子年报》统计刊源期刊（2015）、《中国学术期刊影响因子年报》统计刊源期刊（2016）、《中国学术期刊影响因子年报》统计刊源期刊（2017）。杂志先后被《中国学术期刊网络出版总库》、万方数据—数字化期刊群《中国核心期刊（遴选）数据库》《中国学术期刊综合评价数据库（CAJCED）》《中国期刊全文数据库（CJFD）》、维普期刊网《中文科技期刊数据库》、“中华首席医学网”和中国台湾《CEPS中文电子期刊》等主要数据库收录。

创刊至今，《中兽医医药杂志》先后组成了6届编辑委员会[前5届情况见《中国农业科学院兰州畜牧与兽药研究所所志（1958—2008）》]。第6届编委会（2009—2017），刘永明任主任委员，杨志强任副主任委员，瞿自明、赵荣材任名誉主任委员，孟宪松、夏咸柱（院士）、张子仪（院士）、王天益、谢庆阁、陈焕春（院士）、颜水泉为特聘编委，杨志强任主编，赵四喜任副主编，编辑委员共49人。2008年起，先后承担《中兽医医药杂志》编辑的人员有赵四喜、党萍、王华东、王贵兰、陆金萍等。

2013年，《中兽医医药杂志》与国内权威数据库CNKI签订《数字优先出版协议》，实现了刊物的优先数字出版，极大缩短了文献传播周期，并正式注册为国际DOI中国出版物注册与服务中心学术期刊会员单位，实现了期刊数字化资源的国际化共享，保证了全部注册文献的合法性、权威性。为进一步提高办刊效率与期刊信息化水平，更好地服务于广大作者、读者及审稿专家，抵制学术不端行为，本刊于2015年11月起启用了国际化、规范化的投稿采编系统——“腾云期刊协同采编系统（中国知网版，http://www.zszz. cbpt.cnki.net/）”，作者可通过该系统实现在线注册与快捷投稿，并能实时跟踪查询稿件信息，实现与编辑部及审稿专家的在线交流。

2017年1月，该刊编辑部王华东参加“中国农业科学院第二届支撑人才岗位技能竞赛”，荣获全院第一名。

（二）《中国草食动物》与《中国草食动物科学》

《中国草食动物》杂志是由中华人民共和国农业农村部主管、中国农业科学院兰州畜牧与兽药研究所主办的综合性畜牧科技期刊，国内统一连续出版物号CN 62—1134/Q，国际标准连续出版物号ISSN 1007—9626。1981年创刊，1999年由《中国养羊》杂志和《草与畜杂志》合刊更名。杂志以面向科研、面向生产、面向市场，推动我国节粮型畜牧业的发展，为发展我国畜牧业服务为办刊宗旨。主要刊登包括羊（重点）、牛、兔、马、驼、鹿、鸭、鹅、驼鸟等在内的各种节粮型草食动物的品种资源、遗传育种、繁殖技术、饲养管理、饲草料生产、畜产品加工等方面的最新成果、畜牧业经营管理和生产经验。设有试验研究、经验交流、草原与饲料、发展战略与生产经营、专论与综述、调查研究、品种资源、疾病防制和技术推广等栏目。逢双月1日出版，大16开本，国内外公开发行。

2008年4月至2012年2月，《中国草食动物》共出版发行正刊4卷23期，刊登各类文稿600篇，出版学术会议论文集4部。2008、2010年被评为“中国科技核心期刊”；2011年被评为“RCCSE中国核心期刊（扩展板A-）”；同年被国际知名检索机构《美国化学文摘》（CA）收录。至2011年底，《中国草食动物》杂志为《中国期刊全文数据库》《中文科技期刊数据库》《中国学术期刊综合评价数据库》《万方数据库数字化期刊群》《中国生物学文献数据库》《中国期刊网》《中国学术期刊-光盘版》的收录期刊。

2010年，《中国草食动物》杂志编辑部成立了第三届编辑委员会。任继周、刘守仁、旭日干、张子仪、南志标任顾问，刘永明任主任委员，杨志强、阎萍任副主任委员，杨耀光（2006—2013年）、阎萍（2013年至今）先后任主编，魏云霞任副主编，编委32人。承担杂志的编辑人员先后有肖玉萍、杨保平、程胜利。

2012年，经国家新闻出版总署批准，《中国草食动物》更名为《中国草食动物科学》，由中华人民共和国农业农村部主管、中国农业科学院兰州畜牧与兽药研究所主办的畜牧类学术期刊，国内统一连续出版物号CN62—1206/Q，国际标准连续出版物号ISSN2095—3887。并于同年4月正式出版发行，实现了杂志由科技类期刊向学术类的转型升级。更名后的杂志以面向科研、教学与畜牧业生产，刊发草食动物科学研究领域理论成果与技术经验，反映国内外畜牧科技动态，服务我国节粮型动物养殖和畜牧业发展为宗旨，主要刊登包括牛、羊、马、骆驼、鹿、兔、鸭、鹅、驼鸟、鱼等在内的各种节粮型草食动物的最新科技成就等方面的论文。设有遗传育种、繁殖与生理、营养与饲料、草地与牧草、疾病防控、专论与综述等栏目。杂志为双月刊，大16开本，国内外公开发行，用户遍及美国哈佛大学、美国普林斯顿大学、澳大利亚阿德莱德大学、法国国防部、法国拜尔生物科学有限公司、韩国国立中央图书馆、韩国乡村开发局、日本国会图书馆、新加坡国家图书馆以及我国港、澳、台文教科研部门等3 949个国际国内机构。

2012年4月至2018年4月，《中国草食动物科学》共出版发行正刊7卷37期，出版学术会议论文集3部。杂志2013年被评为“RCCSE中国核心期刊（扩展板A-）；2014年被国家新闻出版广电总局认定为“国家首批学术期刊”；2015年被评为“RCCSE中国核心期刊”；2015年和2016年连续两次被评为“中国科技论文在线优秀期刊二等奖”；2017年被评为“中国畜牧兽医期刊学术类优秀期刊”。目前，《中国草食动物科学》为中国科技论文与引文数据库、中国学术期刊综合评价数据库（CAJCED）和中国生物学文献数据库等的统计源期刊，是《中国核心期刊（遴选）数据库》《万方数据–数字化期刊群》《中国期刊全文数据库（CJFD）》《中国生物学文摘》《中国生物学文献数据库》《CEPS中文电子期刊》收录期刊。2013年，《中国草食动物科学》编辑部与教育部科技发展中心合作，实现了杂志的网络开放平台。同年，在《万方数据库》正式注册了国际通用的DOI（数字物品身份证符），实现了杂志数字化资源的国际化共享。2016年，与中国知网合作建立了期刊采编系统（包含网刊发布系统、作者在线投稿系统、专家在线审稿系统、编辑在线采编系统），并于当年4月1日正式上线运行。

《中国草食动物科学》杂志编委会沿用原《中国草食动物》第三届编委员会成员。任继周、刘守仁、旭日干、张子仪、南志标任顾问，刘永明任主任委员，杨志强、阎萍任副主任委员，杨耀光（2013年退休）、阎萍（2013年至今）先后任主编，魏云霞任副主编，编委32人。编辑人员先后有肖玉萍、杨保平、程胜利。

二、著作

（一）中兽医（兽医）和兽药学科

表15　中兽医（兽医）和兽药学科著作

序号	著作名称	主编	字数（万字）	出版社	出版时间
1	牛病中西医结合治疗	罗超应	23.0	金盾出版社	2008
2	兽医中药配伍技巧	郑继方	21.4	金盾出版社	2009

（续表）

序号	著作名称	主编	字数（万字）	出版社	出版时间
3	甲型H1N1流感防控100问	郑继方　杨志强	6.9	金盾出版社	2009
4	奶牛围产期饲养与管理	严作廷	15.6	金盾出版社	2009
5	新型药物饲料添加剂“喹烯酮”的研发技术问答	李剑勇	10.0	中国农业科学技术出版社	2009
6	奶牛常见病综合防治技术	郑继方　杨志强	20.1	金盾出版社	2010
7	犬病中西医结合治疗	周绪正	25.1	金盾出版社	2010
8	兽药安全使用知识	杨志强	12.9	中国劳动社会保障出版社	2011
9	兽医中药学及实验技术	梁剑平	55.4	军事医学出版社	2011
10	水生动物疫病检疫检验技术	蒲万霞	36.8	甘肃科技出版社	2011
11	肉牛高效繁育及饲养管理技术	蒲万霞	31.0	甘肃科技出版社	2011
12	食品安全与质量控制技术（上）	蒲万霞	51.0	甘肃人民出版社	2011
13	食品安全与质量控制技术（下）	蒲万霞	50.0	甘肃人民出版社	2011
14	犬猫病诊疗技术及典型病例	刘永明　杨志强 赵四喜	22.8	中国农业科学技术出版社	2012
15	兽医中药学	郑继方	153.0	金盾出版社	2012
16	中国重大动物疫病区划研究	李滋睿　王学智 李建喜	10.8	中国农业科学技术出版社	2013
17	肉牛常见病防治技术图册	郭爱珍　殷　宏 张继瑜	22.2	中国农业科学技术出版社	2013
18	牦牛实用生产技术百问百答	阎　萍　郭　宪	10.8	中国农业出版社	2013
19	中兽药学	梁剑平	65.0	军事医学科学出版社	2014
20	包虫病（虫瘛）防治技术指南	张继瑜	21.0	甘肃科技出版社	2014
21	中兽医药国际培训教材	郑继方　杨志强 王学智	50.0	中国农业科学技术出版社	2014
22	第三届中青年科技论文暨盛彤笙杯演讲比赛论文集	张继瑜　王学智 董鹏程	50.0	中国农业科学技术出版社	2014
23	天然药物植物有效成分提取分离与纯化技术	梁剑平　刘　宇 郝宝成	28.7	吉林大学出版社	2014
24	家庭农场肉牛兽医手册	张继瑜	21.9	中国农业科学技术出版社	2015

（续表）

序号	著作名称	主编	字数（万字）	出版社	出版时间
25	牛病临床诊疗技术与典型医案	刘永明　赵四喜	98.4	化学工业出版社	2015
26	牛常见病中西医简便疗法	严作廷　刘永明	23.1	金盾出版社	2015
27	若尔盖高原常用藏兽药及器械图谱	尚小飞　潘　虎	27.4	中国农业科学技术出版社	2015
28	兽用药物残留研究及现状	梁剑平　郝宝成　刘　宇	28.0	北京工业大学出版社	2015
29	猪病临床诊疗技术与典型案例	刘永明　赵四喜	56.0	化工出版社	2016
30	羊病防治及安全用药	辛蕊华　郑继方　罗永江	26.1	化学工业出版社	2016
31	生态土鸡健康养殖技术	蒲万霞	27.0	甘肃科学技术出版社	2016
32	传统中兽医诊病技巧	郑继方　罗永江　辛蕊华	29.6	中国农业出版社	2016
33	鸡病防治及安全用药	李锦宇　谢家声	26.8	化学工业出版社	2016
34	猪病防治及安全用药	罗超应　王贵波	29.7	化学工业出版社	2016
35	犬体针灸穴位刺灸方法	罗超应　王贵波　等	视频，67分钟	化学工业出版社	2016
36	天然产物丁香酚的研究与应用	李剑勇　杨亚军	32.5	中国农业科学技术出版社	2016
37	比较针灸学	罗永江　郑继方　辛蕊华	32.0	中国农业出版社	2017
38	牛病中兽医防治	严作廷　李锦宇	25.7	金盾出版社	2017
39	高效液相色谱技术在中药研究中的应用	李新圃　罗金印　李宏胜　杨　峰	13.2	甘肃科学技术出版社	2017
40	禽病临床诊断技术与典型医案	刘永明　赵四喜	26.9	化学工业出版社	2017
41	主要外来动物病	蒲万霞	30.0	甘肃科学技术出版社	2017
42	中兽医古籍选释荟萃	罗永江　郑继方	22.0	中国农业出版社	2017
43	中西兽医结合与中兽医现代化研究	严作廷　巩忠福	34.2	金盾出版社	2017
44	世济牛马经注释	郑继方　张新厚	13.0	中国农业出版社	2017

（二）畜牧和草业学科

表16　畜牧和草业学科著作

序号	著作名称	主编	字数（万字）	出版社	出版时间
1	甘肃省绵羊遗传资源研究	郎　侠	40.0	中国农业科学技术出版社	2009
2	高速公路绿化	常根柱	33.0	中国农业科学技术出版社	2009
3	甘肃草场植被与草地生态系统	同文轩　张怀山	53.0	甘肃科学技术出版社	2010
4	沙拐枣属牧草种质资源描述规范和数据标准	杨志强　时永杰　田福平	9.7	中国农业科学技术出版社	2011
5	长柔毛野豌豆种质资源描述规范和数据标准	杨志强　时永杰　田福平	11.0	中国农业科学技术出版社	2011
6	冷地早熟禾种质资源描述规范和数据标准	时永杰　杨志强　田福平	11.0	中国农业科学技术出版社	2011
7	黑麦草种质资源描述规范和数据标准	田福平　杨志强　时永杰　路　远	12.0	中国农业科学技术出版社	2011
8	毛皮动物毛纤维超微结构图谱	李维红	30.2	中国农业科学技术出版社	2011
9	甘肃高山细毛羊的育成与发展	郭　健　李文辉　杨博辉　王保全	75.0	中国农业科学技术出版社	2011
10	绵羊毛质量控制技术	牛春娥	51.8	中国农业科学技术出版社	2011
11	绒山羊	孙晓萍	60.0	甘肃科学技术出版社	2011
12	奶牛营养调控原理与技术应用	乔国华	25.7	甘肃科学技术出版社	2011
13	欧拉羊选育与生产	王彩莲　郎　侠　刘振恒	36.0	甘肃科学技术出版社	2012
14	藏羊实用生产技术百问百答	郎　侠	12.0	甘肃科学技术出版社	2012
15	现代肉羊生产实用技术	刘建斌	46.6	甘肃科学技术出版社	2013
16	甘肃省绵羊生态养殖技术	郎　侠　李国林　王彩莲	40.0	甘肃科学技术出版社	2013
17	欧拉羊产业化技术	郎　侠　王彩莲	26.0	甘肃科学技术出版社	2013
18	现代畜牧业高效养殖技术	王晓力	60.0	甘肃科学技术出版社	2013
19	生物学理论与生物技术研究	杨　慧　王晓力　陈　燕	41.3	中国水利水电出版社	2014
20	藏羊养殖与加工	郎　侠　保善科　王彩莲	35.0	中国农业科学技术出版社	2014
21	第五届国际牦牛大会论文集	阎　萍	84.0	中国农业科学技术出版社	2014
22	动物营养与饲料加工技术研究	王晓力	40.7	东北师范大学出版社	2014
23	动物毛皮质量鉴定技术	高雅琴　王宏博	50.0	中国农业科学技术出版社	2014

（续表）

序号	著作名称	主编	字数（万字）	出版社	出版时间
24	适度规模肉牛场高效生产技术	阎　萍　郭　宪	25.0	中国农业科学技术出版社	2014
25	藏獒饲养管理与疾病防治	郭　宪	26.8	金盾出版社	2014
26	牦牛养殖实用技术手册	梁春年　阎　萍	21.0	中国农业科学技术出版社	2014
27	优质羊毛生产技术	郭　健	22.0	甘肃科学技术出版社	2014
28	羊繁殖与双羔免疫技术	冯瑞林	31.0	甘肃科学技术出版社	2014
29	适度规模肉羊场高效生产技术	杨博辉　陈玉林　窦永喜	30.0	中国农业科技出版社	2014
30	饲料分析及质量检测技术研究	王晓力	40.1	东北师范大学出版社	2014
31	动物营养与饲料学理论及应用技术探究	王晓力	40.7	吉林大学出版社	2015
32	规模化养羊与疫病防控技术	朱新书	39.2	甘肃科学技术出版社	2015
33	河西走廊退化草地营养动态研究	周学辉　杨红善　常根柱	42.0	甘肃科学技术出版社	2015
34	优质羊肉生产技术	牛春娥	24.8	中国农业科学技术出版社	2015
35	分子生物学核心理论与应用	王晓力	65.2	中国原子能出版社	2015
36	藏羊科学养殖实用技术手册	梁春年	21.0	中国农业科学技术出版社	2016
37	青藏高原绵羊牧养技术	王宏博　刘　萍	32.0	甘肃科学技术出版社	2016
38	绵羊营养与饲料	程胜利　王宏博	30.0	甘肃科学技术出版社	2016
39	放牧牛羊高效养殖综合配套技术	朱新书	24.0	甘肃科学技术出版社	2016
40	西部旱区草品种选育与研究	杨红善　常根柱	33.0	甘肃科学技术出版社	2016
41	细毛羊生产技术	郭　健	24.0	甘肃科学技术出版社	2016
42	西藏牧草繁育研究进展	李锦华	31.0	甘肃省科学技术出版社	2017
43	畜产品质量安全知识问答	高雅琴	20.0	中国农业科学技术出版社	2017
44	青贮饲料百问百答	王春梅　王晓力	13.2	中国农业科学技术出版社	2017
45	基地种植管理技术手册	张怀山　杨世柱　代立兰	23.0	甘肃科学技术出版社	2017
46	基地养殖管理技术手册	张怀山　杨世柱　韩庆彦	23.0	甘肃科学技术出版社	2017
47	常见毛用动物毛纤维质量评价技术	李维红	13.0	中国农业科学技术出版社	2017
48	牦牛科学养殖与疾病防治	郭　宪	28.5	中国农业出版社	2017
49	苜蓿生产中常见问题解答	张　茜	16.6	中国农业科学技术出版社	2017
50	抗霜霉病与耐旱苜蓿选育研究	李锦华	32.0	甘肃科学技术出版社	2017

（三）其他

表17　其他著作

序号	著作名称	主编	字数（万字）	出版社	出版时间
1	农牧期刊编辑实用手册	魏云霞　阎　萍	50.0	甘肃科学技术出版社	2014
2	2012年度科技论文集	杨志强　张继瑜	50.0	中国农业科学技术出版社	2014
3	科技创新　华彩篇章2001—2015中国农业科学院兰州畜牧与兽药研究所创新成果集	杨志强　张继瑜 王学智　周　磊	23.3	中国农业科学技术出版社	2015
4	中国农业科学院兰州畜牧与兽药研究所科技论文集2013	杨志强　张继瑜 王学智　周　磊	72.2	中国农业科学技术出版社	2015
5	中国农业科学院兰州畜牧与兽药研究所科技论文集2014	杨志强　张继瑜 王学智　周　磊	120.8	中国农业科学技术出版社	2015
6	中国农业科学院兰州畜牧与兽药研究所规章制度汇编	杨志强　赵朝忠	39.3	中国农业科学技术出版社	2015
7	农业科研单位常用文件摘编	杨志强　赵朝忠 王学智　肖　堃	42.2	中国农业科学技术出版社	2015
8	中国农业科学院兰州畜牧与兽药研究所论文集（2011）	杨志强　张继瑜 王学智　周　磊	57.5	中国农业科学技术出版社	2017
9	中国农业科学院兰州畜牧与兽药研究所论文集（2015）	杨志强　张继瑜 王学智　周　磊	52.6	中国农业科学技术出版社	2017
10	中国农业科学院兰州畜牧与兽药研究所中央级公益性科研院所基本业务费专项资金项目（2006-2015）绩效评价	杨志强　张继瑜 王学智　曾玉峰	35.0	中国农业科学技术出版社	2017
11	中国农业科学院兰州畜牧与兽药研究所年报（2015）	杨志强　赵朝忠 张小甫	26.7	中国农业科学技术出版社	2017
12	中国农业科学院兰州畜牧与兽药研究所规章制度汇编	杨志强　赵朝忠	60.6	中国农业科学技术出版社	2017
13	足印（1999—2011）	杨志强　赵朝忠 符金钟	51.7	中国农业科学技术出版社	2017
14	足印（2012—2016）	杨志强　赵朝忠 符金钟	41.6	中国农业科学技术出版社	2017
15	中国农业科学院兰州畜牧与兽药研究所中央级科学事业单位修缮购置专项实施成果汇编	杨志强　肖　堃 邓海平	21.7	中国农业科学技术出版社	2017

（续表）

序号	著作名称	主编	字数（万字）	出版社	出版时间
16	中国农业科学院兰州畜牧与兽药研究所年报（2016）	杨志强　赵朝忠　张小甫	32.1	中国农业科学技术出版社	2018

三、论文

表18　SCI、EI收录期刊和一级学报论文

序号	第一作者	论文题目	刊物名称	年	期
1	邢成锋	脂蛋白脂肪基因的研究进展	华北农学报	2008	增刊
2	邢成锋	脂蛋白脂肪酶基因的研究进展	华北农学报	2008	增刊
3	岳耀敬	分子生物学技术在动物繁殖中的应用	中国畜牧杂志	2008	增刊
4	郭　宪	影响肉羊胚胎移植效果的因素分析	中国畜牧杂志	2008	增刊
5	程胜利	用BLUP方法估计绵羊育种值的试验研究	中国畜牧杂志	2008	增刊
6	王华东	奶牛前后盘吸虫虫种调查与感染动态分析	中国兽医学报	2008	1
7	阎　萍	Ultra Structure of Sperm in Wild Yak	Journal of Agricultural Science and Technology	2008	2
8	郭　宪	Conservation and Breeding for Hequ Tibet Mastiff in China	Journal of Agricultural Science and Technology	2008	2
9	李建喜	喹胺醇诱导仔猪氧化损伤的潜在性作用	中国兽医学报	2008	2
10	岳耀敬	绵羊C3d基因克隆及分子特征	农业生物技术学报	2008	4
11	郎　侠	河曲马选育方向探讨	中国畜牧杂志	2008	7
12	刘　晓	曲古抑菌素（Trichostatin）A对猪卵母细胞体外成熟及孤雌胚胎发育能力的影响	畜牧兽医学报	2008	12
13	岳耀敬	绵羊C3d基因克隆及分子特征	农业生物技术学报	2008	16
14	李建喜	喹胺醇诱导仔猪氧化损伤的潜在性作用	中国兽医学报	2008	28
15	王华东	奶牛前后盘吸虫虫种调查与感染动态分析	中国兽医学报	2008	28
16	王宏博	绒山羊皮肤毛囊结构及其与产绒量关系的研究进展	中国畜牧杂志	2008	29
17	刘　晓	曲古抑菌素（Trichostatin）A对猪卵母细胞体外成熟及孤雌胚胎发育能力的影响	畜牧兽医学报	2008	39
18	罗超应	奶牛乳房炎的复杂性及其对传统科学观念的挑战	中国兽医学报	2009	1

（续表）

序号	第一作者	论文题目	刊物名称	年	期
19	王丁科	牦牛IGF2内含子的遗传多态性及其遗传效应分析	华北农学报	2009	2
20	裴　杰	天祝白牦牛LF基因克隆及分子特征	中国农业科学	2009	3
21	裴　杰	牦牛SRY基因克隆与分子特征	华北农学报	2009	4
22	裴　杰	天祝白牦牛SRY基因克隆与原核表达	农业生物技术学报	2009	4
23	梁春年	牦牛MSTN基因内含子Ⅱ遗传多样性研究	华北农学报	2009	5
24	裴　杰	新疆巴州牦牛Lfcin基因的克隆与分子特征	华北农学报	2009	5
25	岳耀敬	mC3d3-DINHα（1～32）基因免疫对大鼠卵泡发育和生殖激素的影响	中国兽医学报	2009	6
26	刘根新	O/W型药用微乳的制备及评价	中国农业科学	2009	9
27	张　茜	Microsatellite DNA Loci from the Drought Desert Plant *Calligonum Mongolicum* Turcz.（Polygonaceae）	Conservation Genetics	2009	10
28	郭　宪	肉牛双胎技术的研究与应用	中国畜牧杂志	2009	11
29	王春梅	Puccinellia Tenuiflora Maintains a Low Na^+ Level under Salinity by Limiting Unidirectional Na+ Influx Resulting in a High Selectivity for K+ over Na^+	Plant，Cell and Environment	2009	32
30	罗永江	Acute and Subacute Toxicity of Ethanol Extracts from Salvia Przewalskii Maxim in Rodents	Journal of Ethnopharma cology	2010	1
31	郭　宪	Tandem Inhibin Gene Immunization to Induce Sheep Twinning	J Appl Anim Res	2010	1
32	牛春娥	天祝白牦牛被毛组织结构及超微结构的研究	纺织学报	2010	2
33	刘建斌	中国9个家驴品种mtDNA D-loop部分序列分析与系统进化研究	中国畜牧杂志	2010	3
34	梁春年	牦牛LPL基因外显子7多态性与生长性状相关性的研究	华北农学报	2010	5
35	牛春娥	天祝白牦牛被毛品质特性的研究	中国畜牧杂志	2010	7
36	陈炅然	Immunomodulatory Activity *in Vitro* and *in Vivo* of Polysaccharide from Potentilla Anserine	Fitoterapia	2010	8
37	郭志廷	金丝桃素可溶性粉体外抗犊牛病毒性腹泻-黏膜病病毒的实验研究	中国兽医学报	2010	9
38	刘建斌	BMPR-IB基因忽和FSHB基因多态性及其与小尾寒羊产羔数关联性分析	中国畜牧杂志	2010	19

（续表）

序号	第一作者	论文题目	刊物名称	年	期
39	丁学智	A Novel Single Nucleotide Polymorphism in Exon 7 of LPL Gene and Its Association with Carcass Traits and Visceral Fat Deposition in Yak （*Bos grunniens*） Steers	Mol Biol Rep	2011	1
40	丁学智	Seasonal and Nutrients Intake Regulation of Lipoprotein Lipase （LPL） Activity in Grazing Yak （*Bos grunniens*） in the Alpine Regions around Qinghai Lake	Livestock Science	2011	1
41	梁剑平	Clinical Study on the Treatment of Piroline against Bovine Mastitis	The Thai Journal of Veterinary Medicine	2011	1
42	郎　侠	兰州大尾羊微卫星DNA多态性研究	中国畜牧杂志	2011	1
43	岳耀敬	Simultaneous Identification of FecB and FecXG Mutations in Chinese Sheep using High Resolution Melting Analysis	Journal of Applied Animal Research	2011	2
44	倪春霞	奶牛乳房炎金黄色葡萄球菌凝固酶基因型研究	中国农业科学	2011	2
45	梁春年	牦牛MSTN基因内含子2多态性及与生长性状的相关性	华北农学报	2011	3
46	乔国华	植物精油对奶牛和肉牛瘤胃发酵的影响研究进展	中国畜牧杂志	2011	3
47	郎　侠	Development of Gastric and Pancreatic Enzyme Activities and Their Relationship with Some Gut Regulatory Peptides in Grazing Sheep	Asian-Australian Journal of Animal Science	2011	4
48	邓海平	奶牛乳房炎金黄色葡萄球菌基因多态性分型试验	中国兽医学报	2011	6
49	张志强	重金属Pb^{2+}的抗原合成与鉴定	中国兽医学报	2011	6
50	李剑勇	Synthesis of Aspirin Eugenol Ester and Its Biological Activity	Med Chem Res	2011	7
51	李维红	旱獭、麝鼠、兔狲、青鼬、石貂毛绒纤维超微结构比较	畜牧兽医学报	2011	7
52	邓海平	甘肃地区牛源金黄色葡萄球菌分子鉴定及RAPD分型	畜牧兽医学报	2011	8
53	刘根新 张继瑜	伊维菌素纳米乳注射液的研制与质量安全性评价	畜牧兽医学报	2011	8
54	汪　芳	犬血浆中塞拉菌素含量的高效液相色谱——荧光检测方法的建立	畜牧兽医学报	2011	9
55	杨亚军	Optimization of Polymerization Parameters for the Sorption of Oseltamivir onto Molecularly Imprinted Polymers	Anal Bioanal Chem	2011	10

（续表）

序号	第一作者	论文题目	刊物名称	年	期
56	李学兵 吴培星	Carbohydrate-Functionalized Chitosan Fiber for Influenza Virus Capture	Biomacromole cules	2011	11
57	李兆周	Enzyme-assisted Extraction of Naphthodianthrones from *Hypericum Perforatum* L. by 12C6+-ion Beam-improved Cellulases	Separation and Purificaton Technology	2011	11
58	乔国华	Effect of Several Supplemental Chinese Herbs Additives on Rumen Fermentation，Antioxidant Function and Nutrient Digestibility in Sheep	Journal of animal physiology and animal nutrition	2011	11
59	刘希望	4-Allyl-2-methoxyphenyl 2-acetoxybenzoate	Acta Crystal-lographica Section E	2011	67
60	尚小飞	Antinociceptive and Anti-inflammatory Activities of *Phlomis Umbrosa* Turcz Extract	Fitoterapia	2011	82
61	尚小飞	*Lonicera Japonica* Thunb: Ethnopharmacology，Phytochemistry and Pharmacology of an Important Traditional Chinese Medicine	Journal of Ethnopharma cology	2011	138
62	乔国华	Effect of Supplemental *Fructus Ligustri Lucidi* Extract on Methane Production and Rumen Fermentation in Sheep	Advanced Material Research	2011	356
63	郝宝成	Cloning and Prokaryotic Expression of cDNAs from Hepatitis E Virus Structural Gene of the SW189 Strain	The Thai Journal of Veterinary Medicine	2012	2
64	郝宝成	猪戊型肝炎病毒swCH189株衣壳蛋白基因CP239片段的表达、纯化及抗原性分析	中国兽医学报	2012	2
65	乔国华	Effect of High Altitude on Nutrient Digestibility，Rumen Fermentation and Basal Metabolism Rate in Chineese Holstein Cows on the Tibetan Plateau	Animal Production Science	2012	3
66	程富胜	酵母锌对肉鸡生长性能及生理功能的影响	中国兽医学报	2012	3
67	程富胜	酵母多糖对环磷酰胺所致免疫损伤大鼠的拮抗作用	中国预防兽医学报	2012	3
68	郭　宪	Efficiency of *in Vitro* Embryo Production of Yak（*Bos Grunniens*）Cultured in Different Maturation and Culture Conditions	Journal of Applied Animal Research	2012	4
69	吴晓云 阎　萍	牦牛VEGF-A基因的克隆及生物信息学分析	华北农学报	2012	4
70	张世栋	芩连夜与白虎汤对气分证家兔补体经典途径活化的影响比较	畜牧兽医学报	2012	5

（续表）

序号	第一作者	论文题目	刊物名称	年	期
71	陈炅然	Dietary Supplementation of Female Rats with Elk Velvet Antler Improves Physical and Neurological Development of Offspring	Evidence-Based Complementary and Alternative Medicine	2012	5
72	李剑勇	A 15-day Oral Dose Toxicity Study of Aspirin Eugenol Ester in Wistar Rats	Food Chem Toxicol	2012	6
73	刘希望	N-（5-Chloro-1，3-thiazol-2-yl）-2，4-difluorobenzamide	Acta Crystallogr E	2012	6
74	梁春年	牦牛MSTN基因分子克隆及序列分析	华北农学报	2012	6
75	徐继英 杨志强	奶牛乳腺炎源大肠杆菌中耶尔森菌强毒力岛相关基因的检测及序列分析	中国农业科学	2012	6
76	丁学智	Reducing Methane Emissions and the Methanogen Population in the Rumen of Tibetan Sheep by Diet Ary Supplem Entation with Coconut Oil	Trop Anim Health Prod	2012	7
77	尚若锋	Hypericum Perforatum Extract Therapy for Chickens Experimentally Infected with Infectious Bursal Disease Virus and its Influence on Immunity	The Canadian Journal of Veterinary Research	2012	7
78	乔国华	A Comparative Study at Two Different Altitudes with Two Dietary Nutrition Levels on Rumen Fermentation and Energy Metabolism in Chinese Holstein Cows	Journal of animal physiology and animal nutrition	2012	8
79	秦　哲	Effects of Fermentation Astragalus Polysaccharides on Experimental Hepatic Fibrosis	Animal and Veterinary Advances	2012	8
80	郭志廷	常山总碱的亚急性毒性试验	中国兽医学报	2012	8
81	杨博超 杨志强	Complete Genome Sequence of a Mink Calicivirus in China	Journal of Virology	2012	9
82	徐继英 杨志强	我国部分地区奶牛乳房炎源大肠杆菌生物学特性及耐药性分析	农业生物技术学报	2012	9
83	董书伟	奶牛蹄叶炎与血浆中矿物元素含量的相关性分析	中国兽医学报	2012	10
84	王　慧	Effects of Yeast Polysaccharide on Immune Enhancement and Production Performance of Rats	Animal and Veterinary Advances	2012	11
85	王贵波	射干地龙颗粒的安全药理学分析	畜牧兽医学报	2012	12
86	董书伟	纳米铜对大鼠肝脏毒性相关蛋白过氧化氢酶的分离鉴定及生物信息学分析	中国农业科学	2012	14
87	岳耀敬	Sex Determination in Ovine Embryos Using Amelogenin（AMEL）Gene by High Resolution Melting Curve Analysis	Animal and Veterinary Advances	2012	16

（续表）

序号	第一作者	论文题目	刊物名称	年	期
88	苏 洋 蒲万霞	牛源金黄色葡萄球菌的耐药性及耐加氧西林金黄色葡萄球菌的检测	中国农业科学	2012	17
89	王宏博	大通牦牛提纯复壮当地牦牛效果的研究	中国畜牧杂志	2012	21
90	李剑勇	Antioxidant Activity of Aspirin Eugenol Ester for Aging Model of Mice by D-galactose	Animal and Veterinary Advances	2012	23
91	张继瑜	Therapeutic and Persistent Efficacy of Doramectin Against Nematode in Swine Infected Naturally in China	Animal and Veterinary Advances	2012	24
92	包鹏甲	Genetic Diversity Analysis of DRB3.2 in Domestic Yak（*Bos grunniens*）in Qinghai-Tibetan Plateau	African Journal of Biotechno logy	2012	87
93	沈凤革 张继瑜	Efficacy of Trans-cinnamaldehyde Against Psoroptes Cuniculi *in Vitro*	Parasitol Res	2012	110
94	尚小飞	Ethno-veterinary Survey of Medicinal Plants in Ruoergai Region，Sichuan Province，China	Journal of Ethnopharma cology	2012	142
95	张世栋	Aqueous Extract of Bai-Hu-Tang，a Alassical Chinese Herb Formula，Prevents Excessive Immune Response and Liver Injury Induced by LPS in Rabbits	Journal of Ethnopharma cology	2013	1
96	刘文博	Associations of Single Nucleotide Polymorphisms in Candidate Genes with the Polled Trait in Datong Domestic Yaks	Animal Genetics	2013	1
97	王 慧	The Estimation of Soil Trace Elements Distribution and Soil-Plant-Animal Continuum in Relation to Trace Elements Status of Sheep in Huangcheng Area of Qilian Mountain Grassland，China	Journal of Integrative Agriculture	2013	1
98	裴 杰	Expression Profiles of Growth Hormone Receptor and Insulinlike Growth Factor I in Cattle and Yak Tissues Revealed by Quantitative Real-time PCR	Archiv Tierzucht	2013	1
99	郭 宪	*In Vitro* Optimization of White Yak（*Bos grunniens*）Oviduct Epithelial Cells Culture	Animal and Veterinary Advances	2013	1
100	郝宝成	Cellulase Extraction and Gas Chromatography Detection Technology of Swainsonine from Locoweed，*Astragalus Strictus* in Tibet	Legume Research	2013	1
101	梁春年	牦牛MSTN 基因分子克隆及序列分析	华北农学报	2013	1
102	刘建斌	Analysis of Geographic and Pairwise Distances among Chingese Cashmere Goat Populations	Asian-Aust J Anim Sci	2013	3

（续表）

序号	第一作者	论文题目	刊物名称	年	期
103	韩吉龙	藏羊刺鼠信号蛋白基因（Agouti）的多态性及不同颜色被毛皮肤组织中Agouti与小眼畸形相关转录因子基因（MITF）表达的定量分析	农业生物技术学报	2013	3
104	吴晓云	Association of 2 Novel Single Nucleotide Polymorphisms of the Vascular Endothelial Growth Factor-A Gene with High-altitude Adaptation in Yak（*Bos grunniens*）	Genetics and Molecular Research	2013	4
105	郝桂娟	来源于益生菌FGM的aga2基因在黄芪发酵过程中的表达	畜牧兽医学报	2013	4
106	王　慧	Extraction of Polysaccharides from Saccharomyces Cerevisiae and Its Immune Enhancement Activity	International Journal of Pharmacology	2013	5
107	牛春娥	基于气相色谱法的含脂毛中4种拟除虫菊酯药物残留量的测定	纺织学报	2013	5
108	阎　萍	牦牛和犏牛Dmrt7基因序列分析及其在睾丸组织中的表达水平	中国农业科学	2013	5
109	杨　敏 杨博辉	HIF-1a基因G901A多态性与高海拔低氧适应的相关性	华北农学报	2013	6
110	王朝风 杨博辉	藏羊VEGF-A基因编码区多态性及生物信息学分析	华北农学报	2013	6
111	李剑勇	Genotoxic Evaluation of Aspirin Eugenol Ester Using the Ames Test and the Mouse Bone Marrow Micronucleus Assay	Food and Chemical Toxicology	2013	6
112	刘希望	N-（5-Nitro-1，3-thiazol-2-yl）-4-（trifluoromethyl）benzamide	Acta Crystallogr E	2013	6
113	郭志廷	常山提取物对人工感染鸡柔嫩艾美耳球虫病疗效的观察	中国兽医学报	2013	7
114	张世栋	催情助孕液对小鼠雌孕激素水平及其受体基因表达影响	中国兽医学报	2013	7
115	高昭辉 董书伟	蹄叶炎奶牛血浆蛋白质组学2-DE图谱的构建及分析	中国兽医学报	2013	7
116	刘　建 梁春年	牦牛CART基因克隆、单核苷酸多态性检测及生物信息学分析	畜牧兽医学报	2013	8
117	张景艳	饲料中喹乙醇ELISA检测试剂盒的研制及性能分析	畜牧兽医学报	2013	8
118	吴瑜瑜 杨博辉	中国超细毛羊（甘肃型）胎儿皮肤毛囊发育及其形态结构	中国农业科学	2013	9

（续表）

序号	第一作者	论文题目	刊物名称	年	期
119	王学红	高产截短侧耳素产生菌高通量筛选方法的建立	中国兽医学报	2013	10
120	郭　宪	牦牛卵母细胞及体外受精胚胎早期发育基因差异表达的研究	畜牧兽医学报	2013	10
121	郭志廷	常山提取物和常山乙素对小鼠脾淋巴细胞增殖的影响	中国兽医学报	2013	11
122	杨亚军	A Non-Biological Method for Screening Active Components against Influenza Virus from Traditional Chinese Medicine by Coupling a LC Column with Oseltamivir Molecularly Imprinted Polymers	PLoS One	2013	12
123	尚若锋	Chemical Synthesis，Docking Studies and Biological Activities of Novel Pleuromutilin Derivatives with Substituted Amino Moiety	PLoS One	2013	12
124	Alaa.H. sadoon 张继瑜	Extraction of Alkoloids from *C.Komarovii* AL Ⅱjinski	Animal and Veterinary Advances	2013	15
125	王　慧	An Overview on Natural Polysaccharides with Antioxidant Properties	Current Medicinal Chemistry	2013	23
126	尚若锋	Efficient Antibacterial Agents: A Review of the Synthesis，Biological and Mechanism of Pleuromutilin Derivatives	Curr. Top. Med. Chem.	2013	24
127	王　慧	Outbreak of Porcine Epidemic Diarrhea in Piglets in Gansu Province，China	Acta Scientiae Veterinariae	2013	41
128	尚若锋	Synthesis and Antibacterial Evaluation of Novel Pleuromutilin Derivatives	European Journal of Medicinal Chemistry	2013	63
129	郝桂娟	RT-qPCR Analysis of DexB and GalE Gene Expression of *Streptococcus Alactolyticus* in *Astragalus Membranaceus* Fermentation	Appl Microbiol Biotechnol	2013	97
130	尚小飞	Acaricidal Activity of Extracts from *Adonis Coerulea* Maxim. against Psoroptes Cuniculi *in Vitro* and *in Vivo*	Veterinary Parasitology	2013	195
131	尚若锋	Crystal Structure of 14-0-[（3-chlorobenzamide-2-methylpropane-2-yl）	Z Krist-new Crysr　ST	2013	228
132	尚若锋	Crystal Structure of 14-0-[（2-chloro-benz- amide-2-methylpropane-2-yl） Thioacetate] Mutilin，C33H46ClNO5S	Z Kristallogr NCS.	2013	228

（续表）

序号	第一作者	论文题目	刊物名称	年	期
133	郭文柱	Crystal Structure of 14-0-[（2-chloro-benz- amide-2-methylpropane-2-yl） Thioacetate] Mutilin，C38H61NO7S	Z Kristallogr NCS	2013	228
134	王 慧	Levels of Cu，Mn，Fe and Zn in Cow Serum and Cow Milk: Relationship with Trace Elements Contents and Chemical Composition in Milk.	Acta Scientiae Veterinariae	2014	1
135	吴晓云 阎 萍	The Complete Mitochondrial Genome Sequence of the Datong Yak （*Bos grunniens*）	Mitochondrial DNA	2014	1
136	沈友明 李剑勇	In Vitro and In Vivo Metabolism of Aspirin Eugenol Ester in Dog by Liquid Chromatography Tandem Mass Spectrometry.	Biomedicinal Chromotography	2014	1
137	夏鑫超	Assessment of the Anti-diarrhea Function of Compound Chinese Herbal Medicine Cangpo Oral Liquid	Afr J Tradit Complement Altern Med	2014	1
138	李天科	甘南牦牛GDF-10基因多态与生产性状的相关性分析	中国农业科学	2014	1
139	郝宝成	苦马豆素抗牛病毒性腹泻病毒的研究	中国农业科学	2014	1
140	崔东安	Efficacy of Herbal Tincture as Treatment Option for Retained Placenta in Dairy Cows	Animal Reproduction Science	2014	1-2
141	王 慧	Evaluation of Bioaccumulation and Toxic Effects of Copper on Hepatocellular Structure in Mice	Biol Trace Elem Res	2014	1-3
142	蒲万霞	High Incidence of Oxacillin-Susceptible MecA-Positive Staphylococcus Aureus （OS-MRSA） Associated with Bovine Mastitis in China	PLoS One	2014	2
143	杨 敏 杨博辉	Limitation of High-resolution Melting Curve Analysis for Genotyping Simple Sequence Repeats in Sheep	Genetic and Molecular Research	2014	2
144	刘建斌	Analysis of Geographic and Pairwise Dist Ances among Sheep Populations	Genetics and Molecular Research	2014	2
145	吴国泰 梁剑平	The Total alkaloid sof *Aconitum Tanguticum* Protect against Lipopolysaccharide-Induced acute Lung Injury in Rats	Journal of Ethnopharma cology	2014	3
146	丁学智	Physiological Insight into the High-altitude Adaptations in Domesticated Yaks （*Bos grunniens*） along the Qinghai-Tibetan Plateau altitudinal Gradient	Livestock Science	2014	3
147	秦 文	FASN基因与牦牛肌肉脂肪酸组成的相关性研究	华北农学报	2014	3

（续表）

序号	第一作者	论文题目	刊物名称	年	期
148	王　婧 张继瑜	Characterization of a Functionally Active Recombinant 1-deoxy-D-xylulose-5-phosphate Synthase from Babesia Bovis	The Journal of Veterinary Medical Science	2014	4
149	韩吉龙 杨博辉	Moecular Characterization of Tow Candidate Genes Associated with Coat Color in Tibetan Sheep（*Ovis arise*）	Journal of Integrative Agriculture	2014	4
150	郭　宪	Identification of Differentially Expressed Genes in Yak Preimplantation Embryos Derived from *in Vitro* Fertilization	Animal and Veterinary Advances	2014	4
151	熊　琳	基于超声萃取-超声辅助柱前衍生高效液相色谱法毛织物中甲醛含量的测定	纺织学报	2014	4
152	崔东安	The Administration of Sheng Hua Tang Immediately after Delivery to Reduce the Incidence of Retained Placenta in Holstein Aairy Cows	Theriogenology	2014	5
153	董书伟	Comparative Proteomic Analysis Shows an Elevation of Mdh1 Associated with Hepatotoxicity Induced by Copper Nanoparticle in Rats	Journal of Integrative Agriculture	2014	5
154	张建一 阎　萍	牦牛Agouti基因的克隆及编码区多态性研究	华北农学报	2014	5
155	刘洋洋 程富胜	富锌酵母菌发酵液体外抗氧化作用	中国兽医学报	2014	5
156	王　磊 李建喜	A Monoclonal Antibody-Based Indirect Competitive Enzyme-Linked Immunosorbent Assay for the Determination of Olaquindox in Animal Feed	Analytical Letters	2014	6
157	尚小飞	Acaricidal Activity of Usnic Acid and Sodium Usnic Acid Against Psoroptes Cuniculi *in Vitro*	Parasitol Res	2014	6
158	王　婧 张继瑜	牛巴贝斯虫DXR基因的克隆和真核表达	中国农业科学	2014	6
159	尚小飞	The Oxidative Status and Inflammatory Level of the Peripheral Blood of Rabbits Infested with *Psoroptes Cuniculi*	Parasites & Vectors	2014	7
160	阎　萍	The Low Expression of Dmrt7 is Associated with Spermatogenic	Molecular biology reports	2014	7
161	吴晓云	Characterization of the Complete Mitochondrial Genome Sequence of Wild Yak （*Bos Mutus*）	Mitochon drial DNA	2014	7

（续表）

序号	第一作者	论文题目	刊物名称	年	期
162	王孝武 李建喜	基于Web of Science数据库的全球“奶牛”研究论文的产出分析	中国畜牧杂志	2014	8
163	褚 敏 阎 萍	The Complete Sequence of Mitochondrial Genome of Polled Yak	Mitochondrial DNA	2014	10
164	刘建斌	Carcass and Meat Quality Characteristics of Oula Lambs in China	Small Ruminant Research	2014	10
165	熊 琳	Synthesis and *in Vitro* Anticancer Activity of Novel 2-［（3-thioureido）carbonyl］Phenyl Acetate Derivatives	Letters in Drug Design & Discovery	2014	10
166	刘希望	Synthesis，Antibacterial Evaluation and Molecular Docking Study of Nitazoxanide Analogues	Asian J Chem	2014	10
167	苏 洋 蒲万霞	不同宿主来源的耐甲氧西林金黄色葡萄球菌分子流行病学研究进展	中国预防兽医学报	2014	11
168	尚若锋	Synthesis and Biological Activities of Novel Pleuromutilin Derivatives with a Substituted Thiadiazole Moiety as Potent Drug-Resistant Bacteria Inhibitors.	J Med Chem	2014	13
169	尚若锋	Synthesis and Biological Evaluation of New Pleuromutilin Derivatives as Antibacterial Agents	Molecules	2014	19
170	李 冰	Determination and Pharmacokinetic Studies of Arecoline in Dog Plasma by Liquid Chromatography–Tandem Mass Spectrometry.	Journal of Chromatography B	2014	20
171	岳耀敬	高山美利奴羊新品种种质特性初步研究	中国畜牧杂志	2014	21
172	尚小飞	*Leonurus Japonicus* Houtt.: Ethnopharmacology，Phytochemistry and Pharmacology of an Important Traditional Chinese Medicine	Journal of Ethnopharmacology	2014	152
173	张世栋	iTRAQ-based Quantatative Proteomic Analysis of Utequantatative Proteomic Analysis of Uterus Tissue and Plasma from Dairy Cow with Endometritis	Japanese Journal of Veterinary Research	2015	S1
174	张世栋	Differentially Expressed Genes of LPS Febrile Symptom in Rabbits and That Treated with *Bai-Hu-Tang*，a Classical Anti-febrile Chinese Herb Formula	Journal of Ethnopharmacology	2015	1
175	刘建斌	The Complete Mitochondrial Genome Sequence of the Dwarf Blue Sheep，Pseudois Schaeferi Haltenorth in China	Mitochondrial DNA	2015	1

（续表）

序号	第一作者	论文题目	刊物名称	年	期
176	郭　宪	The Complete Mitochondrial Genome of Hequ Tibetan Mastiff Canis Lupus Familiaris（*Carnivora Canidae*）	Mitochondrial DNA	2015	1
177	韩吉龙 杨博辉	Analysis of Agouti Signaling Protein（ASIP）Gene Polymorphisms and Association with Coat Color in Tibetan Sheep（*Ovis aries*）	Genetics and Molecular Research	2015	1
178	褚　敏 阎　萍	Association between Single-nucleotide Polymorphisms of Fatty Acid Synthase Gene and Meat Quality Traits in Datong Yak（*Bos grunniens*）	Genetics and Molecular Research	2015	1
179	岳耀敬 杨博辉	De Novo Assembly and Characterization of Skin Transcriptome Using RNAseq in Sheep（*Ovis Aries*）	Genetics and Molecular Research	2015	1
180	王　慧	Hematologic，Serum Biochemical Parameters，Fatty Acid and Amino Acid of Longissimus Dorsi Muscles in Meat Quality of Tibetan Sheep	Acta Scientiae Veterinariae	2015	1
181	李天科 阎　萍	牦牛Ihh基因组织表达分析、SNP检测及其基因型组合与生产性状的关联分析	畜牧兽医学报	2015	1
182	张良斌 阎　萍	天祝白牦牛KAP1.1基因亚型B2A克隆及鉴定	华北农学报	2015	1
183	王　慧	Effects of Long-Term Mineral Bloch Supplementation on Antioxidants，Immunity，and Health of Tibetan Sheep	Biological Trace Element Research	2015	2
184	王晓力	Study on Extraction and Antioxidant Activity of Flavonoids from *Cynomorium Songaricum* R u p r.	Oxidation Communications	2015	2A
185	王晓力	Study on the Extraction and Oxidation of Bioactive Peptide from the Sphauercerpus Grailis	Oxidation Communications	2015	2A
186	严作廷	The Effect of Chinese Veterinary Medicine Preparation *Chan Fu Kang* on the Endothelin and Nitric Oxide of Postpartum Dairy Cows with Qi-deficiency and Blood Stasis	Japanese Journal of Veterinary Research	2015	3
187	王　磊	Analgesic and Anti-inflammatory Effects of Hydroalco- Holic Extract Isolated from Semen Vaccariae	Pakistan Journal of Pharmaceutical Sciences	2015	3
188	郭　宪	The Two Dimensional Electrophoresis and Mass Spectrometric Analysis of Differential Proteome in Yak Follicular Fluid	Animal and Veterinary Advances	2015	3

（续表）

序号	第一作者	论文题目	刊物名称	年	期
189	张　超 梁剑平 尚若锋	*In Vivo* Efficacy and Toxicity Studies of a Novel Antibacterial Agent: 14-0-[（2-Amino-1，3，4-thiadiazol-5-yl）Thioacetyl] Mutilin	Molecules	2015	4
190	魏晓娟 张继瑜	Evaluation of Arecoline Hydrobromide Toxicity after a 14-Day Repeated Oral Administration in Wistar Rats	PLoS One	2015	4
191	郭　宪	The Complete Mitochondrial Genome of the Qinghai Plateau Yak *Bos Grunniens*（Cetartiodactyla: Bovidae）	Mitochondrial DNA	2015	4
192	吴晓云 阎　萍	Novel SNP of EPAS1 Gene Associated with Higher Hemoglobin Concentration Revealed the Hypoxia Adaptation of Yak（*Bos Grunniens*）	Journal of Integrative Agriculture	2015	4
193	韩吉龙 岳耀敬 杨博辉	High Gene Flows Promote Close Genetic Relationship Among Fine-wool Sheep Populations（*Ovis aries*）in China	Journal of Integrative Agriculture	2015	4
194	秦　文 阎　萍	PPAR α Signal Pathway Gene Expression Is Associated with Fatty Acid Content in Yak and Cattle Longissimus Dorsi Muscle	Genetics and Molecular Research	2015	4
195	王　磊	Evaluation of Analgesic and Anti-Inflammatory Activities of Compound Herbs *Puxing Yinyang San*	African Journal of Traditional, Complementary and Alternative Medicines	2015	4
196	辛任生 梁剑平	苦豆子及其复方药对奶牛子宫内膜炎5种致病菌的体外抑菌活性研究	中国兽医学报	2015	4
197	熊　琳	A Method for Multiple Identification of Four β2-Agonists in Goat Muscle and Beef Muscle Meats Using LC-MS/MS Based on Deproteinization by Adjusting pH and SPE for Sample Cleanup	Food Science and Biotechnology	2015	5
198	岳耀敬	Exploring Differentially Expressed Genes and Natural Antisense Transcripts in Sheep（*Ovis aries*）Skin with Different Wool Fiber Diameters by Digital Gene Expression Profiling	PLoS One	2015	6
199	郭　宪	The Complete Mitochondrial Genome of Hequ Horse	Mitochondrial DNA	2015	6
200	刘建斌	The Complete Mitochondrial Genome Sequence of the Wild Huoba Tibetan Sheep of the Qinghai-Tibetan Plateau in China	Mitochondrial DNA	2015	6

（续表）

序号	第一作者	论文题目	刊物名称	年	期
201	辛蕊华	*Belamcanda Chinensis*（L.）DC: Ethnopharmacology，Phytochemistry and Pharmacology of an Important Traditional Chinese Medicine	African Journal of Traditional，Complementary and Alternative Medicines	2015	6
202	马　宁 李剑勇	Preventive Effect of Aspirin Eugenol Ester on Thrombosis in κ-Carrageenan-Induced Rat Tail Thrombosis Model	PLoS One	2015	7
203	王晓力	Application of Orthogonal Design to Optimize Extraction of Polysaccharide from *Cynomorium Songaricum* Rupr（*Cynomoriaceae*）	Tropical Journal of Pharmaceutical Research	2015	7
204	刘　宇	Poly（lactic acid）/Palygorskite Nanocomposites: Enhanced the Physical and Thermal Properties	Polymer Composites	2015	8
205	王　玲	Investigation of Bovine Mastitis Pathogens in Two Northwestern Provinces of China from 2012 to 2014	Animal and Veterinary Advances	2015	8
206	郭志廷	常山、常山碱及其衍生物防治鸡球虫病的研究进展	中国兽医学报	2015	8
207	郭　宪	Comparative Proteomic Analysis of Yak Follicular Fluid During Estrus	Asian Australas J Anim Sci	2015	9
208	衣云鹏 尚若锋	A New Pleuromutilin Derivative: Synthesis，Crystal Structure and Antibacterial Evaluation	Chinese J Struct Chem	2015	9
209	王晓力	Optimization Extracting Technology of *Cynomorium Songaricum* Rupr. Saponins by Ultrasonic and Determination of Saponins Content in Samples with Different Source	Advance Journal of Food Science and Technology	2015	9
210	王晓力	Optimization of Ultrasound-Assisted Extraction of Tannin from *Cynomorium Songaricum*	Advance Journal of Food Science and Technology	2015	9
211	郭　宪	Chemical Compositions and Nutrients Profiling of Yak Milk in Chinese Qinghai-Tibetan Plateau	Animal and Veterinary Advances	2015	10
212	董书伟	Comparative Proteomics Analysis Provide Novel Insight into Laminitis in Chinese Holstein Cows	BMC Veterinary Research	2015	11
213	ISAM 杨亚军	Regulation Effect of Aspirin Eugenol Ester on Blood Lipids in Wistar Rats with Hyperlipidemia	BMC Veterinary Research	2015	11
214	董书伟	中药治疗奶牛子宫内膜炎的系统评价和meta分析	畜牧兽医学报	2015	11
215	魏立琴 严作廷	丹翘液对脂多糖诱导RAW264.7细胞炎症相关因子的抑制效应分析	畜牧兽医学报	2015	12

（续表）

序号	第一作者	论文题目	刊物名称	年	期
216	尚小飞	Antinociceptive and Anti-tussive Activities of the Ethanol Extract of the Flowers of *Meconopsis Punicea* Maxim. BMC Complementary and Alternative Medicine	BMC Complementary and Alternative Medicine	2015	15
217	王宏博	牦牛KAP3.3基因的克隆及生物信息学分析	中国畜牧杂志	2015	19
218	尚若锋	Review of Platensimycin and Platencin: Lnhibitors of β-Ketoacyl-acyl Carrier Protein （ACP） Synthase Ⅲ（FabH）	Molecules	2015	20
219	黄美洲 刘永明	用主成分分析法研究腹泻仔猪血清生化指标	中国兽医学报	2015	35
220	杨　峰	Prevalence of BlaZ Gene and Other Virulence Genes in Penicillin-Resistant Staphylococcus Aureus Isolated from Bovine Mastitis Cases in Gansu, China	Turkish Journal of Veterinary and Animal Sciences	2015	39
221	熊　琳	Simple and Sensitive Monitoring of β2-a Gonist Re sidues in Meat by Liquid Chromatography–Tandem Mass Spectrometry Using a QuEChERS with Precon centration as the Sample Treatment	Meat Science	2015	105
222	衣云鹏 尚若锋	Synthesis and Evaluation of Novel Pleuromutilin Derivatives with a Substituted Pyrimidine Moiety	European Journal of Medicinal Chemistry	2015	106
223	Ali 李建喜	Study on Matrix Metalloproteinase 1 and 2 gene Expression and NO in Dairy Cows with Ovarian Cysts	Animal Reproduction Science	2015	152
224	李胜坤 崔东安	Efficacy of an Herbal Granule as Treatment Option for Neonatal Tibetan Lamb Diarrhea under Field Conditions	Livestock Science	2015	171
225	崔东安	Prophylactic Strategy with Herbal Remedy to Reduce Puerperal Metritis Risk in Dairy Cows A randomized Clinical Trial	Livestock Science	2015	181
226	李　冰 张继瑜	Determination and Pharmacokinetic Studies of Aretsunate and its Metabolite in Sheep Plasma Liquid Chromatography-Tandem Mass Spectrometry	Journal of ChromatographyB	2015	997
227	郭　宪	The Complete Mitochondrial Genome of *Ovis Ammon Darwini* （Artiodactyla: Bovidae）	Conservation Genet Resour	2016	1
228	ISAM 李剑勇	Lowering Effects of Aspirin Eugenol Ester on Blood Lipids in Rats with High Fat Diet	Lipids in Health and Disease	2016	1

（续表）

序号	第一作者	论文题目	刊物名称	年	期
229	刘　宇	Flavonoids and Phenolics from the Flowers of *Limonium Aureum*	Chemistry of Natural Compounds	2016	1
230	黄美洲 刘永明	Molecular Characterization and Phylogenetic Analysis of Porcine Epidemic Diarrhea Virus Samples Obtained from Farms in Gansu，China	Genetics and Molecular Research	2016	2
231	郭　宪	The Complete Mitochondrial Genome of Chakouyi Horse （Equus caballus）	Conservation Genetics Resources	2016	2
232	梁春年	Characterization of the Complete Mitochondrial Genome Sequence of Wild Yak （*Bos Mutus*）	MITOCHONDR DNA	2016	2
233	李明娜 阎　萍	Association of Genetic Variations in the ACLY Gene with Growth Traits in Chinese Beef Cattle	Genetics and Molecular Research	2016	2
234	尚若锋	Crystal Structure of 14-［（1-（benzyloxycarbonyl-amino）-2-Methylpropan-2-yl）sulfanyl］Acetate Mutilin，$C_{34}H_{49}NO_6S$	Z Kristallogr NCS	2016	2
235	余平昌 阎　萍	牦牛胎儿皮肤毛囊的形态发生及E钙黏蛋白的表达和定位	畜牧兽医学报	2016	2
236	李　冰	Determination of Antibacterial Agent Tilmicosin in Pig Plasma by LC/MS/MS and Its Application to Pharmacokinetics	Biomedical chromatography	2016	3
237	辛蕊华	Evaluation of the Acute and Subchronic Toxicity of *Ziwan Baibu Tang*	AFR J TRADIT COMPLEM	2016	3
238	黄美洲 王　慧 刘永明	The Role of Porcine Reproductive and Respiratory Syndrome Virus as a Risk Factor in the Outbreak of Porcine Epidemic Diarrhea in Immunized Swine Herds	Turkish Journal of Veterinary and Animal Sciences	2016	4
239	尚若锋	Syntheses，Crystal Structures and Antibacterial Evaluation of Two New Pleuromutilin Derivatives	Chinese J Struct Chem	2016	4
240	张　晗 李剑勇	Quantitative Structure Activity Relationship （QSAR） Studies on Nitazoxanide-Based Analogues against Clostridium Difficile *in Vitro*	Pak J Pharm Sci	2016	5
241	林　杰 李建喜	荷斯坦奶牛乳腺组织冻存及乳腺上皮细胞原代培养技术改进	畜牧兽医学报	2016	5
242	郭　健	Evaluation of Crossbreeding of Australian Superfine Merinos with Gansu Alpine Finewool Sheep to Improve Wool Characteristics	PLoS One	2016	6

（续表）

序号	第一作者	论文题目	刊物名称	年	期
243	杨　峰	Short Communication: N-Acetylcysteine-Mediated Modulation of Antibiotic Susceptibility of Bovine Mastitis Pathogens	Journal of Dairy Science	2016	6
244	彭文静 辛蕊华	Evaluation of the Acute and Subchronic Toxicity of *Aster Tataricus* L. f	Afr J Tradit Complement Altern Med	2016	6
245	黄　鑫 郝宝成	苦马豆素的来源、药理作用及检测方法研究进展	畜牧兽医学报	2016	6
246	佘平昌 阎　萍	牦牛角性状候选基因的筛选	畜牧兽医学报	2016	6
247	黄　鑫 郭文柱	青蒿素的来源及其抗鸡球虫作用机制研究进展	中国预防兽医学报	2016	6
248	刘建斌 丁学智 曾玉峰	Genetic Diversity and Phylogenetic Evolution of Tibetan Sheep Based on mtDNA D-loop Sequences	PLoS One	2016	7
249	梁春年	Genome-wide Association Study Identifies Loci for the Polled Phenotype in Yak	PLoS One	2016	8
250	张　哲 李宏胜	Influences of Season，Parity，Lactation，udder Area，Milk Yield，and Clinical Symptoms on Intramammary Infection in Dairy Cows	Journal of Dairy Science	2016	8
251	陈　鑫 蒲万霞	金黄色葡萄球菌中耐甲氧西林抗性基因mecC的研究进展	中国预防兽医学报	2016	8
252	岳耀敬 郭婷婷 袁　超	Integrated Analysis of the Roles of Long Noncoding RNA and Coding RNA Expression in Sheep（*Ovis aries*）Skin during Initiation of Secondary Hair Follicle	PLoS One	2016	9
253	张吉丽 张继瑜	五氯柳胺口服混悬剂的制备及其含量测定	畜牧兽医学报	2016	10
254	李新圃	6株牛源副乳房链球菌的分离和鉴定	中国兽医学报	2016	10
255	艾　鑫 尚若锋	Synthesis and Pharmacological Evaluation of Novel Pleuromutilin Derivatives with Substituted Benzimidazole Moieties	Molecules	2016	11
256	杨　峰	Genetic Characterization of Antimicrobial Resistance in *Staphylococcus Aureus* Isolated from Bovine Mastitis Cases in Northwest China	Journal of Integrative Agriculture	2016	12

（续表）

序号	第一作者	论文题目	刊物名称	年	期
257	马　宁 李剑勇	Evaluation on Antithrombotic Effect of Aspirin Eugenol Ester from the View of Platelet Aggregation，Hemorheology，TXB2/6-keto-PGF1 α and Blood Biochemistry in Rat Model	BMC Veterinary Research	2016	12
258	田福平	Effects of Biotic and Abiotic Factors on Soil Organic Carbon in Semi-arid Grassland	Journal of Soil Science and Plant Nutrition	2016	16
259	熊　琳	Multi-Residue Method for the Screening of Benzimidazole and Metabolite Residues in the Muscle and Liver of Sheep and Cattle Using HPLC/PDAD with DVB-NVP-SO3Na for Sample Treatment.	Chromatographia	2016	19
260	李亚娟 董书伟	基于GC-MS技术的蹄叶炎奶牛血浆代谢谱分析	中国农业科学	2016	21
261	郝宝成	Effects of Hypericum Perforatum Extract on the Endocrine Immunenetwork Factors in the Immunosuppressed Wistar Rat	Indian Journal Of Animal Research	2016	51
262	尚小飞	Microwave-Assisted Extraction of Three Bioactive Alkaloids from *Peganum harmala* L. and Their Acaricidal Activity Against *Psoroptes Cuniculi* in Vitro	Journal of Ethnopharmacology	2016	192
263	崔东安	Treatment of the Retained Placenta in Dairy Cows: Comparison of a Systematic Antibiosis with an Oral Administered Herbal Powder Based on Traditional Chinese Veterinary Medicine	Livestock Science	2016	196
264	杨亚军	Simultaneous Determination of Diaveridine，Trimethoprim and Ormetoprim in Feed Using High Performance Liquid Chromatography Tandem Mass Spectrometry	Food Chemistry	2016	212
265	尚小飞	Acaricidal Activity of Oregano Oil and Its Major Component，Carvacrol，Thymol and P-cymene against Psoroptes Cuniculi in Vitro and in Vivo	Veterinary Parasitology	2016	226
266	王春梅	The Coordinated Regulation of $Na^{+}$and K^{+}in Hordeum Brevisubulatum Responding to Time of Salt Stress	Plant Science	2016	252
267	马　宁 李剑勇	UPLC-Q-TOF/MS-based Metabonomic Studies on the Intervention Effects of Aspirin Eugenol Ester in Atherosclerosis Hamsters	Scientific Reports	2017	1

（续表）

序号	第一作者	论文题目	刊物名称	年	期
268	朱 阵 张继瑜	Epidemic Characterization and Molecular Genotyping of Shigella Flexneri Isolated from Calves with Diarrhea in Northwest China	Antimicrobial Resistance and Infection Control	2017	1
269	郭 宪	The Complete Mitochondrial Genome of Shigaste Humped Cattle（*Bos Taurus*）	Conservation Genetics Resources	2017	6
270	王 慧	iTRAQ-based PProteomic Technology Revealed Protein Perturbations in Intestinal Mucosa from Manganese Exposure in Rat Models	RSC Advances	2017	7
271	尚小飞	*Gymnadenia Conopsea*（L.） R. Br.: A Systemic Review of the Ethnobotany，Phytochemistry，and Pharmacology of an Important Asian Folk Medicine	Frontiers in Pharmacology	2017	8
272	王 慧	UHPLC-Q-TOF/MS Based Plasma Metabolomics Reveals the Metabolic Perturbations by Manganese Exposure in Rat Models	Metallomics	2017	9
273	衣云鹏 尚若锋	An Efficient Novel Synthesis of 14-O-[（4-Amino-6-hydroxy-pyrimidine-2-yl）Thioacetyl] Mutilin and the Antibacterial Evaluation	Chinese J Struct Chem	2017	9
274	郭 宪	Complete Mitochondrial Genome of Qingyang Donkey（Equus Asinus）.	Conservation Genet Resour	2017	9
275	吴晓云	Characterization of the Complete Mitochondrial Genome of Kunlun Mountain Type Wild Yak（*Bos mutus*）	Conservation Genet Resour	2017	10
276	郭 宪	Complete Mitochondrial Genome of Anxi Cattle（*Bos Taurus*）	Conservation Genet Resour	2017	10
277	郭 宪	The Complete Mitochondrial Genome of Zhangmu Cattle（*Bos taurus*）	Conservation Genet Resour	2017	10
278	郭 宪	The complete Mitochondrial genome of Juema pig（Suina:Suidae）	Conservation Genet Resour	2017	10
279	裴 杰	The Complete Mitochondrial Genome of Sanhe horse（*Equus Caballus*）	Conservation Genetics Resources	2017	10
280	杨 超	The Response of Gene Expression Associated with Lipid Metabolism，Fat Deposition and Fatty Acid Profile in the Longissimus Dorsi Muscle of Gannan yaks to Different Energy Levels of Diets.	PLoS One	2017	11
281	李 冰	Efficacy and Aafety of Ban Huang Oral Liquid for Treating Bovine Respiratory Diseases	Afr J Tradit Complement Altern Med	2017	14

（续表）

序号	第一作者	论文题目	刊物名称	年	期
282	王　慧	Trace Elements may be Responsible for Medicinal Effects of *Saussurea Laniceps*, *Saussurea Involucrate*, *Lycium Barbarum* and *Lycium Ruthenicum*	Afr J Tradit Complement Altern Med	2017	14
283	马　宁 李剑勇	Impact of Aspirin Eugenol Ester on Cyclooxygenase-1, Cyclooxygenase-2, C-Reactive Protein, Prothrombin and Arachidonate 5-Lipoxygenase in Healthy Rats	Iranian Journal of Pharmaceutical Research	2017	16
284	杨　峰	Penicillin-resistant Characterization of Staphylococcus Aureus Isolated from Bovine Mastitis in Gansu, China	Journal of Integrative Agriculture	2017	16
285	马　宁	Feces and Liver Tissue Metabonomics Studies on the Regulatory Effect of Aspirin Eugenol Eater in Hyperlipidemic Rats	Lipids in Health and Disease	2017	16
286	马　宁 李剑勇	Feces and Liver Tissue Metabonomics Studies on the Regulatory Effect of Aspirin Eugenol Eater in Hyperlipidemic Rats	Lipids in Health and Disease	2017	16
287	衣云鹏 尚若锋	Synthesis and Biological Activity Evaluation of Novel Heterocyclic Pleuromutilin Derivatives	Molecules	2017	22
288	董书伟 严作廷	Clinical Trial of Treatments for Papillomatous Digital Dermatitis in Dairy Cows	Transylvanian Review	2017	24
289	朱　阵 张继瑜	Genomic Analysis and Resistance Mechanisms in Shigella Flexneri 2a Strain 301	MICROBIAL DRUG RESISTANCE	2017	24
290	辛蕊华	Design and Content Determination of Genhuang Dispersible Tablet Herbal Formulation	Pakistan Journal of Pharmaceutical Sciences	2017	30
291	阎　萍	牦牛皮肤中调控毛色基因表达定量和黑色素细胞组织学分析	华北农学报	2017	32
292	赵生军 郭　宪	青海高原牦牛PRDM 1基因克隆及生物信息学与差异表达分析	中国兽医学报	2017	37
293	马　宁 李剑勇	基于液质平台代谢组学生物样本的采集和制备	中国兽医学报	2017	37
294	王　玲	抗球虫中药常山口服液的亚急性毒性试验研究	中国兽医学报	2017	37
295	王　慧	以锰为代表的过渡金属离子体内吸收及转运机制	中国兽医学报	2017	37

（续表）

序号	第一作者	论文题目	刊物名称	年	期
296	郭　肖 张继瑜	Ultrasound-assisted Extraction of Polysaccharides from Rhododendron Aganniphum: Antioxidant Activity and Rheological Properties	Ultrasonics Sonochemistry	2017	38
297	张　凯	Cardioprotection of *Sheng Mai Yin* a Classic Formula on Adriamycin Induced Myocardial Injury in Wistar Rats	Phytomedicine	2017	38
298	武中庸 蒲万霞	我国部分地区牛源金黄色葡萄球菌基因多态性分型研究	中国预防兽医学报	2017	39
299	杨　盟 李建喜	IL-1 α Up-Regulates IL-6 Expression in Bovine Granulosa Cells via MAPKs and NF- κ B Signaling Pathways	Cellular Physiology and Biochemistry	2017	41
300	杨　盟 李建喜	IL-6 Promotes FSH-Induced VEGF Expression Through JAK/STAT3 Signaling Pathway in Bovine Granulosa Cells	Cellular Physiologyad Biochemistry	2017	44
301	闫宝琪 张世栋 严作廷	Palmatine Inhibits TRIF-dependent NF-kB pathway against Inflammation Induced by LPS in Goat Endometritial epithelial cells	International Immunopharmacology	2017	45
302	马　宁 李剑勇	长期饲喂高脂饲料对大鼠血脂、肝及肠道菌群的影响	畜牧兽医学报	2017	48
303	张景艳	高效液相色谱法测定去滞散中柚皮苷和新橙皮苷的含量	中国兽药杂志	2017	51
304	李明娜 阎　萍	Identifcation of Optimal Reference Genes for Examination of Gene Expression in Different Tissues of Fetal Yaks	Czech Journal of Animal Science	2017	62
305	张世栋	Differential Proteomic Profiling of Endometrium and Plasma Indicate the Importance of Hydrolysis in Bovine Endometritis	Journal of Dairy Science	2017	100
306	衣云鹏 尚若锋	Synthesis and Antibacterial Activities of Novel Pleuromutilin Derivatives with a Substituted Pyrimidine Moiety	European Journal of Medicinal Chemistry	2017	126
307	张世栋	iTRAQ-based Quantitative Proteomic Analysis Reveals Bai-Hu-Tang Enhances Phagocytosis and Cross-Presentation against LPS Eever in Rabbit	Journal of Ethnopharmacology	2017	207
308	郭　肖 张继瑜	Acaricidal Activities of the Essential Oil from *Rhododendron Nivale* Hook. f. and Its Main Compund, -Cadinene against *Psoroptes Cuniculi*	Veterinary Parasitology	2017	236

（续表）

序号	第一作者	论文题目	刊物名称	年	期
309	尚小飞	The Toxicity and the Acaricidal Mechanism against Psoroptes Cuniculi of the Methanol Extract of *Adonis Coerulea* Maxim	Veterinary Parasitology	2017	240
310	熊　琳	A Rapid and Simple HPLC–FLD Screening Method with QuEChERS as the Sample Treatment for the Simultaneous Monitoring of Nine Bisphenols in Milk	Food　Chemistry	2018	244
311	马　宁 杨亚军 李剑勇	UPLC-Q-TOF/MS-based Urine and Plasma Metabonomics Study on the Ameliorative Effects of Aspirin Eugenol Ester in Hyperlipidemia Rats	Toxicology and Applied Pharmacology	2017	332
312	尚小飞	Biologically Active Quinoline and Quinazoline Alkaloids Part II	Med Res Rev	2018	1
313	黄美州 李剑勇	Differences in the Intestinal Microbiota between Uninfected Piglets and Piglets Infected with Porcine Epidemic Diarrhea Virus	PLOS ONE	2018	13
314	杨　峰	Prevalence and Characteristics of Extended Spectrum β-lactamase Producing Escherichia Coli from Bovine Mastitis Cases in China	Journal of Integrative Agriculture	2018	17
315	秦文文 刘　宇	响应曲面法优化茶树总黄酮提取工艺的研究	天然产物研究与开发	2018	39
316	王丹阳 李建喜	牛病毒性腹泻病毒、大肠杆菌和奇异变形杆菌混合感染致犊牛腹泻的研究	中国畜牧兽医	2018	45
317	田福平	Physiological Characteristics of Three Wild Sonchus Species to Prolonged Drought Tolerance in Arid Regions	Pak. J. Bot.	2018	50
318	尚若锋	Antibacterial Activity and Pharmacokinetic Profile of a Promising Antibacterial agent: 14-O-[（4-Amino-6-Hydroxy-Pyrimidine-2-yl）Thioacetyl] Mutilin	Pharmacological Research	2018	129

第四章　成果转化、精准扶贫与开发

第一节　成果转化与技术服务

一、成果转化

2008年以来，研究所先后与四川巴尔动物药业有限公司签署了“金石翁芍散”科技成果转让合同；将发明专利“治疗奶牛乳房炎的药物组合及其制备方法”转让给湖北武当动物药业有限公司；向河北远征药业有限公司转让新兽药“益蒲灌注液”；与青岛蔚蓝药业就“鹿蹄素”成果签署转让与服务协议；与四川江油小寨子生物科技有限公司就“一种防治猪气喘病的中药组合物及其制备和应用”和“一种治疗猪流行性腹泻的中药组合物及其应用”2项专利签约，转让；与成都中牧生物药业有限公司签订了“苍朴口服液”“射干地龙颗粒”“板黄口服液”转让协议；与湖北回盛生物科技有限公司、济南亿民动物药业有限公司、德州京新药业有限公司3家企业联合签订了“银翘蓝芩口服液”成果转让协议；与郑州百瑞动物药业有限公司签订了“黄白双花口服液”转让协议；与甘肃陇穗草业有限公司达成“航苜1号紫花苜蓿新品种”委托授权协议；与甘肃猛犸农业有限公司达成“中兰1号”苜蓿品种转让协议；与甘肃酒泉大业种业有限责任公司达成“中兰2号”紫花苜蓿新品种种子生产经营权转让协议；与石家庄正道动物药业有限公司签订新兽药“常山碱”科技成果转让协议；与甘肃省武威市顶乐生态牧业有限公司签订“一种固态发酵蛋白饲料的发酵盒”等共计18项系列专利技术的专利权转让协议；与山东齐发药业有限公司签订了“羟啶妙林”技术转让协议；与岷县方正草业开发有限责任公司签订了专利权转让合同，将研究所5项实用新型专利一次性转让给该公司；与中国农业科学院中兽医研究所药厂签订了奶牛、肉牛（牦牛）和羊微量元素舔砖技术转让合同。

二、技术服务

与郑州百瑞动物药业有限公司签订了“抗炎药物双氯芬酸钠注射液”技术服务合同；为天津中澳嘉喜诺生物科技有限公司开展“茶树纯露消毒剂的研究开发”技术服务；对洛阳惠中兽药有限公司提供“头孢噻呋注射液影响因素及加速试验”技术服务。

援疆、援藏方面，研究所与西藏自治区科技厅、青海省科技厅、西藏自治区农牧科学院、新疆农业科学院、青海畜牧科学院以及有关地方畜牧科技部门开展广泛合作，提供技术服务，内容涉及生态保护、牛羊选育、牧草繁育、草畜结合、疾病防控等诸多方面。与四川若尔盖县就在若尔盖县红星乡联合建立藏兽药标本基地，收集、整理具有良好临床疗效的藏兽药单味药、组方、验方；进行藏兽药标本的采集和制作，制定相关藏兽药药材的鉴别方法，建立藏兽药库和藏兽药标本库，开展合作研究，提供服务。开展了西藏“一江两河”地区主要栽培豆科牧草种子繁育技术研究与示范，为西藏地区牧草种子产业化构建提供技术支撑，并搭建适合不同生态区的牧草种子生产模式；“墨竹工卡社区天然草地保护与合理利用技术研究与示范”项目在西藏墨竹工卡县建立社区天然草地保护与合理利用技术研究示范点，形成青藏高原墨竹工卡社区天然草地保护与合理利用技术体系，建立社区草地畜牧业示范基地，制定墨竹工卡草畜平衡社区化共管及天然草地合理利用方案。“青藏高原牦牛、藏羊生态高效草原牧养技术模式研究与示范”项目，围绕“天祝白牦牛、甘南牦牛、藏羊”优良畜种资源，在青海省海北州，四川若尔盖县，甘肃省甘南藏族自治州合作市、玛曲县、碌曲县、卓尼县、夏河县、临潭县等地，以牛种业科技链条中“种业种质资源创新、品种创制、良种繁育技术、供种制种基地建设和能力建设”为突破口，实施牦牛、藏羊育种全产业链科技创新，推动藏区畜牧产业的发展。

张掖综合试验基地秉承立足科研，服务“三农”，强化合作，促进交流，推动创新，不断加大项目争取力度，深化所、地、企合作，积极促进地方经济发展。2009年5月，协助完成由中国农业科学院与张掖市人民政府联合举办的“中国甘肃张掖百万肉牛产业发展战略研讨会”，中国农业科学院与张掖市人民政府签订了“合作建设农业科技产业园框架协议”，大大推动了当地肉牛产业的发展。2009年8月，与张掖市林业局、甘州区政府、甘肃广宇牧业有限公司、北京中农种业有限公司等单位和企业合作，建立“张掖林业科技示范园”“张掖珍稀动物养殖示范园”和“甘州区现代肉牛生态养殖科技示范园区”，开辟了所、地、企合作新模式。2010年，协调中国农业科学院设计规划，协助张掖市甘州区人民政府成功申报农业部、财政部首批20个、甘肃省第一个“国家现代农业科技示范园”落户甘州区，有效促进了现代农业新技术、新产品在当地的推广应用。2011年开始，连续3年协助张掖市人民政府邀请中国农业科学院专家在“中国甘肃张掖绿洲论坛”会议上作专题报告，为张掖市绿洲农业的发展出谋划策，对当地社会经济的全面发展产生了积极影响。2012年，张掖市甘州区委、区政府授予中国农业科学院兰州畜牧与兽药研究所“支持地方经济发展先进单位”称号。2013年，基地所在地甘州区党寨镇下寨村确定为农业部副部长、中国农业科学院院长李家洋院士的联系帮扶村，张掖基地负责协助院长对联系点下寨村进行资源考察、规划设计和技术支持，下寨村的经济发展和村容村貌得到根本改善。2015年，研究所与张掖市农业科学院签署《战略合作协议》，多方面、全方位开展合作研究、协同创新。2016年，研究所与甘肃农业大学草业学院达成协议，草业学院牧草育种团队入驻张掖基地开展育种项目试验、示范。2017年7月，“中国农业科学院2017年试验基地管理工作会议”在张掖召开，研究所领导在会上介绍了张掖综合试验基地、兰州大洼山基地发展情况和管理经验，部院领导和全体参会人员到张掖基地参观考察。

三、推广示范

2008年以来，研究所立足生产实际，先后对研发的国家新兽药、牛羊与牧草新品种进行推广，为技术示范区域的相关生产企业、养殖企业和管理服务部门人员提供科技培训。

（一）新兽药推广示范

“喹烯酮”，以宁夏大北农有限责任公司、甘肃亚盛集团为核心，辐射西北和西南地区，继续推广猪、鸡、鱼养殖场20个，建立推广应用示范点28个，推广应用于猪210万头、鸡80万羽、鱼80万尾。“金石翁芍散”，建立中试生产车间2个、年生产能力300t的生产线2条，形成推广示范点6个，生产推广“金石翁芍散”300t，涉及全国23个省，示范规模达6 800万羽。“黄白双花口服液”2014年投产以来，共推广应用犊牛65 212头，治愈55 430头，治愈率85.0%，总有效62 603头，总有效率96%，产生经济效益1 269.67万元。“板黄口服液”从2012年示范推广以来，配套形成产品中试生产线1条，生产“板黄口服液”1 000万mL，推广应用牛20万头，鸡、鸭120万羽，建立10个示范点。“苍朴口服液”在试验和推广区域奶牛场，收治患虚寒型腹泻犊牛12万头，治愈率84.01%，相对于其他药物治疗节支医药费23.82元/头。“射干地龙颗粒”在甘肃、四川等省10多个规模化养鸡场进行示范推广与应用，推广示范肉鸡和蛋鸡共计达1 200万羽，显著提高了养殖场对鸡传染性支气管炎的治愈率，降低了死亡率，增加了鸡群生产能力，减少了抗生素使用。“羊双胎苗”在甘肃、宁夏、青海、内蒙古、新疆、西藏、陕西、湖北等15个省区推广36.8万头份，平均提高产羔率20%，多产羔羊7万余只，推广生产技术规范9个，共发放技术资料1 500份。“丹翘灌注液”在甘肃、宁夏、青海等地奶牛场示范和推广以来，防治奶牛子宫内膜炎病牛2.5万头，治愈率达80%，总有效率达92%，减少了奶牛生产中抗生素应用，提高了乳品质量。

推广动物包虫病防治技术与产品、牛羊微量元素舔砖和缓释剂、奶牛隐性乳房炎诊断液（LMT）、清宫液、干奶安、六茜素、断奶安等药物，扩大了产品的影响力，增加了市场销售份额。建立的动物包虫病综合防控技术规范入选农业部2012—2015年主推100项轻简化技术，在牧区广泛推广和应用，投放牛羊及犬驱虫药物20 000头次。牛羊微量元素舔砖和缓释剂，自生产投放以来共推广应用奶牛8.5万头、肉牛4.2万头、羊7.6万只。新型微生态制剂“断奶安”在甘肃河西、陇东、白银地区及河南、河北、京津等地区建立了多个防治示范点，推广预防仔猪357余万头次，仔猪腹泻发病率下降21.96%，死亡率下降11.18%。“中药制剂清宫助孕液的产业化研究与开发”项目组在兰州市花庄奶牛场、城关奶牛场、秦王川奶牛场，宁夏夏进奶牛科技有限公司，青海天露奶牛场等地进行临床扩大试验，共推广应用奶牛10 500头。

（二）牛羊新品种推广

在甘肃省甘南州夏河县、碌曲县及青海省海北州祁连县推广大通牦牛及甘南牦牛种公牛200余头，建立3 000头的基础母牛群，推广大通牦牛冻精20 000余支，建成甘南牦牛本品种选育基地2个，繁育甘南牦牛3.14万头，建成养殖示范基地3个。推广牦牛补饲料、裹包草料及营养舔砖100余t。2010年研究所与西藏自治区农牧科学院签署了科技合作协议，赠送20头“大通牦牛”种公牛。国家科技支撑计划项目子课题“青藏高原生态高效奶牛、牦牛产业化关键技术集成示范”课题组在青海省湟源县建立了3个奶牛养殖试验示范点，在青海省海晏县建立了10个牦牛养殖试验示范点，签订了养殖技术试验示范协议。

研究所培育的“高山美利奴羊”于2015年通过国家畜禽遗传资源委员会新品种审定。由细毛羊资源与育种创新团队牵头，联合院属5个研究所的5个科技创新团队，吸纳地方科研院所、技术推广部门7个，分别在甘肃、内蒙古条件成熟的3个示范区选择了6个专业合作社、15个家庭牧场、4个大型牧场、3个企业和4个养殖大户，示范羊只12万多只。集成技术21项，进行草原肥羔生产技术集成模式研究与示范、农区舍饲肉羊生产技术集成模式研究与示范及优质细羊毛生产技术集成模式研究与示范；累计培育出“高山美利奴羊”种羊101 457只，推广种公羊9 118只，改良细毛羊200万只。国家科技支撑计划子课题“甘肃优质细毛羊新品种（系）选育与产业化开发”形成以甘肃省绵羊繁育技术推广站为核心的育种区、以河西走廊灌溉农区与临夏农牧交错区为辅的辐射区，在育种区和辐射区初步建成年产50万只的羔羊生产基地。

（三）牧草新品种推广

2008以来，先后培育出中兰2号紫花苜蓿、航苜1号紫花苜蓿、陇中黄花矶松、陆地中间偃麦草、海波草地早熟禾等适合西北旱区、寒区种植的牧草新品种。“中兰1号”紫花苜蓿在甘肃河西地区和西藏“一江两河”地区进行大规模推广与示范，建立了“中兰1号”紫花苜蓿种子繁育基地26.67hm^2。中兰1号紫花苜蓿大田种植146.67hm^2。“中兰2号”紫花苜蓿在拉萨、山南和日喀则累计种植种子生产示范试验地111.27hm^2，“优质牧草繁育及种子加工技术研究与示范”项目在西藏累计种植燕麦、箭筈豌豆、垂穗披碱草、苜蓿和鸭茅5种牧草110hm^2。在拉萨建成牧草种子清选加工中试生产线。与西藏自治区种子公司合作，进行种子加工，制定了3种牧草的繁育技术规范或种子生产技术建议。

四、科技培训

2009年，科技部成果转化资金项目“新型饲料添加药物‘喹烯酮’的中试与示范”，在全国12个省市建立喹烯酮推广应用示范点28个，培训科技人员200余人。“现代农业肉牛产业技术体系”开展肉牛产业基层繁育技术人员培训5次，累计培训919人次。世界银行贷款甘肃牧业发展项目全球环境基金赠款项目“野生牧草种质资源应用研究”在定西市安定区，白银市景泰县，武威市凉州区，金昌市永昌县，张掖市甘州区，肃南县，酒泉市肃州区和肃北县等8个项目区，培训技术人员和草地经营者80余人次。世界银行贷款甘肃牧业发展项目全球环境基金赠款项目“放牧利用与草原退化关系研究”在4个项目区共培训农牧民及技术骨干184名，发放自编培训教材40本，宣传资料500份。甘肃省科技支撑计划项目“大通牦牛新品种改良与扩繁技术研究”编写了《牦牛养殖实用技术问答》，在甘肃省甘南藏族自治州举办现场展示观摩会、培训班、讲座、咨询等15次，培训人员达532人次，发放科普资料和《牦牛养殖实用技术问答》500余套。

2010年，“优质牧草繁育及种子加工技术研究与示范”项目在西藏累计培训牧草种子繁育和种子加工技术人员55人，培养博士研究生1名、硕士研究生3名。“肉牛产业技术体系牦牛繁育岗位”开展技术培训5次，培训基层肉牛繁育技术人员411人。国家科技支撑计划项目子课题“青藏高原生态高效奶牛、牦牛产业化关键技术集成示范”课题组，在青海省湟源县举办奶牛主要疾病综合防治技术、奶牛高效养殖技术、奶牛新型实用技术，牦牛选育与改良、饲草料加工、疾病综合防治及养殖技术培训班4期，累计培训新农村建设骨干、奶（牦）牛养殖大户以及农牧民约1 000人次。“现代农业奶牛产业技术体系疾病控制研究室普通病与免疫岗位”在兰州举办2次培训会，共培训技术人员200多人次；分别在河北、新疆、山西等10省（区）合作举办了10期全国“‘金钥匙’奶牛养殖技术培训会”，培训技术人员1 000多人次。“国家绒毛用羊产业技术体系分子育种岗位”与甘南综合试验站、海北州综合试验站、拉萨综合试验站合作，通过培训、会议、实地调研和实验室互访等多种方式开展体系任务对接和技术交流，共培训岗位技术人员20人次、农技人员154人次。“国家肉牛牦牛产业技术体系牦牛选育岗位”开展技术培训5次，培训基层肉牛繁育技术人员411人次。研究所积极开展“百日科技服务”行动，先后赴基层技术服务30余次。畜牧研究室人员赴西藏、青海、甘肃、四川等省区开展技术服务与产业调研50余次，开展技术培训6次，培训技术人员1 200人次。农业科技成果转化资金项目“新型高效牛羊营养缓释剂的示范与推广”分别为白银市白银公司天鹭乳业奶牛场、宁夏回族自治州吴忠市夏进乳业奶牛场、平凉肉牛养殖示范基地、甘肃省肃南县皇城镇羊场举办“奶牛微量元素代谢病综合防控技术培训班”和“肉羊微量元素代谢病综合防控技术培训班”，培训学员300名。农业科技成果转化资金项目“新型安全防治奶牛子宫内膜炎纯中药制剂的中试与示范”在廊坊天利和、永业奶牛养殖有限公司培训企业养殖人员、乡镇畜牧兽医技术人员、养殖户等150人次。国家科技支撑计划子课题“犊牛腹泻病防治药物的研究”课题组在项目执行期间，编写印发《犊牛腹泻防治培训教材》300份，每年培训基层兽医技术人员和奶牛饲养者100～150人次。国家科技支撑计划课题“优质牧草繁育及种子加工技术研究与示范”项目执行期间，培训牧草种子繁育和种子加工技术人才55人次。国家科技支撑计划子课题“甘肃优质细毛羊新品种（系）选育与产业化开发”举办细毛羊繁殖、生产技术培训班3期，培训技术员5人，培训农牧民120人次。

2011年，“肉牛牦牛产业技术体系牦牛选育岗位”开展技术培训6次，培训技术人员465人次。“绒毛用羊产业技术体系分子育种岗位”培训农技人员154人次，接收“西部之光”访问学者2名。“肉牛牦牛产业技术体系药物与临床用药岗位”培训技术人员1 000人次，发放专业书籍及培训教材600余套册。“新型高效牛羊营养缓释剂的示范与推广”课题组举办培训班2期，培训学员300名。“青藏高原生态高效奶牛、牦牛产业化关键技术集成示范”项目示范推广青藏高原奶牛养殖技术规范、牦牛健康养殖技术规范、奶牛重大疾病无公害综合防制技术规范各1套，举办科技培训班4期，累计培训新农村建设骨干、奶（牦）牛养殖大户以及农牧民1 083人次，技术骨干15人，科技大户41个。“断奶仔猪腹泻综合防控技术集成与试验示范”项目执行期间，在武威市和白银市举办培训班3次，参加人员163人次。

2012年，甘肃省科技重大专项“甘南牦牛藏羊良种繁育基地建设及健康养殖技术集成示范”在甘南藏族自治州引进大通牦牛种牛35头，冷冻精液2 500支，开展牦牛杂交改良，优化牦牛生产方式，组装集成牦牛健康养殖技术，培训技术人员400人次。科技部成果转化项目“新型高效牛羊营养缓释剂的示范与推广”课题组举办培训班3期，培训学员378名。科技部成果转化项目“畜禽呼吸道疾病防治新兽药‘菌毒清’的中试与示范”课题组为我国畜禽养殖优势区域呼吸道疾病综合防控培训技术人员1 000人次。“国家肉牛牦牛产业技术体系牦牛选育岗位”专家赴西藏、青海、甘肃、四川开展技术服务与产业调研40余次，撰写调研报告20余篇；开展技术培训5次，培训技术人员241人次。“国家肉牛牦牛产业技术体系药物与临床用药岗位”专家在公主岭、济南、中卫、张掖、三河等综合试验站培训9场次，培训技术人员1 000人次，发放专业书籍及培训教材600余册。“河西肉牛良种繁育体系的研究与示范”项目组编写了《肉牛养殖小区动物防疫技术规范》和《牛人工授精技术操作规程》，举办秸秆加工调制培训班3次，培训技术人员158人次，推广应用仔猪10万头。“中药制剂清宫助孕液的产业化研究与开发”项目组在兰州市花庄、宁夏夏进、青海天露奶牛场，举办奶牛繁殖疾病综合防治技术培训班3次，培训技术人员300人次。

2013年，“甘肃南部草原牧区人畜共患病防治技术优化研究”项目组建立动物包虫病综合防控技术规范1个，举办培训班2次，培训农牧民150人次。“超细型细毛羊新品种（系）选育与关键技术研究”项目组举办细毛羊科技培训班2次，培训人数200余人次。“国家肉牛牦牛产业技术体系牦牛选育岗位”课题组赴西藏、青海、甘肃、四川开展技术服务与产业调研32次，撰写调研报告10余篇，开展技术培训3次共计99人次。“国家肉牛牦牛产业技术体系药物与临床用药岗位”项目组赴公主岭、济南、中卫、张掖、宝鸡试验站开展技术培训11场次，培训技术人员1 000人次，发放书籍及培训教材200余册。“墨竹工卡社区天然草地保护与合理利用技术研究与示范”课题组在实验区域，培训牧民200人次，访问牧户累计202户。“抗禽感染疾病中兽药复方新药‘金石翁芍散’的推广应用”项目组在实验区域示范点举办培训班4期，培训技术人员300人次，给养鸡户免费发放编写的培训手册2 000余册。“甘肃超细毛羊新品种培育及产业化研究与示范”项目组培训技术人员和养殖户76人次。

2014年，“甘肃南部草原牧区人畜共患病防治技术优化研究”课题组在甘南州碌曲县尕秀村，开展了100多人参加的现场防治包虫病培训班，发放防治包虫病彩色宣传张贴画（藏汉文对照）100张，发放防治包虫病科普材料《包虫病防治手册》100册。“奶牛产业技术体系疾病控制研究室”在兰州试验站、西安试验站、宁夏试验站分别举办了“奶牛规模化养殖技术培训班”，累计培训技术人员260多人次。“肉牛牦牛产业技术体系牦牛选育岗位”项目组赴西藏、青海、甘肃、四川开展技术培训4次，培训人员194人次。“肉牛牦牛产业技术体系药物与临床用药岗位”项目组在临夏、肃南、张掖、内蒙古、武威、兰州、东乡、广河、平凉、天水等地主办、参与培训15场次，培训技术人员996人次，发放专业书籍及培训教材1 000余套册。“夏河社区草畜高效转化技术”项目组在夏河社区积极推广示范牦牛藏羊生长与营养调控配套技术、营养平衡和供给模式技术、牦牛标准化养殖技术、藏羊标准化养殖技术，培训牧民35人次。“墨竹工卡社区天然草地保护与合理利用技术研究与示范”项目组在墨竹工卡示范点开展天然草地生产力恢复综合技术试验与示范，培训基层专业技术人员、管理人员与农牧民100人次。“放牧牛羊营养均衡需要研究与示范”课题组在甘南培训基层科技人员和农牧民200人次。“抗禽感染疾病中兽药复方新药‘金石翁芍散’的推广应用”项目组举办4期培训班，培训技术人员485人次。“牦牛高效繁育与快速育肥出栏技术示范”课题组培训专业技术人员12人，培训农牧民100余人次。研究所选派11位专家分赴平凉市庄浪县，兰州市榆中县，白银市靖远县，定西市陇西县，武威市天祝县，庆阳市宁县和正宁县，甘南藏族自治州合作市、碌曲县、临潭县等地开展牛羊健康养殖及产业化生产、动物疫病防控、牦牛藏羊遗传改良、肉羊细毛羊新品种培育和高效繁殖等方面的技术指导和培训，培训当地科技服务人才和科技创新、创业人才，助力全省扶贫攻坚行动。人力资源与社会保障部、科技部、农业部、教育部及卫生部等联合，组织各行业专家在西藏开展了为期半个月的西藏少数民族地区专业人员特殊培训工作，研究所选派动物遗传育种专家参与了培训工作，分别在山南地区、拉萨市和林芝地区进行了牛羊品种改良和饲养管理技术培训，培训人员1 000余人次。

2015年，“甘肃甘南草原牧区生产生态生活保障技术集成与示范”课题组在示范区指导生产，培训牧民100人次，发放冬春季牦牛补饲料5t，矿物盐营养舔砖4t，指导解决草畜矛盾及季节不平衡等问题。“甘肃南部草原牧区人畜共患病防治技术优化研究”项目组举办培训班2次，培训农牧民150人次，投放牛羊及犬驱虫药物20 000头次，发放环境消毒药100kg。“奶牛不孕症防治药物研究与开发”课题组在甘肃荷斯坦奶牛繁育示范中心、吴忠市小西牛养殖有限公司等奶牛场进行了临床试验，培训奶牛养殖人员200人次。“夏河社区草畜高效转化技术”项目组在夏河社区推广示范牦牛藏羊生长与营养调控配套技术、营养平衡和供给模式技术、牦牛标准化养殖技术、藏羊标准化养殖技术，培训牧民50人次。“墨竹工卡社区天然草地保护与合理利用技术研究与示范”项目组制定墨竹工卡社区草原垃圾的管理办法1个，累计访问牧户232户，培训牧民200人次。“工业副产品的优化利用技术研究与示范”项目组与甘肃民祥牧草有限公司合作，制定了裹包青贮饲草质量控制和调制技术规程1部，撰写的甘肃省地方标准《裹包青贮饲草》颁布实施，先后培训农民100人次。“新兽药‘益蒲灌注液’的产业化和应用推广”项目在白银平川区建立奶牛子宫内膜炎防治技术示范点1个，举办“奶牛子宫内膜炎综合防治措施培训班”1期，培训学员50人。“兽药创新与安全评价创新工程”项目编写了包虫病防治宣传画及综合防治手册（汉语、藏语），在甘南牧区举办培训班3次，培训农牧民450人次，投放驱虫药物6万头次。“细毛羊资源与育种创新工程”项目组在甘肃、新疆、四川等省区举办培训班22次，培训岗位人才252人次，技术人员1 387名，农民960人次。“肉牛牦牛产业技术体系牦牛选育岗位”项目组组织各类培训31场次，培训技术人员789人次、农牧民1 309人次。“肉牛牦牛产业技术体系药物与临床用药岗位”项目组在张掖、中卫、济南、公主岭、伊利、宝鸡等7个综合试验站培训61场次，培训技术人员4 700人次，发放购买、自编培训教材3 000余册。“防治奶牛卵巢疾病中药‘催情助孕液’示范与推广”项目组在试验区域举办“奶牛繁殖疾病防控技术培训班”2期，培训人员117人次。

2016年，绿色增产增效技术集成模式研究与示范项目“羊绿色增产增效技术集成模式研究与示范”课题组在永昌县举办培训班4次，培训示范基地技术人员和牧民共计300余人次，发放材料200余份。国家科技支撑计划“甘肃甘南草原牧区‘生产生态生活’保障技术集成与示范”课题组在甘南培训牧民100人次。国家科技支撑计划“奶牛不孕症防治药物研究与开发”课题组在甘肃和宁夏培训奶牛养殖人员100人次。“国家绒毛用羊产业技术体系分子育种岗位”专家在肃南县农广校开展了肃南县科技富民行动甘肃高山细毛羊特色优势产业培训，共培训国家绒毛用羊产业技术体系岗位、站长及团队成员4人，农牧科技人员20人，农牧民72人；联合张掖综合试验站在永昌县举办了“高山美利奴羊选育提高和提质增效技术集成模式及推广利用培训会”，共培训国家绒毛用羊产业技术体系岗位、站长及团队成员12人、农牧科技人员37人、农牧民89人。“国家肉牛牦牛产业技术体系牦牛选育岗位”专家在青海省海北州举办了“肉牛高效健康养殖技术培训班”，培训人数120人。“牦牛资源与育种”团队在碌曲县尕秀村示范基地举行了种牛投放暨牦牛健康养殖培训，国家肉牛牦牛产业技术体系甘南综合试验站、李恰如种畜场领导及广大牧民群众50余人参加了仪式。国家奶牛产业技术体系疾病控制功能室与甘肃省畜牧产业管理局、兰州综合试验站在张掖市举办了“全省规模化奶牛场饲养管理技术培训班”，培训技术人员130人次。“牦牛资源与育种”创新团队在夏河社区开展提高牦牛养殖经济效益的途径、牦牛繁殖新技术、藏羊高效饲养技术、饲草料加工及藏羊健康养殖技术技术培训，来自夏河县畜牧站、牦牛藏羊养殖大户、牧民专业合作社代表累计50余人次参加了技术培训。

2017年绿色增产增效技术集成模式研究与示范项目“羊绿色增产增效技术集成模式研究与示范”课题组在甘肃省金塔县开展“绵羊腹腔镜子宫角输精技术”培训，共培训国家绒毛用羊产业技术体系岗位、站长及团队成员4人，农牧科技人员和农民76人；在巴彦淖尔市召开了“肉羊提质增效技术培训会”，培训基层技术人员207人，发放培训材料200余册；在天祝县举办了“国家绒毛用羊产业体系技术培训班”，培训基层技术人员102人；在肃南县举办了“2017年高山美利奴羊饲养管理及应用推广技术培训班”，培训基层技术人员98人；在张掖综合试验站开展“高山美利奴羊育种过程和鉴定标准培训”和“高山美利奴羊鉴定标准现场培训”，共培训国家绒毛用羊产业技术体系岗位、站长及团队成员14人，农牧科技人员和农民86人；与中天羊业联合，对甘肃省中部干旱地区定西市部分县区贫困户进行了产业脱贫培训，培训学员104人，发放教材200余份；在皇城羊场开展了“细毛羊腹腔镜输精技术培训”，共培训国家绒毛用羊产业技术体系岗位、站长及团队成员10人，农牧科技人员和农民100人。“牦牛资源与育种”创新团队先后2次赴青海省海北综合试验站推进岗站对接任务和技术服务，并与试验站联合在西海镇举办了“牦牛选育与改良技术培训班”，培训乡镇专业技术人员60余人；

在甘肃省合作市联合举办了“牦牛繁殖策略及产业化”专题培训。“国家肉牛牦牛产业技术体系牦牛选育与改良岗位”项目组示范推广了《牦牛生产性能测定技术规范》，开展技术培训4场次，培训人员210人次。“奶牛疾病”“中兽医与临床”创新团队专家先后在甘肃省良种奶牛繁育示范中心、甘肃省安贝源乳业有限公司举办技术培训5次，在兰州举办了“甘肃省规模化奶牛场饲养管理技术培训会”，合计培训技术人员320人次。“国家奶牛产业技术体系疾病中兽医兽药防治岗位”为奶牛产业技术体系22个试验站的30余个牛场提供了技术咨询和服务，处理牛场应急病例20余起，检测相关样品1 200余份。

第二节　精准扶贫

2012年以来，研究所精准扶贫工作围绕甘肃省临潭县新城镇肖家沟村、南门河村、红崖村、羊房村开展，突出产业培育、农民增收，为困难群众办实事，解难题，取得了阶段性成果。

一、组织领导

2012年3月，研究所成立了精准扶贫工作领导小组，杨志强所长任组长，杨耀光副所长任副组长，相关部门负责人为成员。领导小组下设办公室，挂靠研究所办公室，负责协调处理日常事务。2013年3月，阎萍副所长接替杨耀光副所长分管帮扶工作；2018年3月，杨振刚副书记接替阎萍副所长分管帮扶工作。2012年3月—2013年1月，帮扶办公室工作由办公室赵朝忠主任和高雅琴副主任负责，2013年1月至2015年1月由赵朝忠主任负责，2014年3月至2014年6月由陆金萍副主任协助，2015年2月至今由陈化琦副主任负责。

2015年6月，研究所组建了驻村帮扶工作队，先后有9人任队长。2015年6月至2016年8月，陈化琦、张康、吴晓云分别任肖家沟村、南门河村、羊房村工作队队长；2016年8月至2018年3月，由时永杰、孔晓军、袁超接替以上3名同志任工作队队长；2018年3月起，由李伟、程胜利、李润林接任工作队队长长。6年来，研究所共有89批266名干部深入村社帮扶，及时协调解决贫困村群众困难和问题，确保做到“长流水、不断线、见成效”。

二、开展工作

（一）完善帮扶规划和工作制度，规范工作程序

研究所按照甘肃省委扶贫工作要求，有计划、有步骤地开展帮扶工作。研究所驻村

人员协助村干部筛选确定了4个村的精准扶贫户475户1 950人，其中研究所12名干部联系64户贫困户。所领导先后26次进村入户，开展调研和走访慰问活动，调研贫困村富民产业的培育发展情况，提出帮扶重点和要求。研究所与临潭县新城镇党委政府及4个联系村两委对接，修订完善了4个联系村5年发展规划、5年帮扶规划及历年的帮扶计划，明确目标，细化方案，保障任务落实。根据工作实际，完善了《干部联户登记制度》《干部联户进村考勤制度》《干部联户工作纪律制度》《干部联户考核制度》等8项制度。研究所驻村人员协助村干部准确、客观、规范地填写了《三本账》等各类调查表，制作了《民情联系卡》和精准扶贫资料袋；建立健全了475户精准扶贫户的档案资料；根据贫困户实际情况制定了“一户一策”帮扶计划；完成了精准扶贫大数据系统平台建设因户施策信息采集录入等工作。

（二）送科技进村入户，扶持支柱产业

立足当地资源，发挥研究所畜牧、兽药、兽医、草业4大学科和人才优势，以增加农民收入为切入点，帮助贫困村发展各自的特色产业，加快当地群众脱贫致富的步伐。

1. 开展科技培训和引导劳务输出

针对贫困村群众普遍缺少实用技术的现状，研究所组织畜牧、兽药、兽医、草业饲料等方面的专业技术人员，先后举办11期牛羊高效养殖、疫病防治关键技术和中药材种植、农村卫生与健康等实用技术为主要内容的培训班，为临潭县各乡镇培训养殖、种植户1 700余人，发放《肉牛、肉羊标准化养殖技术》《牛羊疫病防治技术》《当归关键种植技术》及研究所编印的《日常生活小常识》等图书资料和光盘3 600余册。利用冬闲和务工人员返乡过节时机，组织贫困村群众参加电焊工、钢筋工、水泥工、牛肉面加工等技能培训。6年来，3个联系村有条件外出务工的家庭劳务输出达到435人，有效地提高了群众收入。

2. 培育扶持贫困村主导产业

发挥技术优势，改良推广优质牛羊、牧草品种。2012年，研究所根据当地气候条件免费为红崖村提供“青杂5号”等优质油菜品种种子，选派科技人员驻村值班，深入田间地头，指导农民春耕。2015年，针对南门河村、肖家沟村、羊房村牛羊养殖量大，苜蓿等优质饲草的缺口较大的现状，研究所购买“甘农一号”优质苜蓿种子1 250kg，种植苜蓿33.5hm^2，解决了当地群众牛羊冬季的饲草问题。2016年，研究所向3个贫困村提供“大通牦牛”种牛4头。2017年，引进特克塞尔、白头萨福克纯种肉羊种公羊16只，促进了当地牦牛、肉羊品种改良，增加养殖户收入。针对南门河村、羊房村牛羊养殖合作社和村民牛羊短期育肥的传统，帮助农户扩大牛羊养殖规模，指导养殖户是高科学养殖水平，引领养殖业真正成为该村农民增收新的支柱产业。6年来，向3个贫困村的养殖户免费发放了价值16万元的牛羊用矿物质营养舔砖、驱虫药、消毒药等兽药产品，深受当地群众欢迎。

扶持绿色生态食品加工企业。针对肖家沟村民营企业——临潭县高原绿色食品厂在生产中遇到的技术和资金短缺等问题，研究所先后为该企业销售价值11万元的野生燕麦营养粥，出资为该厂购置2台价值1万元的干燥箱。帮助企业建立质检实验室，以此带动肖家沟村及周边老百姓脱贫致富奔小康。

（三）筹措资金，改善公共基础设施

充分发挥研究所帮扶能力，不断改善贫困村公共基础设施。2012年，为解决长期困扰红崖村及李家庄村310余户、1 100余名村民饮水问题，研究所自筹资金13万元，建设红崖村人畜饮水工程，建成54m深机井1眼，50m^{3}蓄水池1座，泵房1间，护井河堤60m，新铺设管道450m。2013年7月，研究所出资5万元，帮助临潭县南门河村、红崖村修复数座因洪水冲毁的便民桥梁。2014年，研究所出资4.4万元，为肖家沟村新建的文化广场安装6盏太阳能照明灯。2015—2017年，研究所出资10.8万元，为肖家沟村、南门河村和羊房村3个村村委会购买257件办公家具；出资0.8万元，为3个村委会和驻村工作队购买打印纸、笔记本、签字笔等，改善了村委会办公条件。

（三）争取项目，大力推进美丽乡村建设

2014年，研究所驻村工作队和新城镇政府，协调县、州有关部门，为3个贫困村落实“7·22”灾后重建资金406.45万元，其中，为82户村民落实灾后重建资金266.8万元，为187户村民落实维修资金124.7万元；为南门河和红崖村争取到路灯项目资金54万元，美化亮化了村容村貌。2015年，协调甘肃省交通运输厅投资80万元，在肖家沟村、南门河村修建2座便民桥；为51户村民协调惠农贷款、妇女小额贷款255万元；为南门河村80户村民争取到92万元危房改造资金；为肖家沟村争取到130万元的“整村推进”道路建设项目，修建了2 000m村内巷道；给肖家沟村委会广场安装篮球架1对，丰富了当地群众的文化体育生活。2016年，落实南门河村棚户区改造款562.5万元，危旧房改造款34.4万元。2017年，整修肖家沟村进村道路4.3km；硬化羊房村内道路4.2km。

三、工作成效

6年来，研究所帮扶的4个贫困村中，红崖村已于2016年底整体脱贫，南门河村、肖家沟村、羊房村共301户精准扶贫户1 247人中，已有176户、885人脱贫，脱贫率70.97%；发展种养殖合作社9个，全面完成了各年度的减贫目标任务。帮扶工作得到了

当地党委政府和群众的认可，在2013年、2015年、2017年的年终帮扶工作考核中，3次被甘肃省委评为“优秀帮扶单位”；2015年，办公室陈化琦荣获“优秀驻村帮扶工作队队长”称号；2016年，杨志强所长荣获兰州市人大常委会“双联行动优秀人大代表”称号。

第三节 开发工作

一、中国农业科学院中兽医研究所药厂

2008年2月，为了进一步促进科技开发向更高、更宽的产业领域发展，研究所与四川倍乐实业集团有限公司合作，组建“兰州倍乐畜牧与兽药科技有限公司”，继续经营研究所药厂，共同打造我国创新兽药研制、生产、销售、技术服务及推广、应用为一体的科技企业。公司实行董事会领导下的总经理负责制。董事会由5人组成，杨耀光任董事长，苏鹏任副总经理。

2009年3月，公司召开董事会，对总经理和部分人员岗位做出调整，全面开展生产经营管理工作，修订完善各种管理制度，不断强化内部管理，制定了中国农业科学院中兽医研究所药厂／兰州倍乐畜牧与兽药科技有限公司《财务管理规章制度》和《招待费管理制度》，为高效有序地开展各项工作提供了制度保障。投入购置设备资金10万元，加大车间改造和设备更新，以提高生产效率。

2010年5月，因生产效益未达预期效果，研究所与四川倍乐实业集团有限公司解除合作，注销“兰州倍乐畜牧与兽药科技有限公司”，重新组建“中国农业科学院中兽医研究所药厂”。药厂及时调整人员岗位，进一步完善和细化各项管理制度，制订了《2010年营销管理办法》《生产管理定额包干管理办法》等制度。根据兽药市场及药厂的状况，确定以“强力消毒灵”为主，驱虫药品为辅，其他产品作为补充的经营思路，稳定和拓展原有市场，开发新疆、内蒙古、贵州、天津等新市场。实行“生产费用定额包干”，注重节能降耗，控制生产成本的生产导向。

2011年，根据《中国农业科学院兰州畜牧与兽药研究所关于实施非营利性科研机构管理体制改革方案》的精神，按照《中国农业科学院兰州畜牧与兽药研究所机构设置、部门职能与工作人员岗位职责编制方案》的要求，药厂结合实际，合理安排人员岗位，进一步完善和细化各项管理制度，实行一人多岗、量化管理，最大限度地发挥职工的工作潜能。完成了兰州市科学技术局农业科技攻关项目“高效畜禽消毒剂二氧化氯粉剂的研究及产业化”的研究工作；完成了国标产品二氯异氰尿酸钠粉10%、20%、30%、40%的生产批准文号申报材料，获得了4个生产批准文号。11月药厂片剂、粉剂、散

剂、预混剂、消毒剂（固体）车间的5条生产线通过了农业部兽药GMP检查验收，并以94.8的评分被推荐为兽药GMP合格生产线。

2012年，药厂加强“强力消毒灵”的政府采购投标工作。在维护好原有区域市场的基础上，新开发了贵州、广东市场。投标伊利集团原奶事业部的“奶牛隐性乳房炎检测液及检测盘”并顺利中标，为奶牛系列药品进入规模化养殖场奠定了基础。实行了“计件制”生产管理办法，在保证产品质量、安全生产的前提下，通过优化产品处方和工艺，对生产用电和用工情况进行严格核算和控制，极大地降低了生产成本，成效显著。组织药厂职工利用现有条件，协助课题组建设添加剂预混合饲料生产车间，于2012年2月28日通过国家饲料办公室组织的检查验收，3月7日取得生产许可证。根据药厂的产品结构，结合市场需求，增加新国标产品的品种，先后申报兽药批准文号18个，获得批准16个，完成新产品包装设计41个。10月初完成药厂网站（www.zsyyjsyc.com）建设。完成预混合饲料添加剂产品的免税审报工作，获得国税局的免税批准。

2013年，在维护好原有区域市场的基础上，开发了贵州、新疆的政府采购及陕西石羊集团规模化养殖场的消毒剂市场。注重产品质量及优质的配套服务，“兰州隐性乳房炎诊断液”成为伊利集团牧泉元兴饲料有限责任公司“诊断液类”产品的全国供应商。在全面总结以往生产管理经验的基础上，全面推行“计件制”和“生产日志”管理办法，在确保安全生产的前提下，通过定期培训生产工人、优化产品生产工艺流程、强化生产效率、严格控制生产成本等措施，保质保量完成了生产任务。申报甘肃省科技厅、农牧厅以及研究所项目5项，获资助金额193万元。与研究所舔砖课题组联合申报饲料添加剂新品种6个；完成了承担的2011年度、2012年度甘肃省农业创新项目的相关科研工作。

2014年，“兰州隐性乳房炎诊断液”再次成为伊利集团牧泉元兴饲料有限责任公司“诊断液类”产品的供应商。日常管理中全面推行“底薪加计件工资制”和“生产日志”管理办法，优化产品处方和工艺，根据销售目标，确定生产任务并抓住国家科技政策中产业化和推广项目要求企业参加的机遇，通过药厂的平台，联合相关课题组，申报甘肃省农牧厅项目1项。

2015年，经过努力争取，药厂顺利中标成为伊利集团牧泉元兴饲料有限责任公司“诊断液类”产品的全国供应商。获得甘肃省农牧渔业丰收奖2项，兰州市科技进步奖1项；参与编著著作2部；发表文章2篇；授权发明专利1件、实用新型专利5件。先后选派5人参加了由农业部及甘肃省农牧厅组织的兽药二维码追溯系统及农业部相关政策的学习，药厂组织培训技术人员102人次。

2016年，再次中标成为伊利集团牧泉元兴饲料有限责任公司“诊断液类”产品的全国供应商。完成了主持及参与的4个科研项目的结题验收及成果登记工作；获得甘肃省科技进步三等奖1项；参与发表文章3篇；获得专利9件。12月17日，药厂顺利通过农业部兽药GMP复验。

2017年，执行的4项甘肃省农业科技创新项目通过专家验收；参与并获得发明专利1件；为研究所内外7个科研团队的9批次药品进行了中试生产与工艺改进；参加了甘肃省第一届农博会，超过3万人参观和了解了研究所与药厂；参加培训4次，9人次接受培训；药厂组织培训技术人员56人次。

二、伏羲宾馆和房屋租赁

研究所为增加经济收入，利用地处兰州市中心的优势，继续进行房屋租赁开发创收。2011年4月前，由房产部负责伏羲宾馆经营和房产开发工作。2011年4月，将房产部更名为房产管理处，承担伏羲宾馆和停车场及东写字楼、沿街商铺和库房、家属区部分出租房等的经营开发工作。2014年12月，研究所对内设机构进行调整，撤销了房产管理处，将房屋出租业务划归条件建设与财务处，将伏羲宾馆经营业务划归后勤服务中心。期间，先后由张凌、孔繁矼任主任，李聪、陆金萍、张继勤任副主任，2010年和2014年7—12月杨振刚兼任房产部负责人。

2008年，对房产部经营的停车场进行了硬化，对建成于1984年的中兽医药实验大楼进行了维修改造，2010年8月通过农业部验收。经过维修改造的中兽医药实验大楼布局更加合理、水电暖设施全部更新、消防系统更加完善、基础设施水平显著提升，提高了创收能力。2009年由企业出资在停车场南面建造库房，建造费用从房屋租费中抵扣。2012—2014年，对停车场西区进行了硬化，停车场实行智能化管理，宾馆客房引进网线、总台进行了装修，开发收入逐年增加。

2014年12月，伏羲宾馆客房部划归后勤服务中心管理。为加强内部管理，后勤服务中心制修订了26个宾馆管理办法。通过多方努力，取得了宾馆消防许可证，办理了三证合一等手续。先后粉刷墙面12 415m^2，更换房间壁纸6 225m^2，增设Wifi。2016年，伏羲宾馆对已运行17年的电梯进行了更换，并办理了相关安检手续；更换1台大型洗衣机和1台烘干机。与“去哪儿网”签订了网上订房合同，提高了宾馆入住率。2017年，伏羲宾馆取得了排污许可证。至此，伏羲宾馆所有证件均已齐全，保证了宾馆正常运行。

通过多年努力，房屋租赁逐步趋于规范化，建立了一套行之有效的管理办法。伏羲宾馆不断加强对外宣传，制作宣传广告，采取与旅行社合作接待旅游团队、网络预定等形式，提高了宾馆的入住率，多年来平均入住率达72.3%，在同行业中处于前列。

第五章　科技合作与学术交流

第一节　学术委员会与学术组织

一、学术委员会

2009年，研究所学术委员会换届改选，第四届学术委员会由20人组成，杨志强任主任委员，张继瑜任副主任委员，王学智任秘书长，委员为夏咸柱、南志标、吴建平、才学鹏、杨志强、张继瑜、刘永明、杨耀光、郑继方、吴培星、梁剑平、杨博辉、阎萍、时永杰、常根柱、高雅琴、王学智、李建喜、李剑勇和严作廷。

（一）科技奖励推荐

2008年1月2日，学术委员会召开2008年国家科技进步奖申报推荐会，决定"新兽药'喹烯酮'的研制与产业化"成果申报2008年国家科技进步奖评审。2009年6月2日，学术委员会召开会议，对申报甘肃省科技进步奖的8项成果进行评审筛选，推荐"青藏高原草地生态畜牧业可持续发展技术研究与示范"和"动物纤维结构与毛皮质量评价体系研究"等5项成果申报2009年度甘肃省科技进步奖。2017年6月9日，学术委员会推荐"奶牛隐性乳房炎快速诊断技术的研究应用与标准化"成果申报2017年度兰州市科技进步奖。

（二）科技项目申报遴选

2009年1月22日，所学术委员会召开会议，推荐"新型动物抗寄生虫药槟榔碱酯的研制"等2个项目申报甘肃省科技重大专项、"喹乙醇残留ELISA快速检测技术研究及应用"等8个项目申报甘肃省科技支撑计划、"毛绒快速无损检测技术研究"等项目申报甘肃省自然基金项目、"牦牛奶功能活性物质研究与开发"申报甘肃省星火计划项目。5月19日，学术委员会召开会议，评审推荐"利用重离子生物技术选育耐盐碱苜蓿新品种研究”等2个项目申报甘肃省农业生物技术研究与应用开发项目。6月23日，学术委员会召开研究所科技创新团队建设工作评审会，对拟申报研究所科技创新团队的7个团队进行考评。6月25日，学术委员会召开会议，对拟申报2009年度基本科研业务费项目的13个项目进行评议，确定“牦牛主要组织相容复合体基因家族结构基因遗传多样性研究”等10个项目为2009年度基本科研业务费专项资金资助项目。

2010年6月17日，所学术委员会召开会议，对拟申报甘肃省农业财政计划的11个项目进行评议，推荐“航天诱变苜蓿材料分子遗传多样性评价”和“甘南藏羊本品种分子育种技术的研究及应用”申报甘肃省农业生物技术研究与应用开发项目，推荐“奶牛健康养殖综合技术研究与示范”和“高产优质狼尾草新品种选育”申报甘肃省农业科技创新项目。9月6日，学术委员会召开会议，研究“十二五”国家科技支撑计划预备项目申报和推荐事宜。11月17日，学术委员会召开“2011年度基本科研业务费专项资金项目评审会”，最终确定“黄花矶松驯化栽培及园林绿化开发应用研究”等24个项目为研究所2011年度基本科研业务费专项资金资助项目。

2011年3月16日，所学术委员会召开会议，对研究所拟申报2011年科技部农业科技成果转化资金项目的7个项目进行遴选，确定推荐“畜禽呼吸道疾病防治新兽药‘菌毒清’的中试及产业化开发”和“抗禽感染疾病中药复方‘金石翁芍散’的推广及应用”2个项目申报。11月6日，学术委员会召开“2011年度基本科研业务费项目评审会”，对申报的“防治犊牛肺炎药物新制剂的研制”等11个项目进行评审。12月30日，学术委员会召开会议，对拟申报2012年度甘肃省科技计划项目的25个项目进行遴选，推荐“甘肃超细毛羊新品种培育及优质羊毛产业化研究与示范”等2个项目申报甘肃省科技重大专项计划、“畜禽广谱抗虫新制剂大环内酯类药物纳米乳注射液的研制”等6个项目申报甘肃省科技支撑计划、“青藏高原牦牛低氧适应相关基因及调控机制研究”等9个项目申报甘肃省自然科学基金计划。

2012年3月12日，学术委员会召开会议，就研究所学科调整与建设方案编制工作进行了讨论和布置。3月16日，所学术委员会召开会议，对2012年农业科技成果转化资金拟申请项目和农业科技重大选题拟推荐项目进行筛选，推荐“抗禽感染疾病中兽药复方新药‘金石翁芍散’的推广应用”等2个项目申报农业科技成果转化项目、“新型高效安全兽用药物的创制与应用”等4个项目申报农业科技重大选题。5月25日，所学术委员会召开会议，对研究所申报2012年甘肃省农业财政项目的课题进行遴选，推荐“新型微生态饲料酸化剂的研究与应用”等3个项目申报甘肃省农业生物技术研究与应用开发项目。10月23日，所学术委员会召开会议，对拟申请2013年中国农业科学院基本科研业务费预算增量项目进行了筛选，推荐“牛羊肉质量安全风险因子分析及控制技术研究”申报2013年度中国农业科学院基本科研业务费预算增量项目。10月30日，所学术委员会召开“研究所2012年度基本科研业务费专项资金评审会议”，确定“发酵黄芪多糖对树突状细胞成熟和功能的体外调节作用研究”等30个项目为研究所2013年度基本科研业务费专项资金资助项目。

2013年9月2日，所学术委员会召开会议，就研究所《中国农业科学院科技创新工程试点工作方案申报书》进行研讨、修改。11月8日，学术委员会召开“研究所2014年中央级公益性科研院所基本科研业务费专项资金评审会议”，遴选“药用植物精油对子宫内膜炎的作用机理研究”等27个项目为2014年度基本科研业务费专项资金新上项目，对“抗球虫中兽药常山碱的研制”等13个执行进展良好的项目给予滚动资助。

2014年1月20日，所学术委员会召开会议，对2014—2015年度甘肃省科技计划申报项目进行遴选，推荐23项（其中申报甘肃省科技重大专项1项、甘肃省科技支撑计划11项、甘肃省成果转化项目1项、甘肃省自然科技基金项目10项）。11月4日，学术委员会召开“研究所2014年度基本科研业务费项目评审会”，确定“不同人工草地碳储量变化及固碳机制的研究”等14个执行较好的在研项目作为滚动资助项目，“牦牛氧利用和能量代谢通路中关键蛋白的鉴定及差异表达研究”等21个项目为新上项目。

2015年2月9日，所学术委员会召开“‘十三五’期间科技发展规划和重大科技选题组织筹备会”，对研究所“十三五”规划的起草和重大科研选题的征集进行了安排布置。4月7日，学术委员会召开“研究所‘十三五’期间科技发展需求与建议报告会”，8个创新团队首席结合本团队发展现状需求，分别从学科建设需求、科研任务需求、科技平台需求、科技成果培育计划、“十三五”期间发展蓝图目标及科技政策和制度需求6个方面作了详细汇报。

8月9日，学术委员会召开“中国农业科学院2016年度农业部中央级公益性科研院所基本科研业务费项目申报遴选推荐工作会议”，推荐“高山美利奴羊高效扩繁与推广应用”等22项目申报中国农业科学院2016年度基本科研业务费专项资金资助项目。9月3日，学术委员会组织召开“‘十三五’期间中兽医药行业发展战略研讨会”。11月11日，学术委员会召开“2016年度基本科研业务费入库项目遴选会”，会议推荐“牛羊寄生虫病变异监测规范和数据标准”等33项所级统筹科研项目进入2017—2019年中央级公益性科研院所基本科研业务费项目库。

2017年2月14日，所学术委员会对研究所牵头申报的国家重点研发计划项目“中兽医药现代化与绿色养殖技术研究”进行研讨论证。6月6日，学术委员会组织召开“中国农业科学院重大科研选题任务布置会”，就研究所牵头的“动物专用新化学药物创制与产业化”重大选题和参加的“畜禽智能化育种新体系构建与品种培养”“优质乳标准化关键技术”和“饲用抗生素替代关键产品创制与应用”重大选题任务做出分工安排。10月23日，所学术委员会组织召开“2018年院、所两级基本科研业务费项目评审会”，推荐“特色畜禽肉中脂肪酸快速检测技术及营养品质评价”等6个项目申报院级统筹基本科研业务费项目，“基于GPS跟踪定位系统的牦牛放牧行为研究”等8个项目为2018年所统筹基本科研业务费新增支持项目，滚动支持“牛羊养殖基础性数据调研及监测”等21个项目。

2018年2月8日，所学术委员会召开2018年度国家自然科学基金申报辅导会，对本年度申报基金项目的申请书进行了指导修改。3月7日，根据中国农业科学院科技创新工程经费管理办法和基本科研业务费专项资金管理办法，学术委员会召开会议，研究了2018年度研究所科技创新工程经费和基本科研业务费专项资金分配事宜。

（三）科研项目年度考核

2008年8月6—8日，学术委员会对2006年和2007年中央级公益性科研院所基本科研业务费资金项目进行了中期检查考评。

2009年7月21日，学术委员会召开扩大会议，听取了梁剑平研究员关于“抗病毒新兽药金丝桃素的研制及应用”课题执行情况汇报并进行了评议。11月16日，学术委员会召开会议，对2007—2009年以来立项的基本科研业务费项目进行中期考评，决定对其中19个项目进行滚动资助。

2011年11月4日，学术委员会召开会议，对2011年正在执行的基本科研业务费项目进行考核。12月27日，学术委员会组织召开“2011年度科研项目总结汇报会”，对在研项目执行情况进行现场考评。

2012年10月24—25日，学术委员会召开“2012年度基本科研业务费专项资金项目总结汇报会”，对“苜蓿航天诱变新品种选育”等26个项目基本科研业务费专项资金项目进行考评，对12个执行良好的项目建议继续滚动资助。12月5日，学术委员会召开“2012年度科研项目总结汇报会”，听取了在研项目执行情况汇报。

2013年12月12日，学术委员会召开“2013年度科研项目总结汇报会”，听取了“牦牛资源与育种”等19个课题组2013年度目标任务完成情况汇报。

2014年12月15—16日，学术委员会召开“2014年度科研项目总结汇报会”，对各项目组2014年度的工作完成情况进行评议检查。

2016年1月4日，学术委员会组织召开“2015年科研项目总结会”，对研究所承担的28个科研项目进行年度工作总结。12月21日，经学术委员会组织召开本“2016年度科研工作总结汇报会”，各创新团队首席分别从项目完成情况、主要科研进展、取得重要成果、存在问题及下年度工作计划等方面进行了全面汇报。

2017年12月25日，学术委员会组织召开“2017年度创新团队工作总结汇报会”，对各创新团队工作进行考评。12月26日，学术委员会组织召开“2017年度科研项目总结汇报会”，对在研项目执行情况进行检查。

（四）导师资格审查推荐和优秀研究生推选

2015年6月4日，学术委员会召开会议，研究讨论了2013级研究生中期考核工作、2015年学位论文答辩工作、2015年度硕士生导师备案工作和2016年度导师招生资格年度审核工作，会议决定推荐2015届毕业生吴晓云为院优秀毕业生人选；推荐吴国泰、张超的学位论文为院级候选优秀论文；同意丁学智等5人具备2015年度硕士研究生指导教师资格；同意张继瑜等16位导师具备2016年招生资格。

2016年11月4日，学术委员会召开“2016年度研究生奖学金评审会议”，评定马宁等6位同学获得一等学业奖学金、赵吴静等22位同学获得二等学业奖学金；推荐马宁等2名同学参评国家奖学金、刘龙海等2名同学参评大北农励志奖学金、张吉丽参评陶氏益农奖学金。

2017年9月5日，学术委员会召开专题工作会议，对2015—2016级研究生2017—2018年度学业奖学金进行了评审，确定马宁和付运星获得博士一等学业奖学金，秦文文、张剑搏、董朕和梁子敬获得硕士一等学业奖学金，其他学生均获博/硕士二等学业奖学金。

二、学术组织

研究所原是中国毒理学会兽医毒理学专业委员会、中国畜牧兽医学会西北病理学分会、中国畜牧兽医学会西北中兽医学分会、全国牦牛育种协作组4家社团的挂靠单位。2013年以前，由于工作及社团发展需要，中国毒理学会兽医毒理学专业委员会挂靠单位转至中国农业大学，中国畜牧兽医学会西北病理学分会挂靠单位转至甘肃农业大学，目前挂靠研究所的学术组织是中国畜牧兽医学会西北中兽医学分会和全国牦牛育种协作组。

（一）中国毒理学会兽医毒理学专业委员会

2017年9月，“中国毒理学会兽医毒理学委员会第5次全国会员代表大会”在北京召开，中国农业大学沈建忠教授接替杨志强研究员当选为主任委员，杨志强所长任名誉主任委员，张继瑜副所长当选为委员，李剑勇研究员当选为委员兼副秘书长。

（二）中国畜牧兽医学会西北中兽医学分会

2009年10月，研究所组织召开“西北地区中兽医学术研究会第十四次学术研讨会”。2012年8月，研究所组织召开“西北地区中兽医学术研究会第十五次学术研讨会”，来自甘肃、青海、新疆等地的中兽医科技专家与基层工作者参加了本次会议。2009年10月，杨志强所长当选为理事长，赵朝忠主任当选为秘书长。

（三）全国牦牛育种协作组

2010年10月，研究所承办“全国牦牛资源保护与利用大会”，同时成立了全国牦牛育种协作组，负责全国牦牛资源的保护、利用和科研工作，阎萍研究员当选为副理事长兼秘书长。2013年8月，“全国牦牛育种协作组2013年度工作会议暨牦牛遗传资源保护与利用培训班”在新疆巴州召开，阎萍研究员当选为副理事长兼秘书长、梁春年副研究员当选为副秘书长。2015年10月，“国家牦牛遗传资源保护与利用研讨会暨国家级牦牛遗传资源保种场、保护区保种技术培训班”在云南迪庆召开。

第二节　国际合作与交流

随着研究所科技水平的不断提升，创新能力的逐渐增强，创新工程的顺利实施，研究所在深化国际科技合作、学术交流、国际科技资源利用方面有明显进展。

研究所通过多种渠道邀请国外专家来所讲学、访问，同时委派专家出访、办讲座、留学，参加国际专业学术交流等活动，先后共接待国外专家来访117人次，研究所专家出国（境）学习交流150人次，其中访问学者4人次，交流访问110人次，参加国际学术会议36人次。

一、国外学者访问、交流与合作研究

2008年3月11日，法国国立里昂兽医学院院长Theodore及该学院亚洲项目部部长Alogninouwa来所访问，双方就科研合作达成了初步意向。4月3日，英国布里斯托大学宋中枢博士来所访问，作了题为“多酮类化合物的生物合成”的学术报告。5月13日，甘肃爱地农牧发展有限公司总裁马尔沙先生和农艺顾问马曲·布鲁耶先生，在兰州与杨志强所长等就中法合作项目“利用法国Tarentaise牛冻精开展杂交试验”进行了商谈。9月7日，杨志强、阎萍和梁春年与法国ISDP公司畜牧兽医专家马尔沙及甘肃爱地农牧发展有限公司总裁特别助理张春华先生，在兰州就中法合作“法国肉奶兼用型品种Tarentaise牛及其冻精的引进”项目的经费和实施方案进行了磋商。

2009年2月8—14日，英国皇家兽医学院Peter Lees教授、Ali Fouladi教授、成章瑞教授、英国中英科技创新计划（ICUK）项目官员季文明博士一行4人到所访问，季文明博士介绍了ICUK项目基本情况与合作申报等事宜；Peter Lees教授和Ali Fouladi教授分别与李剑勇博士、严作廷博士就共同承担的中英科技创新计划（ICUK）和知识产业化合作项目“基于药代、药效学相互作用的抗感染药物开发”和“提高胚胎移植和胚胎发育中药的开发”项目执行计划进行了商谈；12日，Peter Lees教授作了题为“抗生素和

非甾体抗炎药物药效学研究”和“欧洲药物申报问题”的报告，Ali Fouladi教授作了题为“奶牛繁殖期的营养调节”的报告，成章瑞教授作了题为“多不饱和脂肪酸补充对反刍动物繁殖的影响”的报告。7月7日，加拿大圭尔夫大学安大略兽医学院戈登·科比教授来所访问，作了题为“安大略兽医学院研究的过去、现在与未来”和“肝损伤细胞色素P450与药物代谢的研究”的学术报告。10月10日，波兰国家兽医研究所Tadeusz Wijaszka教授、Zygmunt Pejsak教授、Tomasz Stade jek教授一行3人到研究所考察。

2010年9月1—3日，加拿大圭尔夫大学安大略省兽医学院Kirby教授和David博士作为“奶牛乳房炎‘三联’诊断技术引进与综合防控研究”研究项目的合作方，应邀到研究所访问，Kirby教授和David博士分别作了题为“蛋白质组学研究生物标记的发现和诊断测试开发”和“加拿大牛乳腺炎研究网络：共同解决乳房炎的挑战”的报告。

2011年5月17日，FAO/IAEA联合司司长梁劬、联合司畜牧健康处处长Gerrit Viljoen、IAEA技术援助部项目管理官员沈先开、蒙古国兽医研究所国家兽医官Batsukh Zayat和蒙古国粮食、农业及产业部官员Pagva Dorjsuren一行5人来研究所访问，国际原子能机构官员对该机构资助项目的类别、申请和实施作了详细介绍。6月20日，阿根廷拉普拉塔大学Juan Pedro Liron博士一行来所访问，Juan Pedro Liron博士作了题为“中阿关于牛肉品质及安全追溯合作项目”的学术报告。

2012年6月8日，匈牙利科学院László Stipkovits院士一行4人来研究所访问，László Stipkovits院士作了题为“在开发和测试现代疫苗方面的合作的重要性”和“匈牙利兽医疫苗研究的过去和未来”的学术报告；匈牙利三角研究中心Susan Szathmary博士介绍了中匈科技合作项目相关情况；双方就兽药创制及兽医研究方面的问题进行了广泛的探讨。6月28日，美籍华裔科学家王庆建博士一行来所交流，王博士作了题为“缺氧诱导因子脯氨酰羟化酶抑制剂治疗贫血疾病”的报告。9月21日，苏丹畜牧资源与渔业部畜牧经济与计划司司长Kamal Tagelsir Elsheikh先生一行5人到所访问，中方农业部对外经济合作中心经合四处贾焰处长、农业部国际合作司魏康宁、甘肃省农牧厅外经外事处霍文静和甘肃省畜牧管理总站王有国站长陪同访问，与研究所科研人员进行了座谈交流。

2013年7月1—7日，阿根廷农业技术研究所Joaquín Pablo Mueller博士来研究所访问，作了题为“阿根廷细毛羊改良及绒毛生产”的学术报告，考察了研究所试验基地——甘肃省绵羊繁育技术推广站和内蒙古白绒山羊种羊场。10月18日，加拿大奥贝泰克药物化学有限公司霍继曾博士应邀来所访问，作了题为“药物分析方法验证”的学术报告。

2014年7月25日，德国畜禽遗传研究所、德国吉森大学派员来所访问，分别与研究所签订了科技合作协议；德国畜禽遗传研究所黑诺·尼曼教授作了题为“畜禽生物技术研究进展”的报告，德国吉森大学乔治·艾哈德教授作了题为“家畜乳蛋白多样性的研究”的报告。9月1日，不丹农业林业部主管扎西·桑珠教授一行6人来所访问，扎西·桑珠以"不丹的畜牧业发展和研究"为题，介绍了不丹畜牧业发展现状、科研情况、国际交流情况和面临的问题；双方达成在科研项目申报、互派访问学者、共享资源等方面开展合作的意向。9月20日，澳大利亚谷河家畜育种公司派员来所访问，与研究所签订了国际科技合作协议，多尔曼教授作了题为"澳大利亚美利奴羊产业概况"的报告。10月31日，西班牙海博莱公司派员来所访问，与研究所签订了在动物疫病的综合防治技术研究与应用领域联合共建实验室、项目研究和研发人员交流等方面开展合作的协议。

2015年1月10日，西班牙海博莱公司罗杰和瑞卡德博士来研究所，就农业部948项目"奶牛乳房炎致病菌高通量检测技术和三联疫苗引进与应用"合作研究进行了讨论，确定以西班牙生产的奶牛乳房炎Startvac疫苗和研究所研发的中药新制剂"蒲行淫羊散"为基础，开展奶牛乳房炎"无抗防治新技术"合作研究。5月下旬，西班牙临床兽医专家德梅特里奥、海博莱公司罗杰与冯军科博士来所访问，双方围绕合作项目"Startvac疫苗结合中兽药防治中国奶牛乳房炎临床有效性研究"，对试验过程中存在的问题、乳房炎防控关键技术、阶段性试验结果进行了分析和总结；期间，德梅特里奥在研究所作了题为"传染性乳房炎防控关键技术"的学术报告；访问团还前往技术示范试验基地，对奶牛场相关负责人及技术人员进行了为期2天的技术培训。6月25日，英国布里斯托大学化学学院宋中枢博士应邀来研究所访问，作了题为"天然化合物在微生物中的生物合成"的学术报告。8月上旬，澳大利亚西澳大学著名草地与牧草育种专家菲利普·尼古拉斯教授和丹尼尔·瑞尔研究员一行来研究所访问，菲利普博士和丹尼尔博士分别作了题为"澳大利亚豆科牧草研究进展"和"多年生豆科牧草品种选育"的学术报告，并赴大洼山综合试验基地育种试验田、甘南藏族自治州牧草繁育试验点、张掖旱生牧草基地和永昌苜蓿产业化示范基地，考察了沙拐枣、梭梭、花棒等防风固沙植物品种的栽培驯化试验与苜蓿产业化示范情况。8月11—14日，世界牛病学会秘书长、匈牙利圣伊斯特凡大学兽医学院奥托·圣兹教授应邀来研究所访问，作了题为"奶牛产后子宫疾病的定义、诊断和治疗"的学术报告。10月15—17日，世界卫生组织协作中心主任、爱尔兰都柏林大学食品安全中心谢默斯·范宁教授来研究所访问，作了题为"连接动物和人类抗微生物化合物耐抗生素细菌的分子鉴定"的学术报告。

2016年5月10日，英国伦敦大学药学院生药学及植物疗法学中心米夏埃尔·海因里希教授应邀来研究所访问，作了题为"从传统药物中提取活性成分面临的核心挑战"的学术报告。5月18—20日，荷兰瓦赫宁根大学胡伯·撒瓦卡教授应邀来所访问，作了题为"树突状细胞对T细胞的激活效应"的学术报告。9月20日，以色列农业研究院思明·亨金博士、耶尔·拉奥博士、艾瑞奥·谢莫纳博士和美里·津德尔博士一行来研究所访问，分别作了题为"反刍动物天然牧草及农副产品的营养利用"和"日粮调控提高家畜肉奶品质研究"的学术报告。11月27日，苏丹农业与林业部哈萨布司长一行10人来研究所访问，代表团与研究所科研人员就苏丹兽药需求及中国兽药在苏丹应用等方面进行了交流，并对下一步的联合实验建设进行了讨论。

2017年7月3—5日，澳大利亚细毛羊产业代表团一行37人来研究所访问，参加了在研究所举办的“中澳细毛羊产业发展论坛”，双方就细毛羊资源与育种合作进行了磋商；澳大利亚彼得斯坎伦羊毛公司营运总监史提夫诺亚作了题为“澳大利亚细毛羊产业发展现状”的报告；代表团考察了高山美利奴羊推广示范县肃南裕固族自治县康乐草原剪毛点，并与当地农牧民交流剪毛技术与生产经验。7月8—12日，泰国清迈大学兽医学院院长坤柴教授一行3人来研究所访问，坤柴教授介绍了清迈大学基本情况，罗卡森博士介绍了泰国在丁香、榴莲、鹅观草、姜黄等植物药应用方面的研究进展，双方还就共建联合实验室事宜进行了磋商。7月27日，研究所组织召开2017年中兽医药学国际培训班学术交流会，印度克什米尔斯利那加农业科技大学迪尔教授、埃及农业研究中心动物繁殖研究所塔哈博士、巴基斯坦费萨尔巴德农业大学安纳斯萨瓦尔教授和谢赫兽医与动物科学大学穆罕穆德阿瓦斯博士分别作了“气候变化导致的非季节性疾病——印度克什米尔地区绵羊产业面临的潜在威胁”“埃及畜牧业的挑战与机遇”“银杏对新生白化病老鼠体重和肾脏组织变化的影响”和“兽医与动物科技大学和传统兽医配方的介绍”的报告。11月7日，以色列希伯来大学阿里·布罗施教授、美国爱荷华州立大学吴作为博士应邀来所访问，阿里教授作了题为“生物学和技术基础背景下的放牧牛群远程监测系统”的报告，吴作为博士作了题为“应用多组学方法解析弯曲杆菌株系”的报告。

2018年3月20—21日，日本鸟取大学冈本芳晴教授应邀来研究所访问，作了题为“奶牛乳房炎、子宫内膜炎新疗法—臭氧、壳聚糖”的学术报告。

二、出国访问、进修与合作研究

2009年3月25日—4月20日，刘永明、严作廷和李剑勇一行3人赴英国皇家兽医学院进行科研合作与学术交流，与皇家兽医学院院长Quintin McKellar、副院长Jonathan Elliott和Colin Howard以及有关专家进行了座谈，就双方共同申报的中英创新计划概念验证基金项目进展情况进行了交流。7月24日—8月1日，杨志强陪同唐华俊副院长一行先后访问了美国汤森路透科技集团、马里兰大学、国际农业研究磋商组织（CGIAR）、全球环境基金（GEF）以及加拿大圭尔夫大学，并与汤森路透科技集团期刊发展部、马里兰大学、CGIAR秘书处和GEF等单位的专家进行座谈交流，出席了中国农业科学院与圭尔夫大学共同召开的“第二届中国农业科学院与奎尔夫大学农业科技合作战略研讨会”。

2010年5月3日—10月28日，杨亚军赴英国伦敦大学皇家兽医学院，开展中英科技创新伙伴合作项目短期合作研究，进行了基于药动学-药效学结合模型理论的兽用抗菌抗炎复方制剂的研究与开发工作。9月19—29日，杨志强和李剑勇赴英国皇家兽医学院，就“新型犊牛肺炎药物制剂的研究和开发”项目研究进展情况进行交流，制定了下一步合作计划，考察了英国皇家兽医学院的实验动物及其动物医院的管理和运作情况。

2011年1月10日—4月10日，李剑勇赴英国皇家兽医学院，针对新制剂在犊牛体内四阶段药物代谢动力学与抗炎、抗微生物药效学开展短期合作研究。11月15—24日，张继瑜赴澳大利亚和新西兰访问，在澳大利亚悉尼、墨尔本开展肉羊繁育相关合作交流，在新西兰奥克兰开展肉制品深加工相关合作交流。12月12—21日，杨志强、阎萍、李建喜和梁春年一行赴南非和肯尼亚访问，在南非参加了“动物繁殖学术研讨会”，与肯尼亚就“中国西部反刍动物遗传学与繁殖”展开交流与合作。

2012年3月3—14日，刘永明、齐志明、岳耀敬和刘建斌一行4人赴新西兰和澳大利亚开展美利奴羊育种协作计划合作交流，与澳大利亚CSIRO Livestock Industries研究所达成联合开展美利奴羊全基因组选择中澳合作框架协议，与新英格兰大学Sheep CRC中心达成开展中—澳美利奴羊遗传评估计划等多项合作协议，与世界美利奴羊育种协会就承办“2019年第十届世界美利奴国际会议”进行了磋商，初步达成由我国承办“第十届世界美利奴国际会议”的意向。10月8—12日，王学智赴韩国参加欧盟动物福利立法培训班，初步建立和欧盟等发达国家在动物源食品安全生产技术与科研等方面的交流合作。10月8—22日，刘永明、丁学智和王胜义一行3人赴美国乔治华盛顿大学和哥伦比亚大学动物医学院开展“948”项目“六氟化硫SF_6示踪法检测牦牛、藏羊甲烷排放技术的引进研究与示范”合作研究，丁学智博士作了学术报告，双方就牦牛瘤胃微生物、青藏高原高寒草甸营养等影响甲烷排放的主要因素进行了讨论。11月29日—12月8日，杨志强、阎萍、刘文博一行赴巴西、智利开展现代化畜牧养殖技术合作交流，访问了巴西农业科学院和智利大学兽医与动物科学学院。

2013年4月1—6日，杨志强、郑继方、王学智、李建喜、周磊一行5人赴泰国清迈大学执行“第二十次中泰科技合作联委会项目——针灸技术在治疗犬腰椎间盘突出症中的应用”，双方将在项目合作、人员互访、学术交流、人才联合培养等方面进行合作，签署了联合筹建“中泰中兽医药学技术联合实验室”等合作议向备忘录。5月8日—11月8日，应美国爱荷华州立大学兽医学院张启敬教授邀请，蒲万霞作为访问学者赴美国开展抗菌素耐药性方面的合作研究，主要参加了“细菌耐药性研究与鸡、牛空弯分子流行病学及致病机理”研究工作。11月16—27日，阎萍、郭宪和丁学智一行3人赴瑞士苏黎世联邦理工学院开展“948”项目“牦牛新型单外流瘤胃体外连续培养技术的引进与应用”合作研究，阎萍作了相关学术报告。

2014年3月21日—6月22日，丁学智赴国际农业研究磋商组织下属国际家畜研究所进行了为期3个月的短期合作研究，主要从事非洲反刍家畜瘤胃甲烷及粪便温室气体排放检测及相关减排措施研究。7月13—24日，杨志强、李建喜、王学智和张景艳4人赴西班牙执行“948”项目“奶牛乳房炎病原菌高通量检测技术与三联疫苗引进和应用”，学习了西班牙海博莱公司生产的防治奶牛乳房炎三联疫苗的使用方法及疗效评价体系，共同探讨了适用于中国的优势病原菌检测技术改进和创新。

2015年4月7日—7月5日，秦哲赴国际农业研究磋商组织下属国际家畜研究所进行了为期3个月的短期合作研究，主要从事利用TREC技术敲除酵母基因组中的支原体基因，构建支原体突变株方面的研究。6月24日—7月2日，阎萍、严作廷、张世栋和褚敏4人赴英国皇家兽医学院与布里斯托大学就牛羊繁殖、奶牛疾病等研究主题进行了交流，阎萍和严作廷研究员在英国皇家兽医学院与布里斯托大学分别作了学术报告，双方探讨了牛角性状及其候选基因研究进展及难点。6月25日—7月1日，高雅琴、孙晓萍、朱新书和王宏博4人赴美国马里兰大学畜禽科学学院访问。8月28日—9月2日，刘永明、李剑勇、丁学智、王胜义、杨亚军和刘希望6人赴荷兰乌得勒支大学兽医学院和瑞士伯尔尼大学访问。9月14—22日，田福平、路远、张茜和杨红善4人赴美国农业部农业蔬菜和饲料研究所所属的华盛顿州立大学灌溉农业和推广中心访问，与美国华盛顿州立大学灌溉农业和推广中心、康奈尔大学的Julie Hansen博士达成牧草资源共享与联合育种的合作研究意向；在华盛顿州立大学灌溉农业和推广中心召开了“优质、旱生牧草新品种选育研究”学术交流会，开展了抗旱苜蓿新品种选育田间学习和交流；在康奈尔大学召开了“寒生、旱生灌草种质资源及育种”专题讨论会。10月9—13日，杨志强、李建喜、郑继方、罗超应、李锦华、梁春年6人赴俄罗斯毛皮动物及草食动物家兔研究所交流访问，双方就今后合作事宜及相关细节进行了深入讨论，在草食动物和毛皮动物遗传资源利用、养殖技术、疾病防制技术合作研发等方面初步达成了合作意向。11月3—8日，郭健、孙晓萍、程富胜、岳耀敬4人赴澳大利亚谷河家畜育种公司进行交流访问，开展中—澳羊毛检验过程中的异同和优缺点的讨论；到Dale River Transplants公司学习了澳洲美利奴羊、杜波羊和黑头萨福克羊的培育技术、饲养管理技术、养殖机械、疫病防控和胚胎移植技术，完成了胚胎质量检测，签订胚胎移植合同；到Perth Working Dog Company考察了牧羊犬对羊群管理的细节，学习了牧羊犬培育、培训的过程，商讨了引进牧羊犬和开展国内牧羊犬培训细节，为签订引进牧羊犬训练合作协议做了准备。11月3—7日，张继瑜、周绪正、魏小娟、李冰和尚小飞5人赴美国FDA兽药中心交流访问，就兽药研发、动物药品对动物源食品安全性的影响等领域进行交流。11月16—28日，梁剑平、蒲万霞、尚若锋、郝宝成和杨珍一行5人赴苏丹农牧渔业部访问，与苏丹农牧渔业部兽药实验室有关人员进行合作，采集病样，开展了药敏试验。2015年10月19日—2016年3月28日，包鹏甲赴英国皇家兽医学院进行牛繁殖合作研究，开展了不同处理条件对牛繁殖性状相关功能基因的甲基化水平及表达量影响的研究。

2016年6月1日—8月31日，岳耀敬赴肯尼亚国际家畜研究所进行合作研究和学术交流，并参加家畜基因编辑研究培训。6月20—26日，严作廷和董书伟赴德国柏林自由大学和匈牙利伊斯特万大学进行学术交流。6月26—30日，罗超应、李锦宇、王旭荣、王贵波一行4人赴泰国开展中泰联合共建实验室项目交流。7月10—14日，李剑勇、刘希望、杨亚军、秦哲一行4人赴南非夸祖鲁—纳塔尔大学合作交流，执行2015年研究所与南非夸祖鲁—纳塔尔大学签订的合作协议。8月22—31日，杨志强陪同农业部副部长、中国农业科学院院长李家洋赴吉尔吉斯共和国、塔吉克斯坦和俄罗斯联邦访问，与吉尔吉斯共和国国立农业大学达成了共建联合研究中心的意向，与塔吉克斯坦农业大学签署了《中国农业科学院与塔吉克斯坦农业大学农业科技合作谅解备忘录》，与俄罗斯联邦科学院签署了《中国农业科学院与俄罗斯科学院农业科技合作谅解备忘录》。9月9—15日，张继瑜、潘虎、李冰、尚小飞一行4人赴英国伦敦大学、布里斯托大学和荷兰莱顿大学访问交流，了解了新的天然产物的生物学合成等研究方法与技术和新的中药质量控制与分析技术。9月20—25日，杨志强、蒲万霞、王学智、李建喜、吴培星一行5人赴日本鸟取大学和High Chem株式会社进行访问。10月25日—11月1日，阎萍、郭宪和丁学智一行3人赴芬兰奥立安集团和丹麦奥胡斯大学进行访问及学术交流。11月27日—12月7日，张继瑜赴美国执行国家外专局2016年出国（境）培训项目“现代农业科研院所建设与发展培训”，就美国科技政策与制度安排、科研机构科技创新与转化体系构建和运行管理机制、科研机构创新与转化制度体系方面接受培训。

2017年3月4—11日，郭婷婷和袁超赴澳大利亚谷河家畜育种公司交流访问，与澳大利亚Dale River Transplants公司签订了设备引进意向协议。4月16—24日，刘永明、张凯和崔东安一行3人赴意大利墨西拿大学兽医学院和西班牙海博莱公司交流访问。10月9—20日，杨志强、严作廷、张世栋和杨峰一行4人赴德国自由大学、匈牙利兽医大学和意大利卡坦扎罗大学进行访问与学术交流。10月31日—11月10日，王晓力、牛春娥、朱新强一行3人赴美国Chromatin公司，开展“饲用高粱品质分析及肉牛安全高效利用技术研究与示范”的相关技术交流，实地考察了饲用高粱种植与加工基地。12月14—23日，李建喜、郑继方、王学智、罗永江、张凯一行5人赴澳大利亚墨尔本大学、莫纳什大学药剂研究所和新西兰奥克兰大学交流访问，李建喜作了“中兽医药研究进展”的报告，双方就天然药物开发研究方面初步达成项目联合申报、人员互访交流、学生互派的合作意向；与奥克兰大学生物工程研究所达成了开展中兽医大数据研究的合作意向。

三、国际会议

2009年11月17—27日，杨志强、张继瑜、郑继方、王学智、李建喜、罗永江一行6人赴美国参加了“北美第十一届国际中兽医学术研讨会”。

2010年7月26日至8月2日，郑继方、罗超应、罗永江、胡振英、谢家声一行5人参加了在日本东京日本兽医生命科学大学召开的“第三届亚洲传统兽医学学术研讨会”。

郑继方等就“后三里针刺效应与体表胃电图关系”“中药鬼灯檠活性成分含量的检测”“中兽医医学模式的变化、复杂科学和辩证施治”和“血针疗法对马驴5种常见疾病的治疗”等进行了大会交流。大会选举郑继方为常务理事。

2010年9月13—16日，由中国农业科学院和美国中兽医学会主办，研究所承办的“首届中兽医药学国际学术研讨会”在兰州举行。中国农业科学院党组书记薛亮出席大会并致辞，甘肃省政协副主席张世珍等出席开幕式并讲话。薛亮、张世珍等有关领导出席了《中国农业科学院中兽医研究所与美国气研究所科技合作协议书》签字仪式。来自美国、西班牙、荷兰、德国、加拿大、日本、澳大利亚、韩国、泰国的60余位国外专家及中国香港、中国台湾地区和国内的120余名专家出席了研讨会。与会代表还应邀到研究所进行了考察。

2011年10月31日至11月9日，郑继方应邀赴美国佛罗里达参加美国中兽医研究所主办的“第十三届国际中兽医学术年会”，作了题为“中草药治疗动物园动物疾病”的学术报告。与美国中兽医研究所达成了建设中美中兽医学研究中心的合作意向。

2012年3月31日至4月2日，时永杰研究员赴日本爱知县名古屋市参加由日本草地学会、中国草学会和韩国草地与牧草学会联合举办的“第四届日本—中国—韩国草地国际会议”。6月26日至7月5日，王晓力赴瑞典和芬兰参加“第三届北欧饲料科学大会”及“第十六届国际青贮大会”。9月9—14日，张继瑜、李剑勇、周绪正一行3人赴泰国曼谷出席“第八届发展中国家毒理学大会”，与日本学者Toshiaki Takezawa就“体外毒性三维培养技术前沿研究”进行了探讨。

2013年2月20—25日，张继瑜赴泰国参加“第十届中泰友好研讨会暨科学技术与农村可持续发展研讨会”。4月9—14日，应英国Select Biosciences公司重点客户经理Shannen Youngs的邀请，张继瑜、李剑勇赴西班牙巴塞罗那参加“2013年欧洲药物吸收分布代谢排泄及预测毒理学大会”。6月2—7日，应“2013年生物技术全球学会”的邀请，阎萍赴美国参加“2013世界生物技术大会”，阎萍将研究所大通牦牛生物技术领域研究成果和进展制作成展板，展示了研究所生物技术研究的最新科研进展。

2014年8月28—30日，由研究所主办，主题为“牦牛产业可持续发展”的“第五届国际牦牛大会”在兰州召开。中国农业科学院党组副书记、副院长唐华俊，国际山地综合发展中心副总干事艾科拉亚·沙马，德国牦牛骆驼基金会主席霍斯特·尤金·吉尔豪森等出席开幕式。来自中国、德国、美国、印度、尼泊尔、巴基斯坦、瑞士、不丹、吉尔吉斯斯坦、塔吉克斯坦等10多个国家的200多位专家学者和企业家参加大会。会议还安排与会代表赴青海考察大通牦牛新品种。

2014年7月24日至8月2日，严作廷和李宏胜赴澳大利亚参加“第二十八届世界牛病大会”，利用展板向国外同行展示了研究所有关奶牛乳房炎和子宫内膜炎的研究成果和研究进展。10月18—22日，李剑勇赴美国参加“2014年第三届国际毒理学与应用药理学峰会”，作了“基于液质联用技术研究AEE在犬体内外的代谢”的大会报告。

2015年2月11—15日，严作廷和李宏胜赴日本冈山参加了“通过营养代谢、免疫学和遗传学的研究进展控制奶牛疾病和提高奶牛生产性能”国际会议。6月6—11日，李宏胜赴荷兰参加了“第6届世界微生物大会”。11月9—18日，郑继方和辛蕊华赴美国医气研究所参加了“世界中兽医协会理事会会议”及“第17届中国传统中兽医国际学术年会”，并与美国气研究所专家就中兽医技术用于宠物及赛马疾病治疗进行了交流。

2016年7月2—8日，李建喜和张景艳应西班牙海博莱公司邀请，赴爱尔兰参加“第29届世界牛病大会”及“中国—西班牙国际科技合作‘Startvac疫苗结合中兽药防治奶牛乳房炎有效性评价’项目的实验进展研讨会”。10月27—28日，张继瑜随中国农业科学院团组赴比利时布鲁塞尔参加由中国农业科学院作为中欧农业工作组中方牵头单位的“中欧食品、农业和生物技术工作组会议”。

2017年5月7—11日，杨亚军和刘希望赴新加坡参加2017年“第八届国际代谢组学与系统生物学会议”，并与法国巴黎第十三大学的研究人员就代谢组学试验方法、数据处理、核磁共振技术在代谢组学研究方面的技术细节进行了深入交流。9月9—15日，李剑勇和孔晓军赴斯洛伐克参加“第53届欧洲毒理学大会国际会议”。

第三节　国内合作与交流

一、科技合作

2008年以来，研究所与国内综合性大学或农业院校、科研单位及企业建立了良好的合作关系，在畜禽健康养殖、动物疾病防治、新型兽药创制、草地资源利用等领域协同创新，成果转移转化，技术推广示范等方面开展全面深入合作，为我国畜牧兽医科技和产业发展做出了重要贡献。2008年以来，先后与中国农业大学、华中农业大学、浙江大学、兰州大学、甘肃农业大学、西北农林科技大学、西南大学、西北民族大学、青岛农业大学、重庆市畜牧科学院、内蒙古农牧业科学院、西藏牧科院畜牧兽医研究所、山东省农业科学院家禽研究所、广东省农业科学院兽医研究所、中国农业科学院上海兽医研究所、中国农业科学院哈尔滨兽医研究所、中国农业科学院兰州兽医研究所、中国农业科学院饲料研究所、中国农业科学院草原研究所、成都中牧生物药业有限公司、四川北川羌山畜牧食品科技有限公司、安徽奥力欣生物科技有限公司、郑州百瑞动物药业有限公司、河北远征药业有限公司、浙江海正药业股份有限公司、广东海纳川生物科技股份有限公司、北京欧博方医药科技有限公司、洛阳惠中兽药有限公司、常州齐晖药业有限公司、齐鲁动物保健品有限公司等单位联合承担了国家科技支撑计划“中兽药现代化技术研究与开发”和“新型动物药剂创制及产业化关键技术研究”项目、“甘肃甘南草原牧区‘生产生态生活’保障技术集成与示范”和“奶牛健康养殖重要疾病防控关键技术研究”等课题、公益性行业科研专项“中兽药生产关键技术研究与应用”、科技基础性工作专项“传统中兽医药资源抢救和整理”、863计划“牦牛肉用性状重要功能基因的标识与鉴定”、中国农业科学院协同创新任务“肉羊绿色提质增效技术集成与示范”等科研项目。

研究所先后与成都中牧生物药业有限公司、上海朝翔生物技术有限公司、四川江油小寨子生物科技有限公司、北川大禹羌山畜牧食品科技有限公司、青岛蔚蓝生物股份有限公司、北京中农劲腾生物技术有限公司、张掖迪高维尔生物科技有限公司、湖北武当动物药业有限公司、甘肃陇穗草业有限公司、张掖迪高维尔生物科技有限公司、甘肃新天马制药股份有限公司等全国30多家科技企业建立了合作关系。与浙江海正药业签署了“治疗奶牛乳房炎中兽药乳房注入剂的试验研究”和“木豆叶预防产蛋鸡骨质疏松症的药效与剂量筛选试验”合作协议；与四川鼎尖动物药业股份有限公司签署了“防治畜禽感染性疾病中兽药新制剂的研制”合作协议；与天津瑞普集团和湖北龙翔药业就“替米考星肠溶颗粒委托试验”进行合作研究；与河南牧翔动物药业就“感冒口服液药效学和临床试验研究”签署协议；与河南黑马动物药业有限公司签订了“青蒿提取物的药理学和临床研究”合作协议；与河南舞阳威森生物医药有限公司、北京中联华康科技有限公司签订新兽药“土霉素季铵盐”的研究开发合同；与河南牧翔动物药业有限公司联合开展“防治鸡外感发热中兽药鱼腥草芩蓝口服液的研究”；与天津瑞普生物技术有限公司联合开展“奶牛乳房炎灭活疫苗的研究与应用研究”；与安徽奥力欣生物科技有限公司合作开展兽药研发创新；与四川省羌山农牧科技股份有限公司和北川羌族自治县人民政府联合共建联合实验室；先后与临泽县人民政府、高台县人民政府、肃南县人民政府、张掖市农科院、宁夏大学、塔里木大学、张掖市甘州区国家现代农业示范区、定西市科技局、平凉市人民政府、陇南市人民政府、天水市农业科学研究所、青海互助县国家现代农业示范区、青海大通县国家现代农业示范区、兰州市红古区人民政府等搭建政府与科研单位科技创新合作平台，在旱生牧草引进种植、畜禽品种改良提高、畜牧兽医人员培训、中兽药联合研发方面开展科技合作与技术交流。

二、学术交流

2009年2月，研究所举办“2009年学术周”活动，先后邀请14位所内外专家作了14场主题报告。5月，中国农业科学院北京畜牧兽医研究所研究员、中国工程院张子仪院士和中国农业大学教授、中国工程院李宁院士莅临研究所调研，并为研究所科技人员作了学术报告。

2012年1月，首都医科大学马伟博士来研究所作了题为“PKC δ 活性在哺乳动物配子功能维持和早期胚胎发育过程中的作用研究”的学术报告。2月，兰州兽医研究所朱兴全教授作了题为“创新科研及写作与发表SCI论文的体会与技巧”的学术报告。

2013年4月，中国热带农业科学院环境与植物保护研究所易克贤所长和中国农业科学院兰州兽医研究所家畜寄生虫病研究室主任朱兴全教授来研究所，分别作了题为“柱花草抗病育种研究”和“科技创新及科研绩效考核的体会”的学术报告。7月，中国中医科学院中药研究所张玉军研究员应邀来研究所，作了题为“从Darwin到Lenski—实验进化生物学的新进展”的报告。11月，兰州大学生命科学学院邱强博士应邀来研究所作了题为“牦牛基因组及对高海拔的生命适应”的报告。

2014年2月，刘永明、齐志明、王胜义、王慧一行4人赴我国台湾大学，就草食动物微量元素营养代谢病研究和中兽医医药研究与合作进行了学术交流。10月，军事医学科学院夏咸柱院士和中国兽医药品监察所段文龙研究员应邀来所进行学术交流，夏咸柱院士作了题为“生物技术等外来人畜共患病”的报告，段文龙研究员作了题为“新兽药研发应注意的几个问题”的报告，并出席农业部兽用药物创制重点实验室和甘肃省新兽药工程重点实验室第一届学术委员会第三次会议。11月，国家千人计划专家张志东博士应邀来所作了题为“应用共聚焦技术探究口蹄疫病毒的致病机理”的报告。12月，中国科学院百人计划引进人才杨其恩博士应邀来所作了题为“生殖干细胞自我更新和分化的分子机制研究”的学术报告。

2015年8月，华东理工大学李洪林教授应邀来研究所作了题为“第三代EGFR候选药物研究”的学术报告。8月，以我国台湾地区行政院农业委员会动植物防疫检疫局施泰华副局长为团长的中国台湾动植物防疫检疫暨检验发展协会代表到研究所参观与交流。11月，中国农业科学院财务局刘瀛弢局长应邀到研究所作了题为“践行三严三实　又好又快执行预算”的管理学术报告。11月，中国农业科学院科技管理局陆建中副局长应邀为兰州牧药所、兰州兽医研究所科技人员和管理人员作了题为“国家奖成果的培育与申报策略”的报告。

2016年7月，四川省阿坝州若尔盖县农牧局旦珍塔局长一行来研究所就深入开展藏兽医药合作开展交流。8月，成都中牧药业有限公司廖成斌董事长一行5人来所举行联席会议，研讨深化新兽药研发合作。9月，科技部科技信息研究所张超中研究员、杜艳艳研究员，中国农业大学许剑琴教授来研究所，开展“健康畜牧业促进生态文明的对策研究”课题调研。10月，中国工程院夏咸柱院士和中国兽医药品监察所段文龙研究员应邀到所，夏院士作了题为“动物疫苗研制与动物疫病防控”的报告，段文龙研究员作了题为“新兽药注册与政策解读”的报告。同月，贵州省种畜禽种质测定中心唐隆强副书记一行10人来所就科技合作及畜禽种质检测进行交流。

2017年3月，中国科学院动物研究所李孟华研究员应邀来研究所作了题为“绵羊的群体、进化和功能组学研究”的学术报告。7月，中国工程院院士、教育部长江学者特聘教授沈建忠，国家奶牛产业技术体系首席科学家、中国农业大学教授李胜利应邀来研究所作了学术报告；浙江大学动物科学学院孙红祥教授应邀来研究所作了题为“一个新的介导多糖免疫活性的lncRNA及其机制研究”的学术报告。9月，四川省兽药监察所程江副所长和成都中牧生物药业有限公司廖成斌董事长一行6人来研究所就GLP实验室申请和技术服务开展交流。

2018年3月，国家青年“千人计划”入选者中山大学魏来教授、清华大学胡小玉教授、廖学斌教授应邀来研究所作学术报告并洽谈合作。报告会后，所领导和专家与三位青年“千人计划”专家，以及乾明资本、普莱柯生物工程股份公司、青岛诺安百特生物科技有限公司、六畜兴旺（北京）农牧科技有限公司等多家企业负责人进行座谈，就作合研究、人才培养、产品开发等方面进行广泛交流，并达成初步意向。4月，香港大学李嘉诚医学院生物医学学院，慧贤慈善基金黄建东教授一行3人来所访问，与中兽医与临床团队签订了奶牛乳房炎金黄色葡萄球菌疫苗有效性研究的合作协议。

三、国内会议

由研究所牵头组织举办了“西北地区中兽医学术研究会第十四次学术研讨会”“中国奶业协会第24次学术年会暨国家奶牛/肉牛产业技术体系第一届全国牛病防治学术研讨会”“全国牦牛资源保护与利用大会”“‘十一五’期间农业部基本科研业务费专项总结交流会”“国家肉牛牦牛产业技术体系第二届技术交流大会”“中国农业科学院农产品质量安全风险评估研究中心建设启动暨质检中心工作研讨会”“羊绿色增产增效技术集成模式研究与示范现场观摩会”等。

2009年10月，在“中国畜牧兽医学会2009年学术年会”上，研究所杨诗兴、杨志强、阎萍3位研究员，荣获“新中国60年畜牧兽医科技贡献奖（杰出人物）”。

2010年8月，杨志强所长等一行31人赴吉林省长春市参加“中国畜牧兽医学会2010年学术年会暨第二届中国兽医临床大会”。10月，由全国畜牧总站主办、研究所和甘肃省农牧厅承办的“全国牦牛资源保护与利用大会”在兰州举行，来自云南、四川、西藏自治区、新疆维吾尔自治区、青海、甘肃等牦牛产区的120位领导、专家和代表出席会议。

2011年7月，由兰州畜牧与兽药研究所和兰州兽医所联合承办的“中国奶业协会第26次繁殖学术年会暨国家肉牛牦牛/奶牛产业技术体系第3届全国牛病防治学术研讨会”在兰州举行。8月，兰州畜牧与兽药研究所与兰州兽医所共同举办“公文写作知识培训班”，邀请中国农业科学院办公室秘书处处长李滋睿作了公文管理知识讲座。10月，杨志强所长、张继瑜副所长赴成都参加“中国畜牧兽医学会2011年学术年会暨第十二次全国会员代表大会”，杨志强所长当选为常务理事，张继瑜副所长当选为理事。10月，杨志强所长、张继瑜副所长赴安徽省合肥市参加中国兽医协会举办的“第二届中国兽医大会”，杨志强所长被聘为中国兽医协会专家工作委员会委员。11月，阎萍研究员赴深圳参加在深圳举行的“第十三届中国国际高新技术成果交易会”，研究所参展的科研成果“大通牦牛”荣获大会优秀产品奖。同月，杨志强所长赴广州参加了“第七届全国畜牧兽医研究院所长年会”。12月，杨志强所长赴北京参加“全国畜牧兽医工作会议”。

2012年7月，由国家肉牛牦牛产业技术体系主办，研究所承办的“2012年国家肉牛牦牛产业体系第二届技术交流大会”在兰州召开，来自国家肉牛牦牛产业技术体系的首席科学家、岗位专家、综合试验站站长及其团队成员和相关企业代表200余人参加了会议。8月，“西北地区第十五次中兽医学术研讨会”在兰州市举行，本次会议与“第三届中国兽医临床大会”同时举行，来自甘肃、青海、新疆等地的中兽医科技专家与基层工作者参加了会议。9月，由研究所承办的“中国农业科学院农产品质量安全风险评估研究中心建设启动暨质检中心工作研讨会”在兰州举行，农业部农产品质量监督管理局副局长金发忠、中国农业科学院副院长刘旭、中国农业科学院科技管理局局长王小虎等出席了会议。11月19日，研究所举办“第二届盛彤笙杯暨第三届青年科技论坛”。

2013年6月，杨志强所长参加由农业部兽医局主办的“2013海峡两岸兽医管理及技术讨论会”，并在会上作了题为“中兽药生产关键技术与检测方法研究”的报告。

2014年7月，由研究所承办的“中国畜牧兽医学会兽医药理毒理学分会2014年常务理事会”在兰州市召开。10月，杨志强所长赴北京参加“中国国际农业促进会暨动物福利国际协会合作委员会第一届第二次常务理事会”和“动物福利与畜禽产品质量安全高层论坛”。

2016年7月，中国农业科学院李金祥副院长和研究所张继瑜、阎萍副所长赴张掖参加“国家肉牛牦牛产业技术体系第六届技术交流大会暨‘张掖肉牛’高端研讨会”。9月，在“第六届中国兽医药大会暨中国畜牧兽医学会动物药品学分会第五届全国会员大会”上，杨志强所长当选为中国畜牧兽医学会动物药品学分会副理事长。

2017年3月，由研究所杨博辉研究员牵头，联合9家院属研究所、6家地方科研院所、6家地方政府及技术推广单位、10个龙头企业及专业合作社，共同承担的中国农业科学院科技创新工程协同创新项目“肉羊绿色提质增效技术集成创新”在内蒙古自治区巴彦淖尔市启动；10月，该项目现场观摩会在内蒙古巴彦淖尔市召开。中国农业科学院党组书记陈萌山、副院长李金祥，巴彦淖尔市市委副书记市长张晓兵和副市长郭占江，内蒙古自治区科技厅副厅长黄彦斌，研究所副所长张继瑜等出席会议。同月，杨志强所长参加国务院参事室主持召开的中医农业发展座谈会。9月，研究所承办了“中国农业科学院农产品质量安全风险评估与人才队伍建设研讨会”。10月，为贯彻落实党的“十九大”精神，探索将中医原理和方法应用于畜禽养殖业，实现现代畜牧业与传统中医的融合，集成创新，推进畜牧业绿色发展，研究所主办了“中医农业在畜禽养殖业及精准扶贫中应用”研讨会，邀请国家农产品质量安全风险评估专家委员会副主任、中国农业科学院原副院长章力建研究员作了“发展中医农业，走有中国特色生态农业之路”的主旨报告。11月，研究所承办了“甘肃省实验动物质量管理及环境设施生物安全培训班”，主要培训内容包括国家及甘肃省实验动物的相关法规，实验动物相关的国家标准，国内外实验动物科技发展趋势，实验动物质量及环境设施生物安全知识，实验动物生产、使用操作技能等。兰州牧药所、甘肃中医药大学、兰州兽医所和兰州大学等17家单位的200余人参加了培训。12月，应中国台湾地区中华传统兽医学会邀请，罗超应、李锦宇、王贵波一行3人到台湾大学、中兴大学和嘉义大学进行访问交流，并参加中国台湾地区中华传统兽医学会“2017年中兽医临床病例发表会”。

第四节　中兽医药学技术国际培训班

研究所充分发挥学科与人才优势，积极扩大对外科技人才培训工作。先后于2008、2009、2011、2017年承办了4期科技部“发展中国家中兽医药学技术国际培训班”，来自泰国、印度、马来西亚、贝宁、埃及、南非、蒙古、巴基斯坦、印度尼西亚、朝鲜、阿拉伯联合酋长国、巴西、西班牙、波黑、阿尔及利亚、埃及等国家和我国香港、台湾地区的90名学员参加了中兽医临床、中兽药、针灸等方面的培训学习。

2008年9月11—24日，研究所承办了科技部“2008年发展中国家中兽医药学技术国际培训班”，来自泰国、印度、马来西亚、贝宁、埃及、南非等发展中国家的20名学员参加了中兽医、中兽药学基础理论和临床技术培训学习。

2009年7月15日至8月3日，研究所承办了科技部“2009年发展中国家中兽医药学技术国际培训班”，来自泰国、印度、马来西亚、蒙古、巴基斯坦、尼泊尔、尼日利亚等发展中国家的21名学员参加了中兽医医药学基础理论和临床技术培训学习。

2011年7月12—30日，研究所承办了科技部“2011年发展中国家中兽医药学技术国际培训班”，来自阿拉伯联合酋长国、朝鲜、印度、马来西亚、蒙古、巴西、泰国、西班牙等国家和我国台湾、香港地区的30名学员参加了培训学习。

2017年7月10—28日，研究所承办了科技部“2017年发展中国家中兽医药学技术国际培训班”，来自泰国、阿尔及利亚、巴基斯坦、印度、波黑、马来西亚和埃及等7个国家的19名学员参加了中兽医、中兽药学基础理论和临床技术培训学习。

国际培训班的举办对扩大中国传统兽医药学文化的影响，推动中兽医药学技术的国际化发展，进一步加强我国与“一带一路”沿线国家和发展中国家的政治、文化、经济和科技交流，弘扬中华民族积淀千年、博大精深的中兽医理论及精湛的治疗技术，促进研究所国际合作交流具有重要意义。

第六章　人才队伍建设

在人才队伍建设上，研究所坚持引进与培养相结合、以自主培养为主的思路和原则，通过鼓励科研人员在职深造、加大学术交流力度、业务能力培养、柔性引进、科研条件支持、完善考核激励机制等方式，强化人才队伍建设，不仅涌现出一批优秀科研人员，而且调动了科技人员的创新积极性。

第一节　中国农业科学院科技创新团队

2013年1月21日，中国农业科学院科技创新工程正式启动。按照中国农业科学院科技创新工程方案要求，研究所调整优化科技资源，组建科技创新团队。2014年2月，研究所入选中国农业科学院科技创新工程第二批试点研究所，牦牛资源与育种、奶牛疾病、兽用化学药物和兽用天然药物4个创新团队入选中国农业科学院科技创新工程团队；12月，兽药创新与安全评价、细毛羊资源与育种、中兽医与临床、寒生旱生灌草新品种选育4个创新团队入选中国农业科学院第三批创新工程团队。8个中国农业科学院科技创新团队固定人员见表1。

表1　科技创新团队固定人员

创新团队	首席科学家	骨干专家	研究助理	研究方向
牦牛资源与育种	阎　萍研究员	高雅琴研究员 梁春年研究员 郭　宪副研 丁学智副研 王宏博副研	包鹏甲助研、裴杰副研、褚敏助研、李维红副研、熊琳助研、吴晓云助研、杜天庆副研、郭天芬副研、杨晓玲助研、席斌助研	牦牛育种新方法和新技术创新，无角牦牛新品种培育。重要经济性状功能基因鉴定利用及牦牛适应高寒低氧环境的机理等研究。牦牛肉奶品质检测与质量评价

（续表）

创新团队	首席科学家	骨干专家	研究助理	研究方向
细毛羊资源与育种	杨博辉研究员	郭　健副研 孙晓萍副研 牛春娥副研 刘建斌副研 岳耀敬副研	郭婷婷助研、袁超助研、冯瑞林助研	高山美利奴羊选育提高及新品系培育，建立绒毛用羊育种信息平台，细毛羊育种新技术与方法创新，羊绿色发展技术集成模式研究与示范
兽用化学药物	李剑勇研究员	李世宏副研	杨亚军助研、刘希望助研、孔晓军助研、秦哲助研、焦增华助研	兽药设计和筛选的理论、方法与技术，兽药调控机制、质量控制标准与评价方法，新型抗炎、抗菌、抗寄生虫原料药，新型安全高效兽用药物制剂等研究
兽用天然药物	梁剑平研究员	蒲万霞研究员 尚若锋副研 王学红副研 王玲助研	刘宇助研、郭文柱助研、郭志廷助研、郝宝成助研	药用微生物次级代谢产物的分离、鉴定与结构修饰，筛选抗菌新兽药。天然药物有效单体及替代抗生素产品的研发。植物精油的提取及新制剂研究。建立高通量天然药物筛选平台，开展天然药物基因组研究
兽药创新与安全评价	张继瑜研究员	周绪正研究员 潘虎研究员 程富胜副研 李冰副研 李永明研究员	尚小飞助研、苗小楼副研、魏小娟副研、王玮玮助研	兽药筛选技术与方法学，药物作用机理与新药设计，新兽药安全评价，兽药新制剂创制，细菌耐药性，抗菌、抗寄生虫原料药等研究
奶牛疾病	杨志强研究员	严作廷研究员 李宏胜研究员 罗金印副研 李新圃副研	王东升副研、王胜义副研、王慧助研、张世栋助研、崔东安助研、董书伟助研、杨峰助研、武小虎助研	奶牛乳房炎、繁殖疾病、营养代谢病、肢蹄病的流行病学、发病机理、诊断新技术、生物制剂与高效安全防治药物以及奶牛疾病综合防控技术研究与应用等研究
中兽医与临床	李建喜研究员	郑继方研究员 罗超应研究员 王学智研究员 罗永江副研 李锦宇副研 王旭荣副研	辛蕊华副研、张凯助研、张景艳助研、王贵波助研、王磊助研、仇正英助研、张康助研	中兽医基础理论，中兽医临床诊断，中兽药创新与生产关键技术，中兽医药理毒理、中兽医药资源调查，中兽医药防病抗病技术研究与应用
寒生旱生灌草新品种选育	田福平副研	李锦华副研 王晓力副研 路　远副研	胡宇助研、张茜助研、王春梅助研、杨红善助研、周学辉助研、朱新强助研、贺洞杰助研、张怀山助研、段慧荣助研、崔光欣助研	寒区旱区灌草种质资源鉴定、种质材料创制、常规育种、航天育种、分子标记辅助育种，饲草加工及青藏高原、黄土高原草地生态与恢复重建等方面的研究

第二节　专家队伍

研究所以建设现代农业科研院所为契机，以实施科技创新工程为驱动，不断完善人才管理机制，引育并举，实施人才强所战略，取得了一定成绩，培养造就了一支高素质创新型的专业技术人员队伍，涌现出国家级“百千万人才工程”入选者等科研领军人才。

2009年，有3人入选甘肃省领军人才，其中第一层次2人：杨志强研究员、常根柱研究员，第二层次1人：阎萍研究员。2011年12月，李剑勇研究员获得“第十二届中国青年科技奖”。有3人先后获得国务院政府特殊津贴，分别是：阎萍研究员（2012年）、李剑勇研究员（2014年）和张继瑜研究员（2016年）。2013年12月，李剑勇研究员入选国家“百千万人才工程”并获“国家有突出贡献中青年专家”称号；2015年12月，张继瑜研究员入选国家“百千万人才工程”并获“国家有突出贡献中青年专家”称号。2014年，经过遴选杨志强、张继瑜、阎萍、李建喜、李剑勇、梁剑平、杨博辉和田福平等8位专家被聘为中国农业科学院创新团队首席科学家。2015年12月，张继瑜研究员及其兽药创新与安全评价创新团队被评为农业部“第二批农业科研杰出人才及其创新团队”。2016年，刘永明研究员入选甘肃省优秀专家。2014年12月，阎萍研究员获全国优秀科技工作者称号。2013年12月，阎萍研究员获全国农业先进个人称号。2016年12月，杨博辉研究员获全国农业先进个人称号。研究所制定了《中国农业科学院兰州畜牧与兽药研究所“青年英才计划”招聘方案和计划》《中国农业科学院兰州畜牧与兽药研究所“科研英才培育工程”管理办法》，开展“青年英才”招聘和培育，推荐研究所优秀青年科技人员参加中国农业科学院科研英才评选，2017年10月，丁学智副研究员入选农科英才“青年英才”，并获得资助。2017年12月，制定了《中国农业科学院兰州畜牧与兽药研究所农科英才管理办法（试行）》，向中国农业科学院推荐符合支持条件的科研人员，经中国农业科学院评审，张继瑜研究员、李剑勇研究员入选2017年度农科英才“领军人才C类”，并获得资助。

制定了《中国农业科学院兰州畜牧与兽药研究所人才引进管理办法》，先后以柔性引进的方式引进3位国内外专家，他们分别是国际著名牛病专家、欧洲牛病学会秘书长匈牙利布达佩斯兽医大学奥拓（Otto）教授、兰州大学“青年千人计划”入选者王震博士和兰州大学“万人计划”青年拔尖人才获得者邱强博士。

10年来，研究所有58人晋升了高级专业技术职务，其中研究员15人，副研究员33人，高级实验师5人，高级农艺师1人，高级会计师1人，编审1人，副编审2人。研究所现有在职职工178人，离退休职工179人。在职职工中，正高级技术职务21人，副高级技术职务51人。

第三节　研究生培养

随着研究所科学研究自主创新能力的不断提升，对外学术交流与合作领域的不断扩大，研究生培养数量和质量有了明显提高。2008年5月至2018年4月，研究所共有动物遗传育种与繁殖、基础兽医学、临床兽医学、预防兽医学、中兽医学、兽药学、食品科学和草业科学8个专业招收研究生。经中国农业科学院研究生院、甘肃农业大学、西北民族大学批准，研究所新增博士、硕士研究生导师29名。共培养研究生187名（含在职培养），其中博士34名、博士留学生4名、硕士149名。

一、研究生导师

研究所现有博士生导师9名，分别是杨志强、张继瑜、阎萍、杨博辉、梁剑平、李剑勇、李建喜、严作廷和丁学智。硕士研究生导师41名，分别是杨志强、张继瑜、阎萍、杨博辉、梁剑平、李剑勇、李建喜、严作廷、丁学智、郑继方、刘永明、梁春年、李宏胜、吴培星、陈炅然、高雅琴、郭健、李新圃、周绪正、蒲万霞、孙晓萍、王学智、郭宪、李锦华、罗永江、田福平、罗超应、程富胜、李锦宇、尚若锋、王晓力、刘建斌、辛蕊华、王东升、路远、岳耀敬、李冰、王旭荣、王胜义、曾玉峰、裴杰。

二、研究生

10年来，研究所培养研究生187名（含在职培养），其中中国农业科学院研究生院招收的博士研究生27名、博士留学生4名、硕士研究生92名，与甘肃农业大学、西北民族大学等高校联合培养博士研究生7名、硕士研究生57名。

（一）培养的博士研究生

李兆周（2008—2011年），杨博超（2009—2014年），胡小艳（2009—2012年），尚若锋（2010—2013年），崔东安、王婧（2011—2014年），褚敏（2011—2015年），吴国泰、吴晓云（2012—2015年），马宁、衣云鹏（2013—2018年），董书伟、韩吉龙（2013—2016年），杨盟、杨亚军、李明娜（2014—2017年），张世栋、朱阵（2015—2018年），刘利利、黄美州、付运星、贾聪俊（2016—2019年），张吉丽、刘希望、马晓明、郭婷婷、解颖颖（2017—2020年）。

（二）培养的硕士研究生

汪芳、刘玉荣、郭凯、李兆周、邓素平、刘自增（2008—2011年），王龙、李均亮、张晗、王磊（2009—2012年），王国庆、王海军、范颖、孔晓军、刘晓磊、郝桂娟、刘建、韩吉龙（2010—2013年），常瑞祥、刘翠翠、夏鑫超、沈友明、尚利明、程龙、卢超（2011—2014年），王孝武、朱阵、李胜坤、郭沂涛、陈婕、任丽花、张超、赵娟花、邝晓娇（2012—2015年），林杰、文豪、黄美州、苏贵龙、彭文静、衣云鹏、佘平昌、张玲玲、周恒（2013—2016年），朱永刚、张吉丽、妥鑫、赵晓乐、杨亚军、边亚彬、刘艳、黄鑫、张志飞、冯新宇、刘龙海、王海瑞、闫宝琪（2014—2017年），孙静、邵莉萍、申栋帅、侯艳华、秦文文、凌笑笑、张剑搏、王丹、王丹阳、桑梦琪、赵吴静（2015—2018年），白玉彬、张振东、梁子敬、牛彪、陈富强、陈来运、白东东、侯庆文、邵丹、赵吴静、祁晓晓、董朕（2016—2019年），乔国艳、宋朋杰、陈潘、张雪婧、付东海、陈柯源、路晓荣、张行、吴开开、杨敏、姜兴粲、李晨、孙继超（2017—2020年）。

（三）与甘肃农业大学、西北民族大学联合培养博士研究生

薄永恒、石广亮（2008—2011年），秦哲（2009—2012年），吴晶（2014—2017年），马兴斌（2015—2018年），付雪峰（2016—2019年），谢建鹏（2017—2020年）。

（四）与甘肃农业大学、西北民族大学联合培养的硕士研究生

蔺红玲、王海为、雷宏东（2008—2011年），张杰、韩琳、王兴业、李贵玉、王虹霞、毛晓芳、赵晓琳、吴晓云（2009—2012年），刘磊、程培培、陈申、权晓娣、刘梅、强喆、李春慧、胡广胜、刘洋洋、秦文、李天科、杨敏、王朝凤（2011—2014年），邢守叶、刘梅、辛任升、梁红雁、肖敏、张良斌、赵帅、魏立琴（2012—2015年），王龙龙（2012—2014年），宫士越、武正前、陈鑫、杨欣（2013—2016年），邹璐、王嗣涵、张哲、那立冬（2014—2017年），艾鑫（2014—2016年），周豪、张亚茹（2015—2018年），徐进强、杨洪早（2015—2017年），焦钰婷、高艳、龚雪、侯晓（2016—2019年），喻琴（2016—2018年），雷秦祎、马富龙、常永芳、周学兰（2017—2020年），严建鹏、李晓婷（2017—2019年）。

三、博士后及留学生

2014年6月，研究所制定了《中国农业科学院兰州畜牧与兽药研究所博士后工作管理办法》，积极招收博士后研究人员，充实研究所人才队伍。近10年来共招收博士后7名，分别是：2014年3月进站的青岛农业大学郝智慧教授，导师杨志强，于2016年8月

出站；2014年6月进站的宁夏大学郭延生副教授，导师张继瑜，2018年5月退站；2014年12月进站的印度籍博士Ganesan Mahendran，导师梁剑平，2015年10月退站；2014年9月与中国动物卫生与流行病学中心联合招收的刘拂晓博士，导师杨志强，2017年4月出站；2015年12月进站的西北师范大学于鹏博士，导师梁剑平；2016年3月进站的埃及苏伊士运河大学兽医学院Walaa Ismail khalil Ismail Mohamaden博士，导师杨志强，2016年8月退站；2016年8月与中国动物卫生与流行病学中心联合招收的胡永新博士，导师杨志强。

来华留学生教育，是对外交流与合作的重要环节。随着我国政府奖学金、中国农业科学院研究生院奖学金名额逐年增加和研究所影响力的扩大，从2011年开始，研究所招生培养博士留学生4名，分别是Ali和Alaa（伊拉克留学生，2011—2014年）、Goshu Habtamu Abera（埃塞俄比亚留学生，2016—2019年）、Qudratullah Kalwar（巴基斯坦留学生，2017—2020年）。

第四节　职工进修学习

研究所坚持人才优先发展战略，不断完善人才培养政策措施，鼓励在职职工攻读学历学位、进修学习，提高专业素养，提升创新和管理服务能力。

一、攻读学历学位

2008年5月以来通过在职学习，有24人取得了博士学位或学历，5人取得了硕士学位，2人取得了本科学历。

取得博士学位学历的分别是：蒲万霞，2008年6月获得甘肃农业大学临床兽医学专业农学博士学位；陈炅然，2008年6月获得甘肃农业大学临床兽医学专业农学博士学位；程富胜，2008年6月获得甘肃农业大学基础兽医学专业农学博士学位；王学智，2008年6月获得甘肃农业大学临床兽医学专业农学博士学位；魏云霞，2008年12月获得甘肃农业大学动物遗传育种与繁殖专业农学博士学位；李锦华，2009年6月获得北京林业大学草业专业农学博士学位；郭宪，2010年12月获得甘肃农业大学临床兽医学专业农学博士学位；李宏胜，2010年12月获得甘肃农业大学临床兽医学专业农学博士学位；梁春年，2011年6月获得甘肃农业大学动物生产系列与工程专业农学博士学位；程胜利，2012年6月获得甘肃农业大学动物生产系统与工程专业农学博士学位；董鹏程，2012年12月获得甘肃农业大学动物医学工程专业农学博士学位；曾玉峰，2013年6月获得甘肃农业大学动物医学工程专业农学博士学位；刘建斌，2013年6月获得甘肃农业大学动物生产系统与工程专业农学博士学位；李维红，2013年6月获得甘肃农业大学动物遗传育种与繁殖专业农学博士学位；尚若峰，2013年7月获得中国农业科学院研究生院兽药学专业农学博士学位；王宏博，2014年6月获得甘肃农业大学动物营养与饲料科学专业农学博士学位；张怀山，2014年6月获得甘肃农业大学草业科学专业农学博士学位；田福平，2015年6月获得甘肃农业大学草业科学专业农学博士学位；荔霞，2015年6月获得兰州大学生态学专业博士学历；岳耀敬，2015年12月获得甘肃农业大学动物遗传育种与繁殖专业农学博士学位；褚敏，2016年1月获得中国农业科学院研究生院动物遗传育种与繁殖专业农学博士学位；张凯，2016年4月获得意大利墨西拿大学临床兽医学专业医学博士学位；裴杰，2016年6月获得兰州大学生物物理学专业理学博士学位；董书伟，2017年1月获得中国农业科学院研究生院临床兽医学专业农学博士学位。

取得硕士学位的分别是：王学红，2008年1月获得甘肃农业大学兽医专业硕士学位；王瑜，2009年12月获得甘肃农业大学畜牧专业农业推广硕士学位；焦增华，2009年12月获得甘肃农业大学兽医专业硕士学位；席斌，2011年12月获得甘肃农业大学营养与食品卫生学专业理学硕士学位；符金钟，2012年7月获得中央民族大学民族政治学专业法学硕士学位。

取得本科学历的分别是：李誉，2013年12月获得兰州交通大学电气工程与自动化专业本科学历；肖堃，2008年12月获得甘肃省委党校会计专业本科学历。

二、进修学习

2009年10月—2010年1月，研究所党委书记刘永明参加了中央党校中央国家机关分校司局级干部学习班学习；2018年4月9日至7月13日，孙研书记在中央党校中央国家机关分校司局级干部进修班学习。

2008年，研究所为提高领导干部的管理水平，开展了践行科学发展观学习活动，将所领导和中层干部分为南线组和北线组，分赴科研院所、高等院校和企业考察，学习相关单位在科研教学、产业开发、后勤服务、人才建设、行政管理、党建与精神文明工作的宝贵经验和成功做法。3月23日至4月8日，杨志强所长、张继瑜副所长带领南线组对长三角地区的中国农业科学院家禽研究所、中国农业科学院上海兽医研究所、中国农业科学院茶叶研究所、中国水稻研究所、农业部南京农业机械化研究所、南京农业大学、江苏省农业科学院及其所属兽医研究所和畜牧研究所、江苏省农林职业技术学院、江苏省畜牧兽医职业技术学院、扬州大学兽医学院、浙江大学动物科学学院及饲料研究所、温州大荣纺织仪器有限公司、浙江海正药业股份有限公司等18家农业科研院所、高等院校和企业进行了全面深入的考察学习。4月12—27日，由刘永明书记、杨耀光副所长带领北线组，先后赴中国农业科学院棉花研究所、中国农业科学院北京畜牧兽医研究所、中国农业科学院作物科学研究所、中国农业科学院蜜蜂研究所、中国农业科学院哈尔滨兽医研究所、中国农业科学院特产研究所、中国牧工商集团有限公司、中国农业大学动物医学院、中国动物疫病防控中心等单位进行了考察学习。

2014年6月，李剑勇研究员参加中国井冈山干部学院青年科技领军人才国情研修班；2015年6月，李剑勇研究员参加中共中央组织部在浦东干部管理学院举办的青年科技创新领军人才国情研修班。

2015年9月，办公室主任赵朝忠参加农业部部属“三院”处级干部能力建设培训班；12月，党办人事处副处长荔霞、后勤服务中心副主任张继勤参加农业部部属“三院”处级干部能力建设培训班。

2016年9月，办公室副主任陈化琦参加农业部部属“三院”处级干部能力建设培训班；10月，党办人事处处长杨振刚、科技管理处处长王学智参加农业部部属“三院”处级干部能力建设培训班；11月，草业饲料研究室主任时永杰参加农业部部属“三院”处级干部能力建设培训班。

2008年4月—7月，李建喜、杨博辉参加在南京农业大学举办的中国农业科学院英语培训班；2009年4月—7月，张继瑜参加在南京农业大学举办的中国农业科学院英语培训班。

2009年5月—7月，李建喜参加在加拿大圭尔夫大学举办的中国农业科学院高级培训班。

2011年5月—8月，杨博辉参加在加拿大圭尔夫大学举办的中国农业科学院高级培训班。

2017年9月—12月，董书伟助理研究员赴肯尼亚国际家畜研究所进修。

2008年5月—2018年4月，研究所共派出职工1 870人次，参加农业农村部、中国农业科学院等上级部门和甘肃省、兰州市有关部门举办的各类培训班，提升创新能力和管理服务水平。

第七章　基础设施条件与试验基地建设

研究所始终把基础设施条件与试验基地建设放在能力建设的重要位置，结合实际需要，认真编制规划，积极争取基本建设和中央级科学事业单位修缮购置项目。研究所严格按照基本建设和修缮购置项目管理要求，对实施的项目实行“法人负责制、招投标制、合同制、监理制，”项目资金实行专账管理，专款专用，每个项目都成立了项目领导小组及项目实施小组，分别负责具体项目实施。通过新建、提质、升级等方式，不断完善基础设施条件和科研条件。2008年以来，实施基建项目4项、修缮购置项目17项，总投资17 282万元，为研究所发展提供了良好的条件保障。

第一节　基建修购项目

一、基本建设项目

2008—2018年，研究所共获准实施基建项目4项，总投资6 195万元。

（一）农业部兰州黄土高原生态环境重点野外科学观测试验站建设项目

2007年12月立项，2008年3月开工建设，2010年4月竣工并通过项目验收，正式投入使用。项目建设地址位于研究所大洼山综合试验基地内。项目总投资500万元，完成新建科研观测实验室1 198.5m^2（含配电室），长期定位观测场4.67hm^2，混凝土道路720m^2，泥结碎石道路3 600m^2，室外给排水、供热管道780m^2；购置仪器及配套设备22台（套）。

（二）综合实验室建设项目

2011年2月立项，2012年5月开工建设，2013年11月竣工并投入使用，2014年11月通过农业部项目验收。项目建设地点位于研究所所区内。项目总投资2 690万元，共完成新建综合实验室6 989.24m^2，购置实验台594延米，水槽及水龙头72套，样品柜、通风柜、移动通风罩等116套；配套建设场区道路3 927m^2，敷设场区给排水管线584m，消防管线694m，供热管线152m，电力管线1 290m。该项目荣获2014年“甘肃省建设工程飞天奖”和“兰州市工程质量白塔奖”。2012年11月2日，由中国农业科学院基本建设局主办、研究所承办的“中国农业科学院基本建设规范管理年”片区研讨会在兰州召开，研究所综合实验室建设项目负责人就该项目执行情况进行了介绍。中国农业科学院基建第一、三、四片区14家单位的30多位代表参加了此次会议，参会代表就基本建设项目手册编制、加快项目执行进度及项目经费管理等问题进行了交流研讨。

2014年9月，由中国农业科学院基本建设局主办、研究所承办的“2014年基本建设现场培训交流会”在兰州召开，来自全院35个单位及农业部机关服务局、中国热带农业科学院、农业部管理干部学院、中国水产科学研究院、农业部规划设计研究院、农业部农业机械化技术开发推广总站、中国农业大学等单位的基建管理人员共70余人参加了培训。

（三）张掖试验基地建设项目

2013年11月立项，2015年7月开工建设，2017年10月竣工并投入使用，同年11月通过农业部项目验收。项目建设地点位于研究所张掖综合试验基地内，总投资2 180万元。主要完成建设内容：新建实验用房1 744.3m^2，饲料加工车间及库房463.8m^2，值班室等辅助用房88.9m^2，实验动物舍3 779.5m^2，运动场5 610.2m^2，草棚504m^2，青贮窖2 682.3m^3，粪污处理工程600m^2，配套给排水、消防、电力、道路、绿化、监控等场区工程；建设11.36hm^{2}的土地平整、滴灌、道路等田间工程，完善两眼180米深机井配套泵房及水泵设备；铺设主干道道路1 700米，田间道路3 578米，面积7 200m^2，砌筑围墙1 126.2m，铺设场区道路照明线缆，安装道路照明灯具；购置青贮切碎机等农机具及仪器设备6台（套），皮卡车1辆。2017年7月27日，由中国农业科学院成果转化局主办、研究所承办的中国农业科学院2017年试验基地管理工作会议在甘肃省张掖市召开。农业部、中国农业科学院领导及院机关各部门负责人、各研究所分管基地工作的领导和试验基地管理部门负责人等110余人参加会议。会上，研究所领导作典型发言，介绍了试验基地发展情况和管理经验。与会人员考察了张掖综合试验基地。

（四）兽用药物创制重点实验室建设项目

2015年6月立项，总投资825万元，2016年6月完成了全部仪器设备的公开招标，签订采购合同。2016年年底全部仪器设备采购安装到位，2017年7月通过验收，投入使用。项目完成的主要建设内容为购置超高效液相色谱仪、流式细胞仪、荧光定量PCR仪、多用电泳仪、激光共聚焦显微镜、多功能酶标仪、高效液相色谱仪、蛋白纯化分析系统、活细胞工作站、动物活体取样系统、超高速冷冻离心机、遗传分析系统、样品快速蒸发系统和在线制备系统等共计14台（套）。

二、中央级科学事业单位修缮购置项目

2008—2018年，研究所共获批中央级科学事业单位修缮购置项目17项，总拨入经费11 087万元。其中，房屋和基础设施修缮改造项目11项、仪器设备购置项目6项。

（一）房屋和基础设施修缮改造项目

2008—2018年，研究所实施中央级科学事业单位房屋和基础设施修缮改造项目共11项，总金额6 417万元。

1.中兽医实验大楼及药品贮存库房维修项目

2008年5月立项，12月开工。2009年8月竣工并投入使用。2010年8月通过农业部验收。项目建设地点位于研究所所区内，总投资455万元。主要建设内容包括：修缮中兽医实验大楼建筑面积5 614.5m^2，拆除墙面、地面、吊顶原有面层，粉刷新墙面，铺贴新地砖，安装吊顶。更换原有门窗，更换电梯一部。更换维修给排水系统、消防、供电、供暖线路系统。维修中兽医实验大楼药品贮存库房420m^2。项目实施后，中兽医药实验大楼面貌焕然一新，基础设施水平显著提升，科研保障能力进一步加强。修缮后大楼内实验室环境美观，布局合理，水电暖设施全部更新，消防系统更加完善，保障了科研工作安全、有序、高效的进行，有效地提升了研究所的科研能力。

2.消防设施配套项目

2009年4月立项，6月开工建设，9月竣工并投入使用。2011年9月通过农业部验收。项目建设地点位于研究所所区内，总投资125万元。主要建设内容包括：平整场地950m^2，修建500m^{3}消防专用蓄水池一座，水泵房92.08m^2、控制设备用房48.38m^2，散水80m^2，场地恢复硬化335m^2，安装道牙32m；安装消火栓泵2台，自动喷淋泵2台，潜污泵2台，焊接钢管DN150/8m，管道连接55m，止回阀7个，阀门14个，压力表1个，防水套管11个，安装蓄水池安全防护栏179.2m^2。配电箱2台，双电源切换箱1个，各种灯具12套，各种开关3套，控制器1台，安全型三极暗装插座4套，插座箱1套，多线控制盘1只，消防电话主机1台；埋设连接东、西两幢科研楼消防控制信号线250m，埋设YJV22-3×150+1铜芯电缆220m。通过消防设施配套项目的实施，使两幢科研楼实现了消防联动，为科研工作提供了安全保障。

3.综合试验站生活用水设施配套项目

2009年4月立项，8月开工建设，10月竣工并投入使用。2011年9月通过农业部验收。项目建设地点位于研究所大洼山综合试验基地，总投资160万元。主要建设内容包

括：铺设上水铸铁管928m，路面破挖与恢复910m²，修建井室共11座，安装泄水三通1个，排气三通1个，钢制三通3个，地下式消火栓2套，钢制弯头6个，排气用闸阀1个，排气阀1个，钢制法兰9副，安装闸阀9个。综合试验站生活用水设施配套项目的实施，城市自来水第一次通过管道送上了大洼山试验站，工作人员和科研人员的基本生活用水得到了有效保障，为试验站可持续发展提供了强有力的保障。

4.所区锅炉煤改气项目

2010年4月立项，5月开工建设，10月竣工并投入使用。2013年9月通过农业部验收。项目建设地点位于研究所所区内，总投资665万元。主要建设内容包括：改建锅炉房481.7m²，维修改造旧锅炉房285.3m²，修建彩钢板库房110m²，硬化锅炉房院坪道路1 506m²；安装4.2MW燃气热水锅炉2台，2.8MW燃气热水锅炉1台，4.2MW燃烧机2台，2.8MW燃烧机1台，燃气调压箱1台，燃烧机消声器3台，动力配电柜1台，变频器柜2台，操作控制柜3台，自动控制电脑4台，燃气泄漏检漏仪2台，循环热水泵3台，补水泵3台，软水器1套，除氧器1台，20t软水水箱1个，分水器1台，集水器1台，除污器1台，自动控制三通电动阀1个，300mm流量计1个，100mm流量计1个，防爆风机5台，压力传感器10个，温度传感器15个，氧化锆传感器3个，视频监控系统1套，压力表32块，Φ600/20m不锈钢烟囱3根。锅炉煤改气项目的实施，使用清洁的天然气代替煤炭作为供暖热源，既降低了供暖成本，又改善了大气环境。添置的3台燃气锅炉满载供暖面积可达到10万m²以上，充分保障了研究所冬季科研、生产和生活需求，为兰州市“蓝天工程”作出了积极贡献，受到市区相关部门的好评，并获得相关补助。

5.所区配电室扩容改造项目

2011年2月立项，6月开工建设，12月竣工并投入使用。2013年9月通过农业部验收。项目建设地点位于研究所所区内，总投资170万元。主要建设内容包括：安装KYN28A-12型高压开关柜4台，铺设电缆管线870m，修建电缆检修井7座。配电室扩容改造后实现双回路供电，从根本上解决了研究所科研、生产、生活等的电力需求，提升了研究所科研条件能力。

6.野外观测试验站基础设施更新改造项目

2011年2月立项，4月开工建设，11月竣工并投入使用。2013年9月通过农业部验收。项目建设地点位于研究所大洼山综合试验基地，总投资460万元。主要建设内容包括：维修道路2km，新修60m护坡。平整土地11.33hm²亩、铺设引水管480m，种植绿化树100棵，新建2座凉亭，绿化面积897m²，挡土墙56m；维修水渠1 500m。项目的实施进一步改善了野外观测站的基础设施条件，同时增加了可利用的试验用地，为更好的承担科技创新任务提供了保障。

7.中国农业科学院共享试点项目——区域试验站基础设施改造

2012年3月立项，6月开工建设，2013年7月竣工并投入使用。2015年11月通过农业部验收。项目建设地点位于研究所大洼山综合试验基地，总投资2 090万元。主要建设内容包括：改扩建植物加带人工气候室2 016m^2，安装外遮阳、内保温系统、湿帘风机降温系统、采暖系统、环流风机系统、微喷灌溉系统；修筑挡土墙584m，坍塌地段开挖、填埋土方量14.42万m^3，平整、改良土地5.33hm^2，安装围栏647m；改建水泵房3座；喷灌铺设80hm^{2}亩。通过项目实施，建成了先进的牧草加带人工气候温室2 016m^2，土地平整新增可利用试验用地5.33hm^2，整个喷灌系统了覆盖了近一半的试验用地，为开展科研工作创造了可行的保障条件。

8.中国农业科学院共建共享项目——张掖—大洼山综合试验站基础设施改造项目

2013年2月立项，5月开工建设，2015年11月竣工并投入使用。2016年10月通过农业部验收。项目建设地点位于研究所大洼山综合试验站及张掖综合试验站内，总投资1 057万元。

（1）大洼山综合试验基地锅炉煤改气。铺设天然气管道1 680.4m，设阀井2座、燃气调压柜3台，扩建炉房163.18m^2，安装2台1.4MW天然气热水锅炉，配套热水循环系统、补水定压系统、软化除氧装置、锅炉房烟、风系统及其他配套设施；路面硬化960.02m^2，墙粉刷面积4 495.1m^2，天蓬粉刷面积2 925.31m^2，外墙粉刷面积2 890.36m^2；场地石块护坡保护长度111m，土地植被恢复及整理5.42hm^2。

（2）张掖综合试验站基础设施改造。维修渠道11.62km，修缮单开节制分水闸58座，车桥2座，分水口150个，水塔1座，更换水泵2台；维修路面9.657km；平整改良土地9.56hm^2；更换砼界桩80个；维修办公楼水电设施，粉刷墙面；安装路灯40盏。

通过项目实施，锅炉煤改气工程的顺利实施，天然气第一次送到了大洼山综合试验基地，从根本上解决了基地做饭、供暖和热水供应的需求；通过道路硬化和墙面粉刷，使大洼山院区面貌焕然一新；通过给排水系统的维修，使生活用水和雨水排放畅通；通过护坡保护，使失陷性黄土层的建筑物更加坚固；通过树木绿化和植被恢复，美化了办公区环境。张掖综合试验站水、电、林、渠、路等基础设施更加完善，增大了可利用试验地面积，办公区基础设施得到了全面提升。

9.中国农业科学院公共安全项目——所区大院基础设施改造

2014年2月立项，5月开工建设，10月竣工并投入使用。2016年10月通过农业部验收。项目建设地点位于研究所所区内，总投资650万元。主要建设内容包括：改造所区大院雨水排放管线1 895m，污水排放管线1 546m，扩建化粪池各2座；所区道路改造8 537.84m^2，围墙改造1 003m；铺设人行道5 821.42m^2；道牙4 410.2m；树池735个；更换监控设备1套。通过项目实施，解决了多年来困扰研究所的排水不畅问题，生活污水、雨水收集处理系统更加完善，为研究所的公共安全和所区环境的提升提供了有效保障。

10.中国农业科学院公共安全项目——农业部兰州野外观测实验站观测楼修缮改造

2016年2月立项，7月开工建设，11月竣工并投入使用。项目建设地点位于研究所大洼山综合试验基地，总投资320万元。项目主要建设内容为：观测楼维修改造共计1 079.99m^3，包括主体加固641m^2，屋面保温及防水改造309.02m^2，墙面改造2 995.54m^2，地面改造934.96m^2。更换给排水、暖通、电气线路；更换门窗。实施后全面提升了观测楼的安全性和使用功能。

11.中国农业科学院公共安全项目——张掖试验基地野外观测实验楼及附属用房维修改造项目

2018年2月立项，批复总投资230万元。项目建设地点位于研究所张掖综合试验基地，批复建设内容为维修野外观测实验楼1 097.4m^2，种子加工车间302m^2，附属用房60m^2，平房171.53m^2，机具棚432m^2；维修机井及机井房2座，水塔1座。目前正在组织实施中。

（二）仪器设备购置项目

2008—2018年，研究所共实施中央级科学事业单位仪器设备购置项目6项，总金额4 670万元。

1.牦牛藏羊分子育种创新研究仪器设备购置

2009年4月立项，6月开始实施，总投资520万元。2010年8月完成全部仪器安装试运行，2011年9月通过中国农业科学院验收。该项目购置仪器设备主要为：生物显微镜、体视显微镜、荧光倒置相差显微镜、多色荧光实时PCR仪、PCR基因扩增仪、蛋白质纯化系统、实验室纯水系统、凯氏定氮仪、全自动智能染色体核型分析系统、全自动智能mFISH多色复合荧光原位杂交仪、显微操作仪系统、细胞融合仪、冻干机、纤维素测定仪、蛋白质组学系统、动物腹腔内窥镜、兽用活体背膘测定+活体采卵仪、便携式兽用B超、高分辨溶解曲线分析系统、脉冲场电泳系统等20台（套）。

2.中兽医药现代化研究仪器设备购置

2010年3月立项，5月开始实施，总投资440万元。2012年6月完成全部仪器安装试运行，2013年9月通过中国农业科学院验收。该项目购置仪器设备主要为：薄层色谱扫描成像分析系统、16道生理信号记录分析系统（16道生理电导仪分析模块一套）、高速逆流色谱仪、多联发酵罐、全自动真空组织脱水机、全自动染色机、冷冻切片机、全自动石蜡包埋机、低温冷冻落地式大容量离心机、研究级倒置万能显微镜（生物显微图像分析系统）、厌氧培养箱、紫外可见分光光度计、实时荧光定量PCR、超速（低温冷冻）离心机、梯度PCR、高效液相色谱仪、流式细胞仪、电动轮转式切片机、显微镜、PCR仪、双层全温度恒温振荡摇床、全自动动物血细胞分析仪等24台（套）。

3.畜禽产品质量安全控制与农业区域环境监测仪器设备购置

2012年2月立项，11月开始实施，总投资1 350万元。2013年12月完成全部仪器安装试运行，2015年11月通过中国农业科学院验收。该项目购置仪器设备主要为：精确质量四级杆—飞行时间串联质谱仪、蒸发光散射检测器、超高效液相色谱仪、紫外–可见分光光度、全自动微生物鉴定及药敏系统、双向电泳系统、大容量低温离心机、全自动生化分析仪、荧光分光光度计、全波长酶标仪、中压制备色谱、聚焦单模微波合成仪、厌氧培养箱、全自动样品处理系统、溶出仪、土壤氮循环监测系统、便携式土壤呼吸仪、土壤团粒分析仪、土壤碳通量检测系统、高精度剖面土壤水分测定仪、全自动凯氏定氮仪、体细胞分析仪、肉类成分快速分析仪、电子束纤维强力机、全自动索式浸提仪、全自动氨基酸分析仪、连续流动分析仪、倒置显微镜、体视显微镜、药物筛选及检测系统、超图大型全组件式地理信息平台系统、观测站避雷系统、激光测距仪、超图桌面地理信息平台系统、GPS手持机、远红外监控系统（摄像机、显示器等）、均质仪、台式高速冷冻离心机、研究级显微成像系统、固相萃取装置等40台（套）。

4.中国农业科学院前沿优势项目——牛、羊基因资源发掘与创新利用研究仪器设备购置

2015年2月立项并实施，总投资625万元。2016年12月完成全部仪器安装试运行，2017年6月通过中国农业科学院验收。该项目购置仪器设备主要为：全自动蛋白质印迹定量分析系统、激光显微切割系统、超灵敏多功能成像仪全自动电泳系统、高速冷冻离心机、全自动多功能荧光、活体成像系统自动移液工作站、牛羊冷冻精液制备系统、精子分析仪、生物信息专用服务器系统、生化分子检测系统一套、半干转印系统等14台（套）。

5.牧草新品种选育及草地生态恢复与环境建设研究仪器设备购置

2016年2月立项，总投资805万元，2017年11月完成公开招标，该项目已完成全部仪器安装试运行。该项目购置仪器设备主要为：移动式激光3D物表型平台、便携式紫外–可见光荧光仪、自动土壤呼吸监测系统、种子成熟度分析仪、调制叶绿素荧光成像系统、全自动人工气候室、总有机碳分析仪、双通道PAM-100测量系统、实时荧光定量PCR仪、植物种子分析仪、便携式光合作用测量仪、冷冻切片机、植物生理生态监测系统、双向电泳系统、高级光合作用系统、叶片光谱探测仪、多探头连续监测荧光仪、溶液养分分析系统、多功能酶标仪、便携式植物压力室、核酸提取系统、植物多酚-叶绿

素测量计、近红外成分测定仪、土壤养分测定仪等24台（套）。

6.兽医临床诊治新技术协同创新仪器采购项目设备购置

2017年12月立项，总投资800万元。该项目购置仪器设备主要为：全自动五分类动物血细胞分析仪、高通量牛奶体细胞分析仪、牛奶乳成分分析仪、全自动微生物鉴定及药敏分析系统、动物用X射线摄影系统、小动物呼吸麻醉机、示差折射光高效液相色谱仪、电感耦合等离子体质谱仪、薄层色谱点样仪与成像仪、双色近红外激光成像系统、生物大分子分析仪、便携式流式细胞计数仪、冻干机等13台（套）。

第二节　科技平台与试验基地建设

科技平台是学科建设和科技创新的重要支撑。研究所积极争取甘肃省、农业农村部和中国农业科学院的支持，精心组织申报各类科技平台。2008年以来获批并建成的平台有：中国农业科学院新兽药工程重点开放实验室（2008年）、中国农业科学院兰州黄土高原生态环境野外科学观测试验站（2009年）、中国农业科学院兰州农业环境野外科学观测试验站（2009年）、中国农业科学院张掖牧草及生态农业野外科学观测试验站（2009年）、甘肃省新兽药工程重点实验室（2010年）、甘肃省中兽药工程技术研究中心（2010年）、中国农业科学院临床兽医学研究中心（2010年）、农业部兽用药物创制重点实验室（2011年）、甘肃省牦牛繁育工程重点实验室（2011年）、科技部“中兽医药学技术”国际培训基地（2012年）、中国农业科学院兰州畜产品质量安全风险评估研究中心（2012年）、农业部兰州畜产品质量安全风险评估实验室（2013年）、甘肃省新兽药工程研究中心（2013年）、国家农业科技创新与集成示范基地（2014年）、中国农业科学院羊育种工程技术研究中心（2015年）、中国科协“海智计划”甘肃工作站（2017年）、全国名特优新农产品营养品质评价鉴定机构（2018年）、全国农产品质量安全科普示范基地（2018年）等18个科技平台，并获得相关部门的专项资金支持。目前，研究所共拥有科技平台23个。

农业部动物毛皮及制品质量监督检验测试中心（兰州）连续通过农业部复审；兽药GMP车间通过了农业部复审，新建的添加剂预混合饲料车间通过验收，获得生产许可证并办理饲料产品免税；SPF级标准化实验动物房连年通过甘肃省实验动物管理委员会实验动物许可证年检。2013年12月，中国农业科学院对院属47个研究中心进行了全面清理，撤销中国农业科学院临床兽医学研究中心。

一、农业部兽用药物创制重点实验室、甘肃省新兽药工程重点实验室、甘肃省新兽药工程研究中心、中国农业科学院新兽药工程重点实验室

2011年7月，经农业部批准，成立农业部兽用药物创制重点实验室，其前身是农业部新兽药工程重点实验室。主要研究方向为兽用化学药物、兽用天然药物原料药及制剂创制；新药设计、药物作用靶标筛选、药物筛选方法、药物制备技术及质量控制技术研究；药物作用机制、代谢转化及耐药机制研究；药物毒理学、兽药残留安全评价。2010年7月，经甘肃省科学技术厅批准，成立甘肃省新兽药工程重点实验室。主要研究方向为研发新产品，探究新药筛选理论技术方法，以及研究药物作用机理等。2013年8月，经甘肃省发展与改革委员会批准，成立甘肃省新兽药工程研究中心。主要研究方向为兽用原料药及制剂的创制，兽药新制剂及工艺研究，兽药规模化生产共性关键技术研究，兽药工程化设计、验证、咨询、培训工程化设计咨询。2008年8月，经批准成立中国农业科学院新兽药工程重点实验室。

作为新兽药创制研发平台，上述重点实验室和工程研究中心依托研究所兽药研究室和中兽医（兽医）研究室建设。按照农业部、中国农业科学院和甘肃省关于重点实验室和工程研究中心的管理办法和要求，研究所设立了相应的组织机构，聘任了主任、副主任，成立了学术委员会。2011年7月—2014年5月，杨志强任主任，张继瑜任常务副主任，李剑勇任副主任；2014年5月至今，张继瑜任主任，李剑勇任副主任。2011年7月至今，聘任中国农业科学院兰州兽医研究所殷宏研究员为学术委员会主任。2014年1月，由科苑西楼搬迁至新建的科苑东楼开展工作。2015年6月至2017年7月，实施农业部“兽用药物创制重点实验室建设项目”，投资825万元购置了14台（套）仪器设备。

2011年9月、2012年10月、2014年10月和2016年10月，农业部兽用药物创制重点实验室和甘肃省新兽药工程重点实验室等先后联合召开4次学术委员会会议暨开放课题评审会，评审出“噻唑苯甲酰胺化合物的合成及其生物活性研究”“药用植物芫花中高含氧二萜类活性成分研究”“植物内生菌源兽用抗菌药物的筛选”等17个开放课题，并分别予以资助。

拥有药物研发仪器设备400多台（件），7 000m^{2}的综合实验楼，2 600m^{2}的中试生产车间，1 200m^{2}的标准化实验动物房。现有固定人员51人，其中高级职称人员32人。2010年7月以来，共承担各级各类兽药研发项目126项。在农牧区动物寄生虫病药物防控技术研究与应用等方面取得了较大突破，取得国家二类、三类新兽药证书各2个，关键技术在7家兽药企业进行转化和实施，取得经济效益5.12亿元，该成果2013年获甘肃省科技进步一等奖。共获得省部级奖励13项；出版论著13部；发表论文330余篇（SCI收录论文81篇）；获得国家发明专利授权51件，实用新型专利授权160件；软件著作权3个；制定国家标准1项，农业行业标准1项；获得国家三类新兽药证书4个；转让科技成果22

项，合同经费1 026万元。

2012年6月，甘肃省新兽药工程重点实验室通过了甘肃省科学技术厅组织的建设期满评估验收；2014年7月，甘肃省新兽药工程重点实验室通过了甘肃省科学技术厅组织的评估验收，并在2017年12月对甘肃省59个重点实验室评估中被评为优秀；2015年11月，农业部兽用药物创制重点实验室通过了农业部科教司组织的评估验收，结果为优秀；2017年7月，甘肃省新兽药工程研究中心通过了甘肃省发展和改革委员会组织的评估验收，被评为合格。

二、农业部动物毛皮及制品质量监督检验测试中心（兰州）、农业部畜产品质量安全风险评估实验室（兰州）、中国农业科学院兰州畜产品质量安全风险评估研究中心、全国名特优新农产品营养品质评价鉴定机构、全面农产品质量安全科普示范基地

农业部动物毛皮及制品质量监督检验测试中心（兰州）（以下简称“质检中心”）于1998年11月经农业部批准筹建，承担动物毛纤维的常规物理指标、毛纤维显微结构、皮革及制品的理化指标和皮肤生发结构和机理、裘皮品质评定等检测分析工作，为我国动物毛皮及其制品的生产、加工、贸易和质量控制提供服务。2001年8月首次通过了国家计量认证和农业部审查认可，至2018年已通过了4次“农产品质量安全检测机构考核、机构审查认可和国家资质认定”即“2+1”复评审。2008年至2014年3月，杨志强任主任；2014年3月至今，阎萍任主任。2008年至2011年4月，高雅琴任副主任；2011年4月—2013年3月，杨博辉任副主任；2013年3月至今，高雅琴任副主任。

农业部畜产品质量安全风险评估实验室（兰州）（以下简称“评估实验室”）2013年5月获得农业部批复成立，中国农业科学院兰州畜产品质量安全风险评估研究中心（以下简称“评估中心”）建于2012年，“评估实验室”和“评估中心”研究方向为：牛羊产品质量安全风险评估，牛羊产品风险因子检测新技术研究，牦牛、藏羊肉中功能性物质与产品营养功能研究。2013—2015年，杨志强任实验室主任及学术委员会主任，高雅琴任实验室副主任。2015年至今，阎萍任实验室主任，杨志强任学术委员会主任，高雅琴任实验室副主任。

全国名特优新农产品营养品质评价鉴定机构和全国农产品质量安全科普示范基地由农业农村部农产品质量安全中心于2018年3月授牌，依托研究所“农业部畜产品质量安全风险评估实验室（兰州）”建设。全国名特优新农产品营养品质评价鉴定机构主要承担全国范围内肉及肉制品、奶及奶产品和饲草料中营养成分及微生物、重金属、抗生素等有害物质的监测，进行营养品质评价鉴定；开展肉、奶及其制品中功能性营养因子的提纯、结构鉴定、检测技术研究，建立营养与功能评价体系，示范引领

带动我国名特优农产品营养评价鉴定工作，为实施农产品安全战略、食品安全战略和乡村振兴战略提供技术保障。全国农产品质量安全科普示范基地主要承担畜禽产品安全、动物遗传育种及种质资源保护、畜禽动物疾病防治、兽药安全规范使用、饲草料生产及营养等5个领域的质量安全科学研究、科普宣传、科学解读、答疑释惑、技术培训、生产指导、消费引导、生产消费检测评估体验、展览展示。努力打造成全面农产品质量安全科研基地、教学基地、科普示范基地。2018年3月起阎萍任主任，高雅琴任常务副主任。

“质检中心”和“评估实验室”建筑面积1 000m^2。现有固定人员10名，其中研究员2名，副研究员4名，助理研究员3名；博导1名，博士2名，硕士4名。拥有高效液相色谱、气相色谱仪、Foss FT-120型乳成分析仪、体细胞仪、微生物快速分析仪、紫外分光光度计、原子荧光光度计、JSM-6501A高真空扫描电子显微镜、氨基酸分析仪、肉类成分快速分析仪、全自动凯氏定氮仪、荧光定量PCR仪、凝胶成像系统、激光细度仪、纤维电子强力仪、束纤维强力仪、白度仪等50余台（套）。“质检中心”成立以来，完成了涉及生产、科研、工商、外贸等领域的上万次分析测试任务，2010年，对北京故宫博物院送检的清朝嘉庆、康熙、雍正、光绪年间56件馆藏衣物进行了动物毛皮种类鉴别。承担各类科研项目共计30余项，完成的“动物纤维、毛皮产品质量评价技术研究”获2009年度甘肃省科技进步三等奖，先后制定国家标准和农业行业标准16项，已颁布实施9项；获国家专利65件，其中发明专利5件；出版著作5部，发表论文380余篇。

“评估实验室”自2014年起每年承担国家财政专项——国家畜禽产品质量安全风险评估项目子专题，开展了甘肃省牛羊产品质量安全风险评估、甘肃省牛羊产品违禁药物使用调查与产品安全性评估、畜禽产品非法定药物使用摸底排查与产品安全性评估、畜禽产品非法定药物使用摸底排查与产品安全性评估、畜禽产品特质性营养品质评价与关键控制点评估等工作，通过对甘肃、内蒙古自治区和山东等省80余家牛羊养殖场户的调研及对50多个市场的牛羊产品进行取样，分析验证了牛羊养殖过程中存在的畜产品质量安全风险源，为农产品质量精准化监督提供了技术支持。出版著作1部，发表论文28篇（SCI收录5篇）；授权实用新型专利29件，获软件著作权1个。

三、甘肃省牦牛繁育工程重点实验室

甘肃省牦牛繁育工程重点实验室建于2011年12月。主要开展我国牦牛地方优良品种选育、牦牛经济性状功能基因的克隆与鉴定、牦牛种质资源创新及利用、牦牛遗传改良及繁育关键技术研究与利用等研究。建成我国牦牛繁育自主创新中心、国际交流中心、优秀科学家的聚集地和高级人才培养基地，为我国牦牛产业可持续发展和青藏高原畜牧业发展服务。

阎萍研究员任重点实验室主任、梁春年研究员任副主任兼秘书。聘任中国工程院院士、中国农业科学院北京畜牧兽医研究所张子仪研究员等12名所内外专家为学术委员会成员，中国农业大学曹兵海教授任学术委员会主任、阎萍研究员任学术委员会副主任。先后召开5次学术委员会会议，研讨确立学科布局、研究方向和学术活动，评审开放基金。重点实验室面向国内外开放，设立开放基金，评审资助了开放基金项目10项。根据《甘肃省重点实验室建设与运行管理办法》，制定了《甘肃省牦牛繁育工程重点实验室规章制度》，包括实验管理办法、学术委员会工作章程、室务委员会工作章程、科学技术档案管理办法、财务管理制度、开放管理暂行规定、工作制度、仪器设备管理办法、固定人员管理办法、人力资源分配有关规定、开放课题基金管理办法、客座人员工作条例、兼职教授制度、论著发表的有关条例、科研论文及成果奖励办法、学术活动条例、奖惩制度、对外宣传的有关规定、开放日活动条例、公共财产管理制度、安全制度、保卫制度、环境卫生制度等。为重点实验室建设与正常运行提供了保障。

实验室拥有科研用房1 500m^2，动物实验用房1 200m^2。配备蛋白质纯化系统、蛋白质组学系统、高分辨溶解曲线分析系统、数控显微操作系统染色体核型分析系统、多色荧光原位杂交仪等大型仪器设备30余台（套）。现有科研人员17人，其中，高级职称人员10人。设有青海省大通种牛场、甘肃省天祝白牦牛育种场、甘肃省玛曲县阿孜畜牧科技示范园区、玛曲县李恰如种畜场等实验基地，开展牦牛选育与改良技术研究，组装集成牦牛繁育技术。成立以来共承担各级各类科研项目38项，总经费3 934.5万元。获得省部级成果奖励5项，其中，“青藏高原生态农牧区新农村建设关键技术集成与示范”获2013年青海省科学技术奖二等奖，“牦牛选育改良及提质增效关键技术研究与示范”获2014年甘肃省科技进步二等奖，“甘南牦牛选育改良及高效牧养技术集成示范”获2016年全国农牧渔业丰收奖二等奖，“牦牛良种繁育及高效生产关键技术集成与应用”获2017年农业部中华农业科技奖一等奖，“牦牛藏羊良种繁育及健康养殖关键技术集成与应用”获2017年甘肃省科学技术进步奖二等奖。颁布了2项农业行业标准，授权国家专利63件（发明专利10件），出版著作10部，发表论文82篇（SCI收录28篇）。2017年12月，甘肃省科技厅对2002年以来批复的59个甘肃省重点实验室进行了评估，甘肃省牦牛繁育工程重点实验室的评估结果为良好。

四、甘肃省中兽药工程技术研究中心

2010年9月，经甘肃省科技厅批准，甘肃省中兽药工程技术研究中心（以下简称“中兽药工程中心”）成立。杨志强任主任，李建喜任常务副主任，严作廷、潘虎任副主任。“中兽药工程中心”依托研究所，联合其他科研、教学单位和企业，开展中兽药技术集成、组装和创新研究。主要研究方向是：中兽药共性关键技术研究、中兽药新产品创制、中兽药生物转化技术研究和中兽药技术服务与人员培训。2010年11月，甘肃省中兽药工程技术研究中心揭牌暨建设方案研讨会在研究所举行。2014年2月，通过甘肃省科技厅验收。2014年4月，研究所组织召开申报国家中兽医药工程技术研究中心论证会。2015年10月，甘肃省科技厅将研究所牵头组织撰写的国家中兽医药工程技术研究中心建议书，推荐提交到国家科技部。

“中兽药工程中心”共配备仪器设备100多台（件），包括中兽药新制剂试制实验设备1套（制粒机、压片机、药筛、灌装机、封口机、旋转蒸发仪），中兽药评价设备1套（硬度测定仪、溶出度测定仪、水分检测仪、氮吹仪），中兽药质量标准研究设备（高效液相、薄层色谱仪、紫外分光光度计），中兽药临床评价设备（全自动生化分析仪、流式细胞仪、血细胞分析仪、血气分析仪、电生理分析仪等）。

“中兽药工程中心”成立以来在传统中兽医药资源抢救和整理、中兽药研制和产业化推广方面取得重大突破，形成“中兽药复方新药‘金石翁芍散’的研制及产业化”等技术成果，创制新产品22个，研发新技术3项，获得国家三类Ⅱ新兽药证书8个、饲料添加剂批准文号11个，获得授权专利128件（发明专利33件、实用新型及外观专利95件），获软件著作权2个，出版著作11部，发表论文235篇，获得市地级以上成果奖励13项；培养研究生49名，其中博士后2名、博士7名（含留学生3名）、硕士40名；举办中药防治奶牛疾病、鸡病培训班6期，共培训行业技术人员800余人；成功举办了科技部支持的第六届、第七届“发展中国家中兽医药技术国际培训班”，培训了10多个国家和地区的50名学员；目前已转化成果16项，获直接经济效益784.71万元。2014年8月和2017年12月，甘肃省科技厅2次对甘肃省中兽药工程技术研究中心进行了评估，评估结果均为优秀。

五、中国农业科学院兰州畜牧与兽药研究所兰州大洼山综合试验基地、农业部兰州黄土高原生态环境重点野外科学观测试验站、中国农业科学院兰州黄土高原生态环境野外科学观测试验站、中国农业科学院兰州农业环境野外科学观测试验站

1984年，中国农业科学院兰州畜牧研究所购买兰州市七里河区彭家坪乡大洼山林场，成立了兰州畜牧研究所大洼山试验站；1997年，更名为“中国农业科学院兰州畜牧与兽药研究所综合试验站”；2005年，农业部批准建设“农业部兰州黄土高原生态环境重点野外科学观测试验站”（以下简称“观测站”），之后，兰州大洼山综合试验基地由“观测站”管理。2008—2011年4月，时永杰任站长、白学仁和杨世柱任副站长。2011年4月，研究所内设“基地管理处”，统一管理兰州大洼山综合试验基地和张

掖综合试验基地。基地主要承担研究所科研项目试验和黄土高原生态环境野外科学观测任务。2011年4月—2014年3月，时永杰任处长、“观测站”站长；2014年3月至今，董鹏程任副处长、“观测站”副站长，分管兰州大洼山综合试验基地。兰州大洼山综合试验基地土地使用权属于研究所，使用期限为永久，占地面积157.87hm^2，地处甘肃省兰州市七里河区彭家坪乡龚家湾村，地理坐标为东经103° 45′，北纬36° 01′，距研究所本部8km。2008年以来，兰州大洼山综合试验基地先后实施1个基本建设项目和5个修缮购置项目，总投资4 281万元，进一步改善了基础设施条件。目前，有可供试验用地46.67hm^2，机井3眼，综合实验楼、职工宿舍楼、种子库、农用机械库房等各类建筑面积3 960m^2，拥有2 016m^{2}的人工加代气候温室1座，实验检测、观测仪器设备46台套，水、电、路、渠等基础设施齐全。2017年3月，完成兰州大洼山综合试验基地规划，并上报中国农业科学院和地方政府。2017—2018年，利用兰州市轨道交通建设项目，将轨道建设开挖的土方移填至大洼山沟壑中，新增耕地6.67hm^2。2017年，获得兰州市林业局和兰州市南北两山环境绿化工程指挥部的资助，实施“甘肃省黄土高原综合治理林业示范建设”项目，在地形平坦的荒草地上种植侧柏13.33hm^2，在灌溉条件成熟的地块套种侧柏与柠条改造林地13.33hm^2。

2005年10月，农业部兰州黄土高原生态环境重点野外科学观测试验站成立，2008年通过了重点野外科学观测试验站中期评估，成为农业部第一批合格的野外科学观测试验站。中国农业科学院兰州黄土高原生态环境野外科学观测试验站和中国农业科学院兰州农业环境野外科学观测试验站均成立于2009年11月。上述3个观测试验站均位于兰州大洼山综合试验基地内，地处我国黄河上游、黄土高原西部半干旱地带，是对我国黄土高原草畜生态系统的结构、功能及其演变过程进行长期综合观测、试验、研究与示范的定位站。建设有气象观测场、水土流失观测场、植被演替观测场、生物观测场4个野外观测场，建立了定位观测数据库、试验研究数据库、视频资料数据库、试验站本底资料库等4个数据库，相关数据、资料实行动态管理，开放共享。中国农业科学院兰州农业环境野外科学观测试验站与中国农业科学院农业环境与可持续发展研究所合作共建。与甘肃省气象局、甘肃省气象研究所和兰州市气象局合作在基地建立了气象观测站，观测站编号W3424，主要观测要素6个，观测数据已进入国家气象台网观测网络。近10年来，观测试验站监测并记录了24个观测指标，累计获得试验、观测原始数据18.6万个，建成包括植物种质资源数据库、土壤养分数据库和气象数据等6个数据库。

近10年，兰州大洼山综合试验基地先后协助完成国家科技支撑计划“优质抗逆苜蓿新品种选育”、国家自然科学基金项目“黄土高原苜蓿碳储量年际变化及固碳机制的研究”、世界银行贷款甘肃牧业发展项目“野生牧草种质资源应用研究”和甘肃省科技支撑计划“牧草航天诱变品种（系）选育”等30余项科研项目，发表科技论文115篇，获中国农业科学院科学技术成果一等奖、甘肃省科技进步二等奖各2项。在基地培育出

"中兰2号紫花苜蓿""航苜1号紫花苜蓿""海波草地早熟禾""陆地中间偃麦草"和"隆中黄花矶松"等新品种。

兰州大洼山综合试验基地内还建有SPF标准化实验动物房和兽药GMP中试车间等科技平台。

六、中国农业科学院兰州畜牧与兽药研究所张掖综合试验基地、国家农业科技创新与集成示范基地、中国农业科学院张掖牧草及生态农业野外科学观测试验站

张掖综合试验基地始建于2000年，是为实施农业部、国家发改委2000年国债专项建设项目"沙拐枣等旱生牧草引进驯化繁育基地建设"划拨的国有土地，2012年9月取得土地产权证，使用权属研究所，使用期限为永久。基地面积194.67hm^2，位于甘肃省张掖市甘州区党寨镇，地处河西走廊中部，属大陆性寒温带干旱气候区，地理坐标为东经100° 26′，北纬38° 56′，海拔1 482.7m，北距张掖市区8km。2017年，升级为中国农业科学院张掖综合试验基地，成为全院110个基地中规模最大、功能最全的5个综合试验基地之一。其功能定位是以旱生牧草品种选育、草食动物饲养为主，玉米、大豆、蔬菜、花卉品种选育、灌溉为辅，服务河西走廊及内蒙古西部灌溉农业和草食畜牧业。开展河西荒漠草地和荒漠绿洲农业区旱生牧草新品种选育、农业标准化种植、牛羊新品种培育以及野外生态环境的观测检测，研究解决牧草种植、家畜养殖、农业生产中的关键性技术问题。2008年至今，杨世柱任基地管理处副处长、农业部兰州黄土高原生态环境重点野外科学观测试验站副站长，分管张掖综合试验基地。

2008年以来，张掖综合试验基地先后实施1个基本建设项目和2个修缮购置项目，总投资2 410万元。综合试验基地分为科研生活区、牧草种植区、牛羊试验区、药用植物种植区、农业标准化种植区、设施农业示范区、林业示范区和农产品加工区。地势平坦，水、电、路等设施齐备，渠系、林网配套。实验办公楼面积1 728m^2，职工宿舍楼面积307.63m^2，种子库面积30m^2，农用机械库房2 500m^2，牛、羊舍2 433.3m^2，动物运动场5 251.2m^2，饲料加工车间213.8m^2，青贮窖容量1 479.9m^3。拥有种子生产、加工、检验和包装设备20余台（套），联合收割机等农机具10余台（件），凯氏定氮仪、土壤养分分析仪、农药残留检测仪、土壤盐分检测仪、农业气象环境监测仪、植物光合作用测定仪等仪器设备20余台（套）。2015年，张掖综合试验基地发展规划通过了中国农业科学院验收和地方政府批复。

2009年11月，中国农业科学院张掖牧草及生态农业野外科学观测试验站在基地成立，是我国荒漠草地和荒漠绿洲农业区的牧草及生态农业系统的结构、功能及其演变过程进行长期综合观测、试验、研究与示范的定位站。2014年，基地被农业部科技教育司

评为“国家农业科技创新与集成示范基地”，成为全国100个农业科技创新与集成示范之一。近10年来，张掖综合试验基地旱生牧草种质资源数据库积累各种试验、观测原始数据16.5万个，数据资料连续、规范、共享。在气象观测方面，与张掖市气象局合作建立农业气象科研观测站，实现气象观测数据同步共享。

2008年以来，承担或协助完成了“中兰1号紫花苜蓿产业化技术集成与示范推广”“河西肉牛良种繁育体系的研究与示范”“河西走廊草畜耦合新技术研究与示范”等科研项目26项。累计推广种植沙拐枣、花棒、梭梭、冰草等旱生超旱生灌草植物2 800余亩，示范种植中兰1号紫花苜蓿、中兰2号紫花苜蓿、航苜1号紫花苜蓿、甘农系列紫花苜蓿新品种、美国Pickseed8925紫花苜蓿和Pickseed3006紫花苜蓿466.67hm^2，种植制种玉米标准化生产田266.67hm^2。累计引进各类优质肉牛冻精10万支，授配母牛4.15万头，示范推广杂交肉牛59 758头。“十一五”以来，依托张掖综合试验基地科研项目获得的奖励10项。其中，获得甘肃省科学技术进步奖3项，甘肃省农牧渔业丰收奖4项，中国农业科学院科学技术成果2项，甘肃省科技情报学会科学技术奖1项；出版学术著作8部；发表研究论文70余篇，其中SCI论文5篇，一级学报9篇，中文核心35篇，科技核心7篇；获得授权发明专利5件，实用新型专利34件；通过省级审定牧草新品种3个；撰写沙拐枣、苜蓿、冰草、狼尾草、小黑麦、燕麦、猫尾草等高产栽培技术报告20余篇。2012年，张掖综合试验基地被张掖市甘州区区委、区政府授予支持地方经济发展先进单位称号。

七、中国农业科学院羊育种工程技术研究中心

中国农业科学院羊育种工程技术研究中心成立于2015年1月，重点开展羊遗传资源发掘、新品种（系）培育、繁育技术与方法创新及产业化绿色发展技术集成示范，搭建国际化合作交流平台，凝聚创新人才，提高科技成果工程化和产业化水平，提升羊产业国际竞争力。中心现有人员11人，其中研究员1人、副研究员5人，博士后1人、博士4人、硕士1人。杨博辉任中心主任和技术委员会副主任，岳耀敬任中心副主任。

该中心试验室面积1 500m^2，拥有羊联合育种网络信息平台、激光显微切割系统、全自动蛋白质分析系统、全自动化液体处理工作、生物信息专用服务器系统、高效液相色谱仪、扫描电子显微镜、数控显微操作系统、纯水系统、荧光实时定量PCR仪、高分辨溶解曲线分析仪、基因扩增仪、高速冷冻离心机等主要仪器设备60余台（件）。中心羊资源与育种学科始建于1943年，培育出具有自主知识产权的甘肃高山细毛羊新品种，研发的具有国际领先水平的免疫双胎技术获国家科技进步三等奖。2015年以来承担国家现代农业产业技术体系、国家自然科学青年基金、国家科技支撑计划、国家重点研发计划、中国农业科学院科技创新工程、甘肃省重大科技专项、重点研发计划及现代农业产

业技术体系等项目，获得省部级科技奖励3项，培育的“高山美利奴羊”新品种2016年通过畜禽资源委员会评审并获得新品种证书，“高山美利奴羊新品种培育及应用”2016年获甘肃省科技进步一等奖和中国农业科学院科技杰出创新奖；发表论文82篇，其中SCI收录论文17篇；出版著作9部；获授权专利87个，其中发明专利16个；制订并颁布国家标准和农业行业标准7项；培养国内外博、硕士研究生29名。累计提供优质种羊100万只，配套推广繁育和产业化绿色发展技术体系，示范改良绵羊近1亿只，为我国羊遗传资源改良、产业化绿色发展及社会生态效益提升发挥了巨大作用。2016年，1人荣获“全国农业先进个人”称号，团队获中国农业科学院“青年文明号”称号。

八、SPF标准化动物实验房

2007年建成，2008年投入使用，用地3 000m^2，建筑面积1 200m^2，其中包括SPF级实验小鼠与实验大鼠用屏障环境实验室230m^2，兔、鸡用实验室和牛、猪、羊等大动物实验室500m^2，动物运动场600m^2。主要为兽医临床疗效验证、兽药临床前研究、兽药药理毒理、兽药安全性评价、兽药药代动力学、特定病原体预防与治疗等研究提供试验场地。有7个创新团队在实验动物房常年开展动物试验。2008—2017年连续通过甘肃省实验动物管理委员会组织的SPF级标准化动物房使用资格年检。自建成以来饲养SPF级实验动物Wistar大鼠28 600只，小鼠2 350余只，其他实验动物鸡2 000多只、羊160只和猪200头，为科研工作提供了良好的条件。2017年更换了SPF级动物实验房高中效过滤网，更新了兔笼、狗笼和动物饮用水设备1台，维修改造了犬实验室177m^2、兔实验室80m^{2}的通风净化环境。2017年，承担了科技部中央引导项目“兰白试验区实验动物技术创新平台建设”课题“实验动物垫料粪便废弃物无害化处理与利用研究”，经费130万元。建设甘肃省实验动物垫料粪便废弃物无害化处理与利用基地。2018年1月，成为“甘肃实验动物产业技术创新战略联盟”副理事长单位，董鹏程被聘为副理事长。

第三节 仪器设备与图书资料

研究所为提升科技创新平台装备水平，积极争取修缮购置专项和基本建设仪器设备购置项目，2008—2018年，获得基本建设仪器设备购置项目1项、修缮购置专项仪器购置项目6项，总金额5 495万元。通过项目实施，共购置5万元以上仪器设备151台（套）。

截至2018年3月31日，研究所科研仪器设备总量为556台（套），总价值5 789.69万元。百万元以上的仪器6台（套），主要有飞行时间串联质谱仪221.36万元、激光共聚焦显微镜180.00万元、液质联用仪198.00万元、药物筛选及检测系统157.50万元、扫描电子显微镜

109.33万元、激光显微切割系统116.00万元。50万～100万元仪器20台（件），主要有活细胞工作站77.50万元、遗传分析仪69.58万元、动物活体取样系统59.65万元、超高速冷冻离心机54.80万元、高效液相色谱仪53.45万元、液相色谱仪59.00万元、全自动样品处理系统59.90万元、连续流动分析仪85.00万元、超高效液相色谱仪58.50万元、牛羊冷冻精液制备系统68.90万元、全自动蛋白质表达分析系统95万元、移动式激光3D植物表型平台95.70万元。20万～50万元的仪器49台（套）。20万元以下的仪器481台（套）。

研究所图书馆围绕研究所业务范围进行相关的科技图书、期刊、资料等的搜集、征订和整理，并提供图书、本刊借阅及现刊阅览等服务。图书馆现有房屋面积约400m^2，分为图书资料库、中外文期刊库、工具书库等，收藏的书刊主要有农业科学类、动物医学类、畜牧学类、社科类、医药卫生类等专业性较强的书籍和刊物。其特点是收藏年限长、外文种类多。图书馆现有馆藏图书33 720册，其中中文图书25 456册，外文图书8 264册，馆藏期刊合订本20 604册。其中中文期刊8 585本，外文期刊12 069本。研究所图书馆和国内外10余所大专院校、科研院所建立了期刊互赠关系。随着图书期刊出版数字化的快速发展，研究所已暂停纸质版图书期刊的统一订阅。

第八章　中国共产党和民主党派、群众团体

2008年以来，在农业部党组、中国农业科学院党组、中国共产党兰州市委的领导下，研究所党委按照中央部署，认真组织开展党的十七大、十八大、十九大精神学习，开展深入学习实践科学发展观活动、创先争优活动、党的群众路线教育实践活动、“三严三实”学习教育活动、“两学一做”学习教育，不断加强党的领导、党的建设，全面从严治党，研究所党的建设、廉政建设、精神文明建设全面进步，取得一系列显著成绩。研究所党委被评为兰州市先进基层党组织、中国农业科学院先进基层党组织，研究所被评为全国精神文明建设工作先进单位、第四届全国文明单位，研究所工会被评为兰州市先进工会、模范职工之家、全国会员评议职工之家示范单位。

第一节　中国共产党兰州畜牧与兽药研究所委员会

一、组织建设

（一）研究所党委、纪委换届

2013年9月，研究所党委召开全体党员大会，选举产生了兰州畜牧与兽药研究所新一届党的委员会和纪律检查委员会，并报中国农业科学院党组和中国共产党兰州市委批准。党委、纪委组成见表1。

表1　研究所党委、纪委换届情况

换届时间	换届组织	班子成员
2013年9月	党委	党委书记：刘永明，党委副书记：杨志强 党委委员：张继瑜、阎萍、杨振刚
	纪委	纪委书记：张继瑜，纪委委员：荔霞、巩亚东

（二）党支部调整及换届

2010年5月，研究所与四川倍乐实业集团有限公司解除合作协议，注销“兰州倍乐畜牧与兽药科技有限公司”后，研究所党委将兰州倍乐畜牧与兽药科技有限公司党支部调整为药厂党支部。2011年研究所进行第四次全员竞聘上岗后，研究所党委对所属党支部进行了调整换届选举。2013年12月，研究所党委决定对所属党的支部委员会进行调整并换届改选，由原来的7个支部调整为8个支部。2016年12月，研究所党委对所属各党支部设置再次进行调整，并进行换届选举，党支部由原来的8个调整为9个。各次调整换届后的支部设置和支部委员会组成见表2。

表2　党支部调整及换届

时间	党支部名称	书　记	组织委员	宣传委员	纪检委员
2010年5月	药厂党支部	王　瑜	王晓力	陈化琦	
2011年5月	机关第一党支部	赵朝忠	陈　靖	肖　堃	
	机关第二党支部	杨振刚	席　斌	董鹏程	
	畜牧草业支部	阎　萍	王宏博	张　茜	
	兽医兽药支部	李剑勇	李　冰	潘　虎	
	基地药厂支部	时永杰	田福平	王　瑜	
	后勤房产支部	苏　鹏	张继勤	陆金萍	
2011年6月	离退休党支部	书　记：苏普 副书记：荔霞	代学义	吴丽英	蒋忠喜
2014年3月	机关第一党支部	赵朝忠	陈　靖	符金钟	
	机关第二党支部	杨振刚	席　斌	周　磊	
	兽医党支部	潘　虎	王　磊	王贵波	
	兽药党支部	李剑勇	李　冰	郭文柱	
	畜牧党支部	高雅琴	王宏博	郭　宪	
	草业基地党支部	董鹏程	田福平	朱新强	
	后勤房产药厂党支部	张继勤	王　瑜	戴凤菊	
	离退休党支部	书记：弋振华 副书记：荔霞	张菊瑞	李金善	蔡东峰
2016年12月	机关第一党支部	赵朝忠	张继勤	符金钟	
	机关第二党支部	杨振刚	肖玉萍	周　磊	
	机关第三党支部	肖　堃	陈　靖	张玉纲	
	畜牧党支部	高雅琴	郭　宪	郭婷婷	
	兽医党支部	潘　虎	王　磊	王贵波	

（续表）

时间	党支部名称	书　记	组织委员	宣传委员	纪检委员
2016年12月	兽药党支部	李剑勇	牛建荣	郭文柱	
	草业党支部	时永杰	田福平	朱新强	
	基地党支部	董鹏程	李润林	杨世柱	
	离退休党支部	书　记：荔霞 副书记：宋瑛	吴丽英	牛晓荣	蔡东峰

（三）党员发展

2008年以来，研究所党委严格按照党员发展规定和中国共产党兰州市委批复的党员发展计划，开展党员发展工作，共发展党员14名。详见表3。

表3　发展党员

时间	发展人数	姓　名
2010年	5	符金钟　周　磊　李锦华　郭文柱　邓素萍
2012年	1	王　昉
2014年	1	邓海平
2016年	2	杨　晓　贺洞杰
2017年	5	赵　博　妥　鑫　刘龙海　朱永刚　张志飞

（四）“两优一先”评选

2008年以来，在中国农业科学院党组、中国共产党兰州市委、研究所党委开展的“两优一先”评选中，研究所党员和党组织被评为各级优秀共产党员、优秀党务工作者、先进基层党组织情况见表4。

表4　“两优一先”获奖情况

年　度	授奖单位	优秀共产党员	优秀党务工作者	先进基层党组织
2010年	中国农业科学院	张继勤　阎　萍	杨振刚	研究所党委
2011年	兰州市委			研究所党委
2011年	中国农科院兰州畜牧与兽药研究所	巩亚东　田福平　吴晓睿 王学智　阎　萍　董鹏程 李剑勇　郭　宪	苏　普 杨振刚 高雅琴	
2012年	中国农业科学院	阎　萍　巩亚东	杨振刚	研究所党委

（续表）

年 度	授奖单位	优秀共产党员	优秀党务工作者	先进基层党组织
2012年	中国农科院兰州畜牧与兽药研究所	苏 普 巩亚东 阎 萍 杨振刚 张继勤 时永杰 李剑勇		机关二支部 兽医兽药支部
2014年	中国农业科学院	王学智	杨志强	
2016年	中国农业科学院	高雅琴	刘永明	研究所党委
	中国农科院兰州畜牧与兽药研究所	高雅琴 董鹏程 李剑勇 张小甫 赵朝忠 王学智	荔 霞 弋振华	机关二支部 畜牧党支部

（五）其他

2011年，刘永明、阎萍当选为中共兰州市第十二次党代会代表，杨志强当选为兰州市七里河区第十七届人大代表和兰州市第十五届人大代表。

2016年，按照规范党费收缴管理规定，在中国农业银行开设党费收缴专户。

2016年8月18日，研究所党委会议研究确定刘永明、阎萍为中共兰州市第十三次党代会初步提名人。

2017年3月12日，中国共产党兰州市代表会议选举李剑勇为兰州市出席中共甘肃省第十三次党代表大会代表。

2017年10月26日，研究所党委会议根据中国农业科学院《关于转发〈中央国家机关离退休干部基层党组织建设指导意见（试行）〉的通知（国工发[2017]9号）》要求，决定从2017年6月起每月为担任离退休党支部委员会委员的离退休职工发放工作补贴。

二、学习教育

研究所按照中国农业科学院党组、中共兰州市委部署，结合研究所中心工作，以学习实践科学发展观活动、创先争优活动、党的群众路线教育实践活动、“三严三实”学习教育活动、“两学一做”学习教育为主要抓手，认真学习党的十七大、十八大、十九大精神，学习科学发展观、习近平新时代中国特色社会主义思想，学习中央、农业部和中国农业科学院关于加强农业科技创新、建设现代农业科研院所的决策精神，教育和引导党员干部，不忘初心，牢记使命，为实施乡村振兴战略提供科技支撑。

（一）深入学习实践科学发展观活动

根据党的十七大部署，中共中央决定从2008年9月开始，用一年半左右时间，在全党分批开展深入学习实践科学发展观活动。所党委按照上级党组织的要求和部署，以理论学习中心组为重点，采取灵活多样的形式，学习了党的十七大精神、十七届三中及四中全会精神和胡锦涛总书记在纪念改革开放三十周年大会上的讲话，结合学习内容，围绕会前拟定的讨论交流题目开展研讨交流。组织全所职工集体观看和收听了十七大报告辅导讲座。积极组织开展主题实践活动，“七一”前夕举办了庆祝建党88周年系列活动，开展孤寡老人、贫困职工走访慰问及帮扶活动。举办“我是共产党员”演讲会，组织党员参观社会主义新农村建设成就和新中国60年甘肃建设成就展等活动。学习调研阶段，研究所理论学习中心组集体学习5次，各党支部组织党员集中学习54次，撰写学习心得体会90篇。邀请专家作专题辅导报告4次。党政班子成员采取分片调研的形式，召开座谈会5次。先后2次下发征求意见表，找准影响和制约研究所科学发展的问题。组织21名中层干部先后赴长三角地区和华北东北地区的27家农业科研院所、高等院校、企业和农村进行了考察学习。完成考察报告23篇，凝练出了相关单位一些先进经验和成功做法，提出了推动研究所科学发展的新思路。分析检查阶段，分析梳理征求到24条意见建议。在专题民主生活会上，所班子成员认真分析和检查了自身在贯彻落实科学发展观方面存在的不足，提出了切实有效的解决办法。党员及职工代表对领导班子分析检查报告的总体评价满意率达98%。在整改落实阶段，针对24条意见和建议形成具体的整改落实方案。研究所深入学习实践科学发展观活动群众满意度为92%。

（二）创先争优活动

2010年4月—2012年6月底，研究所党委按照《中央组织部、中央宣传部关于在党的基层组织和党员中深入开展创先争优活动的意见》、中国农业科学院党组及中国共产党兰州市委的部署，认真组织开展了创先争优活动。以理论中心组为重点，先后学习了《中国共产党第十七届中央委员会第五次全体会议公报》和温家宝总理关于制定“十二五”规划建议的说明、党建和社会主义理论。全体党员听取甘肃省委党校专家作的“从党史学习中汲取前进的智慧和力量”的报告，组织开展了“党在我心中”征文暨演讲活动，举办了庆祝中国共产党成立九十周年大会暨红歌演唱会。学习了中共中央、国务院《关于加快推进农业科技创新持续增强农产品供给保障能力的若干意见》。研究所党委举行庆祝中国共产党成立91周年暨创先争优总结表彰活动，表彰了先进党支部2个和优秀共产党员7名，总结了两年来研究所开展创先争优活动的情况，肯定了取得的成绩，总结了成功经验，对下一步的创先争优工作进行了部署。开展十八大学习活动，组织中层干部集体收看党的十八大开幕会电视直播，邀请党的十八大代表、西湖街道党工委书记陈冬梅来所作报告，编制党的十八大学习工作简报等，深入开展学习宣传贯彻党的十八大精神学习系列活动。

（三）党的群众路线教育实践活动

2013年4月19日，中国共产党中央政治局召开会议，决定从2013年下半年开始，用一年左右时间，在全党自上而下分批开展党的群众路线教育实践活动。研究所党委按照中央和农业部、中国农业科学院党组、中共兰州市委的部署和要求，认真组织开展教育实践活动，全面抓好党员干部学习教育。2013年7月以来，研究所党委先后组织召开党的群众路线教育实践活动动员大会、离退休党员党的群众路线教育实践活动动员大会，传达中国农业科学院党组书记陈萌山在中国农业科学院开展党的群众路线教育实践活动动员大会上的讲话精神，学习农业部副部长、中国农业科学院院长李家洋在院党的群众路线教育实践活动动员大会上的讲话精神，全面部署研究所党的群众路线教育实践活动工作。中国农业科学院党的群众路线教育实践活动第五督导组组长申和平局长、李延青处长、聂菊玲处长出席动员部署大会。活动开展期间，研究所组织召开了领导班子专题民主生活会、组织党员干部集中收看了中共中央党校教授作的题为“新形势下群众路线再回顾再教育”专题辅导报告、组织开展了“践行核心价值观，创新奉献谋发展”征文暨演讲活动，引导广大职工积极学习、践行社会主义核心价值观。召开理论学习中心组扩大会议，深入学习《国务院关于改进加强中央财政科研项目和资金管理的若干意见》、十八届四中全会《决定》，结合工作实际畅谈了学习十八届四中全会精神的认识及体会，举行学习十八届四中全会精神辅导报告会。2014年12月17日，召开党的群众路线教育实践活动总结大会，中国农业科学院第五督导组领导到会指导，与会人员对研究所教育实践活动进行了民主评议，评议结果中“好”和“较好”占98.9%。2015年1月22日，所党委召开2014年度研究所领导班子民主生活会。

（四）“三严三实”学习教育活动

2015年4月10日，中共中央办公厅印发《关于在县处级以上领导干部中开展“三严三实”专题教育方案》，要求在县处级以上领导干部中开展“严以修身、严以用权、严以律己，谋事要实、创业要实、做人要实”的“三严三实”专题教育。2015年6月，研究所“三严三实”学习教育活动正式启动。先后成立领导小组，制定专题教育活动方案，党委书记刘永明为处级以上领导干部讲“践行三严三实，培育优良作风，推进创新发展”的党课，召开“庆祝中国共产党成立94周年报告会”及“三严三实”专题研讨会，杨志强所长从“三严三实”的内涵和意义、不严不实的危害以及在新常态下做好研究所工作3个方面进行了讲解；邀请中国农业科学院财务局刘瀛弢局长到研究所作了题为“践行三严三实　又好又快执行预算”的报告；召开理论学习中心组会议，学习十八届五中全会精神，传达学习《中共中国农业科学院党组关于学习宣传贯彻党的十八届五中全会精神的通知》和《中国共产党第十八届中央委员会第五次全体会议公报》，集体观看视频辅导报告。部署了研究所学习贯彻十八届五中全会精神工作。召开2015年度领导班子“三严三实”专题民主生活会。会前通报了2014年民主生活会整改落实情况，进行了群众满意度测评，群众满意和比较满意的达到91.47%。

（五）“两学一做”学习教育

2016年2月，中共中央办公厅印发了《关于在全体党员中开展“学党章党规、学系列讲话，做合格党员”学习教育方案》。5月，按照中国农业科学院党组、中共兰州市委“两学一做”学习教育工作部署，研究所党委召开了“两学一做”学习教育动员部署大会。会议传达了习近平总书记关于“两学一做”学习教育重要指示精神、中国农业科学院以及兰州市委的有关要求，结合研究所工作实际，从开展“两学一做”学习教育的重要性和必要性，学习教育要突出重点、把握关键，学习教育要精心组织、确保实效等方面做了动员部署。先后召开党委会议研究确定“两学一做”学习教育重点工作；召开党支部书记、委员会议，传达兰州市“两学一做”学习教育党务骨干示范培训班培训内容，对做好“两学一做”学习教育进行了再部署。召开理论学习中心组会议，学习中国农业科学院、兰州市委“两学一做”学习教育要求和督导工作方案，学习习近平总书记《把全面从严治党落实到每一个支部》《坚持全面从严治党依规治党创新体制机制强化党内监督》文章，学习习近平总书记在庆祝中国共产党成立95周年大会和全国科技创新大会上的重要讲话精神，学习党的十八届六中全会精神，党委书记刘永明以《落实全面从严治党要求，扎实开展“两学一做”学习教育》为主题，所长杨志强以《不忘初心做合格党员，在争创一流研究所中建功立业》为主题，纪委书记、副所长张继瑜以《共筑中国梦　建设一流研究所》为主题，副所长阎萍以《党的光辉历程》为主题向全体党员讲了党课。举办了“两学一做”学习教育知识竞赛活动。举办了“中国共产党成立95周年庆祝大会”，新党员入党宣誓和老党员重温入党誓词，表彰了优秀共产党员、优秀党务工作者和先进党支部，并向党员先锋岗、党员责任区、党员服务窗口、责任人授牌。所党委召开党建工作会议，学习中共中国农业科学院党组《关于进一步加强和改进新形势下思想政治工作的意见》《中共中国农业科学院党组关于印发党风廉政约谈暂行规定的通知》，中共中国农业科学院兰州畜牧与兽药研究所委员会印发的《关于党费收缴使用管理的规定》《关于党支部“三会一课”管理办法》《关于落实党风廉政建设主体责任监督责任实施细则》《党员积分考核管理办法》等文件和支部党建工作有关知识。为深化“两学一做”学习教育，研究所组织近百名党员干部赴张掖市高台县“中国工农红军西路军纪念馆”和张掖综合试验基地开展参观学习活动，缅怀先烈的丰功伟绩，接受爱国主义教育，感受张掖基地建设成果，迎接“七一”党的生日，庆祝建党96周年。组织在所研究生参观了八路军驻兰州办事处纪念馆。

2017年6月28日，研究所党委召开推进“两学一做”学习教育常态化制度化党员大会。会议总结了研究所一年来“两学一做”学习教育工作，对推进“两学一做”学习教育常态化制度化进行了部署。表彰了“两学一做”学习教育先进党员先锋岗兽医党支部“防治仔畜腹泻中兽药复方口服液生产关键技术研究与应用”课题组，先进党员责任区兽医党支部306实验室，先进党员服务窗口机关第二党支部老年活动室、基地党支部动物实验房。召开党支部书记会议，传达学习兰州市“两学一做”学习教育常态化制度化工作推进会精神及中国农业科学院党组关于“两学一做”学习教育常态化制度化督查工作通知精神，对党支部书记进行“两学一做”常态化制度化工作培训，安排部署“两学一做”学习教育常态化制度化自查及迎接督查工作。兰州市“两学一做”督导组来所抽查督导“两学一做”学习教育工作，中国农业科学院“两学一做”学习教育常态化制度化第八督查组组长贾广东、副组长赵红梅和成员韩进、缴旭、裴越一行来所，对研究所“两学一做”学习教育常态化制度化工作开展情况和院人才工作会议精神贯彻落实情况进行督查。

学习习近平总书记贺信精神情况。2017年5月，在中国农业科学院隆重纪念建院60周年之际，中共中央总书记、国家主席、中央军委主席习近平致信祝贺，李克强总理作出批示，汪洋副总理亲临考察调研，这在中国农业科学院发展历史上具有重要里程碑意义。研究所制定了学习方案，掀起全面学习热潮。所党委对各党支部组织全体党员学习贯彻总书记贺信和总理批示进行专题部署。召开职工大会，集体收看了5月26日CCTV《新闻联播》播出的习近平总书记祝贺建院60周年贺信、李克强总理批示的视频。会议传达学习习近平总书记致中国农业科学院建院60周年的贺信、李克强总理就中国农业科学院建院60周年的批示和汪洋副总理在视察中国农业科学院时的讲话精神和《中共中国农业科学院党组关于认真学习贯彻习近平总书记贺信和李克强总理批示精神的通知》，收看了《大地丰碑—中国农业科学院建院60周年》宣传视频。理论学习中心组扩大会议，围绕学习贯彻习近平总书记贺信和李克强总理批示精神、汪洋副总理在视察中国农业科学院时的讲话精神、《中共中国农业科学院党组关于认真学习贯彻习近平总书记贺信和李克强总理批示精神的通知》，陈萌山同志在中国农业科学院党组中心组2017年第二次（扩大）学习会上的讲话，结合研究所中心工作，开展了研讨交流，就贯彻贺信批示精神、加强人才队伍建设、优化学科方向、完善激励机制等提出了意见建议。召开青年科技骨干座谈会，进一步深刻领会和准确把握习近平总书记贺信和李克强总理批示精神。召开离退休职工会议，传达学习习近平总书记致中国农业科学院建院60周年的贺信、李克强总理就中国农业科学院建院60周年的批示和汪洋副总理在视察中国农业科学院时的讲话精神，为中国农业科学院建院时即在院内工作、目前仍健在的19位职工颁发了建院60周年纪念章。

深入学习十九大精神。研究所全体党员干部职工及研究生集体收看中国共产党第十九次全国代表大会开幕会，聆听了习近平总书记代表第十八届中央委员会向大会作的题为“决胜全面建成小康社会　夺取新时代中国特色社会主义伟大胜利”的报告。组织全体党员收看中国农业科学院传达学习党的十九大精神党员干部视频大会。举行学习宣传党的十九大精神报告会，邀请党的十九大代表、甘肃省妇幼保健院妇产科主任医师何晓春来所作报告。召开所理论学习中心组会议，学习了习近平总书记在中国共产党第十九次全国代表大会报告第四部分《决胜全面建成小康社会，开启全面建设社会主义现代化国家新征程》，传达学习《中共中国农业科学院党组关于认真学习宣传贯彻党的十九大精神的通知》，收看《习近平新时代中国特色社会主义思想和基本方略》视频辅导报告，深入学习党的十九届三中全会、全国“两会”精神，学习中国农业科学院传达贯彻全国“两会”精神干部大会唐华俊院长讲话精神，集中讨论继续深化研究所改革创新发展，加快现代化、创新型研究所建设的具体举措。杨志强所长结合习近平总书记“发展是第一要务，人才是第一资源，创新是第一动力”的重要讲话精神，从发展、人才、创新三个方面就研究所的学科建设、科学研究、人才培养、高效管理等进行了全面阐述，提出了思路。所党委书记孙研从“怎么看”和“怎么办”两方面，分析了研究所的优势和不足，提出了一些意见和建议。大家一致认为，应全面加强党的建设和党风廉政建设，进一步完善科技平台和基础设施，以实际行动庆祝建所60周年。

三、党风廉政建设

按照农业部、中国农业科学院和中共兰州市委从严治党工作部署，以研究所理论学习中心组成员、所务会成员和经济岗位工作人员为重点，结合实际，采取会议学习、自主学习、研讨交流、专家辅导、专题报告会、警示教育、参观考察、案例通报、撰写学习心得等方式，认真组织开展廉政法规、党风党纪等全面从严治党教育，全方位筑牢干部职工思想道德防线，为研究所持续健康发展保驾护航。

（一）开展学习教育

先后组织干部学习农业农村部、中国农业科学院党风廉政建设工作会议精神及有关党纪法规，观看《警示与反思》《迟来的忏悔》《暴风雨中的忏悔——皮黔生犯罪实录》《学廉政准则，做廉政模范——廉政准则系列情景短剧》《伪装的外衣——沈广贪污案件警示录》《法治中国建设的若干前沿问题》等教育片。参观“法制与责任——全国检察机关惩治和预防渎职侵权犯罪展览”甘肃巡展，参观兰州市警示教育基地（兰州监狱），听取服刑人员的忏悔报告，观看服刑人员的现身说法纪录片，参观服刑人员监舍及生活场景。在兰州市廉政文化主题公园开展了“强化廉政意识，落实廉政责任”参观学习活动。举办科研经费与资产管理政策宣讲会，对经费管理使用、预算编制、财务审计等经费管理政策规定和资产管理、政府采购政策进行解读。

（二）落实廉政责任

签订廉政责任书。研究所党风廉政建设领导小组主要责任人与部门负责人、团队首席、重大科研项目主持人、修购基建项目负责人、经济岗位工作人员，以及以上人员所在党支部书记签订党风廉政建设责任书，自2008年5月以来，共签订党风廉政建设责任书500余份。加强廉政监督，2008年5月以来，纪检干部参与项目建设招投标、政府采购等共计200余次。

（三）其他工作

2010年11月15日，根据中共中国农业科学院党组《关于加强党风廉政建设工作的决定》精神，成立由杨志强所长任组长，刘永明书记、张继瑜副所长任副组长的研究所党风廉政建设工作领导小组。

2015年7月30日，研究所在张掖市承办了中国农业科学院纪检监察华中协作组会议。会议就落实“两个责任”、科研经费信息公开、科研经费专项检查等议题进行了交流研讨，促进了协作组成员的廉政建设。中国农业科学院监察局局长舒文华、副局长姜维民，院直属机关党委副书记吕春生，张掖市纪委副书记李仲杰以及中国农业科学院油料研究所、灌溉研究所、棉花研究所、郑州果树研究所、兰州兽医研究所、兰州畜牧与兽药研究所的所领导和纪检监察干部近20人参加了会议。

2016年，中央巡视组在中国农业科学院巡视期间，按照中国农业科学院统一部署，研究所制定科研经费专项检查工作方案，开展了科研经费专项检查工作，由专人会同外聘专业人员，对2012—2014年科研经费预算执行与管理使用情况、科研经费制度建设与责任落实情况、执行《科研经费信息公开办法》情况等进行了专项检查。坚持问题导向，坚持立行立改，针对检查发现的问题和中央第八巡视组专项巡视反馈的3类8大方面意见，按照院党组部署，成立由所长、书记任组长，副所长任副组长，职能部门负责人为成员的整改工作领导小组，负责研究所巡视整改工作的组织领导。围绕党的建设、服务“三农”、科研经费监管、选人用人、执纪问责、制度建设等重点领域，着力解决“党的领导弱化、党的建设缺失、全面从严治党不力”方面的突出问题，研究所党委经过认真分析，仔细研究，共梳理出16项整改任务，制定了《中国农业科学院兰州畜牧与兽药研究所落实中央第八巡视组巡视反馈意见整改方案》，明确每一项整改任务的牵头领导和责任部门；明确整改任务涉及的第一责任部门负责人为首席责任人，负责牵头落实整改任务，相关部门配合落实。召开专题会议，将整改任务分解到牵头领导名下。召开整改任务责任部门负责人会议，认真研究整改任务，制定整改措施和落实办法，并认真组织实施整改工作。在院党组的领导下，研究所按照巡视整改方案，立行立改，扎实推进，按时完成了预期的整改任务，确保了整改进度和整改成效。

2017年4月26日，由中国农业科学院党组成员、纪检组组长李杰人，院财务局副局长张士安和院监察局副局长李延青组成的宣讲团在研究所开展“全面从严治党主体责任和科研管理放管服”宣讲活动。李杰人围绕《持续推进全面从严治党　着力营造良好创新氛围》作主题宣讲。张士安作了《顶层设计，建章立制，确保新政落地生根》专题宣讲。李延青作了《不踩红线、不越底线——违规违纪案例警示教育》专题宣讲。

2017年7月6日开始，中国农业科学院巡视组对研究所进行为期一个月的巡视，全面了解研究所领导班子及其成员在作风、纪律、廉政、选人用人等方面的情况，以及落实“两个责任”、执行政治纪律和政治规矩等有关情况。巡视组采取召开职工大会、听取工作汇报、召开座谈会、个别谈话、查阅文件资料、检查账目等方式，全面了解情况。对巡视组发现的问题，研究所立即组织整改。按照2018年3月8日中国农业科学院巡视组反馈的专项巡视意见及巡视整改有关要求，研究所成立了巡视整改工作领导小组，制定整改方案和整改措施，逐项分解整改任务，明确整改牵头人、责任人、整改部门和整改时限，立行立改，按时完成了整改任务。

四、文明单位建设

2008年以来，研究所在中国农业科学院的领导下，坚持科技创新与文明创建一起抓，文明创建与中心工作同部署、同落实，开展了大量工作每年进行文明处室、文明班组、文明职工评选活动。通过文明创建为研究所科技创新发展提供了强大动力，营造了和谐环境，获得了诸多荣誉。

2008年，5月12日“汶川大地震”灾害发生后，积极开展了“向灾区同胞献爱心，帮灾区同胞渡难关”和“送温暖，献爱心”捐助活动，全所职工向灾区捐款62 470元、衣物807件、消毒药品2t，党员交纳特殊党费47 050元。6月下旬，组织了“庆七一、迎所庆”职工演唱会，全体职工用歌声庆祝党的生日，喜迎建所50周年。在北京奥运会火炬传递期间，组织职工共50人参加火炬传递活动。

2008年，组织申报并通过了中国农业科学院文明单位评审。组织申报了全国精神文明建设工作先进单位，研究所被甘肃省推荐申报全国精神文明建设工作先进单位。

2009年1月，研究所被中央精神文明建设指导委员会授予“全国精神文明建设工作先进单位”称号。2009年3月12日，召开荣获“全国精神文明建设工作先进单位”称号庆祝大会。中国农业科学院党组书记薛亮、院办公室主任刘继芳、科技局局长王小虎、直属机关党委副书记林定根、甘肃省精神文明建设指导委员会办公室原主任周文武、副主任高巨珍、中共兰州市委常委宣传部部长王冰、兰州市文明办主任姜晓红等出席会议，全所在职、离退休职工约200人参加了大会。6月1—30日，举办庆祝建党88周年系列活动。各党支部采取多种形式，组织党员对本支部联系的孤寡老人、贫困职工进行了走访慰问。6月30日，举办“我是共产党员”演讲会。9月28日，研究所举行庆祝中华人民共和国成立60周年职工演唱会。10月10日，召开庆祝新中国成立60周年座谈会，与会人员围绕新中国成立60周年及10月1日国庆阅兵式踊跃发言，回顾了60年来走过的光辉历程，高度评价了中国共产党执政60年来带领全国各族人民开辟有中国特色社会主义道路、实现中华民族伟大复兴所取得的丰功伟绩。

2009年，成功举办了我国著名动物营养学家、教育家杨诗兴先生百岁华诞暨学术思想研讨会。举办庆春节、“五一国际劳动节”“重阳节”等重大节庆活动，丰富职工文化生活。制定了《中国农业科学院兰州畜牧与兽药研究所职工守则》和《中国农业科学院兰州畜牧与兽药研究所科技人员行为准则》。

2010年2月4日，研究所在金百合宾馆举行2010年春节团拜会，全所在职职工、离退休职工、在所研究生320余人参加了会议。4月19日，研究所组织开展“支援玉树，情系灾区”募捐活动，向青海玉树地震灾区捐赠抗洪救灾指定防疫药品“强力消毒灵”2t，全所职工、家属和在读研究生230人共捐助爱心款24 560元。8月10日，举行“支援舟曲，奉献爱心”捐款活动，全所职工、家属共246人捐助爱心款26 230元；8月15日，为灾区遇难者举行默哀悼念活动。9月3日—26日，研究所举办第五届职工运动会。举行了庆祝建党89周年系列活动、庆祝三八国际劳动妇女节100周年女职工联谊会。

2011年，在七里河区西湖街道党心连民心爱心捐助大会上，研究所向困难大学生捐助1万元，资助5位大学生的学业，获赠“帮扶助困献爱心，创先争优惠民生”的锦旗。

2012年3月开始，每月开展全所卫生清扫及评比活动，建立了长效机制，并坚持至今。5月31日，研究所被评为首批“甘肃健康生活方式行动示范单位”。7月2日，丁学智博士带领的“牦牛高原低氧适应”项目团队获得中国农业科学院2008—2011年度“青年文明号”。8月15日，在大洼山举办了研究所第七届职工运动会，全所职工分为7个代表队、3个年龄段，参加了10个项目的比赛。9月22日，刘永明书记带队参加了中国农业科学院第六届职工运动会，研究所获得京外代表队团体总分第四名的好成绩，9名运动员获得了6个比赛奖。2012年，研究所荣获中国农业科学院2011—2012年度文明单位称号。

2013年9月29日，研究所举办第九套广播体操比赛。10月18日，由兰州市文明办石正福调研员带领的全国、省级文明单位第四复查组对研究所全国精神文明建设工作先进单位创建工作进行复查验收。11月22日，中国残疾人联合会授予研究所“残疾人就业安置工作先进单位”荣誉称号。

2014年4月20日—5月8日，研究所举行了以科研工作和职工生活为主要内容的首届职工摄影作品评选活动。共征集到各类摄影作品140幅，评选出优秀作品12幅，入围作品28幅。5月4日，为纪念及庆祝“五四”青年节95周年，所青工委举办了“我爱研究所，攀登大洼山”登山活动，有50余名青年职工和学生参加了活动。“七一”建党节前，组织开展了“践行核心价值观，创新奉献谋发展”征文暨演讲比赛活动。共24人提交了论文，评选奖励优秀论文8篇。7月1日，举行践行社会主义核心价值观演讲比赛，11名职工参加演讲比赛，评选出一等奖1名，二等奖2名，三等奖3名。9月28日，在大洼山综合试验基地举行了第八届职工运动会。全体职工及研究生参加了运动会，部分离退休职工也前往比赛现场观摩了运动会。

2015年，研究所被中央文明委授予第四届“全国文明单位”称号。

2015年4月13—17日，全体职工在大洼山试验基地进行了“春季植树周”活动。8月31日，举办了纪念中国人民抗日战争暨世界反法西斯战争胜利70周年演唱会。职工用歌声重温历史、追思先烈，用歌声警示未来、感恩祖国、珍视和平。11月24日，研究所隆重举行“全国文明单位”挂牌大会。中国农业科学院副院长李金祥，甘肃省委宣传部副部长、省文明办主任高志凌共同为“全国文明单位”揭牌。兰州市文明办主任汪永国宣读了中央精神文明建设指导委员会《关于表彰第四届全国文明城市（区）、文明村镇、文明单位的决定》。党委书记刘永明汇报了文明单位创建工作，杨志强所长主持会议。

2016年4月15—25日，全体在职职工分批到大洼山综合试验基地开展2016年春季义务植树活动。4月29日，举办了“庆五一健步走”活动。全所200多名职工和研究生参加了活动。5月6日，组织职工31人参加了兰州市七里河区文明委“关爱母亲河”志愿服务活动。6月，在中国农业科学院开展的2012—2015年度“十佳青年”“青年文明号”评选表彰活动中，研究所高山美利奴羊新品种培育及应用课题组荣获2012—2015年度中国农业科学院“青年文明号”称号。9月26日至28日，中国农业科学院离退休工作会议在兰州召开；院党组成员、纪检组组长、院离退休工作领导小组副组长史志国出席会议并讲话，农业部离退休干部局局长陶永平到会指导并作学习辅导报告。会议由院党组成员、人事局局长、院离退休工作领导小组副组长魏琦主持，院离退休工作领导小组部分成员、院属各单位分管离退休工作的领导和工作人员共70余人参加会议。会上，研究所老干部管理科被授予中国农业科学院离退休工作先进集体，荔霞同志被授予农业部离退休工作先进工作者。

2017年5月24日，中国农业科学院举行庆祝建院60周年职工文艺演出。兰州牧药所与草原研究所、哈尔滨兽医研究所联合编排了舞蹈《草原祝福》，受到了观众的高度赞扬。8月24日，兰州市七里河区文明办刘文斌主任带领检查组对研究所进行了全国文明单位复查验收检查。9月27日，历时近两个月，以“喜迎十九大、锻炼助健康”为主题的研究所第九届职工运动会结束全部比赛项目并举行闭幕式；本届运动会自8月8日在大洼山综合试验基地开幕，举行了田径类项目比赛、球类项目比赛，拔河比赛和登山友谊赛。9月28日，农业部系统先进集体先进个人事迹报告会在北京举行，农业部系统2个先进集体的代表和3位先进个人代表在会上发言，杨志强所长以“远牧西北六十载，砥砺筑梦路犹民”为题做大会发言。10月19日，中国农业科学院喜迎十九大先进集体先进个人事迹报告会在国家农业图书馆举行，中国农业科学院2个先进集体的代表和4位先进个人代表在会上发言，刘永明书记以“扎根西部六十载　砥砺耕耘铸辉煌”为题在会上发言。11月17日，中央精神文明建设指导委员会发文，兰州畜牧与兽药研究所经过复查合格，继续保留“全国文明单位”称号，并获颁发全国文明单位复查合格证书。

2018年2月，研究所荣获“中国农业科学院2015—2017年度文明单位”荣誉称号，并颁发荣誉证书。4月28日，中国农业科学院第七届职工运动会在北京隆重举行。研究所在运动会上获“中国农业科学院群众性体育活动先进单位”“中国农业科学院第七届职工运动会精神文明奖”和“中国农业科学院京外单位团体总分第二名”的好成绩，9名参赛运动员获得14枚奖牌。

第二节　民主党派

多年来，研究所认真执行党的统战政策，积极支持民主党派工作，发挥民主党派作用，推动党和国家事业发展，促进研究所科技创新和各项事业进步。研究所现有民主党派基层组织2个，分别是民盟兰州畜牧与兽药研究所支部、九三学社七里河第一支社。

民盟兰州畜牧与兽药研究所支部成员21名，主任委员杨博辉，组织委员牛春娥，宣传委员李新圃。杨博辉任民盟甘肃省委员会科技委员会副主任，牛春娥还任民盟甘肃省委员会妇女委员会委员。

九三学社七里河第一支社成员38名，主任委员严作廷，副主任委员郭健、李宏胜和王东升，委员王昉、张景艳和郭志庭。

2008年，研究所党委指导民盟兰州畜牧与兽药研究所支部委员会完成换届工作，选举产生了新一届支部委员会。推荐1名无党派人士担任甘肃省党外知识分子联谊会理事。

2009年9月22日，中国民主同盟兰州畜牧与兽药研究所支部委员会召开换届选举大会。民盟甘肃省委组织部部长周洁民、社会服务部副部长魏鸣、组织部主任科员乔冬梅和杨志强所长出席了会议。会议选举产生了新一届支部委员会。杨博辉任主任委员。

2009年，2次参加甘肃省委统战部组织的观摩督查活动，向省委统战部推荐甘肃省党外知识分子联谊会和欧美同学会理事各2名，组织所内部分无党派人士参加省委统战部开展的百名无党派人士调研活动。

2010年，研究所党委制定了关于进一步加强统一战线工作的意见，所办公室副主任赵朝忠当选为甘肃省科研院所统战部长联席会议执行副主席。9月16日，甘肃省委统战部郭清梓副部长率省委统战部知识分子工作处秦耀处长及甘肃省科研院所统战部门负责人对研究所统战工作进行观摩督察。10月19日，甘肃省委统战部组织在甘部分高等院校、科研院所的专家学者等人员在临夏回族自治州广河县举办的“2010‘光彩陇原行’广河大型活动”。研究所李宏胜、赵朝忠、严作廷、郭健参加相关活动。在启动仪式上，广河县委县政府向研究所赠送了“情系广河，光彩陇原”的锦旗。

2011年，配合进行了兰州市委统战部考察组对九三学社兰州市副主委的考察工作，推荐蒲万霞为九三学社兰州市七里河区政协委员、王学红为九三学社兰州市第六届委员会委员、严作廷为九三学社兰州市第六届政协委员、梁剑平为九三学社兰州市第六届政协常委和九三学社兰州市副主任委员，梁剑平被九三学社中央办公厅授予“优秀社员”称号。选派无党派人士孔繁矼参加中央社会主义学院“甘肃省第九期无党派人士培训班”学习。组织民主党派、无党派专家参加了甘肃省委统战部举行的2011年“同心·光彩陇原行”安定区大型活动，对定西市畜牧兽医技术人员、养殖大户及管理人员200余人进行了培训，研究所获赠“术有专精，仁怀在抱”的锦旗。组织民主党派专家杨博辉和严作廷分别向第二届甘肃省统一战线专家学者发展论坛提交了《甘肃省绒毛生产销售情况调查研究》和《甘肃省奶牛养殖业现状及发展对策》论文。

2012年7月1—3日，程胜利参加了甘肃省委举办的民盟甘肃省第十三届委员会新任委员及基层组织骨干盟员培训班。9月18—19日，荔霞副处长、郭宪博士参加了甘肃省委统战部2012年“同心·光彩陇原行”暨“同心·智惠陇原行”临潭大型活动启动仪式，研究所获赠“心系群众，奉献三农”锦旗。

2013年7月，郭天芬参加甘肃省委举办的民盟基层组织骨干盟员培训班。9月11—12日，郭宪博士参加甘肃省政府、甘肃省委统战部举办的2013“同心·光彩陇原行”礼县大型活动，开展了“牛羊科学养殖技术”专题培训和科技咨询服务活动。

2014年11月27日，民盟兰州畜牧与兽药研究所支部召开换届会议。会议选举产生了民盟兰州牧药所第三届支部委员会。杨博辉当选主任委员，牛春娥当选组织委员，李新圃当选宣传委员。

2015年，协助九三学社七里河第一支社完成了社委换届选举。严作廷当选主任委员，郭健、李宏胜和王东升当选副主任委员，王昉、张景艳、郭志庭当选委员。

2016年7月7日，七里河区委统战部副部长马定涛到所，对区政协委员候选人严作廷、郭健和郝宝成进行了民主测评和谈话考察。11月15日，党委书记刘永明主持会议，对兰州市人大代表初步人选李建喜进行了考察。11月21日，党委书记刘永明主持会议，对兰州市政协委员严作廷进行了考察。11月21日，经兰州市七里河区委第十一届一次常委会议研究同意，严作廷、郭健、郝宝成3人为政协兰州市七里河区第九届委员会委员。

第三节　群众团体

一、工会委员会

2008年，研究所工会组织全所职工开展春游活动和女职工集体欢度“三八”妇女节。为190名会员办理了意外伤害互助保险、重大疾病互助保险和安康B款计划，2名会员得到13 600元的重大疾病医疗保险。

2009年，积极组织申报兰州市总工会“职工优秀技术创新成果”和“兰州市职工技术创新带头人”，1人荣获“兰州市职工技术创新带头人”称号。举办庆祝“三八国际妇女节”联谊活动。为184名会员办理了意外伤害互助保障、重大疾病互助保障和安康B款计划。

2010年3月8日，举行“庆祝三八国际劳动妇女节100周年”女职工联谊会。3月25日，兰州市总工会科教文卫邮电工会科研单位联谊会在研究所召开，研究所工会主席刘永明、女工委员会主任苗小林同志、办公室赵朝忠副主任参加了会议。4月14日，兰州市总工会科教文卫工会科研片组会议在研究所召开，会议交流了各单位2010年工会工作计划，安排部署了科教文卫工会2010年工作，科教文卫工会负责人及科研片组单位的工会主席、女工委员会主任24人参加了会议，所工会主席刘永明、女工委员会主任苗小林代表研究所工会参加了会议。3月11日，兰州市召开“学习型组织标兵单位、先进单位，知识型职工标兵、先进个人”评选表彰大会，研究所被授予“兰州市学习型组织标兵单位”荣誉称号。4月29日，在兰州市总工会召开的“庆祝‘五一’国际劳动节暨兰州市总工会成立60周年纪念表彰大会”上，研究所工会被授予“兰州市先进工会”称号。

2011年10月18日，研究所工会委员会换届选举产生了第三届工会委员会。第三届工会委员会由刘永明、杨振刚、高雅琴、张继勤、田福平、郭宪、王瑜等7人组成，刘永明任工会委员会主席，杨振刚任工会委员会副主席。第三届工会经费审查委员会由张继勤、王昉、李维红等3人组成，张继勤任主任。第三届工会女职工委员会由高雅琴、吴晓睿、学红3人组成，高雅琴任主任。

2012年5月25日，研究所工会被兰州市总工会授予兰州市“模范职工之家”称号。2012年8月7日，兰州市事业单位暨科研院所厂务公开民主管理工作展示交流会在研究所举办，全市事业单位和科研院所领导70余人参加了会议。会上，所领导作了厂务公开典型交流发言。研究所被推荐为兰州市厂务公开民主管理工作先进推进单位。9月20日，邀请兰州大学教授、主任医师、国家二级心理咨询师刘立到所，为全体职工做“中医养生保健知识”专题讲座。

2013年3月7日，研究所组织女职工、女学生、各部门负责人在伏羲宾馆六楼会议厅召开了庆祝“三八”妇女节联欢会。3月，在中国农业科学院举办纪念“三八”妇女节暨表彰大会上，刘永明书记荣获“妇女之友”称号，阎萍副所长荣获“巾帼建功标兵”称号，女职工委员会荣获“先进基层妇女组织”称号，沙拐枣属遗传结构和DNA亲缘关系课题组荣获“巾帼文明岗”称号。4月22日，畜牧研究室被甘肃省总工会授予甘肃省“劳动先锋号”荣誉称号。

2015年3月12日，研究所举行了庆祝“三八”妇女节联欢会。4月30日，举行“庆五一健步走”活动所领导和150余名职工以及研究生参加了本次活动。所工会被全国总工会授予“全国会员评议职工之家示范单位”称号。

2016年3月4日，研究所举行了庆祝“三八”妇女节联欢活动。

2017年3月7日，为庆祝“三八”国际劳动妇女节，研究所工会女工委员会组织研究所80余名女职工和女学生开展了“庆三八保健知识讲座与美容技巧培训”活动。

2018年3月7日，为庆祝国际三八妇女节，丰富女职工文化生活，增强女职工凝聚力，展现女职工创新拼搏的精神风貌，研究所工会组织在职女职工、女研究生、编外聘用女员工在白塔山开展了登山比赛活动。

二、职工代表大会

2008年1月24—25日，召开了研究所第三届职工代表大会第五次会议，审议通过了所长代表所领导班子作的2007年工作报告，对职工代表提出的意见和建议进行归类整理，以文件形式反馈给所领导及各部门，以利发挥民主监督作用。

2009年2月17日，组织召开了所第三届职代会第六次会议，审议通过了所长代表领导班子作的2008年工作报告。职代会闭会后，研究所工代会及时将代表提出的意见和建议归纳整理，以文件形式下发到相关部门，要求整改落实。

2010年2月2日，召开研究所第三届职工代表大会第七次会议，听取并审议了所长代表所领导班子作的2009年工作报告和财务执行情况的报告，讨论了2010年工作目标与任务。与会代表充分肯定了杨志强所长的报告，并对2010年全所工作提出了建设性的意见和建议。

2011年1月24日，召开所第三届职工代表大会第八次会议，听取并审议了所长代表所领导班子作的2010年工作报告和财务执行情况报告，审查了所工会委员会2010年度工作报告。3月23日，召开所第三届职工代表大会第九次会议。会议审议并通过了《中国农业科学院兰州畜牧与兽药研究所全员聘用合同制管理办法》《中国农业科学院兰州畜牧与兽药研究所机构设置、部门职能与工作人员岗位职责编制方案》《中国农业科学院兰州畜牧与兽药研究所工作人员工资分配暂行办法》《中国农业科学院兰州畜牧与兽药研究所工作人员内部退养及工资福利待遇管理办法》和《中国农业科学院兰州畜牧与兽药研究所未聘待岗人员管理办法》等第四次全员聘用改革方案。所党委书记、工会主席刘永明主持了会议。杨志强所长就这次改革的背景、指导思想、总体目标、基本原则、具体内容以及对本次聘用工作的要求进行了说明。

2012年2月13日，研究所党委会议同意各部门选举产生的第四届职工代表大会代表。共有代表43名，其中正式代表31名，列席代表12名。2月15日，组织召开了第四届职工代表大会第一次会议，会议听取并审议了所长代表所领导班子作的2011年工作报告和2012年工作计划。

2013年3月15日，所第四届职工代表大会第二次会议召开。大会听取了所长代表所班子作的研究所工作报告、财务执行情况报告和2013年工作要点。代表们分组讨论和审议了所长的报告，并对全所工作提出了许多建设性的意见和建议。

2014年3月13日，研究所第四届职工代表大会第三次会议召开。会议听取了所长代表所领导班子作的2013年工作报告、财务执行情况报告和2014年工作计划。代表们讨论和审议了所长的报告，对今后的发展提出了建设性的意见和建议。

2015年3月25日，研究所第四届职工代表大会第四次会议召开。听取了所长代表所领导班子作的2014年工作报告及财务执行情况报告。代表们认真讨论和审议了所长的报告，并提出了建设性的意见和建议。

2016年3月10日，研究所第四届职工代表大会第五次会议召开。听取了所长代表所班子作的2015年工作报告及财务执行情况报告。

2017年3月14日，研究所召开第四届职工代表大会第六次会议。36名职工代表出席会议。大会听取并审议了所长代表所班子作的的工作报告。

2018年3月22日，研究所召开第四届职工代表大会第七次会议。会议由党委书记孙研主持，35名职工代表参加了会议，全体在职职工列席了大会。会议听取并审议了所长代表所班子作的题为《不忘初心促发展，牢记使命谱新篇》的工作报告、2017年财务执行情况报告和2018年工作要点，审议了《兰州畜牧与兽药研究所工会2017年工作与财务执行情况报告暨2018年工作要点》《第四届职工代表大会第六次会议代表意见落实情况报告》。对2018年工作提出了意见建议。

三、团总支和青年工作委员会

2013年4月，完成了兰州畜牧与兽药研究所团总支的换届工作，团总支由荔霞、杨峰和杨晓组成，荔霞任书记，杨峰任组织委员，杨晓任宣传委员。

2013年5月17日，兰州畜牧与兽药研究所青年工作委员会成立大会在伏羲宾馆召开。大会由所纪委书记、副所长张继瑜主持，所党委书记刘永明及青年职工、研究生参加了会议。大会通过了《兰州畜牧与兽药研究所青年工作委员会章程》，选举产生了兰州畜牧与兽药研究所青年工作委员会第一届委员会。青年工作委员会下设三个工作部，分别是学术部、文体部和宣传服务部。第一届青年工作委员会由荔霞、董鹏程、张小甫、王胜义、郭宪、王学红、田福平7位同志组成。荔霞任主任，董鹏程、张小甫任副主任；董鹏程兼任学术部部长，田福平协助部长工作；王胜义任文体部部长，郭宪协助部长工作；张小甫兼任宣传服务部部长，王学红协助部长工作。青年工作委员会工作对象为研究所40岁及以下青年职工和研究生，其宗旨是：围绕中心，服务大局，发挥引导青年、关心青年、凝聚青年、服务青年的积极作用，加强青年的思想政治工作和创新文化建设工作，开展适合青年特点的活动，培养造就富于创新精神和创新能力的牧药科技人才。

2016年，组织青年职工开展了丰富多彩的文体活动，丰富职工文化生活。开展仪器使用知识讲座、学雷锋志愿服务及保护母亲河活动、乒乓球业余健身活动等。12月15日，所青年工作委员会邀请中国农业科学院科技创新团队“细毛羊资源与育种”首席科学家杨博辉研究员为全体青年职工、研究生做了题为《修学笃行筑团队》的专题讲座。60余人参加了报告会。

2017年，组织青年职工加入兰州市、七里河区网络文明志愿者队伍，开展网络文明志愿宣传活动。开展保护母亲河和交通疏导志愿者服务活动，开展学雷锋“邻里守望、情暖陇原”志愿服务月活动。

附录一 研究所行政领导名录

一、所领导名录

姓 名	职 务	任职时间	备注
杨志强	所 长	2001.07—	
刘永明	副所长	1998.01至2018.01（退休）	
孙 研	副所长	2018.01—	
张继瑜	副所长	2005.11—	
杨耀光	副所长	2005.11至2013.01（退休）	
阎 萍	副所长	2013.01—	
李建喜	副所长	2017.09—	

二、部门领导名录

<table>
<tr><th>机构名称</th><th>姓名</th><th>职务</th><th>任职时间</th><th>备注</th></tr>
<tr><td rowspan="7">办公室</td><td>杨振刚</td><td>主 任</td><td>2003.09至2011.04</td><td></td></tr>
<tr><td rowspan="2">赵朝忠</td><td>副主任</td><td>2006.03至2011.04</td><td>兼老干部管理科科长</td></tr>
<tr><td>主 任</td><td>2011.04—</td><td></td></tr>
<tr><td>高雅琴</td><td>副主任</td><td>2011.04至2013.01</td><td></td></tr>
<tr><td>陆金萍</td><td>副主任</td><td>2014.03至2014.12</td><td></td></tr>
<tr><td>陈化琦</td><td>副主任</td><td>2014.12—</td><td></td></tr>
<tr><td rowspan="4">科技管理处</td><td rowspan="2">王学智</td><td>副处长</td><td>2006.03至2011.04</td><td>2007.09—2011.04主持工作</td></tr>
<tr><td>处 长</td><td>2011.04—</td><td></td></tr>
<tr><td>董鹏程</td><td>副处长</td><td>2011.04至2014.03</td><td></td></tr>
<tr><td>曾玉峰</td><td>副处长</td><td>2014.05—</td><td></td></tr>
<tr><td rowspan="2">党办人事处</td><td>杨振刚</td><td>处 长</td><td>2011.04—</td><td></td></tr>
<tr><td>荔 霞</td><td>副处长</td><td>2011.04—</td><td></td></tr>
</table>

（续表）

机构名称	姓名	职务	任职时间	备注
条件建设与财务处	肖　堃	处　长	2011.04至2018.04	
	巩亚东	副处长	2011.04—	
后勤服务中心	王成义	主　任	2006.03至2011.04	
	苏　鹏	副主任	2010.03至2011.04	正处级待遇
		主　任	2011.04—	
	孔繁矼	副主任	2006.03至2011.04	兼保卫科科长
	张继勤	副主任	2011.04至2014.06	兼保卫科科长
		副主任	2014.12—	
畜牧研究室	阎　萍	主　任	2006.03至2013.01	
	杨博辉	副主任	2006.03至2013.03	
	高雅琴	副主任	2013.01至2014.05	
		主　任	2014.05—	
	梁春年	副主任	2014.05—	
中兽医（兽医）研究室	李建喜	副主任	2007.09至2011.04	
		主　任	2011.04—	
	严作廷	副主任	2007.09—	2007.09—2011.04 主持工作
	潘　虎	副主任	2009.09—	
兽药研究室	杨志强	主　任	2011.04至2014.03	兼任
	梁剑平	副主任	2011.04—	正处级
	李剑勇	副主任	2011.04—	
	张继瑜	主　任	2014.03—	兼任
草业饲料研究室	常根柱	副主任	2003.09至2011.04	2007.03—2011.04 主持工作
	李锦华	副主任	2011.04—	
	时永杰	主　任	2014.03至2018.05	
基地管理处	时永杰	处　长	2011.04至2014.03	
	杨世柱	副处长	2011.04—	
	董鹏程	副处长	2014.03—	
	王　瑜	处长助理	2014.12—	

（续表）

机构名称	姓名	职务	任职时间	备注
房产管理处	孔繁矼	副处长	2011.04至2012.09	
		处　长	2012.09至2014.12	
	陆金萍	副处长	2011.04至2014.03	
	杨振刚		2014.06至2014.12	临时负责人
	张继勤	副处长	2014.06至2014.12	
药厂	杨耀光	厂　长	2008.04至2011.04	兼任
	王　瑜	副厂长	2010.03至2014.12	正科级待遇
	陈化琦	副厂长	2011.04至2014.12	
房产部	张　凌	主　任	2006.03至2011.04	
	杨振刚		2010.04至2011.04	临时负责人
	李　聪	副主任	2006.03至2011.04	
计划财务处	袁志俊	处　长	2006.03至2011.04	
	肖　堃	副处长	2006.03至2011.04	
新兽药工程研究室	梁剑平	主　任	2003.09至2011.04	
	李剑勇	副主任	2007.09至2011.04	
农业部动物毛皮及制品质量监督检验测试中心	杨志强	主　任	2008至2014.03	兼任
	阎　萍	主　任	2014.03—	
	高雅琴	副主任	2005.12至2011.04	
	杨博辉	副主任	2011.04至2013.03	
	高雅琴	副主任	2013.03—	
农业部兰州黄土高原生态环境重点野外科学观测试验站	时永杰	站　长	2007.03至2011.04	
	白学仁	副站长	2006.03至2011.04	正处级待遇
	杨世柱	副站长	2007.03至2011.04	

附录二　研究所党组织领导名录

一、研究所党委、纪委

姓名	职务	任职时间
刘永明	党委书记	2001.07至2018.01（退休）
	纪委书记	2001.07至2008.04
孙　研	党委书记	2018.01—
杨志强	党委副书记	2007.08—
	党委委员	2001.07至2007.08
杨振刚	党委副书记	2017.09—
	党委委员	2008.04至2017.09
张继瑜	党委委员	2005.11—
	纪委书记	2008.04—
阎　萍	党委委员	2013.09—
杨耀光	党委委员	2005.11至2013.09（退休）

二、研究所党支部委员会

党支部名称	书记	副书记	组织委员	宣传委员	纪检委员	批复时间
药厂党支部	王　瑜		王晓力	陈化琦		2010.05
机关第一党支部	赵朝忠		陈　靖	肖　堃		2011.05
机关第二党支部	杨振刚		席　斌	董鹏程		
畜牧草业党支部	阎　萍		王宏博	张　茜		
兽医兽药党支部	李剑勇		李　冰	潘　虎		
后勤房产党支部	苏　鹏		张继勤	陆金萍		
基地药厂党支部	时永杰		田福平	王　瑜		
离退休党支部	苏　普	荔　霞	代学义	吴丽英	蒋忠喜	
机关第一党支部	赵朝忠		陈　靖	符金钟		2014.03
机关第二党支部	杨振刚		席　斌	周　磊		

（续表）

党支部名称	书记	副书记	组织委员	宣传委员	纪检委员	批复时间
畜牧党支部	高雅琴		王宏博	郭　宪		2014.03
兽医党支部	潘　虎		王　磊	王贵波		
兽药党支部	李剑勇		李　冰	郭文柱		
草业基地党支部	董鹏程		田福平	朱新强		
后勤房产药厂党支部	张继勤		王　瑜	戴凤菊		
离退休党支部	弋振华	荔　霞	张菊瑞	李金善	蔡东峰	
机关第一党支部	赵朝忠		张继勤	符金钟		2016.12
机关第二党支部	杨振刚		肖玉萍	周　磊		
机关第三党支部	肖　堃		陈　靖	张玉纲		
畜牧党支部	高雅琴		郭　宪	郭婷婷		
兽医党支部	潘　虎		王　磊	王贵波		
兽药党支部	李剑勇		牛建荣	郭文柱		
草业党支部	时永杰		田福平	朱新强		
基地党支部	董鹏程		李润林	杨世柱		
离退休党支部	荔　霞	宋　瑛	吴丽英	牛晓荣	蔡东峰	

附录三　先进单位、先进个人名录

一、先进单位

年度	获奖名称	颁奖单位
2008	2007—2008年度文明单位	中国农业科学院
	中国农科院好公文评选综合类优秀奖	中国农业科学院办公室
	中国农科院好公文评选报告类优秀奖	中国农业科学院办公室
	2007年度人事劳资统计工作先进单位	中国农科院人事局
	2007年度社会治安综合治理先进单位	七里河区西湖街道
	2008年度交通安全先进单位	七里河交警大队
	九三学社畜牧中兽医支社获先进基层组织	九三学社兰州市委员会
2009	全国精神文明建设工作先进单位	全国精神文明办公室
	2008年度全省企事业单位安全保卫先进集体	甘肃省公安厅
	2008年度人事劳资统计先进单位	甘肃省人事与社会保障厅
	2008年度党内统计先进单位	兰州市委组织部
	2008年度计划生育人口管理先进集体	七里河区人民政府
	伏羲宾馆荣获卫生监督量化分级管理A级单位	兰州市卫生局
	大洼山综合试验站获2008年度绿化管理先进单位	兰州市南北两山指挥部
	2008年度社会治安综合治理、禁毒工作先进单位	七里河区西湖街道
	2009年度交通安全先进单位	七里河交警大队
2010	2010年度人事劳资统计一等奖	甘肃省统计局
	兰州市学习型组织标兵单位	兰州市总工会
	兰州市先进工会	兰州市总工会
	好公文综合奖	中国农业科学院
	大洼山综合试验站获2009年度绿化管理先进单位	兰州市南北两山指挥部
	财务基础先进	中国农业科学院财务局
	人口与计划生育先进集体	七里河区西湖街道

（续表）

年度	获奖名称	颁奖单位
2011	2011年度人事劳资统计一等奖	甘肃省统计局
	2009—2010年度会计基础工作评比成绩优秀单位	中国农业科学院
2012	先进基层党组织	中国农业科学院直属机关党委
	党的建设与精神文明建设优秀单位	中国农业科学院党组
	信息宣传工作先进单位	中国农业科学院办公室
	2011—2012年度“好公文”优秀奖	中国农业科学院办公室
	中国农业科学院文明单位	中国农业科学院
	中国农业科学院职工运动会第四名	中国农业科学院工会
	社保先进工作单位	甘肃省人力资源和社会保障厅
	“模范职工之家”	兰州市总工会
	劳动工资统计一等奖	甘肃省统计局
	内部治安保卫工作先进单位	兰州市公安局
	七里河区单位内部治安保卫工作优秀单位	七里河公安分局
	首批全民健康生活方式示范机构	甘肃省卫生厅
	支持地方经济发展先进单位	张掖市甘州区委、区政府
	机关二支部荣获先进党支部	兰州畜牧与兽药研究所党委
	兽医兽药支部荣获先进党支部	兰州畜牧与兽药研究所党委
	“牦牛高原低氧适应”项目团队获中国农业科学院青年文明号	中国农业科学院直属机关党委
	伏羲宾馆荣获七里河区公共场所卫生监督量化分级管理A级先进单位	七里河区卫生监督所
	旅馆业治安管理工作先进单位	七里河分局小西湖派出所
	全街人口和计划生育工作先进集体	七里河区西湖街道
	社会治安综合治理工作先进单位	七里河区西湖街道
2013	兰州市市级卫生单位	兰州市人民政府
	中国农业科学院研究生管理先进集体	中国农业科学院研究生院
	甘肃省牦牛繁育工程重点实验室获甘肃省基础研究工作先进集体	甘肃省科技厅
	女职工委员会获院先进基层妇女组织称号	中国农业科学院直属机关党委
	沙拐枣课题组获巾帼标兵岗位	中国农业科学院直属机关党委
	畜牧研究室荣获甘肃省“劳动先锋号”	甘肃省总工会
	中国残联“高科技助残就业项目”先进单位	中国残疾人联合会

（续表）

年度	获奖名称	颁奖单位
2014	双联行动考评优秀单位	甘肃省委联村联户行动领导小组
	甘肃省卫生单位	甘肃省爱卫会
	2014年度中国农业科学院文明单位	中国农业科学院党组
	2014年度人口和计划生育工作奖	西湖街道办事处
	条财处受到财政部驻甘办“基层预算单位2014年度监督资料报送”表扬	财政部驻甘专员办
2015	全国文明单位	中央精神文明建设指导委员会
	2014年度会员评议职工之家示范单位	全国总工会基层组织建设部
	兽药创新与安全评价创新团队荣获第二批农业科研杰出人才及其创新团队	农业部办公厅
	2014年度中国农业科学院党建宣传信息工作先进单位	中国农业科学院直属机关党委
	科技传播工作先进单位	中国农业科学院办公室
	综合实验室荣获2014年度甘肃省建设工程飞天奖	甘肃省住房和城乡建设厅
	综合实验室兰州市建设工程白塔奖	兰州市城乡建设局
	2015年度人口和计划生育工作先进集体	七里河区西湖街道办事处
2016	先进基层党组织	中国农业科学院直属机关党委
	高山美利奴羊新品种培育及应用课题组获中国农业科学院青年文明号	中国农业科学院直属机关党委、人事局
	研究生管理工作先进集体	中国农业科学院研究生院
	老干部科被评为院离退休工作先进集体	中国农业科学院
	2016年度人事劳动统计工作先进单位	中国农业科学院人事局
	畜牧研究室荣获中国农业科学院2014—2015年度先进集体	中国农业科学院直属机关党委
	2015年全省联村联户为民富民行动优秀双联单位	甘肃省联村联户行动领导小组
	2015年研究所精准扶贫驻村帮扶工作队被评为先进驻村工作队	甘肃省临潭县委
	2016年人口与计划生育先进集体	兰州市西湖街道
	中国农业科学院2016年度“好公文”	中国农业科学院
	《中国草食动物》编辑部荣获2014年度科技论文在线优秀期刊二等奖	中国科技论文在线
	综合试验站2016年绿化承包单位考核优秀	兰州市南北两山环境绿化工程指挥部

（续表）

年度	获奖名称	颁奖单位
2017	经审查合格，继续保留“全国文明单位”称号	中央精神文明建设指导委员会
	中国农业科学院2015—2017年度文明单位	中国农业科学院精神文明建设协调领导小组
	2017年度平安建设考评优秀单位	中国农业科学院
	院庆主题征文活动“先进组织奖”	中国农业科学院办公室
	2011—2015年全区法治宣传教育先进单位	七里河区委宣传部、七里河区委全面推进依法治区工作领导小组办公室、七里河区司法局
	草食动物编辑部获2015年度科技论文在线优秀期刊二等奖	中国科技论文在线
2018	中国农业科学院群众性体育活动先进单位	中国农业科学院
	第七届职工运动会精神文明奖	中国农业科学院
	中国农业科学院京外单位团体总分第二名	中国农业科学院
	党办人事处获组织人事部门能力建设培训班“优秀学习小组”称号	中国农业科学院人事局

二、先进个人

年度	获奖名称	获奖人	颁奖单位
2008	甘肃省优秀工会工作者	刘永明	甘肃省教科文卫工会
	2007—2008年度中国农科院文明职工	袁志俊	中国农业科学院
	九三学社优秀社员	王　昉	九三学社兰州市委员会
	九三学社优秀社员	严作廷	九三学社兰州市委员会
	九三学社优秀社员	梁剑平	九三学社兰州市委员会
	九三学社优秀社员	王东升	九三学社兰州市委员会
	2008年度交通安全先进个人	方　卫	七里河交警大队
	2007年度计划生育先进工作者	贾永红	七里河区西湖街道
2009	新中国成立60周年“三农”模范人物	盛彤笙	农业部
	新中国60年畜牧兽医科技贡献奖（杰出人物）	杨诗兴	中国畜牧兽医协会
	新中国60年畜牧兽医科技贡献奖（杰出人物）	杨志强	中国畜牧兽医协会
	新中国60年畜牧兽医科技贡献奖（杰出人物）	阎　萍	中国畜牧兽医协会
	2008年度全省企业事业单位安全保卫先进个人	王成义	甘肃省公安厅
	兰州绿化奖章获得者	王成义	兰州市人民政府
	2008—2009年度甘肃省实验动物科技管理工作先进个人	王学智	甘肃省科技厅

（续表）

年度	获奖名称	获奖人	颁奖单位
2009	2008—2009年度甘肃省实验动物科技管理工作先进个人	董鹏程	甘肃省科技厅
	“兰州市职工技术创新带头人”称号	李剑勇	兰州市总工会、兰州市科学技术局、兰州市劳动和社会保障局
2010	九三学社优秀社员	梁剑平	九三学社中央委员会
	中国农业科学院优秀党务工作者	杨振刚	中国农业科学院党组
	中国农业科学院优秀党员	阎　萍	中国农业科学院党组
	中国农业科学院优秀党员	张继勤	中国农业科学院党组
	中国农业科学院文明职工	董鹏程	中国农业科学院精神文明建设委员会
	人事劳资统计先进个人	吴晓睿	甘肃省统计局
	“绿化与人居环境”活动中获优秀	屈建民	甘肃省绿化委
	优秀通信员	牛晓荣	中国农业科学院
2011	第十二届中国青年科技奖	李剑勇	中央组织部、人力资源和社会保障部、中国科学技术协会
	第八届甘肃省青年科技奖	李剑勇	甘肃省委组织部、甘肃省人力与社会保障厅、甘肃省科协
	优秀党员志愿者	李剑勇	西湖街道工作委员会
	九三学社优秀社员	梁剑平	九三学社中央委员会
	九三学社优秀社员	严作廷	九三学社甘肃省委员会
	九三学社优秀社员	刘　宇	九三学社兰州市委员会
	九三学社优秀社员	王学红	九三学社兰州市委员会
	九三学社优秀社员	郭志廷	九三学社兰州市委员会
	九三学社优秀社员	牛晓荣	九三学社兰州市委员会
	金桥先进个人奖	阎　萍	中国技术市场协会
	基建规范管理年先进个人	肖　堃	中国农业科学院
	全国R&D资源清查工作先进个人	周　磊	全国R&D资源清查领导小组办公室
	九三学社优秀社员	王东升	九三学社兰州市委员会
	九三学社优秀社员	李宏胜	九三学社兰州市委员会
	优秀党员志愿者	吴晓睿	西湖街道工作委员会
	优秀党员志愿者	杨振刚	西湖街道工作委员会
2012	2011年度研究生管理工作先进个人	周　磊	中国农业科学院研究生院

（续表）

年度	获奖名称	获奖人	颁奖单位
2012	中国农业科学院优秀共产党员	阎　萍	中国农业科学院直属机关党委
	中国农业科学院优秀共产党员	巩亚东	中国农业科学院直属机关党委
	中国农业科学院优秀党务工作者	杨振刚	中国农业科学院直属机关党委
	农科院优秀通讯员	符金钟	中国农业科学院办公室
	“五五”普法依法治理先进个人	杨振刚	七里河区委、区政府
	工会经费收缴管理先进个人	张继勤	兰州市总工会、兰州市财政局
	第一届甘肃省优秀科技工作者	阎　萍	甘肃省科协
	劳动工资统计先进个人	牛晓荣	甘肃省统计局
	研究所优秀共产党员	苏　普	兰州畜牧与兽药研究所
	研究所优秀共产党员	巩亚东	兰州畜牧与兽药研究所
	研究所优秀共产党员	阎　萍	兰州畜牧与兽药研究所
	研究所优秀共产党员	杨振刚	兰州畜牧与兽药研究所
	研究所优秀共产党员	张继勤	兰州畜牧与兽药研究所
	研究所优秀共产党员	时永杰	兰州畜牧与兽药研究所
	研究所优秀共产党员	李剑勇	兰州畜牧与兽药研究所
	优秀人大代表	杨志强	兰州市七里河区人大
	2012年度劳动工资统先进个人	牛晓荣	兰州市七里河区统计局
2013	2012年度人口与计划生育工作先进个人	李世宏	兰州市统筹解决人口问题领导小组办公室
	甘肃省科普工作先进工作者	王学智	甘肃省委宣传部、甘肃省科技厅、甘肃省科协
	“档案在你身边”征文活动优秀作品奖	李世宏	农业部办公厅
	全省科技统计与分析工作先进个人	周　磊	甘肃省科技厅
	全国农业先进个人	阎　萍	中华人民共和国农业部
	2012年度研究生管理工作先进个人	周　磊	中国农业科学院研究生院
	甘肃省基础研究先进工作者	张继瑜	甘肃省科技厅
	甘肃省基础研究先进工作者	阎　萍	甘肃省科技厅
	甘肃省基础研究管理工作先进工作者	王学智	甘肃省科技厅
	中国农业科学院妇女之友	刘永明	中国农业科学院直属机关党委
	中国农业科学院巾帼建功标兵	阎　萍	中国农业科学院直属机关党委
2014	2013年度研究生管理工作先进个人	王学智	中国农业科学院研究生院
	中国农业科学院优秀党务工作者	杨志强	中国农业科学院直属机关党委
	中国农业科学院优秀共产党员	王学智	中国农业科学院直属机关党委

（续表）

年度	获奖名称	获奖人	颁奖单位
2014	全省动物防疫先进工作者	杨志强	甘肃省农牧厅
	中国农业科学院2013—2014年度“妇女之友”	杨志强	中国农业科学院妇工委
	全国优秀科技工作者	阎　萍	中国科协
	中国农业科学院2013—2014年度“巾帼建功标兵”	阎　萍	中国农业科学院妇工委
	有突出贡献中青年专家	李剑勇	人力资源和社会保障部
	国家百千万人才工程	李剑勇	人力资源和社会保障部
	2014年度兰州市科技功臣提名奖	梁剑平	兰州市政府
	2014年度优秀“外事专办员”	周　磊	中国农业科学院办公室
	2014年度辖区单位人口和计划生育先进工作者	李世宏	兰州市西湖街道办事处
2015	国家百千万人才工程	张继瑜	人力资源和社会保障部
	有突出贡献中青年专家	张继瑜	人力资源和社会保障部
	全国农业科研杰出人才	张继瑜	中华人民共和国农业部
	政府特殊津贴	李剑勇	中华人民共和国国务院
	2014年度中国农业科学院党建宣传信息工作优秀信息员	荔　霞	中国农业科学院直属机关党委
	2013—2014年度优秀通讯员	符金钟	中国农业科学院办公室
	2014年度研究生管理工作先进个人	周　磊	中国农业科学院研究生院
2016	第八届甘肃省优秀专家	刘永明	甘肃省委、甘肃省人民政府
	优秀驻村帮扶工作队队长	陈化琦	甘肃省省委，甘肃省人民政府
	中国农业科学院优秀党务工作者	刘永明	中国农业科学院直属机关党委
	中国农业科学院2015—2016年度“妇女之友”	张继瑜	中国农业科学院妇工委
	全国农业先进个人	杨博辉	农业部
	中国农业科学院优秀共产党员	高雅琴	中国农业科学院直属机关党委
	中国农业科学院研究生管理先进个人	周　磊	中国农业科学院研究生院
	2016年“风鹏行动·种业功臣”项目资助	阎　萍	中华农业科教基金会
	农业部“离退休干部工作先进工作者”	荔　霞	农业部
	党建宣传工作优秀信息员	荔　霞	中国农业科学院直属机关党委
	农业部中青年干部学习交流活动“推进农业产业精准扶贫”优秀论文奖	郭　宪	农业部发展计划司
	全省科技统计与分析工作先进个人	杨　晓	甘肃省科技厅
	中国农业科学院“优秀核稿员”	赵朝忠	中国农业科学院
	2015年度领军人才考核优秀	杨志强	甘肃省委组织部 甘肃省人社厅

（续表）

年度	获奖名称	获奖人	颁奖单位
2016	双联行动优秀人大代表	杨志强	兰州市人大常委会
	第二届支撑人才岗位技能竞赛第一名	王华东	中国农业科学院
2017	所局级领导干部理论学习论文三等奖	刘永明	农科院直属机关党委
	政府特殊津贴	张继瑜	国务院
	农科英才“C类领军人才”	张继瑜	中国农业科学院
	农科英才“C类领军人才”	李剑勇	中国农业科学院
	农科英才中“青年英才”	丁学智	中国农业科学院
	院庆60周年杰出贡献人物奖	阎　萍	中国农业科学院
	农产品质量安全风险评估研究青年创新人才评选中获二等奖	熊　琳	中国农业科学院科技管理局
	在研究生管理工作岗位工作十年以上特别荣誉奖	周　磊	中国农业科学院研究生院
	2016年度研究生管理工作先进个人	周　磊	中国农业科学院研究生院
	2017年度平安建设先进个人	赵朝忠	中国农业科学院
	院庆60周年优秀征文	周学辉	中国农业科学院办公室
	院庆60周年优秀征文	李润林	中国农业科学院办公室
	院庆60周年优秀征文	符金钟	中国农业科学院办公室
	兰州市工运理论研究征文先进个人	吴晓睿	兰州市总工会
	书法作品参加院庆展出	常根柱	中国农业科学院离退办
	摄影作品参加院庆展出	宋　瑛	中国农业科学院离退办
2018	2017年研究生管理工作先进个人	王学智	中国农业科学院研究生院
	研究生管理工作特别荣誉奖	王学智	中国农业科学院研究生院

附录四　职工名录

一、2018年4月在职职工名录

姓　名	性别	出生年月	参加工作时间	学　历	学位	行政职务	专业技术职务
杨志强	男	1957.12	1982.02	大学	学士	所　长 副书记	研究员
孙　研	男	1973.01	1996.07	研究生	硕士	书　记 副所长	畜牧师
张继瑜	男	1967.12	1991.07	研究生	博士	副所长 纪委书记 党委委员	研究员
阎　萍	女	1963.06	1984.10	研究生	博士	副所长 党委委员	研究员
杨振刚	男	1967.09	1991.07	大学	学士	副书记 党委委员	研究员
李建喜	男	1971.10	1995.06	研究生	博士	副所长	研究员
梁剑平	男	1962.05	1985.10	研究生	博士	副主任 （正处级）	研究员
郑继方	男	1958.12	1983.08	大学	学士		研究员
时永杰	男	1961.11	1982.08	大学	学士	主　任	研究员
杨博辉	男	1964.10	1986.07	研究生	博士		研究员
李剑勇	男	1971.12	1995.06	研究生	博士	副主任	研究员
李宏胜	男	1964.10	1987.07	研究生	博士		研究员
高雅琴	女	1964.04	1986.08	大学	学士	主　任	研究员
蒲万霞	女	1964.09	1985.07	研究生	博士		研究员
赵四喜	男	1961.10	1983.08	大学	学士		编　审
严作廷	男	1962.08	1986.07	研究生	博士	副主任	研究员
罗超应	男	1960.01	1982.08	大学	学士		研究员

（续表）

姓　名	性别	出生年月	参加工作时间	学　历	学位	行政职务	专业技术职务
王学智	男	1969.07	1995.06	研究生	博士	处　长	研究员
潘　虎	男	1962.10	1983.08	大学	学士	副主任	研究员
梁春年	男	1973.12	1997.07	研究生	博士	副主任	研究员
周绪正	男	1971.07	1994.06	大学	学士		研究员
魏云霞	女	1965.07	1987.07	研究生	博士		编　审
杨世柱	男	1962.03	1983.07	研究生	硕士	副处长	副研究员
孙晓萍	女	1962.11	1983.08	大学	学士		副研究员
赵朝忠	男	1964.02	1984.07	大学		主　任	副研究员
李新圃	女	1962.05	1983.08	研究生	博士		副研究员
罗永江	男	1966.09	1991.07	大学	学士		副研究员
杜天庆	男	1963.12	1989.11	研究生	硕士		副研究员
李锦华	男	1963.08	1985.07	研究生	博士	副主任	副研究员
罗金印	男	1969.07	1992.10	大学	学士		副研究员
牛建荣	男	1968.01	1992.10	研究生	硕士		副研究员
陈炅然	女	1968.10	1991.10	研究生	博士		副研究员
吴培星	男	1962.11	1985.05	研究生	博士		副研究员
张继勤	男	1971.11	1994.07	大学		副主任	副研究员
程富胜	男	1971.08	1996.07	研究生	博士		副研究员
苗小楼	男	1972.04	1996.07	大学	学士		副研究员
程胜利	男	1971.03	1997.07	研究生	博士		副研究员
苏　鹏	男	1963.04	1984.07	大学		主　任	副研究员
李锦宇	男	1973.10	1997.07	大学	学士		副研究员
王晓力	女	1965.07	1987.12	大学			副研究员
王　玲	女	1969.10	1998.09	研究生	硕士		副研究员
董鹏程	男	1975.01	1999.11	研究生	博士	副处长	副研究员
李世宏	男	1974.05	1999.07	大学	学士		副研究员
陈化琦	男	1976.10	1999.07	大学	学士	副主任	副研究员
郭　宪	男	1978.02	2003.07	研究生	博士		副研究员
尚若锋	男	1974.10	1999.04	研究生	博士		副研究员
孔繁矼	男	1959.07	1976.06	大专			副研究员
陆金萍	女	1972.06	1996.07	大学	学士		副研究员
荔　霞	女	1977.10	2000.09	研究生	硕士	副处长	副研究员

（续表）

姓 名	性别	出生年月	参加工作时间	学 历	学位	行政职务	专业技术职务
吴晓睿	女	1974.03	1992.12	大学		副主任科员	副研究员
田福平	男	1976.09	2004.07	研究生	博士		副研究员
郭天芬	女	1974.06	1997.11	大学	学士		副研究员
曾玉峰	男	1979.07	2005.06	研究生	博士	副处长	副研究员
丁学智	男	1979.03	2010.07	研究生	博士		副研究员
王旭荣	女	1980.04	2008.06	研究生	博士		副研究员
王宏博	男	1977.06	2005.06	研究生	博士		副研究员
刘建斌	男	1977.09	2005.06	研究生	博士		副研究员
肖玉萍	女	1979.11	2005.07	研究生	硕士		副编审
王东升	男	1979.09	2005.06	研究生	硕士		副研究员
魏小娟	女	1976.12	2004.07	研究生	硕士		副研究员
路 远	女	1980.03	2006.06	研究生	硕士		副研究员
裴 杰	男	1979.09	2006.06	研究生	博士		副研究员
王胜义	男	1981.01	2010.07	研究生	硕士		副研究员
李 冰	女	1981.05	2008.06	研究生	硕士		副研究员
辛蕊华	女	1981.01	2008.06	研究生	硕士		副研究员
岳耀敬	男	1980.10	2008.07	研究生	博士		副研究员
王华东	男	1979.04	2005.07	研究生	硕士		副编审
郭 健	男	1964.09	1987.07	大学			高级实验师
牛春娥	女	1968.10	1989.12	研究生	硕士		高级实验师
王 昉	女	1975.07	1996.06	大学			高级会计师
王学红	女	1975.12	1999.07	研究生	硕士		高级实验师
李维红	女	1978.08	2005.06	研究生	博士		高级实验师
王 瑜	男	1974.11	1997.09	研究生	硕士	处长助理	高级农艺师
杨保平	男	1964.09	1984.07	大学	学士		助理研究员
韩福杰	男	1962.12	1987.07	大学	学士		助理研究员
吕嘉文	男	1978.08	2001.08	研究生	硕士		助理研究员
张怀山	男	1969.04	1991.12	研究生	博士		助理研究员
周 磊	男	1979.05	2006.08	研究生	硕士		助理研究员
郭志廷	男	1979.09	2007.05	研究生	硕士		助理研究员
刘 宇	男	1981.08	2007.06	研究生	硕士		助理研究员
杨红善	男	1981.09	2007.06	研究生	硕士		助理研究员

（续表）

姓　名	性别	出生年月	参加工作时间	学　历	学位	行政职务	专业技术职务
包鹏甲	男	1980.09	2007.06	研究生	硕士		助理研究员
董书伟	男	1980.09	2007.07	研究生	博士		助理研究员
焦增华	女	1978.11	2004.09	研究生	硕士		助理研究员
郭文柱	男	1980.04	2007.11	研究生	硕士		助理研究员
张　茜	女	1980.11	2008.06	研究生	博士		助理研究员
张　凯	男	1982.10	2008.06	研究生	博士		助理研究员
杨亚军	男	1982.09	2008.04	研究生	硕士		助理研究员
师　音	女	1983.03	2008.03	研究生	硕士		助理研究员
张世栋	男	1983.05	2008.07	研究生	硕士		助理研究员
张小甫	男	1981.11	2008.07	研究生	硕士		助理研究员
王春梅	女	1981.11	2008.06	研究生	硕士		助理研究员
褚　敏	女	1982.12	2008.07	研究生	博士		助理研究员
陈　靖	男	1982.10	2008.06	研究生	硕士		助理研究员
李宠华	女	1972.05	2010.07	研究生	硕士		助理研究员
席　斌	男	1981.04	2004.07	研究生	硕士		助理研究员
张景艳	女	1980.12	2009.06	研究生	硕士		助理研究员
王贵波	男	1982.08	2009.07	研究生	硕士		助理研究员
邓海平	男	1983.10	2009.06	研究生	硕士		助理研究员
秦　哲	女	1983.03	2012.07	研究生	博士		助理研究员
李　誉	男	1982.12	2004.08	大学			助理研究员
汪晓斌	男	1975.09	2005.06	大专			助理研究员
郝宝成	男	1983.02	2010.06	研究生	硕士		助理研究员
刘希望	男	1986.05	2010.07	研究生	硕士		助理研究员
胡　宇	男	1983.09	2010.06	研究生	硕士		助理研究员
郭婷婷	女	1984.09	2010.07	研究生	硕士		助理研究员
尚小飞	男	1986.09	2010.07	研究生	硕士		助理研究员
熊　琳	男	1984.03	2010.07	研究生	硕士		助理研究员
杨　晓	男	1985.02	2010.07	研究生	硕士		助理研究员
张玉纲	男	1972.01	1995.11	大学		副主任科员	助理研究员
符金钟	男	1982.10	2005.06	研究生	硕士		助理研究员
朱新强	男	1985.07	2011.06	研究生	硕士		助理研究员
杨　峰	男	1985.03	2011.06	研究生	硕士		助理研究员

（续表）

姓　名	性别	出生年月	参加工作时间	学　历	学位	行政职务	专业技术职务
李润林	男	1982.08	2011.07	研究生	硕士		助理研究员
崔东安	男	1981.03	2014.07	研究生	博士		助理研究员
袁　超	男	1981.04	2014.07	研究生	博士		助理研究员
王　慧	男	1985.10	2012.07	研究生	硕士		助理研究员
王　磊	女	1985.09	2012.07	研究生	硕士		助理研究员
吴晓云	男	1986.10	2015.07	研究生	博士		助理研究员
杨晓玲	女	1987.01	2013.07	研究生	硕士		助理研究员
孔晓军	男	1982.12	2013.07	研究生	硕士		助理研究员
贺泂杰	男	1987.10	2013.07	研究生	硕士		助理研究员
崔光欣	女	1985.10	2016.07	研究生	博士		助理研究员
段慧荣	女	1987.07	2016.07	研究生	博士		助理研究员
仇正英	女	1985.01	2016.07	研究生	博士		助理研究员
杨　珍	女	1989.05	2014.07	研究生	硕士		助理研究员
刘丽娟	女	1988.07	2014.07	研究生	硕士		助理研究员
冯瑞林	男	1959.06	1976.03	大专			实验师
魏春梅	女	1966.06	1987.07	中专			实验师
周学辉	男	1964.10	1987.07	大学			实验师
张　顼	女	1964.02	1982.12	高中			实验师
梁丽娜	女	1966.03	1987.08	中专			实验师
樊　堃	男	1961.03	1977.04	高中		主任科员	实验师
王建林	男	1965.05	1987.07	中专		副主任科员	实验师
戴凤菊	女	1963.10	1986.08	大学		副主任科员	实验师
赵保蕴	男	1972.05	1990.03	大专			实验师
巩亚东	男	1961.06	1978.10	大专		副处长	实验师
李志斌	男	1972.03	1995.07	大专			实验师
冯　锐	女	1970.07	1994.08	大专		副主任科员	实验师
李　伟	男	1963.03	1980.11	中专			畜牧师
肖　堃	女	1960.08	1977.06	大学			会计师
李　聪	男	1959.10	1977.04	大专			助理实验师
刘　隆	男	1959.11	1976.12	高中		主任科员	助理实验师
张　彬	男	1973.11	1995.11	大专			助理实验师
赵　雯	女	1975.10	1996.11	大专			助理实验师

（续表）

姓　名	性别	出生年月	参加工作时间	学　历	学位	行政职务	专业技术职务
郝　媛	女	1976.04	2012.07	大学			研究实习员
张　康	男	1987.06	2015.07	研究生	硕士		研究实习员
赵　博	女	1985.08	2015.07	研究生	硕士		研究实习员
宋玉婷	女	1987.10	2016.07	研究生	硕士		研究实习员
武小虎	男	1987.03	2017.07	研究生	博士		研究实习员
王玮玮	女	1990.04	2017.07	研究生	硕士		研究实习员
郑兰钦	男	1959.07	1976.03	高中		主任科员	
马安生	男	1960.01	1978.12	高中			技师
韩　忠	男	1961.10	1978.12	大学			技师
罗　军	男	1967.12	1982.10	大专			技师
梁　军	男	1959.12	1977.04	高中			技师
刘庆平	男	1959.08	1976.03	高中			技师
陈云峰	男	1961.10	1977.04	高中			技师
杨宗涛	男	1962.09	1982.02	高中			技师
郭天幸	男	1961.12	1978.10	高中			技师
肖　华	男	1963.11	1980.11	高中			技师
王蓉城	男	1964.05	1983.10	大专			技师
徐小鸿	男	1959.07	1976.03	高中			技师
朱光旭	男	1959.11	1976.03	大专			技师
黄东平	男	1961.06	1979.12	高中			技师
雷占荣	男	1963.08	1983.04	初中			技师
毛锦超	男	1964.02	1986.09	高中			技师
宋　青	女	1969.05	1990.08	高中			技师
张金玉	男	1959.06	1976.04	高中			技师
路瑞滨	男	1960.05	1982.12	高中			技师
刘好学	男	1962.06	1982.10	高中			技师
杨建明	男	1964.06	1979.04	高中			技师
王小光	男	1965.05	1984.10	大专			技师
陈宇农	男	1965.10	1984.10	高中			技师
康　旭	男	1968.01	1984.10	大专			技师
李志宏	男	1965.08	1986.09	高中			技师
薛建立	男	1964.04	1981.10	初中			中级工

（续表）

姓　名	性别	出生年月	参加工作时间	学　历	学位	行政职务	专业技术职务
张　岩	男	1970.09	1987.11	中专			中级工

二、离退休职工名录

姓名	性别	出生年月	参加工作时间	文化程度	原行政职务	原技术职务	离（退）休时间
游曼青	男	1922.04	1948.09	大学	司局级待遇	副研究员	1985.09离休
邓诗品	男	1927.03	1948.11	大学	司局级待遇	副研究员	1986.05离休
宗恩泽	男	1924.12	1949.02	大学	司局级待遇	副研究员	1985.06离休
张敬钧	男	1924.10	1949.06	初中	处级待遇	会计师	1987.11离休
余智言	女	1933.12	1949.03	高中	处级待遇	助理研究员	1989.03离休
刁仁杰	男	1927.09	1949.11	大学	副处级待遇	高级兽医师	1987.12退休
侯奕昭	女	1931.01	1955.08	大专		实验师（高级实验师资格）	1987.12退休
李玉梅	女	1926.07	1952.04	初中		会计师	1987.12退休
刘端庄	女	1932.12	1956.03	初中		实验师	1987.11退休
瞿自明	男	1930.07	1951.08	大学	副所级待遇	研究员	1996.03退休
梁洪诚	女	1935.08	1955.08	大专		高级实验师	1990.03退休
李雅茹	女	1934.12	1960.06	大学		副研究员	1990.01退休
杨玉英	女	1934.04	1951.03	大专	副处级待遇	实验师（高级实验师资格）	1990.01退休
景宜兰	女	1934.11	1953.08	中专		实验师	1990.01退休
肖尽善	男	1930.01	1955.09	大学		高级兽医师	1990.03退休
魏　珽	男	1930.02	1956.08	研究生		研究员	1990.04退休
郑长令	男	1934.10	1951.02	高中	正科级待遇		1994.10退休
吴绍斌	男	1942.07	1963.10	大专		高级实验师	2002.08退休
赵秀英	女	1937.02	1958.10	高中		会计师	1991.08退休
董树芳	女	1938.02	1959.09	大专		实验师	1993.02退休
杨翠琴	女	1938.10	1957.10	初中		实验师	1993.10退休
王宇一	男	1933.03	1961.08	大学	副处级待遇	副研究员	1993.03退休
张翠英	女	1938.03	1960.02	初中	正科级待遇		1993.03退休
张科仁	男	1934.01	1956.09	大学	正处级待遇	副研究员（研究员资格）	1994.01退休

（续表）

姓名	性别	出生年月	参加工作时间	文化程度	原行政职务	原技术职务	离（退）休时间
屈文焕	男	1934.01	1950.01	大专	副处级待遇	兽医师	1994.01退休
胡贤玉	女	1937.08	1961.08	大学	副处级待遇	副研究员	1994.03退休
师泉海	男	1934.08	1959.08	大学	副所级待遇	高级兽医师	1994.10退休
刘绪川	男	1934.10	1957.08	大学		研究员	1994.12退休
王兴亚	男	1934.10	1957.10	大学	正处级待遇	研究员	1994.12退休
李臣海	男	1935.01	1953.03	高小	正科级待遇		1995.01退休
董　杰	男	1935.02	1952.08	大专		兽医师	1995.02退休
钟伟熊	男	1935.04	1959.08	大学		研究员	1995.04退休
王云鲜	女	1940.11	1959.10	大学		高兽师	1995.11退休
罗敬完	女	1937.12	1963.09	大专		高实师	1996.06退休
姚拴林	男	1936.07	1964.08	大学		副研	1996.07退休
赵志铭	男	1936.11	1960.09	大学		研究员	1996.11退休
游稚芳	女	1938.06	1960.09	大学		助理研究员（副研资格）	1993.07退休
王玉春	女	1939.05	1964.08	大学		研究员	1999.05退休
赵荣材	男	1939.05	1961.08	大学	正所级待遇	研究员	2000.06退休
王道明	男	1928.05	1956.09	大学		助理研究员（副研资格）	1988.12退休
侯彩芸	女	1935.01	1960.09	大学		副研究员	1990.02退休
陈哲忠	男	1930.12	1956.09	大学	副处级待遇	副研究员（研究员资格）	1991.01退休
陈树繁	男	1931.05	1951.01	大学		副研究员	1991.06退休
兰文龄	女	1931.01	1955.08	大学		助理研究员（副编审资格）	1987.10退休
王素兰	女	1937.02	1960.09	大学		副研究员	1992.03退休
张德银	男	1933.01	1952.08	中专	副所级待遇	助理研究员	1993.02退休
孙明经	男	1933.10	1953.05	大学	副所级待遇	副研究员	1993.11退休
王正烈	男	1933.11	1956.09	大专	副处级待遇	副研究员	1993.12退休
刘桂珍	女	1938.11	1962.09	大学		助理研究员	1993.12退休
李东海	男	1934.01	1959.08	大学	副处级待遇	副研究员	1994.02退休
张志学	男	1933.12	1956.09	大专	副所级待遇	副研究员	1994.01退休

（续表）

姓名	性别	出生年月	参加工作时间	文化程度	原行政职务	原技术职务	离（退）休时间
苏连登	男	1934.12	1963.11	大学		副研究员	1995.01退休
同文轩	男	1935.02	1959.09	大学	副处级待遇	副研究员	1995.03退休
邢锦珊	男	1935.06	1962.07	研究生	副处级待遇	副研究员	1995.07退休
高香莲	女	1940.08	1951.01	中专	正科级待遇		1995.09退休
姚树清	男	1936.08	1960.09	大学		研究员	1996.09退休
张文远	男	1936.10	1965.09	研究生	正处级待遇	研究员	1996.11退休
郭　刚	男	1936.11	1960.09	大学		副研究员	1996.12退休
周省善	男	1935.12	1961.04	大学	正处级待遇	副研究员（研究员资格）	1996.01退休
杜建中	男	1937.10	1957.08	大学	正处级待遇	研究员	1997.10退休
王宝理	男	1937.10	1957.08	大专	副处级待遇	高级畜牧师	1997.10退休
张隆山	男	1937.07	1963.09	大学	正处级待遇	研究员	1997.07退休
弋振华	男	1937.01	1959.05	中专	正处级待遇	高级兽医师	1997.01退休
李世平	女	1943.07	1966.09	大专		助理研究员	1997.12退休
唐宜昭	男	1938.09	1962.02	大学		副研究员	1998.01退休
张礼华	女	1939.12	1963.09	大学	正处级待遇	研究员	1998.02退休
曹廷弼	男	1938.03	1963.09	大学	正处级待遇	副研究员	1998.03退休
张遵道	男	1937.11	1961.05	大学	副所级待遇	研究员	1998.06退休
卢月香	女	1943.01	1967.08	大学		高级实验师	1998.07退休
宜翠峰	女	1943.06	1966.04	高中	正科级待遇		1998.07退休
熊三友	男	1938.08	1963.08	大学	正处级待遇	研究员	1998.08退休
薛善阁	男	1938.08	1957.02	初中	正科级待遇		1998.08退休
张登科	男	1938.08	1959.05	中专	正处级待遇	高级畜牧师	1998.08退休
马呈图	男	1938.10	1963.07	大学		研究员	1998.10退休
苏　普	女	1938.12	1963.08	大学	正处级待遇	研究员	1998.12退休
裴秀珍	女	1944.04	1964.02	高中	正科级待遇	会计师	1999.04退休
张　俊	男	1939.08	1964.12	初中		经济师	1999.08退休
陈国英	女	1944.11	1964.12	高中		馆员	1999.10退休
雷　鸣	男	1939.12	1963.08	大学	副所级待遇	高级农艺师	2000.01退休
董明显	男	1939.12	1962.08	大学		副研究员	2000.01退休
魏秀霞	女	1950.10	1978.09	中专		实验师	2000.01退休

（续表）

姓名	性别	出生年月	参加工作时间	文化程度	原行政职务	原技术职务	离（退）休时间
陆仲磷	男	1940.03	1959.08	大学	副所级待遇	研究员	2000.06退休
王素华	女	1945.08	1964.04	初中	正处级待遇		2000.05退休
康承伦	男	1940.03	1966.09	研究生		研究员	2000.04退休
石　兰	女	1946.05	1965.12	高中	正科级待遇	会计师	2000.07退休
夏文江	男	1936.09	1959.08	大学	正处级待遇	研究员	2000.07退休
吴丽英	女	1946.09	1965.11	高中	正科级待遇	会计师	2001.10退休
王毓文	女	1946.09	1964.09	高中	正科级待遇	实验师	2001.10退休
赵振民	男	1942.09	1965.08	大学		副研究员	2002.10退休
张东弧	男	1942.09	1959.09	研究生	正处级待遇	研究员	2002.10退休
王利智	男	1942.10	1965.09	大学	正处级待遇	研究员	2002.11退休
侯　勇	女	1947.12	1966.09	中专	副处级待遇	会计师	2003.01退休
周宗田	女	1948.02	1977.01	中专		实验师	2003.04退休
徐忠赞	男	1943.12	1967.09	大学		研究员	2004.01退休
李　宏	女	1946.02	1967.08	研究生		副研究员	2004.01退休
马希文	男	1944.02	1969.09	大学	正处级待遇	高级兽医师	2004.03退休
秦如意	男	1944.03	1966.09	大学	副处级待遇	副研究员	2004.04退休
刘秀琴	女	1949.12	1968.07	大专	正科级待遇	实验师	2005.01退休
蔡东峰	男	1945.12	1968.12	大学	正处级待遇	高级兽医师	2006.01退休
王槐田	男	1946.01	1970.08	大学	正处级待遇	研究员	2006.01退休
苏美芳	女	1951.04	1968.11	初中	正科级待遇		2006.04退休
戚秀莲	女	1951.06	1972.01	中专	正科级待遇	助理会计师	2006.06退休
高　芳	女	1951.06	1968.11	大普		高级实验师	2006.06退休
张菊瑞	女	1951.12	1968.12	中专	副处级待遇		2006.12退休
杨晋生	男	1947.02	1968.12	中专	正科级待遇		2007.02退休
孟聚诚	男	1948.01	1968.06	大学		研究员	2008.01退休
刘文秀	女	1953.03	1973.08	大普		副研究员	2008.03退休
丰友林	女	1953.02	1977.01	大普		副编审	2008.02退休
刘国才	男	1948.04	1964.10	初中	副处级待遇		2008.04退休
梁纪兰	女	1954.01	1974.08	大学		研究员	2009.02退休
庞振岭	男	1949.08	1969.01	初中	正科级待遇	实验师	2009.09退休
王建中	男	1949.10	1969.12	中专	正处级待遇	实验师	2009.10退休
郭　凯	男	1949.09	1976.01	中专	正科级待遇	助理实验师	2009.09退休

（续表）

姓名	性别	出生年月	参加工作时间	文化程度	原行政职务	原技术职务	离（退）休时间
赵青云	女	1955.07	1976.10	中专		实验师	2010.07退休
蒋忠喜	男	1950.08	1968.11	大专	正处级待遇		2010.09退休
苗小林	女	1955.10	1974.03	高中		实验师	2010.10退休
李广林	男	1950.12	1969.06	大普		高级实验师	2010.12退休
胡振英	女	1956.01	1973.10	大普		高级实验师	2011.01退休
崔　颖	女	1956.10	1973.11	大学		副研究员	2011.10退休
白学仁	男	1952.06	1968.07	大专	正处级待遇		2012.06退休
党　萍	女	1957.10	1974.06	大普		高级实验师	2012.10退休
张志常	男	1953.05	1976.10	中专		助理研究员	2013.05退休
杨耀光	男	1953.07	1982.02	大学	副所级待遇	研究员	2013.07退休
袁志俊	男	1953.08	1969.12	大专	正处级待遇		2013.08退休
白花金	女	1958.09	1981.08	中专		实验师	2013.09退休
李金善	男	1953.11	1974.12	高中		实验师	2013.11退休
常玉兰	女	1958.12	1976.03	高中		实验师	2013.12退休
齐志明	男	1954.02	1978.10	大普		副研究员	2014.02退休
王成义	男	1954.06	1978.09	大普	正处级待遇	高级畜牧师	2014.06退休
宋　瑛	女	1959.06	1976.03	高中	正科级待遇	助理实验师	2014.06退休
常　城	男	1954.07	1970.04	大专		高级实验师	2014.07退休
张　玲	女	1959.11	1976.03	大专		实验师	2014.11退休
华兰英	女	1959.11	1976.03	高中		馆员	2014.11退休
焦　硕	男	1955.06	1976.10	大学		副研究员	2015.06退休
关红梅	女	1960.09	1976.03	大学		助理研究员	2015.09退休
贾永红	女	1960.10	1977.03	大学		实验师	2015.10退休
张书诺	男	1956.02	1980.12	大专		高级实验师	2016.02退休
常根柱	男	1956.03	1974.12	大普	副处级待遇	研究员	2016.03退休
谢家声	男	1956.06	1974.12	大专		高级实验师	2016.06退休
孟嘉仁	男	1956.10	1980.12			实验师	2016.10退休
游　昉	男	1956.12	1974.05	高中	正科级待遇	会计师	2016.12退休
朱新书	男	1957.06	1983.08	大学		副研究员	2017.06退休
张　梅	女	1962.10	1979.08	中专		实验师	2017.10退休
钱春元	女	1962.11	1979.11	中专		馆员	2017.11退休
张　凌	女	1962.12	1977.01	大学		经济师	2017.12退休

（续表）

姓名	性别	出生年月	参加工作时间	文化程度	原行政职务	原技术职务	离（退）休时间
刘永明	男	1957.05	1980.12	大学	正所级待遇	三级研究员	2018.01退休
牛晓荣	男	1958.02	1975.05	大专	正科级待遇	高级实验师	2018.02退休
朱海峰	男	1958.02	1975.03	大学		助理研究员	2018.02退休
王贵兰	女	1963.03	1986.07	大学		助理研究员	2018.03退休
脱玉琴	女	1939.07	1961.05	初中		技工	1989.06退休
张东仙	女	1940.04	1959.01	高小		技工	1990.06退休
崔连堂	男	1930.05	1949.09	初小		技工	1990.06退休
刘定保	男	1940.12	1960.04	高中		高级工	1984.10退休
李菊芬	女	1936.10	1955.04	初中		高级工	1988.01退休
雷紫霞	女	1941.02	1963.09	高中		高级工	1989.02退休
朱家兰	女	1923.09	1959.01	高中		高级工	1982.10退休
吕凤英	女	1947.04	1959.00	初小		高级工	1997.05退休
刘天会	男	1952.06	1969.01	小学		高级工	1998.02退休
郑贺英	女	1949.02	1976.10	小学		中级工	1999.03退休
耿爱琴	女	1949.10	1965.08	高小		高级工	1999.08退休
付玉环	女	1951.10	1970.10	初中		高级工	2000.09退休
朱元良	男	1943.12	1960.08	高小		技师	2004.01退休
王金福	男	1946.01	1964.09	初中		高级工	2006.01退休
刘振义	男	1948.09	1968.01	高小		高级工	2008.09退休
孙小兰	女	1959.12	1977.04	高中		高级工	2009.12退休
陈　静	女	1960.01	1976.03	高中		高级工	2010.01退休
刘庆华	女	1960.09	1977.04	高中		高级工	2010.09退休
杜长岭	男	1951.01	1970.08	初中		高级工	2011.01退休
陈维平	男	1951.06	1968.11	高中		高级工	2011.06退休
张惠霞	女	1961.06	1979.12	高中		高级工	2011.06退休
刘世祥	男	1953.09	1970.09	高中		技师	2013.09退休
代学义	男	1954.03	1970.11	初中		技师	2014.03退休
翟钟伟	男	1954.10	1970.12	初中		技师	2014.10退休
方　卫	男	1954.10	1972.12	初中		技师	2014.10退休
白本新	男	1955.10	1973.12	高中		技师	2015.10退休
杨克文	男	1957.03	1974.12	高中		技师	2017.03退休
柴长礼	男	1957.04	1975.03	高中		技师	2017.04退休

（续表）

姓名	性别	出生年月	参加工作时间	文化程度	原行政职务	原技术职务	离（退）休时间
屈建民	男	1958.02	1975.03	高中		技师	2018.02退休
周新明	男	1958.04	1976.03	高中		技师	2018.04退休

三、2008—2018年4月调离和离职人员名录

乔国华　刘文博　宋中枢　陈　功　王娟娟　郎　侠　杜文斌　孙维宏　陈吉祥
张显升　邱丽清　郭福存　邓有明　王小辉　徐继英　杨锐乐　胡庭俊　杨国林
郭挺伟　张　艳　柏家林　潘　欣

四、2008—2018年4月去世职工名录

曹青山　柴　山　陈世广　成广仁　迟文花　但秉诚　段习文　樊斌堂　范赓佺
冯永秀　高志英　韩学俊　郝景琦　雷发有　雷建民　李国彦　李文光　廉　逵
梁　诚　梁稔年　卢鸿计　马兰英　马永财　马振宇　麦嗣振　毛嗣岳　潘榴仙
彭大惠　桑桂芳　邵贵卿　石育渊　史振华　苏开贤　田多华　田立青　王秀玲
王永茂　危常欣　魏孔义　徐　钧　杨　萍　杨　若　杨茂林　杨诗兴　袁国珍
袁时焕　张　歆　张登科　张建荣　张平成　张为民　张效贤　张亚雄　赵　静
郑殿章　郑芝兰

附录五　大事记

2008年

4月29日，“‘大通牦牛’新品种及培育技术”课题组被兰州市总工会授予兰州市“劳动先锋号”称号。

5月13日，全国政协常委、甘肃省政协常委、九三学社甘肃省委员会主任委员赵俊，兰州市副市长、九三学社兰州市委员会主任委员戈银生等九三学社省市委领导来研究所调研。

5月15日，研究所举行“向灾区同胞献爱心，帮灾区同胞渡难关”募捐活动，职工和家属向“5.12”汶川地震灾区捐款。5月28日，全体党员及入党积极分子交纳情系灾区“特殊党费”。

9月5日，研究所举办盛彤笙先生学术思想研讨会暨建所五十周年庆祝活动。来自科技部、农业部、甘肃省、中国工程院、中国畜牧兽医学会以及全国各省市畜牧兽医科研、教学、管理单位和企业的领导、专家，中国农业科学院院属各单位负责人、研究所职工等共700多人出席了庆典活动。

9月11—24日，由科技部国际合作司、甘肃省科学技术厅主办，研究所承办的“2008年发展中国家中兽医药学技术国际培训班”开班。来自泰国、印度、马来西亚、贝宁、埃及、南非等发展中国家的20名学员参加中兽医和中兽药学基础理论和临床技术培训学习。

10月14日，甘肃张掖现代肉牛科技示范园区在研究所张掖基地开工建设。

10月21—22日，中国农业科学院副院长唐华俊等来所考察调研。

2009年

2月13日，甘肃省副省长郝远在甘肃省政府副秘书长张翀、甘肃省科技厅副厅长陈继、兰州市副市长周丽宁等陪同下到研究所调研。

3月12—14日，中国农业科学院党组书记薛亮率院办公室主任刘继芳、科技局局长王小虎、直属机关党委副书记林定根等到研究所调研。

3月12日，研究所召开荣获“全国精神文明建设工作先进单位”称号庆祝大会。中国农业科学院党组书记薛亮，甘肃省精神文明建设指导委员会办公室原主任周文武、副主任高巨珍，中共兰州市委常委、宣传部部长王冰等领导出席会议，研究所在职、离退休职工约200人参加了大会。

5月18日，中国工程院院士张子仪、李宁来所，分别作了题为《以史为鉴，再接再厉，迎接挑战》《优质肉牛的分子选育及抗病育种》的报告。

7月12日，中国农业科学院副院长雷茂良、基本建设局局长付静彬到研究所调研。

7月15日—8月3日，由科技部国际合作司、甘肃省科学技术厅主办，研究所承办的“2009年发展中国家中兽医药学技术国际培训班”在兰州举行。来自印度、马来西亚、蒙古、巴基斯坦、泰国、尼泊尔、尼日利亚等发展中国家的21名学员参加了培训。

7月31日—8月2日，西北地区中兽医学术研究会第十四次学术研讨会在研究所召开。来自陕西、甘肃、新疆、宁夏、青海和研究所的代表及参加“2009年发展中国家中兽医药学技术国际培训班”学员共120人参加了会议。

8月5日，国家首席兽医师于康震到研究所调研。

9月16日，研究所已故著名科学家盛彤笙先生被农业部授予“新中国成立60周年‘三农’模范人物”荣誉称号。

10月12日，研究所杨诗兴、杨志强、阎萍3位研究员被中国畜牧兽医学会授予“新中国60年畜牧兽医科技贡献奖（杰出人物）”称号。

11月12日，研究所大洼山、张掖两个试验基地被中国农业科学院分别命名为“中国农业科学院兰州黄土高原生态环境野外科学观测试验站”“中国农业科学院兰州农业环境野外科学观测试验站”和“中国农业科学院张掖牧草及生态农业野外科学观测试验站”。

2010年

1月11日，在2009年度国家科学技术奖励大会上，研究所完成的“新兽药‘喹烯酮’的研制与产业化”获国家科技进步二等奖。1月27日，研究所举行庆功暨表彰大会。

1月22日，中国农业科学院对2009院属单位年度任务目标、工作任务完成情况进行了考核，研究所“党建和精神文明”工作被评为优秀。

3月1日，杨志强研究员、常根柱研究员入选甘肃省领军人才第一层次，阎萍研究员入选甘肃省领军人才第二层次。

3月11日，研究所被兰州市总工会、兰州市文明办等部门授予“兰州市学习型组织标兵单位”称号并颁发奖牌。

4月15日，“农业部兰州黄土高原生态环境重点野外科学观测试验站建设项目”通过农业部验收。

4月19日，研究所组织开展“支援玉树，情系灾区”募捐活动，全所职工、家属和研究生踊跃捐款。研究所向玉树灾区捐赠抗洪救灾指定防疫药品“强力消毒灵”。

4月19日，“青藏高原草地生态畜牧业可持续发展技术研究与示范”“天祝白牦牛种质资源保护与产品开发利用”两项成果获甘肃省科技进步二等奖，“动物纤维显微结构与毛、皮产品质量评价技术体系研究”获甘肃省科技进步三等奖。

4月29日，研究所工会被兰州市总工会授予“兰州市先进工会”称号。

7月14日，中国农业科学院院长翟虎渠视察大洼山综合试验站观测场、综合楼、SPF标准化实验动物房和中兽药GMP车间等，并看望我国著名动物营养学家杨诗兴先生。

7月28日，研究所荣获中国农业科学院“好公文综合奖”。

8月3日，研究所在拉萨向西藏自治区农牧科学院赠送了20头“大通牦牛”种公牛和研究所近年编撰出版的代表性科技著作。双方还签署了科技合作协议。

8月10日，研究所举行“支援舟曲，奉献爱心”捐款活动。15日，为灾区遇难者举行默哀悼念活动。

8月23日，研究所与新疆畜牧科学院签订学科共建合作协议。

9月3—26日，研究所举办第五届职工运动会。

9月13—16日，由中国农业科学院和美国中兽医学会主办，研究所承办的“首届中兽医药学国际学术研讨会”在兰州举行。研究所与美国气研究所签订科技合作协议。来自美国、西班牙、荷兰、德国、加拿大、日本、澳大利亚、韩国、泰国的60余位国外专家及中国香港、中国台湾地区和国内的120余名专家出席了研讨会。与会代表还应邀到研究所进行了考察。

9月16日，甘肃省委统战部副部长郭清祥率甘肃省科研院所统战部门负责人对研究所统战工作进行了观摩督察。

10月10—11日，由全国畜牧总站主办，研究所和甘肃省农牧厅承办的全国牦牛资源保护与利用大会在兰州举行。来自云南、四川、西藏、新疆、青海、甘肃等牦牛产区的120位领导、专家和代表出席了会议。会上还成立了全国牦牛育种协作组，负责全国牦牛资源的保护、利用和科研工作。阎萍研究员当选为副理事长兼秘书长。

10月31日，中国工程院院士、中国人民解放军军事医学科学院军事兽医研究所夏咸柱研究员应邀莅临研究所指导工作，并与科技人员座谈。

11月13日，参加中组部第十批博士服务团的张继瑜副所长服务期满回研究所。张继瑜于2009年11月起到西藏自治区农牧科学院挂职，任副院长、党委委员。

11月9日，依托研究所建设的“甘肃省中兽药工程技术研究中心”揭牌。

12月12日，经中国农业科学院批准，由研究所联合中国农业科学院哈尔滨兽医研究所、兰州兽医研究所、上海兽医研究所、北京畜牧兽医研究所、特产研究所和新疆畜牧科学院兽医研究所等有关单位共同建设的“中国农业科学院临床兽医学研究中心”在研究所正式成立。

12月28日，依托研究所建设的“甘肃省新兽药工程重点实验室”揭牌。

2011年

3月14日，中国农业科学院副院长王韧等3人来研究所调研。

4月7日—19日，研究所开展第四次全员聘用活动，聘任阎萍等22名同志为部门负责人。

6月2日，西藏自治区科技厅副厅长陈新强、自治区农牧科学院副院长王保海等一行8人来研究所调研。3日—6日，陈新强一行考察了研究所青海大通种牛场、甘肃皇城种羊场、天祝白牦牛养殖基地、张掖甘州区肉牛养殖基地和张掖牧草试验基地等试验基地。

6月2日，国家肉牛牦牛产业技术体系首席科学家曹兵海教授、国家绒毛羊产业体系首席科学家田可川研究员等一行11人来研究所考察。

6月4日，中国工程院院士、河南农业科学院副院长张改平研究员来研究所访问。

6月15日，农业部科教司副司长刘艳一行4人来研究所指导工作。

6月29日，研究所党委被中共兰州市委授予“兰州市先进基层党组织”称号。

7月8—9日，全国政协副主席王志珍院士率领全国政协调研组一行22人，在甘肃省政协副主席侯生华的陪同下到研究所在甘南藏族自治州合作市佐盖多玛乡的大通牦牛示范点进行考察。

7月10日，全国政协委员、中国农业科学院生物技术研究所原所长黄大昉研究员到研究所参观考察。

7月12—30日，由科技部国际合作司、中国科学技术交流中心、甘肃省科学技术厅主办，研究所承办的“2011年发展中国家中兽医药学技术国际培训班”在兰州举行。来自阿拉伯联合酋长国、朝鲜、印度、马来西亚、蒙古、巴西、泰国、西班牙等国家和我国台湾、香港地区的21名学员参加了培训。

7月31日，宁夏回族自治区副主席屈冬玉一行5人到研究所考察指导工作。

8月2日，中国农业科学院党组副书记罗炳文在院党组成员、人事局局长贾连奇陪同下来研究所调研。

9月20日，农业部部长韩长赋率领农业部有关领导及专家，在甘肃省省长刘伟平、副省长李建华、中国农业科学院党组书记薛亮等的陪同下到研究所视察。

10月18日，研究所召开第三届工会委员会换届选举大会。大会通过无记名投票方式差额选举产生了研究所第三届工会委员会。

10月31日—11月2日，科技部农村科技司郭志伟副司长一行在甘肃省科技厅张天理厅长等的陪同下到研究所调研，并赴甘南藏族自治州考察研究所大通牦牛改良甘南牦牛情况。

11月1—5日，刘永明书记、阎萍主任参加中国共产党兰州市第十二次代表大会。

11月3—4日，研究所药厂GMP车间通过了农业部兽医局兽药GMP办公室专家组的验收，药厂片剂/粉剂/散剂/预混剂生产线、消毒剂（固体）生产线成为兽药GMP合格生产线。

11月15—20日，杨志强所长参加兰州市第十五届人民代表大会第一次会议。

11月16日，“大通牦牛”成果获第十三届中国国际高新技术成果交易会优秀产品奖。

11月30日，农业部副部长、中国农业科学院院长李家洋院士，在院科技局局长王小虎陪同下，到研究所考察调研。

12月15日，在第十二届中国青年科技奖颁奖大会上，李剑勇研究员荣获“中国青年科技奖”。

2012年

3月20日，研究所被中共张掖市委、张掖市政府授予“2011年度支持地方经济发展先进单位”称号。

4月9日，四川省江油市农委办主任李季、四川北川大禹羌山畜牧食品有限公司董事长张鑫燚等一行5人到研究所调研。

4月11日，研究所完成的“河西走廊退化草地营养循环及生态治理模式研究”“新型兽用纳米载药系统研究与应用”两项成果分别获中国农业科学院科技成果二等奖。

4月24—28日，刘永明书记列席了中共甘肃省第十二次代表大会，畜牧研究室阎萍主任出席了中共甘肃省第十二次代表大会。

5月25日，兰州市总工会在研究所举行“模范职工之家”授牌仪式，向研究所工会授予“模范职工之家”牌匾。

5月29日，研究所综合实验室建设项目举行开工典礼。

6月2日，甘肃省省长助理夏红民一行到研究所大洼山综合试验基地考察。

6月6日，研究所区域实验站基础设施改造项目开工。

6月19日，研究所党委被中国农业科学院评为“2010—2011年度先进基层党组织”。

6月25日，丁学智博士带领的“牦牛高原低氧适应机制研究”团队荣获中国农业科学院2008—2011年度“青年文明号”称号。

7月15日，研究所筹资建设的临潭县新城镇红崖村人畜饮水工程竣工。

7月28—30日，由国家肉牛牦牛产业技术体系主办，研究所等单位承办的“2012国家肉牛牦牛产业体系第二届技术交流大会”在兰州召开。来自国家肉牛牦牛产业技术体系的首席科学家、岗位专家、综合试验站站长及其团队成员和相关企业代表200余人参加了会议。

8月7日，兰州市事业单位暨科研院所厂务公开民主管理工作展示交流会在研究所召开。

8月15日，研究所在大洼山综合试验基地举办第七届职工运动会。

8月22—25日，农业部科技教育司副司长刘艳、畜牧业司副司长王宗礼一行到甘南藏族自治州夏河社区检查农业部公益性行业科技专项“甘肃夏河社区草-畜高效转化关键技术”执行情况。

9月5—6日，由研究所承办的“中国农业科学院农产品质量安全风险评估研究中心建设启动暨质检中心工作研讨会”在兰州举行。农业部农产品质量监督管理局副局长金发忠、中国农业科学院副院长刘旭等出席了会议。

9月22日，刘永明书记带领研究所9名运动员参加了中国农业科学院第六届职工运动会，并获得京外代表队团体总分第4名。

10月18日，研究所综合实验室大楼主体封顶。

11月2日，由中国农业科学院基本建设局主办，研究所承办的“中国农业科学院基本建设‘规范管理年’片区研讨会”在兰州举行。中国农业科学院基建第一、三、四片区14家单位的30多位代表参加会议。

11月6日，中国农业科学院党组书记陈萌山在院党组成员、人事局局长魏琦陪同下到研究所调研。

11月23日，研究所被评为“中国农业科学院2011—2012年度‘好公文’优秀奖”和“中国农业科学院2011年度信息宣传工作先进单位”。

12月18日，研究所被兰州市公安局授予“2011—2012年度单位内部治安保卫（护卫）先进单位”称号。

12月27日，“十一五”全国农业科研机构科研综合能力评估结果出炉，研究所在全国1 200多家农业科研机构中位居第44位，在中国农业科学院36个研究所中排名第11

位，在甘肃省排位第1，全国行业排名第4。

2013年

1月21日，研究所被评为“2011—2012年中国农业科学院文明单位”。

2月12日，畜牧研究室主任阎萍研究员当选为CCTV第二届“大地之子”年度农业科技人物。

3月6—9日，农业部动物毛皮及制品质量监督检验测试中心（兰州）通过复查评审。

3月8日，研究所召开职工大会，中国农业科学院党组成员、副院长刘旭主持大会，并宣布研究所新一届领导班子成立。杨志强任所长、党委副书记，刘永明任党委书记、副所长，张继瑜任副所长、纪委书记，阎萍任副所长。免去杨耀光副所长职务（退休）。

4月8日，研究所主持完成的“药用化合物‘阿司匹林丁香酚酯’的创制及成药性研究”成果获中国农业科学院技术发明三等奖。

4月22日，畜牧研究室被甘肃省总工会授予甘肃省“劳动先锋号”称号。

5月21日，中国共产党甘肃省委副书记欧阳坚，在省委副秘书长刘玉生、省农牧厅厅长康国玺、省委政研室副主任李志荣等陪同下到研究所调研。

6月12日—13日，杨志强所长赴北京，参加政治局委员、国务院副总理汪洋在中国农业科学院的视察工作交流会。

7月5日，中国农业科学院副院长李金祥到研究所调研。

7月16日，甘肃省平凉市副市长李启云一行5人来所就开展所地科技合作进行交流洽谈。

7月25日，中国草学会理事长、原宁夏回族自治区主席马启智，中国草学会秘书长、中国农业大学王堃教授等到研究所考察。

7月25日，研究所完成的“富含活性态微量元素酵母制剂的研究”获兰州市科技进步二等奖。

8月11—12日，农业部副部长、中国农业科学院院长李家洋到研究所调研，与研究所科研骨干代表进行了座谈，并听取科研人员意见建议。李家洋一行还考察了农业部兰州黄土高原生态环境重点野外科学观测试验站和张掖国家超旱生牧草基地。

9月10日，研究所召开党委、纪委换届选举大会，选举产生研究所新一届党委、纪委。党委由5名委员组成，刘永明任书记，杨志强任副书记，张继瑜、阎萍、杨振刚任委员。张继瑜任纪委书记，荔霞、巩亚东任纪委委员。

10月18日，研究所通过了全国精神文明建设工作先进单位复查验收。

10月24日，甘肃省牦牛繁育工程重点实验室通过了甘肃省科技厅组织的现场评估验收。

11月8日，李剑勇研究员入选国家“百千万人才工程”

11月13日，研究所完成的“新型高效牛羊微量元素舔砖和缓释剂的研制与推广”获2011—2013年度全国农牧渔业丰收二等奖。

11月19—20日，中国农业科学院党组成员、纪律检查组组长史志国来研究所检查指导工作。

12月5日，研究所试验基地（张掖）建设项目可行性研究报告获农业部批复立项。

2014年

2月12日，研究所完成的“农牧区动物寄生虫病药物防控技术研究与应用”获2013年度甘肃省科技进步一等奖，“非解乳糖链球菌发酵黄芪转化多糖的研究与应用”获2013年度甘肃省科技进步三等奖。

2月18日，依托研究所建设的“甘肃省中兽药工程技术研究中心”通过甘肃省科技厅验收。

3月11日，研究所获得“2013年甘肃省联村联户为民富民行动优秀单位”称号。

3月17日，中国农业科学院副院长刘旭到研究所调研。

3月28日，研究所完成的“重金属镉/铅与喹乙醇抗原合成、单克隆抗体制备及ELISA检测技术研究”获中国农业科学院基础研究二等奖。

5月27—29日，中国农业科学院党组成员、副院长李金祥率领院基建局、成果转化局等部门领导一行6人到研究所调研研究所条件建设工作。

7月16日，中国农业科学院党组书记陈萌山一行4人到研究所调研科技创新团队建设情况。陈萌山还登门看望了研究所老专家、老所长赵荣材研究员。

7月20—23日，由研究所承办的“中国畜牧兽医学会兽医药理毒理学分会2014年常务理事会”在兰州召开。

7月25日，研究所分别与德国畜禽遗传研究所和德国吉森大学签订了科技合作协议。在所期间，德国畜禽遗传研究所黑诺·尼曼教授和吉森大学乔治·艾哈德教授分别作了学术报告。

7月，研究所自主培育的“航苜1号紫花苜蓿”牧草新品种和“陇中黄花矶松”观赏草新品种通过甘肃省草品种审定委员会审定。

8月5日，研究所承建的甘肃省中兽药工程技术研究中心通过了甘肃省科技厅组织的现场评估。

8月27—28日，中国农业科学院党组副书记、副院长唐华俊到研究所调研科技创新工程试点工作进展情况和基地建设工作。

8月28日，研究所承建的甘肃省新兽药工程重点实验室和甘肃省牦牛繁育工程重点实验室通过了甘肃省科技厅组织的现场评估。

8月28—30日，由研究所主办，主题为“牦牛产业可持续发展”的“第五届国际牦牛大会”在兰州召开。来自中国、德国、美国、印度、尼泊尔、巴基斯坦、瑞士、不丹、吉尔吉斯斯坦、塔吉克斯坦等10多个国家的200多位专家学者和企业家参加大会。

9月20日，研究所与澳大利亚谷河家畜育种公司签订国际科技合作协议。多尔曼教授作了题为“澳大利亚美利奴羊产业概况”的报告。

9月22—24日，研究所承办的“2014年中国农业科学院基本建设现场培训交流会”在兰州召开。来自全院35个单位及农业部、中国热带农业科学院、农业部管理干部学院、中国水产科学研究院、农业部规划设计研究院、农业部农业机械化技术开发推广总站、中国农业大学等单位的基建管理人员共70余人参加了培训。

10月9日，中国工程院院士、解放军军事医学科学院夏咸柱研究员应邀到研究所，作了题为“生物技术等外来人畜共患病”的报告。

10月31日，研究所与西班牙海博莱公司签订科技合作协议。重点在动物疫病的综合防治技术研究与应用领域联合共建实验室、合作研究和人员交流等方面开展合作。

11月6日，研究所主持的农业科技成果转化资金项目“抗禽感染疾病中兽药复方新药‘金石翁芍散’的推广应用”通过中国农业科学院组织的验收。“金石翁芍散”是研究所取得的第一个国家三类中兽医复方新药。

12月10日，在中国农业科学院公益性科研单位分类改革通报会上，研究所被初步确定为公益二类。

12月11日，中国农业科学院副院长李金祥、基建局副局长周霞及验收专家组一行6人对研究所综合实验室建设项目进行了项目验收，验收专家组一致同意该项目通过竣工验收。

12月12日，研究所试验基地（张掖）建设项目和兽用药物创制重点实验室建设项目获得农业部批复。

12月22日，在兰州市2013—2014年度科学技术奖励大会上，研究所完成的“新型兽用纳米载药技术的研究与应用”获2013年度兰州市技术发明一等奖，梁剑平研究员获“2014年度兰州市科技功臣提名奖”。

2015年

1月15日，阎萍研究员荣获“第六届全国优秀科技工作者”称号。

1月19—20日，农业部副部长、中国农业科学院院长李家洋到张掖市甘州区下寨村调研，并考察了研究所张掖综合试验基地。甘肃省农牧厅、张掖市委、甘州区委领导及兰州牧药所、兰州兽医所领导陪同考察调研。

1月25日，在甘肃省科学技术奖励大会上，研究所完成的“牦牛选育改良及提质增效关键技术研究与示范”获2014年甘肃省科技进步二等奖。“牛羊微量元素精准调控技术研究与应用”获2014年甘肃省科技进步三等奖。

2月9日，研究所和西班牙海博莱公司正式签订“Startvac灭活疫苗预防中国金黄色葡萄球菌、大肠杆菌性奶牛乳房炎的有效性和安全性评价”合作研究协议。

2月28日，在北京举行的“全国精神文明建设工作表彰暨学雷锋志愿服务大会”上，研究所被中央文明委授予第四届“全国文明单位”荣誉称号。

3月5日，研究所“综合实验室”荣获2014年度甘肃省建设工程飞天奖。

4月2日，中国农业科学院副院长雷茂良到研究所调研指导工作，院科技局副局长陆建中陪同。

4月17日，杨志强所长赴北京参加“全国农业科技创新座谈会”，期间中央政治局委员、国务院副总理刘延东视察了中国农业科学院。

5月6日，中国农业科学院副院长吴孔明院士率院人事局副局长李巨光等一行6人到研究所调研院所发展暨创新工程进展工作。

6月3日，按照院党组的要求，研究所“三严三实”专题教育活动正式开始。

6月12—13日，由研究所、甘肃省农牧厅和甘肃省绵羊繁育技术推广站联合举办的“甘肃细毛羊发展论坛”在甘肃举行。

7月10日，研究所试验基地建设项目在张掖综合试验基地开工。中国农业科学院副院长李金祥、成果转化局局长袁龙江、基本建设局副局长夏耀西、张掖市人民政府副市长王海峰等100余人参加了开工典礼。

8月11日，研究所完成的“益蒲灌注液的研制与推广应用”获兰州市科技进步二等奖、“阿司匹林丁香酚酯的创制及成药性研究”兰州获市技术发明三等奖。

9月22日，农业部办公厅刘剑夕副主任一行4人对研究所保密工作进行检查指导。

10月24日，中国农业科学院组织专家对研究所张掖综合试验基地规划进行了验收。

11月24日，研究所隆重举行“全国文明单位”挂牌大会。中国农业科学院副院长李金祥，甘肃省委宣传部副部长、省文明办主任高志凌共同为研究所“全国文明单位”揭牌。

11月2日，在“第九届大北农科技奖颁奖大会暨中关村全球农业生物技术创新论坛”上，研究所“抗球虫中兽药常山碱的研制与应用”获大北农科技奖成果二等奖。

11月25日，研究所培育的“高山美利奴羊”新品种通过了国家畜禽遗传资源委员会新品种审定，并获国家畜禽新品种证书。

12月10日，张继瑜研究员入选“第二批全国农业科研杰出人才”，他带领的“兽药创新与安全评价创新团队”入选创新团队。

12月12日，张继瑜研究员入选2015年国家百千万人才工程，并被授予“有突出贡献中青年专家”称号。

2016年

1月27日，中国农业科学院党组书记陈萌山，院党组成员、人事局局长魏琦，财务局局长刘瀛弢，监察局局长舒文华等一行8人到研究所检查指导工作。

4月13—15日，依托于研究所的农业部动物皮毛及制品质量监督检验测试中心（兰州）通过复查评审。

5月5日，研究所召开了“两学一做”学习教育动员部署大会。

5月30日，由我国实践十号返回式科学实验卫星搭载的兰州牧药所牧草种子交接仪式在研究所举行。航天神舟生物科技集团有限公司赵辉总工程师将研究所搭载的14份牧草种子亲手交给杨志强所长。

6月3日，中共甘肃省委通报了2015年精准扶贫考评结果，研究所被评为优秀单位。

7月1日，研究所承担的2016年度修购专项“农业部兰州黄土高原生态环境重点野外科学观测试验站观测楼修缮项目”在大洼山综合试验基地开工。

7月4日，“高山美利奴羊新品种培育及应用”课题组获中国农业科学院“2012—2015年度中国农业科学院青年文明号”称号。

7月4日，研究所党委被中国农业科学院授予“2014—2015年度先进基层党组织”称号，刘永明荣获“优秀党务工作者”称号，高雅琴荣获“优秀共产党员”称号。

7月6日，中国农业科学院党组成员、副院长王汉中一行到研究所检查指导工作。

9月6日，甘肃省科技厅厅长李文卿到研究所调研。

9月17—19日，在四川省成都市召开的“中国畜牧兽医学会动物药品学分会第五届全国会员代表大会”上，杨志强研究员当选为副理事长。

9月26—28日，在兰州召开的“中国农业科学院离退休工作会议”上，研究所老干部管理科被评为“中国农业科学院离退休工作先进集体”。

10月11日，中国工程院院士夏咸柱一行应邀到研究所作学术报告。

10月20—23日，研究所承担的2013、2014年度修购专项“中国农业科学院共建共享项目‘张掖大洼山综合试验站基础设施改造’和‘中国农业科学院公共安全项目所区大院基础设施改造’”项目通过了农业部科教司组织的验收。

10月27—28日，在兰州召开的“中国农业科学院2016年综合政务会议”上，研究所荣获中国农业科学院2016年度“好公文”单位称号，办公室赵朝忠主任被评为“优秀核稿员”称号。

12月17日，中国农业科学院中兽医研究所药厂顺利通过甘肃省兽医局组织的兽药GMP复验。

2017年

2月10日，甘肃省委、省政府举行2016年度全省科学技术（专利）奖励大会。由研究所完成的“高山美利奴羊新品种培育及应用”获科技进步一等奖，“‘益蒲灌注液’的研制与推广应用”获科技进步三等奖，“青藏地区奶牛专用营养舔砖及其制备方法”获专利奖二等奖。

3月12日，李剑勇当选甘肃省第十三次党代表大会代表。

4月26日，由中国农业科学院党组成员、纪检组组长李杰人、院财务局副局长张士安和院监察局副局长李延青组成的宣讲团，在研究所开展“全面从严治党主体责任和科研管理放管服”宣讲活动。

5月26日，中国农业科学院建院60周年成就展暨表彰大会在北京隆重召开。研究所喹烯酮系列兽药等4项科技成就入选建院60周年重大科技成就，阎萍研究员获得“卓越奉献奖”，瞿自明研究员等19名同志获颁“建院60周年纪念章”。

6月12日，研究所举行科技创新团队全面推进期绩效任务书签约仪式。杨志强所长分别与各创新团队首席专家签订创新团队全面推进期绩效任务书。

7月6日，中国农业科学院巡视组开始对研究所进行为期一个月的巡视。全面了解研究所领导班子及其成员在作风、纪律、廉政、选人用人等方面的情况，以及落实“两个责任”、执行政治纪律和政治规矩等有关情况。

7月10—28日，由科技部、中国科学技术交流中心、甘肃省科学技术厅主办，研究所承办的“2017年发展中国家中兽医药学技术国际培训班”在兰州举行。来自泰国、阿尔及利亚、巴基斯坦、印度、波黑、马来西亚和埃及等7个国家的19名学员参加中兽医、中兽药学基础理论和临床技术培训。

7月12日，中国工程院院士、教育部长江学者特聘教授沈建忠，国家奶牛产业技术体系首席科学家、中国农业大学教授李胜利应邀到研究所作学术报告。

7月24日，研究所柔性引进匈牙利牛病协会主席、世界牛病协会秘书长奥托（Otto）教授，兰州大学教授、中组部“青年千人”计划王震博士。

7月27日，由中国农业科学院成果转化局主办、研究所承办的“中国农业科学院2017年试验基地管理工作会议”在张掖市召开。中国农业科学院副院长王汉中、农业部发展计划司副司长陈章全、科技教育司副司长汪学军、张掖市副市长王海峰等领导出席会议。

8月1日，甘肃省科学技术协会确定研究所为中国科协“海智计划”甘肃基地工作站。

9月12—13日，由中国农业科学院主办，研究所承办的“中国农业科学院农产品质量安全风险评估与人才队伍建设研讨会”在兰州召开。农业部农产品质量安全监管局应急处处长方晓华、中国农业科学院科技管理局局长梅旭荣、副局长文学和研究所领导等出席会议。

9月28日，农业部系统先进集体先进个人事迹报告会在京举行。农业部系统2个先进集体代表和3位先进个人代表在会上作报告。杨志强所长代表研究所出席，并以《远牧西北六十载，砥砺筑梦路犹长》为题作报告。

10月19日，中国农业科学院喜迎十九大先进集体先进个人事迹报告会在国家农业图书馆举行，刘永明书记代表研究所在会上作报告。

11月1日，依托研究所的“中国科协‘海智计划’甘肃工作基地中国农业科学院兰州畜牧与兽药研究所工作站”挂牌。

11月5日，研究所甘肃省重点实验室通过了甘肃省科技厅组织专家评估。

11月7日，甘肃省中兽药工程技术研究中心通过了甘肃省科技厅评估。

11月7—8日，“甘肃省实验动物质量管理及环境设施生物安全培训班”在研究所举行。甘肃中医药大学、兰州兽医所和兰州大学等17家单位的200余人参加了培训。

11月9日，研究所召开干部大会。中国农业科学院党组成员、人事局局长贾广东宣布了中国农业科学院党组关于杨振刚任兰州畜牧与兽药研究所党委副书记、中国农业科学院关于李建喜任兰州畜牧与兽药研究所副所长的决定。

11月30日，中央精神文明建设指导委员会发文，兰州畜牧与兽药研究所经过复查合格，继续保留“全国文明单位”荣誉称号，并颁发全国文明单位复查合格证书。

12月4日，农业部发布了关于2016—2017年度神农中华农业科技奖的表彰决定，研究所完成的“牦牛良种繁育及高效生产关键技术集成与应用”获神农中华农业科技奖科学研究成果奖一等奖。

2018年

1月10日，研究所被中国农业科学院评为“2017年度平安建设优秀单位”。

1月10日，研究所荣获“中国农业科学院2015—2017年度文明单位”称号。

1月11日，研究所召开干部大会。中国农业科学院党组书记陈萌山和农业部兽医局局长冯忠武、中共兰州市委宣传部调研员曾月梅出席会议。院党组成员、人事局局长贾广东主持会议。会议宣布了农业部党组和中国农业科学院党组关于孙研同志担任研究所党委书记、副所长和刘永明同志因到退休年龄不再担任党委书记、副所长职务的决定。

3月4日，研究所被确认为“全国名特优新农产品营养品质评价鉴定机构”和“全国农产品质量安全科普示范基地”。

3月8日，研究所召开中国农业科学院专项巡视研究所情况反馈大会。院纪检组副组长王志东反馈了巡视发现的问题，提出了整改意见建议。院纪检组组长李杰人讲话。

3月26日，青年“千人计划”入选者中山大学魏来教授、清华大学胡小玉教授、廖学斌教授应邀到研究所作学术报告并洽谈合作。

4月8日，孙研书记赴北京参加为期3个月的农业部第36期司局级领导干部进修班。

4月11日，研究所在大洼山综合试验基地举行了“庆祝建所60周年纪念林植树活动”。所领导和在职职工、退休职工代表共60余人参加活动。

4月28日，中国农业科学院第七届职工运动会在北京隆重举行。研究所在运动会上荣获“中国农业科学院群众性体育活动先进单位”、“中国农业科学院第七届职工运动会精神文明奖”和“中国农业科学院京外单位团体总分第二名”。